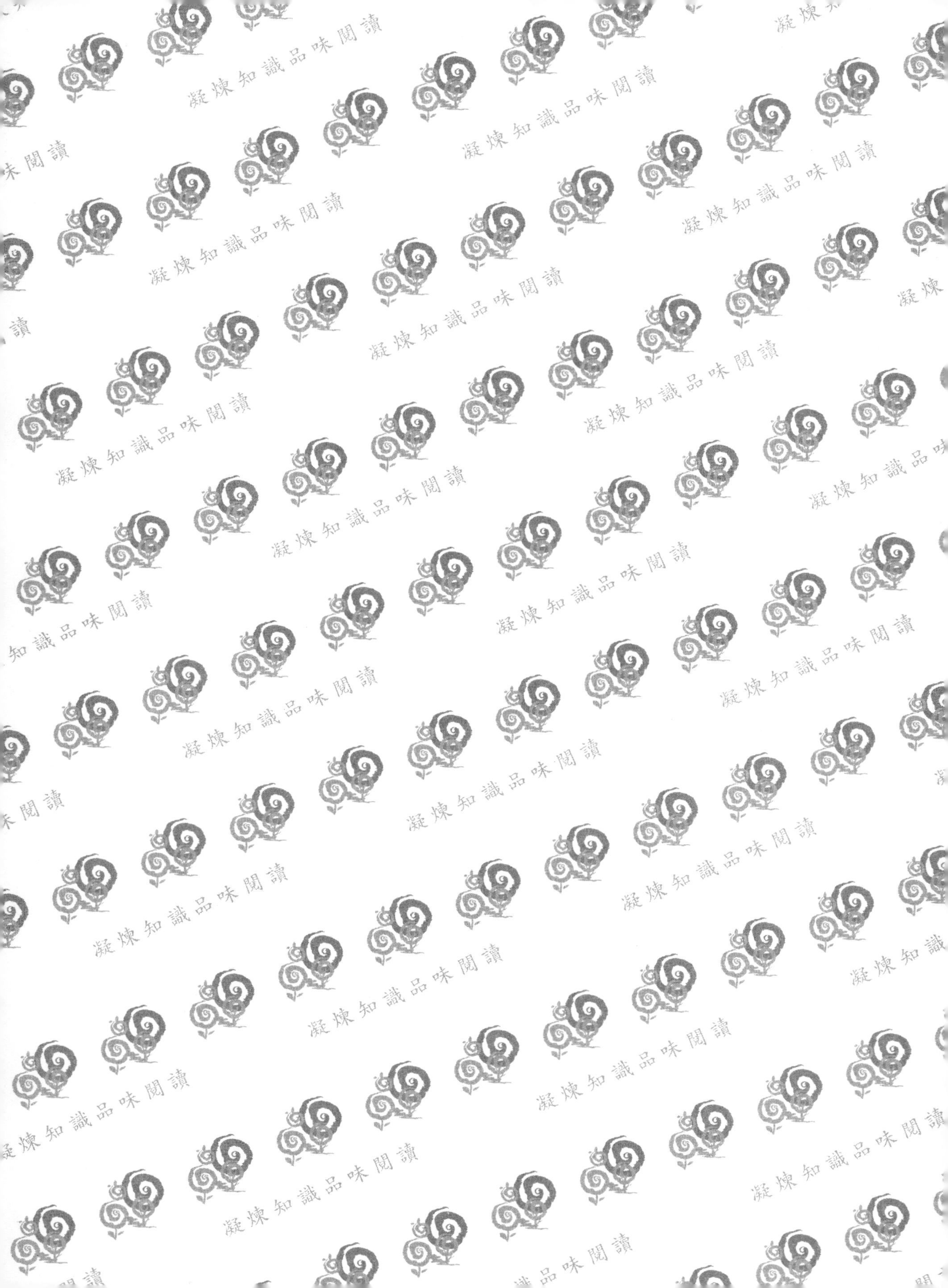

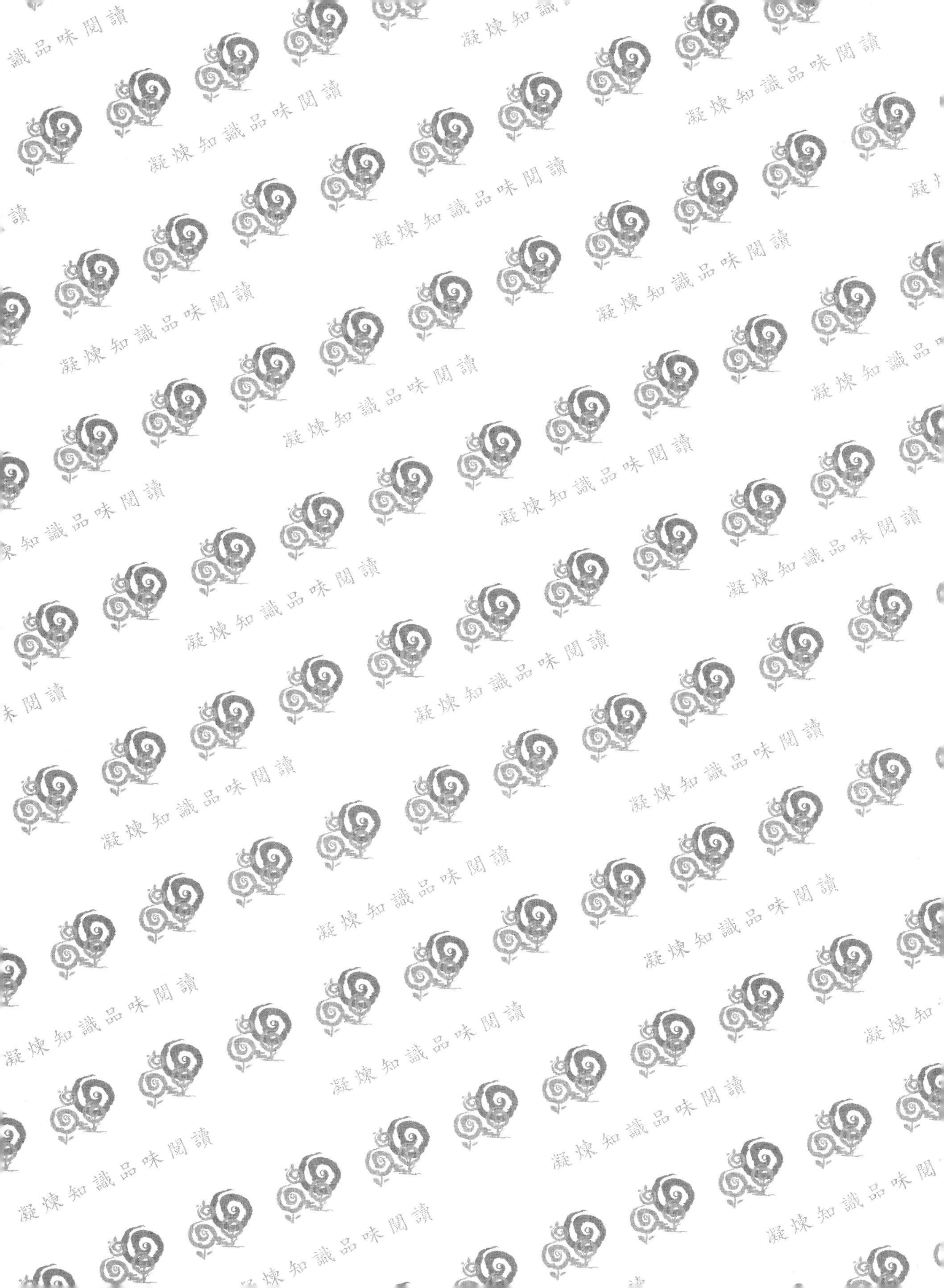

LIT1
LIT2
環境友善之
植醫保健祕籍
Handbook of Eco-friendly Products
for Plant Health Care
黃振文、謝廷芳、謝奉家、羅朝村 編著
五南圖書出版公司 印行

編著者序

食品安全是保障國人健康的基本要件，因此近年來我國農政機構均積極鼓勵農友們採行環境友善的健康農耕栽培管理措施，藉以生產安全優質的農產品。2016年1月行政院衛福部提出「食品安全政策白皮書」，以「協力共構農場至餐桌之食品安全鏈」爲使命，透過整合跨部會、栽培業者及消費者等，合作建構我國農場至餐桌之整個食品安全防護網，共創國人「食」在安心的優質環境。如何在農產品生產端提供安全的食材，是整個食品安全鏈的基本要素，更是維繫食品安全的基石。有鑑於此，行政院農業委員會於2018年推出化學農藥十年減半之政策，鼓勵科研人員努力開發環境友善之替代性生物防治資材，是其中一項重要的推動策略。

爲配合政府十年內化學農藥減半之政策，本書邀集國內從事環境友善資材研發與推動工作的代表性人物，提供他們多年來的研究成果與實作經驗的結晶，分成微生物源、植物源、生化源與礦物源的植醫資材與產品，以及植醫保健商品等四大類彙編成冊。希望透過本祕籍的出版，有助於全面性完整地揭露與拓展台灣環境友善之植醫保健技術與資材，引導更多科學研究人員投入本項領域；更期待農業從業先進們能熟知環境友善各項技術與資材，並納入防除農作物病蟲草害的綜合管理措施中，共同善盡維護農產品安全與關照我國農作物生產環境永續發展的責任。

本書付梓之際，適逢國立中興大學百年校慶前夕，作者群爲表達「民生需求，取之社會回饋社會」之微薄心願，同意將本書的版稅所得捐贈給中興大學作爲「興翼獎學金」，祈盼能拋磚引玉，激勵青年學子奮力向學，以爲誌念。

黃振文、謝廷芳、謝奉家、羅朝村

2019年7月

CONTENTS・目次

PART I

緒言

CHAPTER 1

臺灣友善環境之植物保健製劑的研發與功效

黃振文[1*]、許晴情[2]、沈原民[2]

[1] 國立中興大學植物病理學系、永續農業創新發展中心
[2] 臺中區農業改良場助理研究員

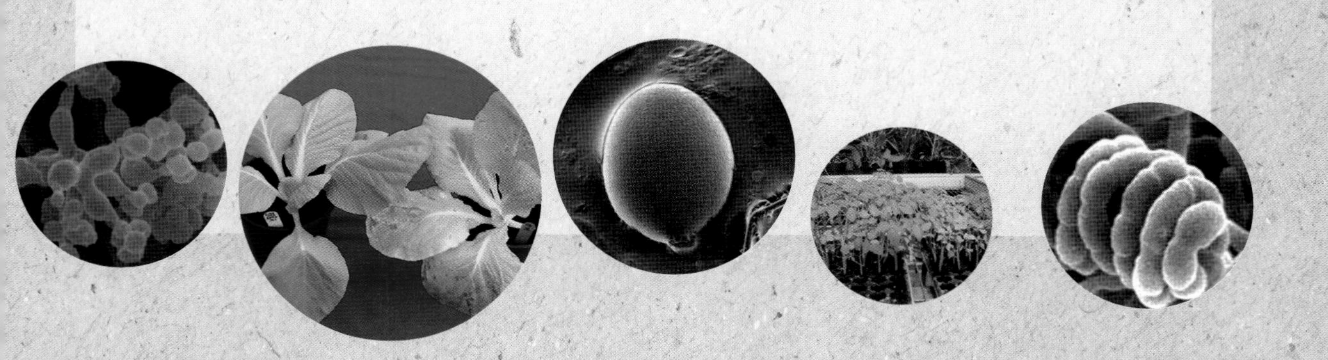

摘要

農作物的健康管理措施，可決定農產品的品質安全與環境生態的和諧，因此，嘗試研發植物源、微生物源及天然生化的植物保護製劑產品，作爲作物病蟲害綜合管理的主要手段，是現代農業永續發展努力追求的目標。近年來，臺灣的植病學者採用植物源資材，研發的植物保健產品案例有：(1) 以高麗菜下位葉、菸渣及荷格蘭養液製成「CH100 植物健素（中興一百）」，可有效防治韮菜銹病、梅黑星病、李白粉病、茄子紅蜘蛛，並可促進蔬菜種苗生長健壯；(2) 以五倍子、薑黃、仙草及山奈等植物萃取液調配成「活力能」植物保護製劑，可有效防治作物炭疽病；(3) 利用微奈米乳化技術，將植物油乳化製成的產品，如「葵無露」和「大豆油乳化劑」，可有效防治作物白粉病與露菌病；「辣木油乳化劑」可防治草莓蚜蟲。

此外，利用茶籽粕、藻酸鈉、甘油及 *Pseudomonas boreopolis* 製成 PBGG 粒劑，可有效防治白菜立枯病（*Rhizoctonia solani*）的發生。從作物根系的土壤或堆肥分離微生物，經過系列分析與安全評估後，迄今已將枯草桿菌（*Bacillus subtilis*）、液化澱粉芽孢桿菌（*B. amyloliquefaciens*）、蘇力菌（*B. thuringiensis*）、蕈狀芽孢桿菌（*B.mycoides*）、稠李鏈黴菌（*Streptomyces padanus*）、及木黴菌（*Trichoderma harzianum*）等開發製成各種劑型的微生物源植物保護製劑（生物農藥、生物肥料）。在田間施用上述各產品後，已證明它們有預防或治療不同作物病蟲害的功效。在作物栽培體系中，運用植物保健產品前，農友須掌握下列四項原則，才能有效控制作物病蟲害的發生。即 (1) 明瞭植物害物（pests）的生活規律；(2) 確認植物保健產品的主要功效與機理；(3) 熟悉植物害物的傳播與感染途徑；(4) 重視田間衛生管理，減少病蟲害的族群密度。

關鍵字：生物防治、友善農耕、作物病蟲害管理、生物農藥、生物肥料

前言

農作物的栽培過程與其收穫儲藏期間，經常會遭受到病原菌、害蟲及雜草等有害生物的危害，嚴重時不僅可導致重大的經濟損失外，亦會影響環境生態的平衡與糧食生產的安全。因此，世界各先進國家無不重視植物的保護工作。保護植物健康的方法有：化學防治法、物理防治法、生物防治法、栽培防治法及法規防治法；其中使用化學藥劑防治作物病、蟲、草害的效果最佳，也最快速，故自 1940 年起化學農藥的研發與應用快速成長，成爲現代農業生產的重要利器。雖然自 1960 年代後，世界糧食大幅提升，但化學農藥的負面效應也逐漸浮現，例如濫用 DDT、BHC 及水銀等藥劑，嚴重傷害自然生態網絡與人畜的健康。因此，鼓勵開發友善環境的植物保健技術，大幅降低化學農藥的使用量，成爲臺灣農政單位推動的方向。

植物保護工作者的任務在於維護植物生育的健康、確保農業生產環境的和諧、及協助農友生產高品質的農產品。設若農友於栽培農作物過程能妥善執行各種健康管理措施，相信他們必可於和諧的生態環境中生產出安全高品質的農產品。因此，嘗試研發植物保護製劑產品作爲作物病蟲害綜合管理的主要手段，是現代農業永續發展努力追求的目標。友善環境的植物保健產品之研發與應用是實現有機農法的重要工作，且亦符合國際有機農業運動聯盟（IFOAM Organic International）的「最佳實踐操作指南（Best Practice Guideline）」的規範（Sustainable Organic Agriculture Action Network, 2013）。

近年來，國內外許多科學家積極研製生物製劑產品（圖一）藉以替代化學合成藥劑作爲防治農作物病蟲害的手段，迄今已有許多成功的案例。本文主要目的在於報導臺灣研發的微生物源、植物源及天然生化等三類型植物保護製劑產品，祈有助於我國友善農耕的推動，進而維護優質的農田生產環境與人畜食物的安全。

微生物源植物保護製劑

目前臺灣登記作爲生物農藥、生物肥料之微生物來源具多樣化，有枯草桿

圖一　生物製劑商品化產品
由左至右：好葉與中興一百是 CH100 植物健素的商品、治黃葉與神真水 2 號是蕈狀芽孢桿菌的商品、活力生技營養劑 9 號是稠李鏈黴菌的商品。

菌（*Bacillus subtilis*）、液化澱粉芽孢桿菌（*B. amyloliquefaciens*）、蕈狀芽孢桿菌（*B. mycoides*）、溶磷菌（eg. *Bacillus* spp.）、蘇力菌（*B. thuringiensis*）、木黴菌（*Trichoderma* spp.）、鏈黴菌（*Streptomyces* spp.）、黑殭菌（*Metarhizium anisopliae*）、白殭菌（*Beauveria bassiana*）、核多角體病毒（NPV）等。本文主要以蕈狀芽孢桿菌（*B. mycoides*）、稠李鏈黴菌（*Streptomyces padanus*）、真菌蛋白激活子、食用菇培養濾液及蘇力菌等五個例子，說明微生物源植物保護製劑之開發與應用狀況。

一、蕈狀芽孢桿菌

蕈狀芽孢桿菌（*B. mycoides*）在臺灣與美國皆已有商品正式登記爲植物保護製劑，在美國登記可應用於有機農業，在臺灣的產品也被農糧署列在「有機農業商品化資材——植物病蟲草害防治資材品牌推薦一覽表」的清單內，可用於多種果樹、蔬菜、花卉等作物之病害管理。蕈狀芽孢桿菌作爲植物保健產品或生物製劑具有促進植物生長、產生抗生物質，以及誘導植物產生抗病性的作用。研究發現不同蕈狀芽孢桿菌菌株可產生植物激素吲哚乙酸（indole-3-acetic acid; IAA）之類的物質，具有促進番茄、萵苣、西瓜、胡瓜等作物生長的功效（陳等，2010；彭，2018）。

蕈狀芽孢桿菌亦可產生抗生物質，例如生物表面素（biosurfactin）之相關成分。帶有抗生物質的蕈狀芽孢桿菌培養液能夠抑制胡瓜猝倒病菌（*Pythium aphanidermatum*）產生游走孢子並降低病害發生（Peng *et al.*, 2017；彭，2018）。此外，蕈狀芽孢桿菌與某些 *Bacillus* 屬的植物根圈促生菌（PGPR）均具有誘導植物產生抗性的能力（Choudhary & Johri, 2009），近期的研究也顯示利用特定基質培養之蕈狀芽孢桿菌培養液可降低番茄萎凋病之罹病度，並可誘導植株產生抗病作用進而降低番茄白粉病（圖二）的發生（丁與黃，2017）。

圖二　蕈狀芽孢桿菌誘導番茄植株抗白粉病（左處理組，右對照組）。

二、稠李鏈黴菌

稠李鏈黴菌（*S. padanus*）是鏈黴菌屬、放線菌目的成員，在研究中發現稠李鏈黴菌 PMS-702 可產生抗生物質抑制多種植物病原菌。研究顯示稠李鏈黴菌對十字花科苗立枯病之病原 *Rhizoctonia solani* AG-4 具有拮抗效果，經過萃取物分離、化學結構光譜分析，發現稠李鏈黴菌發酵液中主要的抗生物質爲治黴色基素（fungichromin）（Shih *et al.*, 2003），吳氏等學者以稠李鏈黴菌產生治黴色基素作爲指標（圖三 A、B），也確立培養液的組成與最佳化培養條件（Wu *et al.*, 2008）。

$C_{35}H_{58}O_{12}$

圖三 A　治黴色基素的結構與分子式。

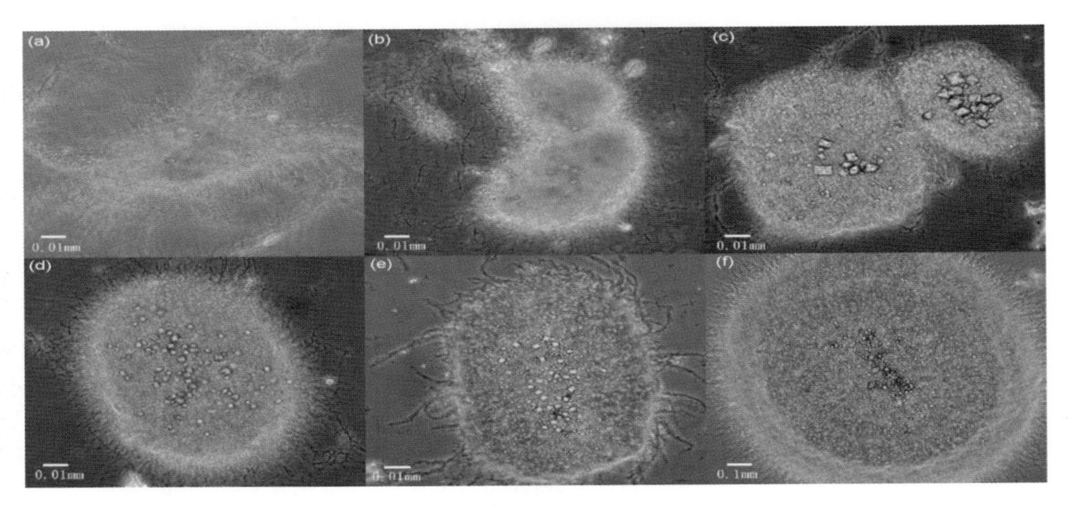

圖三 B　治黴色基素的結晶物與稠李鏈黴菌的菌體。

此外，稠李鏈黴菌之培養濾液對於各種植物病原眞菌具有不同程度的拮抗能力，實驗室測試發現其對許多病菌均具有抑制效果，如萵苣褐斑病菌（*Acremonium lactucum*）、十字花科蔬菜黑斑病菌（*Alternaria brassicicola*）、灰黴病菌（*Botrytis cinerea*）、炭疽病菌（*Colletotrichum* spp.）、鐮孢菌（*Fusarium* spp.）、褐根病菌（*Phellinus noxius*）、綠黴病菌（*Penicillium digitatum*）、豌豆葉枯病菌（*Mycosphaerella pinodes*）、疫病菌（*Phytophthora* spp.）等（Shih *et al.*, 2013），

進一步利用盆栽及果實進行防病效果的生物評估，證明 PMS-702 有廣泛的防病族譜（Shih *et al.*, 2013）。

歸納 PMS-702 稠李鏈黴菌植物保護製劑之開發流程依序涵蓋：菌種分離、生物分析、製劑調配、液態搖瓶培養、發酵槽放大培養、生物分析、盆栽試驗、溫網室試驗、田間試驗、以及製程放大等階段，同時，爲進行商品化成爲生物製劑產品，須進行菌種安全性評估、專利布局、商品登記與註冊。

三、眞菌蛋白激活子

鏈格孢屬眞菌（*Alternaria* spp.）之細胞萃取物存在有激活子蛋白，施用於作物上可誘導植物抗病。研究顯示從鏈格孢菌 *Alternaria tenuissima* APR01 所萃取的蛋白質除可促進植物根系生長與側根形成的作用外，尙有降低十字花科苗立枯病菌（*R. solani*）引發苗立枯病的效果。值得一提的是，這類蛋白質不具有直接抑制病原菌生長的功效，但可誘導植物啓動防禦機制，有效降低作物病害之發生（謝，2010；Hsieh *et al.*, 2016）。這些激活子蛋白製劑啓動植物防禦反應的試驗已在白菜、胡瓜等作物取得驗證。

四、食用菇培養濾液

從食藥用菇類的培養濾液中分析它們抑制植物病原菌的活性（圖四），發現香菇（*Lentinus edodes*）與紫丁香蘑（*Clitocybe nuda*）之培養濾液可抑制白菜炭疽病菌（*C. higginsianum*）孢子發芽；靈芝（*Ganoderma lucidium*）、香菇及紫丁香蘑之培養濾液可抑制白菜黑斑病菌（*A. brassicicola*）之孢子發芽；紫丁香蘑、雞腿蘑（*Coprinus comatus*）、香菇及金耳（*Tremella aurantialba*）等四種眞菌的培養濾液則可抑制疫病菌 *P. capsici* 的游走孢子發芽（Chen & Huang, 2010）。

此外，試驗中也顯示不同種類的菇類培養濾液亦可抑制多種植物病原細菌，如瓜類細菌性果斑病菌（*Acidovorax avenae* subsp. *citrulli*）、軟腐病菌（*Pectobacterium carotovorum* subsp. *carotovorum*）、青枯病菌（*Ralstonia solanacearum*）、水稻白葉枯病菌（*Xanthomonas oryzae* pv. *oryzae*）、十字花科黑腐病菌（*X. campestris* pv. *campestris*）及茄科細菌性斑點病菌（*X. axonopodis* pv. *vesicatoria*）等（Chen &

Xanthomomas campestris pv. *campestris*

Lentinula edodes *Clitocybe nuda* *Grifola frondosa*

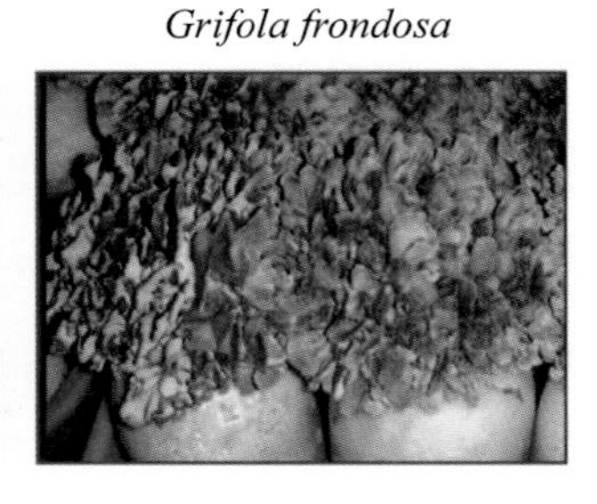

圖四　菇類發酵液的抑菌活性分析
由左至右：香菇、紫丁香蘑菇及舞菇之培養液抑制甘藍黑腐病菌的效果。

Huang, 2010）。

陳與黃兩氏分析紫丁香蘑培養濾液抑制病原菌之二次代謝物的特性，發現該物質具親水性，但不屬於蛋白類群（Chen & Huang, 2009），他們進一步鑑定紫丁香蘑培養濾液中抑制疫病菌游走孢子發芽的成分，主要是 5-methyl-6-methoxymethyl-p-benzoquinone、6-hydroxy-2H-pyran-3-carbaldehyde 及 indole-3-carbaldehyde 等三種（Chen *et al.*, 2012）。

五、蘇力菌

蘇力菌（*B. thuringiensis*）是一種革蘭氏陽性桿菌，在環境不良或營養缺乏時，可形成內生孢子，產生殺蟲結晶蛋白（delta- 內毒素）。結晶蛋白對鱗翅目、雙翅目或鞘翅目呈現不等的殺蟲活性。目前蘇力菌商品的主要成分大多為 δ 內毒素。當昆蟲吃下毒蛋白晶體後，在中腸鹼性腸液及蛋白酵素作用下，會被分解成原毒素

（pro-toxin），再活化成毒素，進而和昆蟲中腸腸壁之上皮細胞結合，造成昆蟲腸道破孔崩解，致使昆蟲停止取食至死亡（高，2005，2011）。目前行政院農委會藥物毒物試驗所已蒐集保存有千餘株臺灣本土的蘇力菌菌株，其中部分菌株攜帶有異於進口蘇力菌的 *cry* 型基因組合，具有優異的殺蟲活性，且已技術授權給生技公司量產銷售。

歸言之，微生物源植物保護製劑可透過以下作用方式抑制或殺死植物病原菌與害蟲，進而達到保護植物的效果：即 (1) 產生抗生物質（antibiotic production）或毒蛋白，直接抑制或殺害病原菌與害蟲；(2) 營養競爭（competition for nutrients），直接或間接造成病原菌養分缺乏；(3) 超寄生（hyperparasitism），藉由微生物寄生於病原菌或昆蟲的特性可殺害病原菌與害蟲；(4) 產生細胞壁分解酵素（cell wall degrading enzymes）直接分解病原菌之細胞壁或以幾丁質酵素破壞病原菌與昆蟲的幼蟲個體；或 (5) 誘導植物產生抗性（induce systemic acquired resistance），直接或間接抑制病原菌或害蟲危害農作物。

植物源植保製劑

天然植物保護製劑即為植物源農藥（botanical pesticide 或 plant derived pesticides），此類製劑主要利用植物體本身所含的穩定有效成分，針對目標害物施用於作物上，達到降低病、蟲、草等害物危害。這些有效成分通常是植物的有機體組成物，例如：生物鹼、配糖體、酚類、帖類、鞣質、類黃鹼素、皀素、類胡蘿蔔素、香豆素等，具有特定之生物活性，可抑制不同種類的植物病蟲害發生（Cowan, 1999；黃等，2013）。

全世界可作為植物源農藥應用的植物約有二千種以上，其中多數植物源農藥都是從五百多種中草藥中發掘。雖然植物源農藥之種源相當豐富且廣泛，但可被利用者卻微乎其微，僅魚藤酮、苦參鹼、菸鹼、楝素、藜蘆鹼、茴蒿素、木煙鹼、苦皮藤素、苦豆子總鹼等被少數農藥公司所生產（黃等，2013）。天然植物保護製劑防治作物病害的開發，大多由植物的萃取物充作防治作物病蟲害的研究開端。

從防治機制上來說，可大致區分為兩類：第一類為植物萃取物具誘導植物產生抗病性的能力，最著名的例子就是利用虎杖（*Reynoutria sachalinensis*）萃取液可以有效防治作物白粉病及灰黴病；研究顯示以 2% 虎杖萃取液每星期噴施於胡瓜植株上，可誘使胡瓜葉片的抑菌酚化物累積，進而抑制白粉病菌的感染（Daayf *et al*., 1995; Konstantinidou-Doltsinis & Schmitt, 1998）；目前國外已有利用虎杖萃取物，以 Milsana 商品名在市面上販售。第二類爲植物萃取物中具抑菌物質或含有殺菌成分可直接抑制病原菌生長（黃等，2013）。

茲介紹臺灣已研發成功之植物源植保製劑如下：

1. CH100 植物健素（中興一百）：以高麗菜下位葉、菸渣及荷格蘭養液製成，藉由高麗菜下位葉含有豐富的硫配糖體及菸渣含有尼古丁等成分，具有抑菌與昆蟲忌避的效果，可有效防治韮菜銹病、梅黑星病、李白粉病、萵苣萎凋病（圖五）、並減少紅蜘蛛與紋白蝶之危害，此外，尚可促進蔬菜種苗生長健壯（黃，1992；Huang & Chung，2003；林等，2004）。

處理組

對照組

圖五　CH100 植物健素防治萵苣萎凋病的功效（對照未處理組缺株嚴重）。

2. 農業試驗所的研究顯示，多種植物萃取液對植物病原眞菌具有抑菌效果（謝等，2005），該所植病組謝廷芳博士利用五倍子、薑黃、仙草及山奈等植物萃取液調配成「活力能」植物保護製劑，可有效防治作物炭疽病（黃等，2013）。研究顯示，將其稀釋 1000 倍可以防治十字花科炭疽病、芒果炭疽病。

3. 將植物油乳化後製成的產品，如「葵無露」和「大豆油乳化劑」，稀釋 200 倍至 400 倍施用於作物，可有效防治作物白粉病與露菌病（黃等，2013；Ko *et al*., 2003）。「葵無露」稀釋液噴布於植株上時會在植物體表形成一層薄膜，可阻隔病原菌孢子發芽與菌絲生長（Ko *et al*., 2003），同時可減少植物水分散失，屬於安全、低成本且實用的病害防治資材（黃等，2013；林等，2004）；除了防病之外，試驗結果也顯示乳化植物油具殺蟲效果與抑制害蟲的增殖率，例如，乳化之辣木油可用以防治草莓桃蚜等害蟲（陳，2015）。

4. 生物性燻蒸粒劑：十字花科蔬菜植體或種子含有硫配糖體（glucosinolate），經過酵素作用可釋放出具有殺菌作用的揮發物質。鍾氏等人由土壤中篩選出一種 *Pseudomonas boreopolis* 細菌，具有產生硫配糖體酵素的能力，因此將菜籽粕接種 *P. boreopolis* 後，可釋放出異硫氰化物；針對立枯絲核菌（*Rhizoctonia solani* AG-4）、白絹病菌（*Sclerotium rolfsii*）、菌核病菌（*Sclerotinia sclerotiorum*）、猝倒病菌（*Pythium aphanidermatum*）及疫病菌（*Phytophthora capsici*）等均具有顯著的抑菌功效（Chung *et al.,* 2003）。隨後鍾氏等人將菜籽粕、藻酸鈉、甘油及 *P. boreopolis* 研製成 PBGG（*Pseudomonas Brassica* Glycerine Granule）生物性燻蒸粒劑，施用於土壤中除可提高土壤中放線菌族群的增殖外，尙可降低 *Rhizoctonia solani* 引起之白菜立枯病的發生（Chung *et al*., 2005）。

生化植保製劑

生化植保製劑也稱作生化農藥（biochemical pesticides），其主要定義是以生物性素材經過化學萃取或合成之生物性化學製劑，例如性費洛蒙、誘引劑等（高，2005）。此外，勃激素、勃寧激素等也可歸類在生化製劑（楊與陳，2015）。本文將誘導植物產生抗病性之化學物質與重碳酸鹽類（bicarbonates）資材，列於生化植保製劑討論的範疇，並以中和亞磷酸溶液與重碳酸鹽類之應用，及性費洛蒙應用於昆蟲防治之概況作爲說明的案例。

一、亞磷酸溶液

亞磷酸具有誘導植物增強抗病能力的功效（安，2001），在臺灣不同種類的花卉、蔬菜、果樹已有廣泛使用的例子（林等，2004）。配製中和亞磷酸水溶液以等重 1：1 比例的亞磷酸與氫氧化鉀調配，首先溶解亞磷酸於水中後，再緩緩加入氫氧化鉀溶解，即成爲中和亞磷酸水溶液。

中和亞磷酸水溶液防治作物病害的實績，在國內農業試驗改良場所已有許多報告，它可預防番茄幼苗疫病、百合疫病（Ann *et al.*, 2009）、番茄與馬鈴薯晚疫病（蔡等，2009）、葡萄露菌病（劉等，2008，2010）、葡萄白粉病（劉等，2010）、豇豆白粉病（王等，2014）等；且於田間實務操作中能與其他資材混合使用，例如，加入窄域油、葵無露、碳酸氫鉀、微生物農藥或化學農藥等（侯等，2014；蔡，2014；王等，2014；曾等，2014；楊等，2014），達到作物健康管理的目的。

雖然亞磷酸對疫病、露菌病、白粉病有預防作用，研究資料呈現亞磷酸在田間試驗條件下卻無法減緩銹病（劉等，2010）、炭疽病（劉等，2010；蔡，2014）、*Pestalotiopsis* 引起之果腐病（蔡，2014）及稻秧苗立枯病（賴等，2014）之感染。

二、重碳酸鹽類

重碳酸鹽的種類有碳酸氫鈉（$NaHCO_3$；小蘇打）、碳酸氫鉀（$KHCO_3$）、碳酸氫銨（NH_4HCO_3）等，前述三種鹽類以碳酸氫鉀和碳酸氫鈉降低白粉病菌孢子發芽的效果較佳（謝等，2005），且在田間的測試當中，碳酸氫鉀可防治番茄白粉病、豌豆白粉病、玫瑰白粉病（謝等，2005）、豇豆白粉病（王等，2014）。此外，碳酸氫鉀和碳酸氫鈉在實驗室內測試有抑制梨黑星病菌菌絲生長的效果（蔡，2018）；碳酸氫鉀與窄域油混合，可有效防治小胡瓜白粉病，無論溫室與露地栽培條件下，防治白粉病效果與化學農藥效果相當（侯等，2014）。

重碳酸鹽以防治作物白粉病爲主，對於葉部病害如草莓灰黴病、青椒早疫病、洋香瓜葉枯病、瓜類葉斑病、玫瑰黑斑病、蘋果黑星病、菊花白銹病等也具療效。若以重碳酸鹽水溶液浸泡採收後的辣椒、胡蘿蔔、馬鈴薯、柑桔、洋香瓜等，亦可抑制貯藏病害的發生（林等，2004）。碳酸氫鉀比碳酸氫鈉對植物的生長較有助益，由於鉀離子較不傷害植物細胞，且可補充鉀肥，因此目前國內外已有多種商品化之碳酸氫鉀產品（黃等，2013）。

三、性費洛蒙

性費洛蒙具有很強的生物活性、用量少、專一性高，對於昆蟲的行為、生理、族群組成、生殖及生存具有密切的關連性，因此被廣泛應用於害蟲的綜合管理體系。臺灣農政單位為加強應用推廣非農藥防治技術，也鼓勵農友使用性費洛蒙防治害蟲，其中推廣性費洛蒙防治的害蟲有：斜紋夜盜蛾、甜菜夜蛾、甘薯蟻象、楊桃花姬捲葉蛾及茶姬捲葉蛾等（黃，2001）；此外也推廣應用誘引劑，如含毒甲基丁香油、克蠅，或蛋白質水解物，用以誘殺危害瓜果類的瓜、果實蠅。

結語

對於研發植物防疫產品的人員，需考慮到產品必須對環境生態友善、對人類與禽畜安全、可維護農作物生育的健康，以及可創造農業營運的永續；而在作物栽培體系中，運用植物保健產品前，農友須掌握下列四項原則，即 (1) 明瞭植物害物的生活規律；(2) 確認植物保健產品的主要功效與機理；(3) 熟悉植物害物的傳播與感染途徑；(4) 重視田間衛生管理，減少病蟲害的族群密度，才能有效控制作物病蟲害的發生。

（本文內容已部分刊登於「有機及友善環境耕作研討會論文集」第 37-49 頁，特致謝忱。）

主要參考文獻

1. 丁姵分、黃振文。2017。*Bacillus mycoides* 的鑑定與其防治番茄萎凋病之效果評估。植物醫學 59:19-26。
2. 王三太、林楨祐、洪爭坊、范攸晨、徐敏記、賴信順、許秀惠。2014。豇豆健康管理技術之研究。1-9 頁。刊於：林毓雯、郭鴻裕、陳駿季主編。102 年度重點作物健康管理生產體系及關鍵技術之研發成果研討會論文集。行政院農業委員會農業試驗所。臺中。臺灣。
3. 安寶貞。2001。植物病害的非農藥防治品 —— 亞磷酸。植物病理學會刊 10: 147-154。
4. 林俊義、安寶貞、張清安、羅朝村、謝廷芳。2004。作物病害之非農藥防治（再版）。行政院農業委員會農業試驗所。臺中。臺灣。
5. 侯秉賦、賴榮茂、黃德昌。2014。安全資材防治小胡瓜白粉病及露菌病初探。高雄區農業改良場研究彙報 25: 14-23。
6. 高穗生。2005。生物農藥產業之現況及應用。農業生技產業季刊 4: 34-39。
7. 高穗生。2011。微生物天敵 —— 細菌類殺蟲劑之應用。臺灣有機農業技術要覽（上）。豐年社出版。臺北市。219-221 頁。
8. 陳和緯、林盈宏、黃振文、張碧芳。*Bacillus mycoides* CHT2402 對萵苣幼苗生長之影響。植物病理學會刊 19: 157-165。
9. 陳麗仰。2015。利用植物油和蕈狀芽孢桿菌防治草莓害蟲效果評估。國立中興大學國際農學研究所碩士論文。臺中。
10.. 黃振文。1992。利用合成植物營養液綜合管理蔬菜種苗病蟲害。植物保護會刊 34: 54-63。
11. 黃振聲。2001。性費洛蒙在蟲害管理上之應用與發展。跨世紀臺灣昆蟲學研究之進展研討會專輯。329-372 頁。
12. 黃鴻章、黃振文、謝廷芳。2013。永續農業之植物病害管理第三版。農世股份有限公司。臺中。臺灣。
13. 彭玉湘。2018。蕈狀芽孢桿菌防治胡瓜猝倒病的功效與其殺死游走子的成分。國立中興大學植物病理學研究所博士論文。臺中。

14.. 曾敏南、王仁晃、張耀聰。2014。番木瓜健康管理。92-108 頁。刊於：林毓雯、郭鴻裕、陳駿季主編。102 年度重點作物健康管理生產體系及關鍵技術之研發成果研討會論文集。行政院農業委員會農業試驗所。臺中。臺灣。

15.. 楊玉婷、陳枻廷。2015。農用生物製劑產業發展與有機農業。農業生技產業季刊 44: 25-34。

16. 楊素絲、陳任芳、徐仲禹、蔡依真。2014。青蔥健康管理生產體系之研究。156-164 頁。刊於：林毓雯、郭鴻裕、陳駿季主編。102 年度重點作物健康管理生產體系及關鍵技術之研發成果研討會論文集。行政院農業委員會農業試驗所。臺中。臺灣。

17. 劉興隆、沈原民、吳世偉。2008。亞磷酸防治葡萄露菌病。臺中區農業改良場研究彙報 98: 57-68。

18. 劉興隆、趙佳鴻、沈原民、吳世偉。2010。評估亞磷酸防治葡萄主要病害之效果。臺中區農業改良場研究彙報 106: 55-64。

19. 蔡志濃、安寶貞、王姻婷、王馨媛、胡瓊月。2009。利用中和後之亞磷酸溶液防治馬鈴薯與番茄晚疫病。臺灣農業研究 58: 185-195。

20. 蔡依真。2014。非農藥資材防治蓮霧果實病害之效果。花蓮區農業改良場研究彙報 32: 43-51。

21. 蔡依真。2018。宜花地區梨黑星病之發生與其病原菌對殺菌劑及植物保護資材感受性評估。花蓮區農業改良場研究彙報 36: 67-76。

22. 賴明信、朱盛祺、鄭志文、李長沛、卓緯玄、蔡正賢、張素貞。2014。水稻健康管理關鍵技術之研究。126-136 頁。刊於：林毓雯、郭鴻裕、陳駿季主編。102 年度重點作物健康管理生產體系及關鍵技術之研發成果研討會論文集。行政院農業委員會農業試驗所。臺中。臺灣。

23. 謝子揚。2010。鏈格孢屬真菌之蛋白質萃取液誘導白菜抗立枯病之效果評估。國立中興大學植物病理學研究所碩士論文。臺中。

24. 謝廷芳、黃晉興、謝麗娟。2005。利用碳酸氫鉀與聚電解質防治作物白粉病。植物病理學會刊 14: 125-132。

25. 謝廷芳、黃晉興、謝麗娟、胡敏夫、柯文雄。2005。植物萃取液對植物病原眞菌之抑菌效果。植物病理學會刊 14: 59-66。
26. Ann, P. J., Tsai, J. N., Wong, I. T., Hsieh, T. F., and Lin, C. Y. 2009. A simple technique, concentration and application schedule for using neutralized phosphorous acid to control Phytophthora diseases. Plant Pathol. Bull. 18: 155-165.
27. Chen, J. T. and Huang, J. W. 2009. Control of plant diseases with secondary metabolite of *Clitocybenuda*. New Biotechnol. 26: 193-198.
28. Chen, J. T. and Huang, J. W. 2010. Antimicrobial activity of edible mushroom culture filtrates on plant pathogens. Plant Pathol. Bull. 19: 261-270.
29. Chen, J. T., Su, H. J., and Huang, J. W. 2012. Isolation and identification of secondary metabolites of *Clitocybe nuda* responsible for inhibition of zoospore germination of *Phytophthora capsici*. J. Agric. Food Chem. 60: 7341-7344.
30. Choudhary, D. K. and Johri, B. N. 2009. Interactions of *Bacillus* spp. and plants-with special reference to induced systemic resistance (ISR). Microbiol Res. 164: 493-513.
31. Chung, W. C., Huang, J. W., Huang, H. C., and Jen, J. F. 2003. Control, by *Brassica* seed pomace combined with *Pseudomonas boreopolis*, of damping-off of watermelon caused by *Pythium* sp. Can. J. Plant Pathol. 25: 285-294.
32. Chung, W. C., Huang, J. W., and Huang, H. C. 2005. Formulation of a soil biofungicide for control of damping-off of Chinese cabbage (*Brassica chinensis*) caused by *Rhizoctonia solani*. Biol. Control. 32: 287-294.
33. Cowan, M. M. 1999. Plant products as antimicrobial agents. Clinical Microbiology Reviews. 12: 564-582.
34. Daayf, F., Schmitt, A., and Bélanger, R. R. 1995. The effects of plant extracts of *Reynoutria sachalinensis* on powdery mildew development and leaf physiology of long English cucumber. Plant Dis. 79: 577-580.
35. Hsieh, T. Y., Lin, T. C., Lin, C. L., Chung, K. R., and Huang, J. W. 2016. Reduction of *Rhizoctonia* damping-off in Chinese cabbage seedlings by fungal protein. J. Plant Med. 58: 1-8.

36. Huang, J. W. and Chung, W. C. 2003. Management of vegetable crop diseases with plant extracts. p. 153-163. In: H. C. Huang and S. N. Acharya (eds). Advances in Plant Disease Management. Research Signpost, Kerala, India.
37. Ko, W. H., Wang, S. Y., Hsieh, T. F., and Ann, P. J. 2003. Effects of sunflower oil on tomato powdery mildew caused by *Oidium neolycopersici*. J. Phytopathol. 151: 144-148.
38. Konstantinidou-Doltsinis, K. and Schmitt, A. 1998. Impact of treatment with plant extractsfrom *Reynoutria sachalinensis* (F. Schmidt) Nakai on intensity of powdery mildew severity and yield in cucumber under high disease pressure. Crop Prot. 17: 649-656.
39. Peng, Y. H., Chou, Y. J., Liu, Y. C., Jen, J. F., Chung, K. R., and Huang, J. W. Inhibition of cucumber *Pythium* damping-off pathogen with zoosporicidal biosurfactants produced by *Bacillus mycoides*. J. Plant Dis Protection 124: 481-491.
40. Shih, H. D., Chung, W. C., Huang, H. C., Tseng, M., and Huang, J. W. 2013. Identification for *Streptomyces padanuss* train PMS-702 as a biopesticide agent. Plant Pathol. Bull. 22: 145-158.
41. Shih, H. D., Liu, Y. C., Hsu, F. L., Mulabagal, V., Dodda, R., and Huang, J. W. 2003. Fungichromin: a substance from *Streptomyces padanus* with inhibitory effects on *Rhizoctonia solani*. J. Agric. Food Chem. 51: 95-99.
42. Sustainable Organic Agriculture Action Network. 2013. Best practice guidelines for agriculture and value chains. <http://www.fao.org/3/a-ax270e.pdf>
43. Wu, J. Y., Huang, J. W., Shih, H. D., Lin, W. C., and Liu, Y. C. 2008. Optimization of cultivation conditions for fungichromin production from *Streptomyce spadanus* PMS-702. J. Chin. Inst. Chem. Eng. 39: 67-73.

PART II

微生物源植醫資材與產品

CHAPTER 2

木黴菌植醫保健產品的開發與應用

羅朝村

國立虎尾科技大學生物科技系

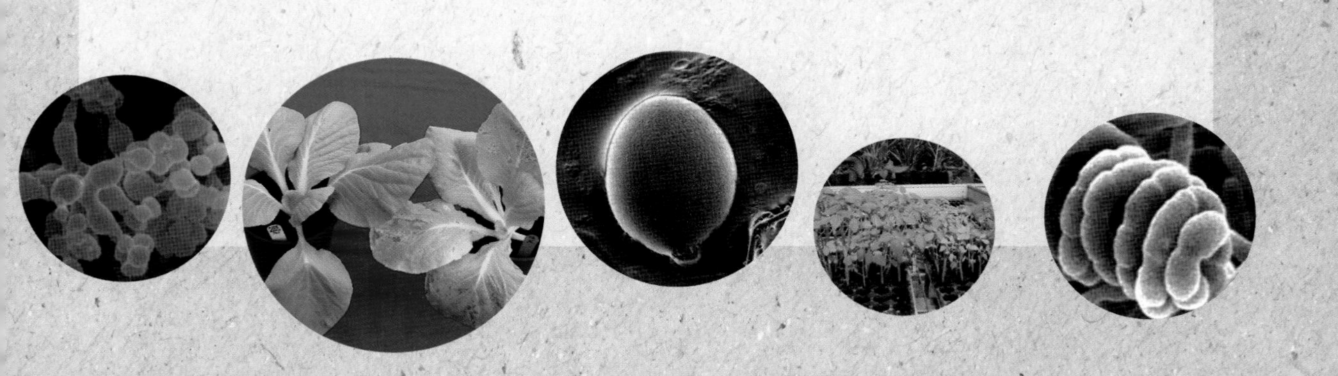

摘要

在講求永續經營或環保的二十一世紀裡，如何減少化學農藥或化學肥料的使用，並尋得一無毒性或低汙染的化學替代物，已成爲各主要開發國家所重視與研發的重點政策，生物防治（生物性藥劑使用）策略即爲重點項目之一。在眾多生物防治微生物中，木黴菌被認爲是安全且有效的微生物之一。目前已商品化的微生物殺菌劑約有 50% 是爲木黴菌菌株。其與病原菌或作物間的作用機制，主要有產生抗生素、營養競爭、微寄生、產生細胞壁分解酵素以及誘導植物產生抗性等；尤其木黴菌被認爲是作物對抗環境逆境的重要解救者，如使作物耐高溫、耐低溫、耐旱、耐鹽或耐淹水等急遽氣候變遷之非生物性的逆境。

惟未來在使用這些木黴菌菌株時，仍應注意這些菌種特性、使用濃度、對宿主作物的親和性、對施用位置的氣候因子是否有利於木黴菌株保有活性及不同場域的施用劑型等；才能更有效的發揮該木黴菌菌株的功能。

關鍵字：木黴菌、促進作物生長、代謝產物、抗逆境、抑菌機制、抗生作用、寄生作用、細胞壁分解、競爭作用、誘導抗性、增進光合作用率、醣輸送酵素、商品化產品、優良菌株、發酵量產、劑型、運輸體系、施用方法、種子處理、生物農藥

前言

爲求降低化學藥劑對環境的衝擊，有害物的生物防治策略，已是目前各國在替代合成化學藥劑之重要農業政策之一。尤其在最近幾十年，各國在法規上限制較具毒性的化學藥劑的註冊與登記時間，相對的也鼓勵了生物農藥的開發與研究，因此在生物農藥登記與註冊已有顯著的增加，例如在 2016 年前於美國註冊的生物農藥已有三百五十六種活性成分包括有五十七種（species）或菌株（strain）之微生物或衍生物（Kumar & Singh, 2015），銷售金額亦達到 11 億美金，更預測 2016 至 2022 銷售額約可成長 17%，相較於化學藥劑則只成長約僅 3%（Markets & markets, 2016）。

在臺灣根據農委會防檢疫局資料顯示，目前已登記的生物性農藥產品約四十二種，包括微生物製劑之蘇力菌、枯草桿菌及木黴菌等，及天然素材之除蟲菊精、印楝素及生化製劑甜菜夜蛾費洛蒙、斜紋夜蛾費洛蒙等，顯示生物農藥在臺灣，最近幾年在政府努力推動下已有顯著成長。其他國家包括歐洲各國、印度、日本、中國、泰國、越南等國家，皆有顯著的生物農藥登記量；因此多家跨國化學農藥之大公司也意識到生物農藥的潛在市場及具有一些重要優勢，包括：開發成本低、環保且具有較好的安全性，作用方式複雜且不易產生抗藥性，並可以補強化學農藥的防治效果或減少使用量等。因此這幾家知名的化學農藥公司皆在同時間內，紛紛併購生物農藥公司，以求快速進入生物農藥市場。如拜耳公司（2012 年 8 月）以 4.25 億美元，併購 AgraQuest；巴斯夫公司（2012 年 9 月）以 10.2 億美元，併購 Becker Underwood；先正達公司（2012 年 9 月）以 1.13 億美元，併購 Pasteuria Bioscience（Markets & markets, 2016）。

在多種有益之應用微生物中，木黴菌是一最被廣泛使用的絲狀眞菌。尤其在市場上使用，已被認爲具有安全及多種功能的微生物之一，包括可應用於生物農藥（biofungicide）、生物肥料（biofertilizer）、促進作物生長與產生誘發作物抗環境逆境之刺激物等。其他也曾報告具有維持土壤肥力與協助堆肥腐熟等功能。若與其他微生物相比較，木黴菌具有其生物的獨特性與優勢性；例如可廣泛存在不同氣候環境下之原始土壤或農業栽種的土壤中，它亦可纏據於植物地上部與地下部等之組織器官或生長於活細胞間（內寄生）；包括植物表皮、土壤有機質或甚至一些哺乳類病原體等。

在在顯示木黴菌廣泛分布於全球各地，依文獻記載區域或國家，非洲有五個國家（South Africa, Kenya, Zambia, Morocco, Tunisia）、亞洲有八個國家（China, India (91%), Indonesia, Japan, Korea, Russia, Vietnam, Philippines, Taiwan）、歐洲有十四個歐盟國家及三關聯國（BE, CZ, DK, EE, ES, FI, FR, HU, IE, IT, NL, SE, SI, UK）Moldavia, Ukraine, Israe）、北美有二個國家（USA, Canada）、太平洋區有二個國家（Australia, New Zealand 及中南美有十四個國家（Argentina, Bolivia, Brazil, Chile, Colombia, Costa Rica, Cuba, Equador, Honduras, Mexico, Panama, Peru, Uraguay, Venezuela）等（Woo *et al.*, 2014）。爲讓讀者能快速了解木黴菌的功能與應用範圍，本文將針對已發表之文獻或已被應用的產品進行整理與歸類，以利讀者在應用或研發時，能有所參考依據。

木黴菌的種類

在木黴菌的分類中，依據早期 Rifai 在 1969 年所做之分類，木黴菌屬主要分爲九個種（species）如 *T. piluliferum, T. polysporum, T. hamatum, T. koningii, T. aureoviride, T. harzianum, T. longibrachiatum, T. pseudokoningii, T. viride*。但由於此種分法過於粗略，因此在 1991 年加拿大籍的 Bisett 氏進一步將木黴菌屬（Genus）之下，依顯微鏡下之外觀形態，如孢柄分支數量、形態及分生孢子等形態，再分成五個組（Section）如 section *Trichoderma*、section *Longibrachiatum*、section *Saturnisporum*、section *Pachybasium* 以及 section *Hypocreanum*；但後來發現有些是孢子未成熟的表現，故在 1998 年再修正爲四個組，即將 Saturnisporum 併入 section *Longibrachiatum*；其組下再細分多個不等的種（species）；最近由於分子生物學的演進，更是在一些形態不易區分者中，顯示出其分子序列上的差異，根據這些差異已有百餘種的發現（請參考 Trichoderma Home 網站）。

儘管在分類上，種與種間的歸屬略有差異，但被應用於生物防治的種類，文獻有記載者，仍僅以 *Trichoderma viride*、*T. polysporum*、*T. hamatum*、*T.*

pseudokoningii、*T. koningii*、*T. gamsiis*、*T. atroviride* 以及 *T. harzianum* 為主（Wu *et al.*, 2014）；其中又以 *T. harzianum* 最為普遍。目前已有多株商品化之產品問市，可防治的病原菌計有真菌類如 *Rhizoctonia solani, Botrytis cinerea, Magnaporthe grisea, Phytophthora* spp., *Pythium* spp., *Alternaria* spp. 等，細菌類如 *Pseudomonas syringae* 等，病毒類如 cucumber mosaic virus, cucumber green mottle mosaic virus 等（Wu *et al.*, 2014），可防治之作物範圍更廣達棉花、大豆、胡瓜、豌豆、玉米、葡萄番茄、藍莓、水耕作物以及高爾夫球場之草皮等（Damalas & Koutroubas, 2018）。

木黴菌對病原菌的作用機制

利用木黴菌防治病害的主要機制，通常可被歸類成下列五大類：即抗生素的產生（antibiotic production）、營養競爭（competition for nutrients）、微寄生（mycoparasitism）、細胞壁分解酵素（cell wall degrading enzymes）以及誘導植物產生抗性（induce systemic acquired resistance）（Adams, 1990; Lo, 2000; Waghunde *et al.*, 2015; Singh *et al.*, 2018），前三項通常被認為是舊式的（classical model）作用機制模式，後兩項則是間接作用或與作物有關，被認為是防病的新模式（new model）（Harman, 2009）。

一、在抗生作用方面

木黴菌中可產生抗生素有效防治病害者，以 *Trichoderma* (*Gliocladium*)*virens* 產生 Gliotoxin 與 Gliovirin 被報告最多，主要防治對象以 *Pythium ultimum, Rhizoctonia solani* 及 *Phytophthora* spp. 引起的病害為主（Papavizas, 1985; Harman & Nelson, 1994）。雖然木黴菌中 *Trichoderma harzianum* 曾被報告產生抗生素與病害防治功效間並無直接關連性（ Faull & Graeme-Cook, 1992），但若其與水解酵素組合，則可能在拮抗作用中扮演中重要角色（Schirmbock *et al.*, 1994）。例如 Schirmbock 氏等曾觀察 *T. harzianum* 可產生細胞壁分解酵素及 peptaibol 抗生素。若此抗生素與幾丁質分解酵素組合，可增加抑制真菌孢子發芽和菌絲生長。最近我的研究團隊，發現木黴菌也會產生次級代謝物如前述之抗菌肽（peptaibols, gliotoxins, trichodermin）與 polyketides 等。

抗菌肽是由非核醣體胜肽合成酶（non-ribosomal peptide synthetase）所合成，抗菌肽可抑制病原眞菌及細菌的生長，甚至誘導細胞凋亡；有些可促進植物生長，並誘導植物系統性免疫防禦機制等（Mei *et al*., 2012; Wiest *et al*., 2002）。目前已知有三百一十六種抗菌肽，其中六成以上紀錄是由木黴菌所產生（Whitmore & Wallace, 2004）。

二、在營養競爭方面

利用木黴菌如 *T. harzianum* 作種子處理，可減少 25% 玉米根的電解質流失。這個因子被歸因於減少病原菌孢子發芽所需的養分，而這個減少養分可能被木黴菌奪取或阻斷（Harman & Nelson,1994, Bjorkman *et al*., 1994）。類似情形則被發現 *Trichoderma* spp. 可纏據在作物根部受傷處（Green & Jensen, 1995）。另外 Harman 等發現 *T. harzianum* 可產生還原酵素（Reductase），因而推測可能與微量元素如 Fe、Mn 之吸收能力有關。在筆者團隊亦發現木黴菌可增進土壤一些元素的增加，進而有利作物生長（丘等，2007），另外木黴菌也有資料顯示可螯合鐵進而可競爭鐵離子而抑制 *Pythium* spp. 引起的病害（Singh *et al*., 2018）。

三、在細胞壁分解酵素方面

一般認爲細胞壁分解酵素（cell wall degrading enzymes）在抑制病害上扮演著重要角色。很多試驗證明幾丁質分解酵素或多醣分解酵素（ B-glucanase）單獨或組合使用可直接分解眞菌細胞壁（Harman *et al*., 1993; Lam & Gaffney, 1993; Lorito *et al*., 1993, 1994）。最近遺傳學上亦證明，缺乏幾丁質分解酵素（ChiA）的突變菌株出現抑制病原菌孢子發芽能力以及病害防治能力明顯下降（Lam & Gaffney, 1993）。

更進一步試驗顯示，當這個 ChiA 基因被引入無病害防治能力之 *E. coli* 菌株中，這個轉殖的菌株可減少大豆白絹病的發生（Shapira *et al*., 1989）。同樣的 *T. harzianum* 被引入來自 *Serratia marcescens* 之 ChiA 的菌株亦較原來菌株具有覆蓋白絹病生長的能力（Haran *et al*., 1993）。最近更有很多轉殖植物（transgenic plant）含有來自木黴菌之幾丁質分解酵素（endochitinase），因而增加對病原菌（plant pathogenic fungi）之抗性（ Lorito *et al*., 1993, 1994）。

目前 chitinase 因其構造及 amoino acid 排列上的差異，約略可分為三群（class I, II, III）（Oppenheim & Chet, 1992; Hayes *et al.*, 1994）；最近筆者團隊研究報告亦顯示，木黴菌在有病原菌菌絲（如 *Rhizoctonia solani*）存在時，會分泌多量之幾丁分解酵素及纖維分解酵素，甚至產生大量的 L-amino acid oxidase（ThLAAO）物質能有效拮抗眞菌 *R. solani* 及 *B. cinerea* 生長（Yang *et al.*, 2011b; Cheng *et al.*, 2012），並可抑制細菌 *E. coli* 與 *S. aureus* 生長（Cheng *et al.*, 2011）。

四、在微寄生方面

以木黴菌之微寄生（Mycoparasitism）立枯絲核病菌（*Rhizoctonia solani*）為例，其過程大約可分為四個步驟（Chet, 1987; Handelsman Jo & Park, 1989），首先是趨化性生長（chemotropic growth），即木黴菌生長趨向可產生化學刺激物之病原菌；第二步驟則為辨識（recognition），此一步驟則與病原菌含有的聚血素（lectins）及拮抗菌表面擁有的碳水化合物接收器（carbonydrate receptors）有關，這些物質則牽涉到病原菌與拮抗微生物間作用的專一性（Inbar & Chet, 1992, 1994）；第三步驟則為接觸（attachment）與細胞壁分解（cell wall degradation）；最後則為穿刺侵染作用（penetration），即木黴菌產生類似附著器之構造（appressoria-like structures）侵入眞菌細胞（Chet, 1987; Deacon & Berry, 1992）。

五、在誘導植物產生抗性方面

植物系統性抗性（systemic resistance）可分為兩種，即系統性獲得抗性（Systemic Acquired Resistance, SAR）和誘導系統性抗性（Induced Systemic Resistance, ISR）（Shoresh *et al.*, 2010; Nawrocka & Malolepsza, 2013）。

SAR 是植物受到病原菌侵襲而產生的系統性抗性。植物受到病原菌侵襲可產生多種內源性訊息分子（endogenous signaling molecules），如 salicylic acid（SA）（Shulaev *et al.* 1997）、methyl salicylate（MeSA）（Park *et al.*, 2007）、lipid transfer protein（Defective Induced Resistance 1, DIR1）（Maldonado *et al.*, 2002）、dehydroabietinal（DA）（Chaturvedi *et al.*, 2012）、azelaicaicd（AzA）（Jung *et al.*, 2009）, glycerol-3-pliosphate dependent factor（G3P）（Nandi *et al.*, 2004）及 pipecolic acid（Pip）（Návarová *et al*., 2012）（詳細資料可參考 Ádám *et al*., 2018; Klessig *et al*., 2018; Singh *et al*., 2017）。這些植物所產生之分子可以經由維管束運輸到未受病原菌侵襲組織（如葉子），透過訊息傳遞途徑刺激植物產生活性氧（reactive oxygen species, ROS），表現致病過程相關的蛋白 [pathogenesis-related (PR) proteins] 與產生抗菌素（phytoalexins）等防禦機制，以抵抗病原菌侵襲，科學家稱此種方式之抗病機制爲 SAR（Klessig *et al*., 2018）。

ISR 則是植物受到 plant growth-promoting rhizobacteria (PGPR) and fungi (PGPF) 等有益微生物（beneficial microbes）的刺激，誘導植物分泌 jasmonic acid (JA) 和 ethylene (ET) 等分子，經由 JA/ET 訊息傳遞途經而誘導的系統性抗性（Campos *et al*., 2014; Pieterse *et al*., 2014; Shoresh *et al*., 2010）。*Trichoderma* spp. 誘導植物系統性抗性的機制很複雜，在很多 *Trichoderma*-plant 交互作物中可觀察到 JA/ET 的合成及伴隨 ISR 的產生（Shoresh *et al.*,2010）。

然而，近年來也有很多研究顯示 *Trichoderma* spp. 能夠引發 SAR 中 SA 的合成（Siddaiah *et al*., 2017）或同時引發 ISR 的 JA 與 ET 合成及 SAR 中 SA 的合成（Hermosa *et al*., 2012; Nawrocka & Malolepsza, 2013; Salas-Marina *et al*., 2011）。例如 *T. virens* 或 *T. atroviride* 感染 *A. thaliana* 時會同時活化 SA 及 JA/ET 下游訊息傳遞及防禦基因表現（Contreras-Cornejo*et al*., 2011; Nawrocka & Malolepsza, 2013; Salas-Marina *et al*., 2011）。故 *Trichoderma* spp.・誘導植物系統性抗性的機制會因植物品種、*Trichoderma* 菌種、病原菌種類、非生物性緊迫或逆境（abiotic stress）條件或甚至培養方式不同而有所不同（Nawrocka & Malolepsza, 2013）。

Trichoderma 可生產多種微生物相關分子型樣物質（microbial associated molecular patterns, MAMPs），這些物質可驅動植物免疫的能力，例如 xylanase (EIX)（Rotblat *et al*., 2002）、cellulases（Martinez *et al*., 2001）、cerato-platanins small protein 1 (Sm1/Epl1)（Djonovic *et al.,* 2006; Seidl *et al*., 2006）、swollenin protein (Swo)（Brotman *et al*., 2008）、endopolygalacturonase (ThPG 1)（Moran-Diez *et al*., 2009）及 18-mer and 20-mer peptaibol（Luo *et al.,* 2010; Viterbo *et al.*,2007）。這些分子能夠誘導系統性抗性（Nawrocka & Malolepsza, 2013）。

我們最近的研究結果顯示 L-amino acid oxidase (Th-LAAO) 由 *Trichoderma* 分泌後可穿透植物皮層（cortex），透過維管束運輸到植物葉肉細胞之葉綠體內與類囊體膜（thylakoid membrane）上的 photosystem II（PSII）type I chlorophyll a/b binding protein（CAB）結合，產生 H_2O_2，並透過訊息傳遞途徑刺激植物產生 PR proteins，進而抵抗菌核病菌（*Sclerotinia sclerotioeum*）及灰黴菌（*B. cincrea*）。同樣的，我們在 2018 的報告亦顯示，木黴菌產生的 EPl1 會誘導作物如菸草抗 ToMV 的危害及其他如胡蘿蔔抗細菌性軟腐病或小白菜抗眞菌性葉斑病等，其機制可能與鏈結 SA 與 JA 之中間途徑有關。

總之，木黴菌及其他有益植株微生物（beneficial microbes），可藉由在植株根系建立族群，在植株免疫防禦機制上，扮演舉足輕重角色（Hermosa *et al*., 2013; Sharma *et al*., 2017）。當植株爾後遭遇病原感染、昆蟲啃食、或非生物性環境逆境時，這些植株共生微生物，能經由上述機制，誘使植株更迅速、更有效啓動其免疫防禦機制，有如動物之專一性免疫機制。木黴菌產生之次級代謝物，施用於植株不同生長期、不同部位如苗、葉片等，亦能達到相同促進其免疫防禦機制效果（Vos *et al*., 2015）。

木黴菌與作物間的交互作用

木黴菌除了可防治作物病害外，常有可促進作物生長的記載。例如，利用純木黴菌孢子或其他配方培養的孢子可促進蘿蔔的生長。另外，木黴菌可增加各種花卉和園藝作物的生長乾重量，如萬壽菊、青椒、長春花和牽牛花，也有報告指出它可使玉米、大豆、番茄、胡瓜、草莓和草皮生長旺盛並增加產量。筆者試驗各種作物（如玉米、洋香瓜、胡瓜、苦瓜和絲瓜、果樹類等），也發現多種木黴菌菌株都可增加植株根系和根在土壤中的分布面積（圖一）。

有益微生物木黴菌促進植物生長的機制，主要有下列幾種假說（hypothesis）：(1) 減少一些次要或無明顯病徵的病原菌的危害；(2) 促進作物對養分的吸收；(3) 產生植物所需的生長激素；(4) 減少土壤中對植物有害物質的濃度；產生維生素或植物生長所需的物質。除此之外，(5) 木黴菌可產生多種代謝物質如大黃酚類物質

圖一　木黴菌處理對作物根系之影響。

（chrysophenol），可增加作物光合作用（增加 Rubicoase）、增加醣運送酵素等有效將醣運送至根部促進根生長與發育（data submitted），進而增加養分與水分的吸收等。

一、木黴菌促進作物生長的研究

Baker 等氏在 1984 首先報告利用純木黴菌（*T. harzianum*）孢子或其它配方之培養之孢子可促進蘿蔔之生長（約 150-250%）。另外 Chang 氏等 1986 亦描述處理過 *Trichoderma* spp.（相對於無處理者）可增加各種花卉與園藝作物之植體乾重量。其它施用於萬壽菊、青椒、日日春及牽牛花，亦被證實有相同的效果（Baker, 1988）。隨後應用在玉米、大豆、蕃茄、胡瓜、草莓及草皮等亦均有報告，顯示木黴菌可促進作物生長旺盛及增加產量（Bajorkman, 1994; Harman *et al*., 1989; Inbar *et al*., 1992; Kleifeld & Chet, 1992; Lo e*t al*., 1997）。筆者利用木黴菌試驗各種作物（如玉米（圖二）、洋香瓜、胡瓜、苦瓜及絲瓜）。亦發現多種木黴菌菌株均顯示可增加植株高度、及根系在土壤中的分布（Lo, 1997）。

在臺灣，根據我們團隊研究，除顯示一般可促進作物（包括短期作物與多年生作物如果樹）生長外，亦針對可能機制作了進一步分析，發現可促進根系生長及增加土壤元素吸收，包括有些菌株具有溶磷的效果、並可增加氮與其他微量元素如Mg、Ca、Cu、Mn、Fe的吸收（王氏等，2011）。在植物生理上，當植物根系有木黴菌纏繞時，則可增加作物的光合作用率，增加宿主植物葉片面積及對 CO_2 的吸收，增加宿主植物根系的發育分化及對土壤中如P、Fe等無機養分的吸收等，因此植株生長良好，當然亦提升整體作物產量。

木黴菌處理組　　對照組　　木黴菌處理組

圖二　木黴菌澆灌對玉米生長的影響。

二、木黴菌增進作物抗環境之逆境

由於木黴菌能寄生植物病原眞菌，並可藉由釋泌性代謝物，不須直接接觸植株，即能從遠方誘導植物之免疫防禦機制。一些木黴菌菌株已被發展成商業用殺眞菌劑，於今日農業運作模式中應用（Mukberjee *et al*., 2013）。除了提升植物對抗病原微生物之免疫防禦機制，及促進植株生長外，木黴菌並能提高植物對非生物性逆境（如極端冷熱溫度、滲透壓（高鹽度）、乾旱或淹水或氧化傷害等）之抗性（Mukberjee *et al*., 2013; Zaidi, *et al*., 2015 ）。

許多直接及間接證據顯示，前述這些木黴菌對抗其他微生物（包括眞菌、細菌、酵母菌）之特性，及對作物宿主之幫助，均來自木黴菌次級代謝物之作用（Zeilinger *et al*., 2016; Keswani *et al*., 2017），如 *T. harzianum* T34 有 hsp70 gene 可使木黴菌耐熱、耐鹽或抗過氧化物等。筆者在臺灣的測試亦顯示木黴菌可提高甘藍耐旱的能力（圖三 A、B）及花生耐寒（圖四）等。這些耐熱與耐鹽菌種有紀錄的是 *T. harzianum* TaDOR671、*T. asperellum* TaDOR673、*T. asperellum* TaDOR564、*T. asperellum* TaDOR33 及 *T. asperellum* TaDOR693（Poosapati *et al*., 2014 ）；最近筆者研究團隊亦發現有 *T. asperellum* T59 與 *T. harzianum* T2 可增加作物耐高溫、耐旱及耐淹水的情況。

根據文獻顯示，木黴菌可藉由產生 auxin 及其它次級代謝物等分子，促進宿主植物整體的光合作用率，增加宿主植物葉片面積及對 CO_2 的吸收。最近的研究也顯示，木黴菌藉由啓動宿主植物清除活化氧分子（ROS scavenging）的反應，進而提升植株對非生物性逆境，包括鹽、溫度、滲透壓等的抗性（Mastouri *et al*., 2010），甚至降低種子老化的的生理逆境（Zaidi *et al*., 2015）。透過 SA，JA，及 ET 間的交互網絡，也牽涉到與植株其它荷爾蒙，包括 ABA（abscisic acid 離層酸，攸關植物發育分化及非生物性逆境反應）、IAA（indole-3-acetic acid, 3- 吲哚乙酸乃植物重要的生長素，攸關植物生長及根系分化發展）、及 GA（gibberellin 激勃素，攸關植物生長抑制蛋白 DELLA 之降解）之間的對話。

木黴菌產生的 ACCD（1-aminocyclopropane-1-carboxylic acid deaminase）降解 ACC，ACC 乃 ET 生合成路徑之前驅物，導致 ET 量驟減，同時活化激勃素（gibberellin）訊息調控，加速 DELLA 蛋白降解，進而達到促進植株生長之結果。換言之，gibberellin 也可能藉由調控 DELLA 蛋白之降解，來控制 JA 及 SA 主導之免疫防禦反應。另一方面，木黴菌產生的 IAA，藉助 ACC synthase 刺激 ET 生合成，進而促進 ABA 生合成。

另一方面，透過轉殖基因的探討，如轉殖木黴菌 endochitinase gene (chit42) 之植物，包括煙草、棉花、胡蘿蔔等，確實表現顯著抗病原感染能力（Kumar *et al*.,

2009）外；轉殖木黴菌 hsp70（heat-shock protein）、Thkel1（kelch-repeat protein）之植物，則可表現顯著抗環境逆境能力（Hermosa *et al*., 2011）。此外轉殖木黴菌 glutathione transferase 之煙草，更展現超強降解環境有害汙染物之潛力（Dixit *et al*., 2011）。

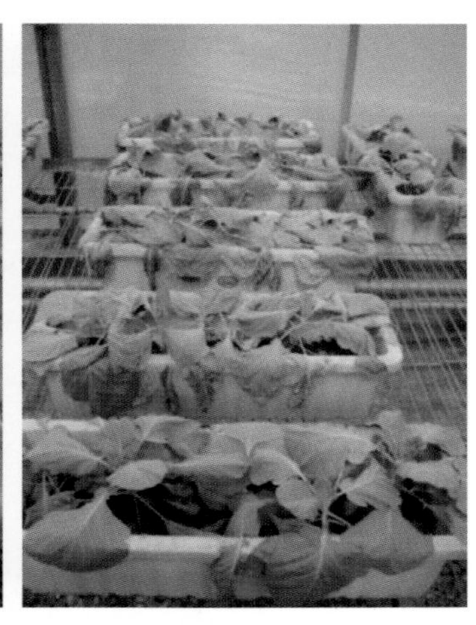

圖三 A　甘藍育苗生長 21 天後，斷水 21 天，測試木黴菌處理對作物耐旱之能力比較。由左至右分別為對照組、木黴菌 T2 菌株、木黴菌 T3 菌株。

恢復供水後 1 天

圖三 B　恢復供水後 1 天，甘藍存活情形。

圖四　在低溫期，木黴菌處理落花生種籽，可增加出芽率。
（落花生一期作 2018 年元月；龍瑩生物科技公司提供）

已商品化的菌種與產品

木黴菌是最被廣泛研究與利用的生物防治微生物。也因為有上述的作用機制與功能，目前已有多種菌株被開發成為有活性成分的商業化產品，如生物農藥、生物肥料、有機資材或堆肥的分解與誘發抗性之刺激物（或稱作物疫苗）等（Woo *et al.*, 2014）。在國內已註冊登記為生物農藥的菌種，根據農委會防檢疫局 2018 年 2 月公告資料顯示目前僅有 *Trichoderma virens* R42（為國內開發的菌株）、另外一支引入產品為 *T. asperellum* ICC 012 與 *T. gamsi* AICC080（為國外引入的菌株）。

在國外登記之木黴菌株，則有 *T. harzianum* ATCC20407、*T. harzianum* T22、*T. harzianum* T39、*T. polysporum* ATCC20475、*T. atroviridae* IMI 206040、*T. atroviridae* I-1237、*T. asperellum* T34、*T. harzianum*（*gamsi*）ICC080 及 *T. viride* 等多支菌株，分別登記在美國、加拿大、歐洲各國或印度中國等地區。根據紀錄木黴菌產品，

單一菌種或產品可能出現在不同地區；目前使用量最大分布的應該在印度約占亞洲 90%，其次應該是中南美的巴西，至於其他開發中的國家也發展迅速中。以產品菌種而言，哈次木黴菌（*T. harzianum*）登記最多約占 50%；標示單一菌株登記的產品約有 67%，其他有少數是混合已知或未知菌種（不同木黴菌菌株）或有益微生物（包括菌根菌、細菌如 *Bacillus, Pseudomonas* 或生物性化合物）。根據 PAN Pesticide Database 檢視二百一十九個國家，約僅三十二國家有農藥註冊的資料。雖有二十二種木黴菌菌種，但並非所有菌種在國際間註冊且進入市場。

木黴菌商品化的成功要件

一個成功的生物防治，必須具備下列三個條件：(1) 需擁有優良有效的菌株（Superior strain），至於菌株的獲得則可透過篩選（selection），原生質融合（Protoplast fusion）或基因轉殖（Gene manipulation）等方法。(2) 可大量生產（biomass）並擁有長時間在適溫存活的能力即所謂的架上存活時間（shelf life）。生物製劑的生產，必須要在價格上能與化學藥劑競爭，因此應儘量開發較爲便宜的材料與縮短發酵時間；而其產品必須能擁有在室溫下耐儲存，耐乾燥等特性（常用之配方如表一）（Waghunde *et. al*., 2016）。(3) 擁有一套傳送的體系（delivery system）。

以 *Trichoderma harzianum* KRL-AG2，或 Bio-Trek 22-G（TGT Inc.，Geneva，NY, USA）商品爲例。此一菌株是經由原生質融合而得的菌株，具有抑制腐霉病菌（*Pythium* spp.）、立枯絲核菌（*Rhizoctonia* spp.）、鐮孢菌（*Fusarium* spp.）、白絹病菌（*Sclerotium* spp.）、菌核病菌（*Sclerotinia* spp.）等所引起的病害。在特殊發酵配方下培養，可獲得高達每克土壤中含 5×10^8 的分生孢子（conidia）；並擁有達八到十二個月以上的架上存活能力。至於施用方法則依作物生態而略有不同；例如玉米田的施用，則必須依靠種植裸麥草（rye grass）來維持此一菌株在無玉米作物下的存活並作爲下一季之接種源。

表一　木黴菌已發表的各種劑型配方

編號	劑型配方	主成分
1	以滑石粉為基底	Trichoderma culture biomass along with medium: 1 liter, Talc (300 mesh, white colour): 2 kg and CMC: 10 g
2	以蛭石與麥麩為基底	Vermiculite: 100 g, Wheat bran: 33 g, Wet fermentor biomass: 20 g and 0.05N HCL: 175 ml
3	麥麩為基底	Wheat flour: 100 g, Fermentor biomass: 52 ml and Sterile water: sufficient enough to form a dough
4	麥粉與高嶺土為基底	Wheat flour: 80 g, Kaolin: 20 g and Fermentor biomass: 52 ml
5	麥粉與澎潤石為基底	Wheat flour: 80 g, Bentomite: 20 g and Fermentor biomass: 52 ml
6	藻酸鹽顆粒	Sodium alginate: 25 g and Wheat flour: 50 g and Fermentor biomass: 200 ml

資料來源：Pandya, 2012

木黴菌的施用模式與範例

在 1934 年 Weindling 氏首先將木黴菌應用於防治 *Rhizoctonia solani* 所引起的病害，爾後木黴菌陸續被研究證明是最具潛力的生物防治真菌之一，依文獻所載木黴菌可以防治的病原菌與作物病害包括有鐮胞菌引起的萎凋、根腐病，*Fusarium oxysporum* 所引起的萎凋病及 *Fusarium solani*、*Fusarium colmorum* 所引起的根腐病；*Rhizoctonia solani* 引起的莖腐病；*Pythium* spp. 所引起的猝倒病及根腐病；*Phytophthora citrophthora* 引起的檸檬樹根腐病；其他如 *Heterobasidium annosum*、*Armillaria mellea*、*Ceratocystis ulmi* 及 *Chondrostereum purpureum* 及 *Phellinus* spp. 所引起之根腐病；*Sclerotium rolfsii* 所引起的白絹病；*Sclerotium cepivorum* 和 *Sclerotinia* spp. 所引起的菌核病；*Plasmodiophora brassica* 所引起的十字花科作物根瘤病；*Meloidogyne* spp. 所引起的作物根瘤病；*Botrytis* spp. 所引起的作物（包括草莓、葡萄及花卉）灰黴病，以及 *Collectotrichum* spp. 所引起的炭疽病。依據施用的環境約略可區分成下列幾個範圍：

一、應用於葉表

由於葉表（phyllosphere）含有較低養分且具有劇烈變化的溫度，溼度以及輻射線等環境條件，葉或花果表面往往較不利於拮抗微生物的建立，因此適當的添加營養或增添劑（additives）混合拮抗微生物，並於適當時機施用，是防治葉、花及果實病害所不可獲缺的條件，例如：葡萄灰黴菌（*Botrytis cinerea* 引起）是一種溫帶地區最爲普遍而嚴重的病害之一。

利用 *T. harzianum* 於開花後到收穫前三週施用，可有效的減少灰黴病的發生。同樣的選用耐低溫的 *T. harzianum* 亦可有效的抑制蘋果乾腐病。

二、應用於土壤

木黴菌屬被用於防治土壤（soil）傳播性病害，主要是靠 (1) 種子處理，(2) 粒劑（granules）布施（broadcast application），翻犁（in furrow treatments）或土壤添加（planting soil amendment），以及 (3) 覆蓋作物的攜帶（Trichoderma-carrying cover crops）等。在種子處理中，以防治豆類腐敗病（*Pythium ultimum* 引起）最具挑戰性。因爲病原菌能夠在獲得根分泌物（root exudates）後，在短短的二小時內即發芽並進而感染生長中的種子，因此種子往往須作雙層粉衣（Double coating）；內層爲木黴菌混合物，外層爲養分吸收物，才能使木黴菌有充分的時間發芽生長，進而達到防治種子腐敗病的效果。

在粒劑布施方面，由於操作簡單，故常被應用於土壤傳播性的病害防治，其成功例子有：(1) 抑制玉米根腐病（*Pythium* 及 *Fusarium* 引起）並增加玉米產量，(2) 能夠有效的降低藍莓根腐病，及 (3) 顯著抑制草皮腐敗病（*Pythium graminicola* 引起）、褐腐病（Brown patch caused by *Rhizoctoria solani*）及菌核病（*Sclerotinia homoeacarpa* 引起）。

三、應用於收穫後病害

由於收穫後的病害（post-harvest disease），大多屬於低溫型（接近 0℃）的病害，因此應用木黴菌，即必須選用耐低溫之菌株。成功的例子有防治胡蘿蔔根腐病 *Mycocentrospora acerina* 或 *Rhizoctonia carotae* 引起）及蘋果果腐病（*Phlyctaena vagabunda* 或 *Cryptosporiopsis curvispora* 引起）。其主要是利用耐低溫的 *T. harzianum* P1 菌株於收穫後，立即利用分生孢子處理胡蘿蔔根莖，然後置於 0－

0.5℃下，六個月後，可有效的增加胡蘿蔔的市場販售率達 75%。同樣的，在收穫前二週作處理，並於 4℃下儲藏二個月後，亦可降低蘋果果腐病，即罹病率從對照組的 35%降至處理組的 3%）。

四、應用於水域之病害

對於水生作物之病害，目前已可噴灑誘導性代謝物植。至於生物製劑的菌體使用，必須留意木黴菌是一好氣性微生物，因此施用點可藉由載體攜帶或使其附著於作物體上，如水稻紋枯病（*Rhizoctonia solani* 引起）或水稻稻熱病，芋頭疫病或白絹病等。

木黴菌之施用或接種注意事項

生物製劑的應用除需了解作物生態，有益微生物生態，病原菌生態（或雜草或害蟲生態等）以及其間的相互影響因子（包含土壤質地，作物別、溫、溼度等），才能掌握施用對象、時間、地點等，以達成防治的目標；亦即須掌握木黴菌之活性與特性，任何添加物或處理的環境儘量避免影響該菌種之活性，才能發揮該菌株的具有能力，也才能讓該菌株協助宿主作物生長與抵抗生物或非生物所造成之逆境（stress）。

因此施用木黴菌時要注意：(1) 其他農業化學藥劑或混合其他微生物時的施用影響，如不能使用殺不完全之藥劑，但可以使用部分殺蟲劑或使用蘇力菌或大部分殺草劑。(2) 木黴菌防治的對象是病原菌，但病原菌感染作物之位置，可能會隨著作物或存在的生態不同而有差異，因此選用適當的劑型例如粒劑、粉劑或液劑之菌種，作混合資材或土壤；或利用灌溉水施放或以噴撒、或種子包覆或浸種、浸根等處理來施用。目前木黴菌在孢子在液態或油劑中的存活時間仍短，可能不超過 3 個月，這是必須留意的地方。(3) 選擇木黴菌菌株需要考慮的因子有病原種類、作物種類、溫度、溼度、日照、其他微生物的影響如添加枯草桿菌或鏈黴菌等，以及耕作的方式等，進行不同劑型的選擇或使用的關鍵時機。

範例說明

爲使讀者了解上述施用方法的重要性，本文特舉目前已有商品化量產之木黴菌菌株爲例子，作爲不同時期施用木黴菌之指南。例如：

1. 防治草皮圓點病及根腐病，必需考慮草皮作物之割草時間（夏季通常1至2天割一次）、圓點病病害通常發生於20-25℃；而根腐病則易發生於24-28℃且溼度高時期。因此防治時即需考慮木黴菌可否纏據根圈，因此要先施用粒劑以保護根部，一旦進入易發生病害期（適合病原菌之溫度與溼度），此時則需利用液劑（可溼性粉劑）噴灑來防護病原菌感葉部地區（因病原菌可往上感染葉部，木黴菌則否）。

2. 作物苗期病害（如立枯病或根腐病），則可先利用粒劑與栽培土混合（木黴菌有效濃度約爲1×10^6cfu/g）再播種種子，此時若拮抗菌可纏據根系時，則較容易附著於根並達到保護效果，即可防治苗期大部分的根部眞菌病害。

3. 若未事先處理栽培土，即移植至田間時，若根系尚未深入土中者，則可於植穴區周圍加入粒劑，或則灌施可溼性粉劑（加水成孢子懸浮液，可稀釋至3×10^6cfu/g），或移植前，利用浸泡方式如浸根方式，於上述相當濃度浸泡1-2分鐘，即可移植；

4. 若根系已深入土中者，則可於根系區周圍施灑可溼性粉劑（濃度同3），只是施用量與次數較多；

5. 種子粉衣（seed coating），此方法較適合種子公司進行種子雙層粉衣處理，由於有些病原菌生長速度較木黴菌快，若僅單層則病原可能在木黴菌尚未完全保護下，早已先感染作物根部，而致病害發生。

結語

多年來，經由多位學者不斷的努力下，木黴菌屬已經被證實是一具有病害防治潛能的微生物。在量產方面，也由過去的溫室與田間試驗的小規模生產，進而到商品化的大規模生產。雖然臺灣商品化之木黴菌產品，才正要出爐；但過去亦曾有利用木黴菌防治紅豆根腐病（*Rhizoctonia solani* 引起）以及對瓜類或茄科作物病害防治成功的例子。

最近在配合我國農業政策及農委會經費補助下，筆者等已篩選出更多支有益的木黴菌菌株，這些菌株除可防治多種作物病害，包括多數的土壤傳播性病害與一些氣傳性的病害外，尚有促進植物生長的功能或有誘導作物產生抗性之菌株；目前已有技術移轉給多家廠商包括寶林生技公司、百泰生物科技公司、環盟生物科技公司、龍營生物科技公司、微新生物科技公司等，開發成生物肥料或生物農藥（生物性植物保護製劑）。

二十一世紀，將是一講求無汙染的世界，生物防治法可說是未來防治植物病害或對抗逆境的主要潮流之一。臺灣如何在這已有基礎下，繼續研究發展生物防治製劑或相關產品，以取代或減少化學藥劑與化學肥料在植物施肥與保護上的使用，將是吾人今後必需努力的目標。

主要參考文獻

1. 丘麗蓉、謝建元、羅朝村、王鐘和。2007。接種木黴菌對甜玉米生長與養分吸收之影響。土壤與環境。2007:10:1-16。
2. 防檢局農藥資訊系統。2018。已登記的微生物農藥。
3. 羅朝村、黃秀華。2009 。木黴菌、病原菌與作物的三角關係。科學發展 443: 34-41。
4. Cheng, C. H., Yang, C. A., Liu, S. Y., Lo, C. T., Huang, H. C., Liao, F. C., and Peng, K. C. 2011. Cloning of a novel L-amino acid oxidase from *Trichoderma harzianum* ETS 323 and bioactivity analysis of overexpressed L-amino acid oxidase. J. Agric. Food Chem. 59, 9141-9149.
5. Dinesh, R. and Prateeksha, M. 2014. A review on interactions of *Trichoderma* with Plant and Pathogens. Res. J. Agri. Forest. Sci. 3(2):20-23.
6. Dixit, P., Mukherjee, P. K., Sherkhane, P. D., Kale, S. P., and Eapen, S. 2011. Enhanced tolerance and remediation of anthracene by transgenic tobacco plants

expressing a fungal glutathione transferase gene. J. Hazard Mater 192: 270-276.

7. Hermosa, R., Botella, L., Keck, E., Jiménez, J. Á., Montero-Barrientos, M., Arbona, V., Gómez-Cadenas, A., Monte, E., and Nicolás, C. 2011. The overexpression in *Arabidopsis thaliana* of a *Trichoderma harzianum* gene that modulates glucosidase activity, and enhances tolerance to salt and osmotic stresses. J. Plant Physiol. 168: 1295-1302.
8. Keswani, C., Bisen, K., Chitara, M. K., Sarma, B. K., and Singh, H. B. 2017. Exploring the role of secondary metabolites of *Trichoderma* in tripartite interaction with plant and pathogens. Pages 63-79 *in:* Singh, J., Seneviratne, G. (eds) Agro-Environmental Sustainability. Springer, Cham.
9. Liu, S. Y., Liao, C. K., Lo, C. T., Yang, H. H., Lin, K. C., and Peng, K. C. 2016. Chrysophanol is involved in thebiofertilization and biocontrol activities of *Trichoderma*. Physiol Mol Plant Pathol 96: 1-7.
10. Mastouri, F., Björkman, T., and Harman, G. E. 2010. Seed treatment with *Trichoderma harzianum* alleviates biotic, abiotic, and physiological stresses in germinating seeds and seedlings. Phytopathology 100: 1213-1221.
11. Montero-Barrientos, M., Hermosa, R., Cardoza, R. E., Gutiérrez, S., Nicolás, C., and Monte, E. 2010. Transgenic expression of the *Trichoderma harzianum* hsp70 gene increases Arabidopsis resistance to heat and other abiotic stresses. J Plant Physiol 167: 659-665.
12. PAN Pesticide Database [database on the Internet] 2010. Available from: http://www.pesticideinfo.org
13. Pandya, J. R., Sabalpara, A. N., Chawda, S. K., and Waghunde, R. R. 2012. Grain substrate evaluation for mass cultivation of *Trichoderma harzianum*. J. Pure Appl. Microbiol. 6:2029-2032.
14. Poosapati, S., Ravulapalli, P. D., Tippirishetty, N., Vishwanathaswamy, D. K., and Chunduri, S. 2014. Selection of high temperature and salinity tolerant *Trichodermai* solates with antagonistic activity against *Sclerotium rolfsii*, SpringerPlus 3, https://

doi.org/10.1186/2193-1801-3-641.

15. Shoresh, M., Harman, G. E., and Mastouri, F. 2010. Induced systemic resistance and plant responses to fungal biocontrol agents. Annu. Rev. Phytopathol. 48, 21-43.
16. Singh, A., Shukla,N., Kabadwal, B.C., Tewari, A.K., and Kumar, J. 2018. Review on plant-Trichoderma-pathogen interaction. Int. J. Curr. Microbiol. App. Sci. 7(2): 2382-2397.
17. Waghunde, R. R., Shelake, R. M., and Sabalpara, A. N. 2016. Trichoderma: A significant fungus for agriculture and environment. Afr. J. Agric. Res. 11: 1952-1965.
18. Weindling, R., and Emerson, S., 1936. The isolation of a toxic substance from the culture filtrate of Trichoderma. Phytopathology 26: 1068-1070.
19. Woo, S L., Ruocco, M., Vinale, F., Nigro, M., Marra, R., Lombardi, N., Pascale, A., Lanzuise, S., Manganiello, G.,and Lorito, M. 2014.*Trichoderma*-based products and their widespread use in agriculture. Open Mycol. J. 8: 71-126.
20. Zaidi,N. W., Dar,M. H., Singh,S., and Singh, U.S. 2014. *Trichoderma* in plant health management.*Trichoderma* Species as abiotic stress relievers in plants. In: Mukharjee, P.K., Horwitz, B.A., Singh, U.S., Schmoll, M.,Mukharjee, M. (eds.), CABI Noswority Way, Wallingford, Oxfordshire, UK.

CHAPTER 3

蕈狀芽孢桿菌植物保護製劑

彭玉湘、黃振文

國立中興大學植物病理學系

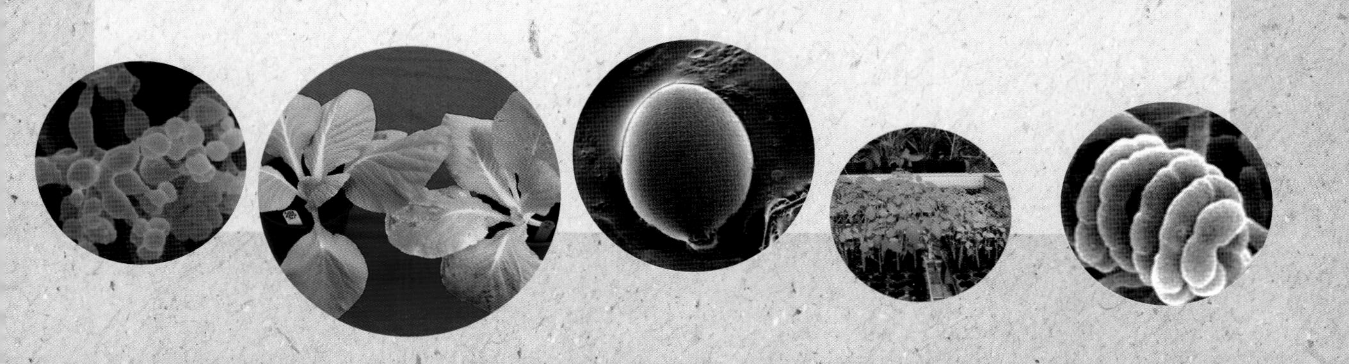

摘要

從臺灣中南部地區採集田間農作物及其栽培土壤進行分離與篩選微生物菌株，進而獲得有益於農作物生產的蕈狀芽孢桿菌（*Bacillus mycoides*）；經過實驗室、溫室及田間的系列試驗，證明其具有促進農作物（如番茄、萵苣、油菜、高麗菜、菜豆及胡瓜等）之植株生育外，亦可產生代謝物誘導植物系統性抗病及抑制病原菌生長與感染寄主植物。

蕈狀芽孢桿菌即具備生物防治作物病害目標的主要原理：(1) 可纏據於作物根系及植體內部，誘導農作物產生抗病反應；(2) 可分泌植物生長激素（IAA），促進作物根系發展；(3) 可釋放二硫二甲基及生物表面素異構物，破壞植物病原菌的細胞。目前該有益於農作物的菌株已透過國立中興大學產學研鏈結中心，以非專屬的方式授權給生技公司研製成不同的蕈狀芽孢桿菌製劑產品。該微生物製劑系列產品不但可成為幫助農作物生育的生物肥料外，亦可開發成為生物防治農作物病害之生物農藥，進而有效降低農田過量施用化學肥料與農藥問題，避免重金屬與農藥汙染環境，及有效活化土壤生命力，創造農業的永續發展。

關鍵字：蕈狀芽孢桿菌、生物防治、農作物病害、有益微生物、植物保護製劑

前言

現今世界各地正積極利用有益於農作物生產的微生菌，研發成具生物防治作物病害功效之植物保護製劑，並應用及推廣於農作物綜合管理策略及有機農耕之技術；其目的在於減少化學農藥及肥料於作物栽培的施用量，以提升消費大眾對農產品安全與品質的信心，並減緩化學藥劑對生態環境的破壞（Regnault-Roger, 2012）。微生物源植物保護製劑可利用於生物防治作物病害之菌種種類頗多，主要有枯草桿菌（*Bacillus subtilis*）、蕈狀芽孢桿菌（*B. mycoides*）、螢光假單胞菌（*Pseudomonas flourencens*）、乳酸菌（lactic acid bacteria）、鏈黴菌（*Streptomyces* spp.）、木黴菌（*Trichoderma* spp.）、黏帚黴菌（*Gliocladium* spp.）及囊叢枝菌根菌（*Glomus* spp.）等等。

生物防治菌種可被應用於病害防治之機制包含有抗生作用（antibiosis）、競爭作用（competition）、誘導抗病（induced resistance）及促進生長（growth promotion）等（Whipps, 2001; Gardener & Driks, 2004）。一般有益微生物要達成生物防治的目標，須具備下列要件，即 (1) 要能迅速的散布；(2) 任何環境下，均可抑制病原菌；(3) 在病原菌爲害作物之前，即已成功的攻擊病原菌；(4) 能削弱或殺傷病原菌；(5) 能持續的增殖；(6) 對於寄主植物不具有病原性。其中，如何使有益微生物在土中與根圈增殖，是生物防治臻至成功的最重要手段（謝與黃，2008）。

因此，我們若能於農業栽培體系中，將這些有益微生物菌種於適當的時機導入作物病蟲害綜合管理策略中，充分發揮其促進農作物生育強壯及有效防治作物病害的功效，進而可生產健康安全的農產品，並可達到化學農藥與肥料的減量使用，即創造農業永續經營的契機。本文主要以蕈狀芽孢桿菌爲案例，介紹對農作物有益的植物保護製劑之功效與應用技術。

蕈狀芽孢桿菌的特性

蕈狀芽孢桿菌（*Bacillus mycoides*）係由 Flüggen 氏於 1886 年第一次發表訂名，分類地位於原核生物界（Monera）、厚壁菌門（Firmicutes）、芽孢桿菌綱

（Bacilli）、芽孢桿菌目（Bacillales）、芽孢桿菌科（Bacillaceae）、芽孢桿菌屬（Bacillus）、臘狀芽孢桿菌群（*Bacillus cereus* group）之下。

然而在臘狀芽孢桿菌群的菌種有：炭疽芽孢桿菌（*B. anthracis*）、臘狀芽孢桿菌（*B. cereus*）、極丑芽孢桿菌（*B. medusa*）、蕈狀芽孢桿菌（*B. mycoides*）、擬蕈狀芽孢桿菌（*B. pseudomycoides*）、蘇力菌（*B. thuringinesis*）及韋氏芽孢桿菌（*B. weihenstephanensis*）等等；其中，雖然炭疽芽孢桿菌、臘狀芽孢桿菌及韋氏芽孢桿菌某些菌系可能有危害人畜與汙染食品的風險之外，但亦有蘇力菌（*B. thuringinesis*）及蕈狀芽孢桿菌（*B. mycoides*）等均已被應用於生物防治植物病蟲害。

Schnepf 氏等（1998）指出蘇力菌（*B. thuringinesis*）可感染昆蟲外，並可產生結晶毒蛋白（crystal protein toxin）造成昆蟲死亡，因此已被廣泛應用於昆蟲的生物防治。

此外，美國的植病專家研究發現蕈狀芽孢桿菌（*B. mycoides*）可促進針葉樹生長外，尚可防治甜菜葉斑病及草莓灰黴病。蕈狀芽孢桿菌廣泛存在於自然界中的土壤與植物體內，且於培養基上的菌落型態特殊（圖一）；其菌落呈現類似眞菌菌落的型態，絲狀螺旋形地向外生長，又菌落生長方向會因爲不同菌株所攜帶之基因有所差異，故有順時針與逆時針生長的根狀菌落型態（rhizoid colony shape）之分。除了擬蕈狀芽孢桿菌的菌落特徵外，極易與其他臘狀芽孢桿菌群菌種的菌落有所區

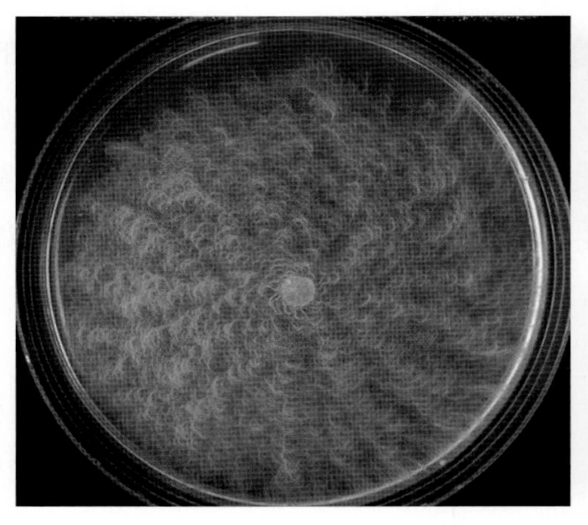

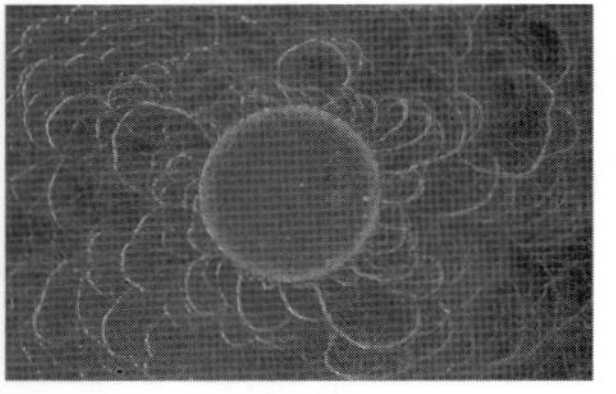

逆時針

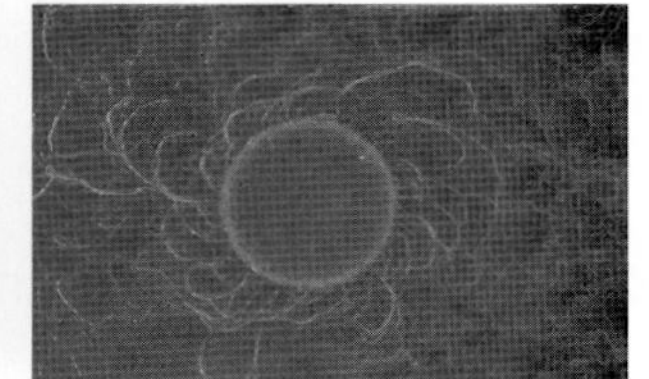

順時針

圖一　蕈狀芽孢桿菌的菌落形態。

別。

蕈狀芽孢桿菌在分子遺傳分類上與臘狀芽孢桿菌十分近似，但兩菌種之間生物性狀表現，除了菌落型態外，蕈狀芽孢桿菌之細胞不具有游動性，及其不利用檸檬酸之生理生化特性也皆異於臘狀芽孢桿菌（Claus & Berkeley, 1996）。曾有科學家研究指出蕈狀芽孢桿菌澆灌處理胡瓜苗，可防治 *Pythium mamillatum* 引起的瓜苗猝倒病（Pual *et al*, 1995）。Bargabus 等人（2004）發現施用蕈狀芽孢桿菌 Bac J 菌株於甜菜上，可有效促進植物產生系統性抗病反應，進而達到防治甜菜葉斑病的效果。近年來，在臺灣我們也首次發現蕈狀芽孢桿菌可以有效防治番茄萎凋病及白粉病（圖二）。

圖二　蕈狀芽孢桿菌防治番茄萎凋病與白粉病的效果。

蕈狀芽孢桿菌的功效與防病原理

蕈狀芽孢桿菌主要存活於農作物的根系、植體內部及土壤環境中，是一種有益農作物生產的本土菌種，它的製劑產品可顯著促進高麗菜、胡瓜、長豇豆、蘿蔔、萵苣、番茄及水稻等作物根系與植株的生育（圖三）外，尚可有效防治番茄萎凋病、胡瓜猝倒病、番茄與胡瓜白粉病、草莓灰黴病、甘藍根瘤病、水稻稻熱病、青蔥銹病（圖四至六）及草莓紅蜘蛛等。

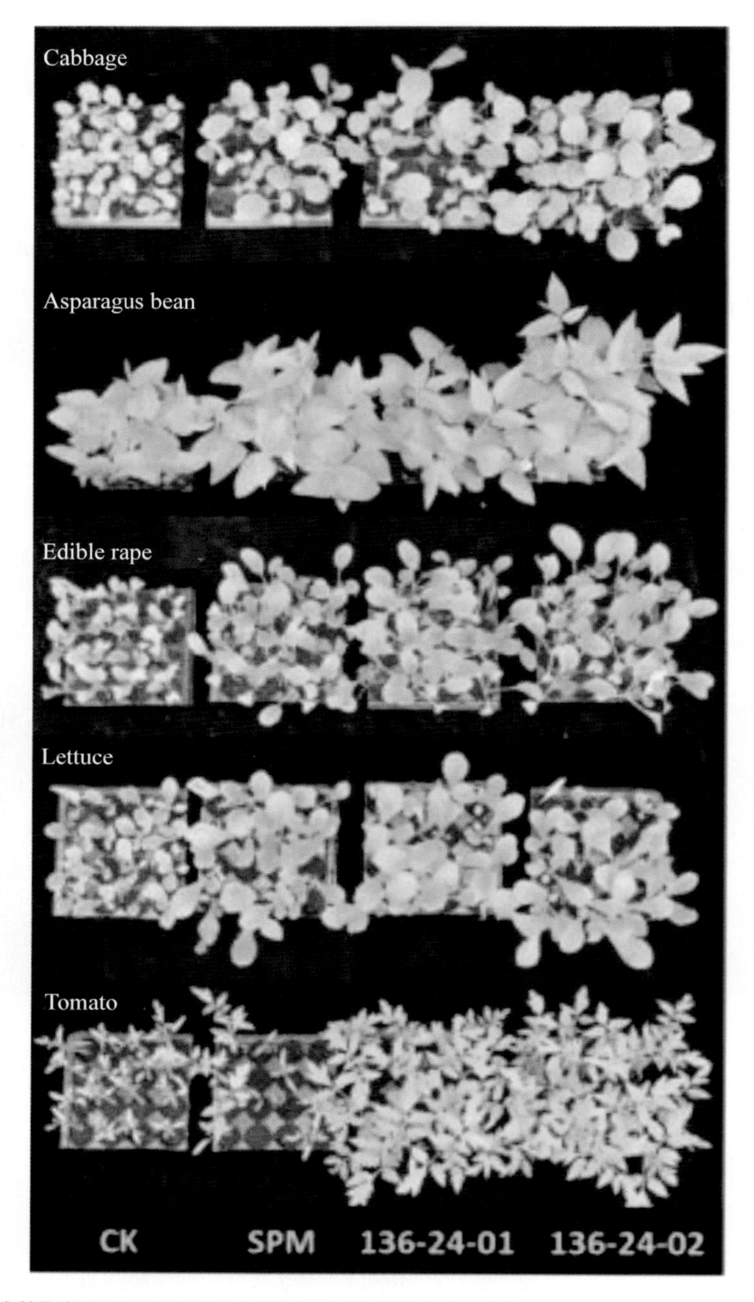

圖三　蕈狀芽孢桿菌培育蔬菜健康種苗，促進蔬菜幼苗發育。
由上至下：甘藍、長豇豆、油菜、萵苣及番茄；右二排為蕈狀芽孢桿菌處理；左二排為對照組。

圖四　蕈狀芽孢桿菌誘使矮性菜豆抗水淹逆境（左為蕈狀芽孢桿菌施用組；右為對照組）。

圖五　蕈狀芽孢桿菌促進水稻生育及防治水稻紋枯病（左為蕈狀芽孢桿菌施用組；右為對照組）。

圖六　蕈狀芽孢桿菌防治青蔥銹病的效果（左為對照組，右為施用處理組）。

依據我們的研究發現蕈狀芽孢桿菌防治病害的主要原理是：(1) 蕈狀芽孢桿菌可纏據於作物根系及植體內部，誘導農作物產生抗病反應；(2) 蕈狀芽孢桿菌可分泌植物生長激素（IAA），促進作物根系發育；(3) 蕈狀芽孢桿菌可產生二硫二甲基及生物表面素異構物，有效抑制植物病原菌爲害農作物（圖七）。

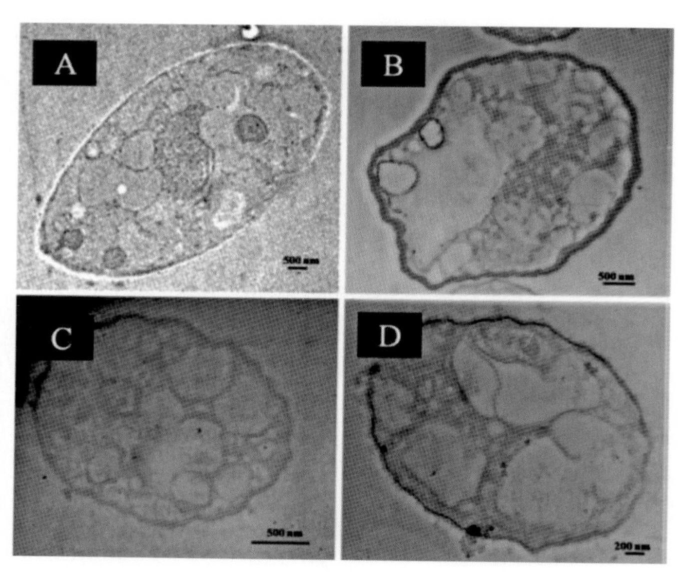

圖七　蕈狀孢桿菌的代謝物抑制胡瓜苗猝倒病菌（*Pythium aphanidermatum*）的情形。
圖示猝倒病菌菌絲細胞切片：A. 正常的菌絲細胞，B. 經培養於 TSA 培養基的蕈狀芽孢桿菌燻蒸過的菌絲細胞，C. 經培養於 SPMA 培養基的蕈狀芽孢桿菌燻蒸過的菌絲細胞，D. 經二硫二甲基燻蒸過的菌絲細胞。

蕈狀芽孢桿菌植物保護製劑的施用方法

依據農作物與病蟲害的種類不同及防病原理不同，施用蕈狀芽孢桿菌植物保護製劑的方法亦會有所不同。一般言之，微生物植保製劑之預防效果遠優於治療效果，因此在農作物病蟲害未發生之前施用植保製劑，其防治效果也會比較理想。

在市面上販售的蕈狀芽孢桿菌製劑大多數以內生孢子方式存活，農友若要施用該產品的前一天，一定要先有「醒菌」的處理步驟，否則製劑中的賦型物或添加物會優先活化土中或植體周圍的微生物，導致蕈狀芽孢桿菌一直處於休眠狀態，無法發揮它的防治功效。建議農友可將蕈狀芽孢桿菌粉劑加入水中（大約製劑產品的一百倍稀釋濃度）浸泡一個晚上後，蕈狀芽孢桿菌即會活化，然後再以三倍水量稀釋，即可以噴布或灌注的方式施用；施用時若能搭配加入氨基酸，幾丁聚醣或蝦蟹殼粉等，則效果會更佳。

此外，施用蕈狀芽孢桿菌植物保護製劑前，還需要請農友重視「清園」的田園衛生管理工作；務必先將有病蟲害的枯枝落葉清除燒毀後，再施用蕈狀芽孢桿菌植保製劑，才能有效控制病害的發生。

研發至今已將蕈狀芽孢桿菌菌株透過國立中興大學產學研鏈結中心，以非專屬的方式授權給興農股份有限公司、聯發生物科技股份有限公司、沅美生物科技公司、百泰生物科技及臺灣肥料股份有限公司等，各公司依其營運需求再研發自家商品於通路市場上，例如，聯發生物科技公司研製成生物農藥「治黃葉」，及興農公司的生物肥料「神眞水 2 號」等商品。

主要參考文獻

1. 丁姵分。2006。番茄萎凋病之生物防治菌的鑑定與防病潛力評估。國立中興大學。植物病理學系碩士論文。51 頁。
2. 彭玉湘。2018。蕈狀芽孢桿菌防治胡瓜猝倒病的功效與其殺死游走子的成分。國立中興大學。植物病理學系博士論文。120 頁。
3. 黃靜淑。2008。*Bacillus mycoides* 防治甘藍幼苗病害之效果評估。國立中興大學。植物病理學系碩士論文。58 頁。

4. 湯佳蓉、張碧芳、張道禾、林盈宏、黃振文。2019。蕈狀芽孢桿菌防治番茄萎凋病之機制分析平臺。植物醫學期刊（出版中）。
5. 謝廷芳、黃振文。2008。我國植物病害生物防治史。動植物防疫檢疫季刊 18: 8-12。
6. Bargabus, R. L., Zidack, N. K., Sherwood, J. W., and Tavobsen, B. J. 2004. Screeningfor the identification of potential biological control agents that induce systemicacquired resistance in sugar beet. Biol. Control 30: 342-350.
7. Claus, D. and Berkeley, R. C. W. 1986. Genus Bacillus. Pages 1105-1139 *in:* Bergey's Manual of Systematic Bacteriology vol. 2. P. H. Sneath (ed). Williams and Wilkins, Baltimore, U.S.A.
8. Gardener, B. B. M. and Driks, D. 2004. Overview of the nature and application of biocontrol microbes: *Bacillus* spp. *Phytopathology* 94: 1244.
9. Huang, J. S., Peng, Y. H., Chung, K. R., and Huang, J. W. 2018. Suppressive efficacy of volatile compounds produced by *Bacillus mycoides* on damping-off pathogens of cabbage seedlings. J. Agr. Sci. 156: 795-809.
10. Paul, B., Charles, R., and Bhatnagar, T. 1995. Biological control of *Pythium mamillatum* causing damping-off of cucumber seedlings by soil bacterium, *Bacillus mycoides*. Microbiol. Res. 150: 71-75.
11. Peng, Y. H., Chou, Y. J., Liu, Y. C., Jen, J. F., Chung, K. R., and Huang, J. W. 2017. Inhibition of cucumber Pythium damping-off pathogen with zoosporicidal biosurfactants produced by *Bacillus mycoides*. J. Plant Dis. Protect 124: 481-491.
12. Regnault-Roger, C. 2012. Trends for commercialization of biocontrol agent (biopesticide) products. Pages 139-160 *in*: J. M. Mérillon, & K. G. Ramawat (eds.), Plant Defence: Biological Control. Dordrecht: Springer Netherlands.
13. Whipps, J. M. 2001. Microbial interactions and biocontrol in the rhizosphere. J. Exp. Bot. 52: 487-511.

CHAPTER 4

枯草桿菌植醫保健產品

黃姿碧*、陳郁璇

國立中興大學植物病理學系

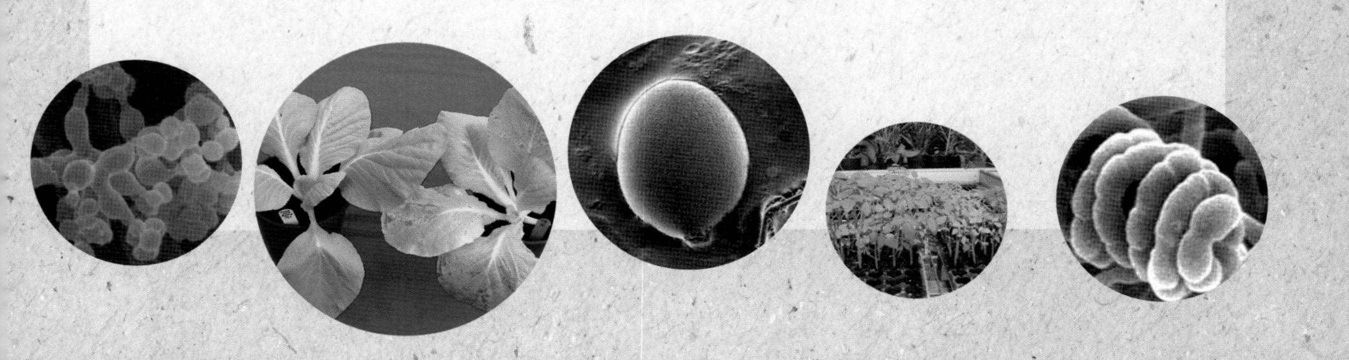

摘要

枯草桿菌群（*Bacillus subtilis* group）微生物，包含枯草桿菌（*Bacillus subtilis* subsp. *subtilis*）、液化澱粉芽孢桿菌（*Bacillus amyloliquefaciens*）及地衣芽孢桿菌（*Bacillus licheniformis*）等種，因其具產生內生孢子能力，而具耐冷熱、耐乾旱、耐紫外線等環境逆境之特性，並可於環境中穩定長久存活，又此群微生物未曾有哺乳類動物致病性相關報導，爲美國食品藥物管理局（US Food and Drug Administration）歸類爲一般認定爲安全性（Generally Regarded as Safe）之微生物，因此爲國際上爲最廣泛被利用之益生菌植物健康保護的菌種。

目前國內外皆已有登記用於植物病害防治的枯草桿菌生物農藥（biopesticides）及具提升植物生長功能之生物肥料（biofertilizer）產品，但各菌株因其纏據於葉表及根系形成生物膜能力、保護植物免於病原菌的侵染、產生抑制病原生長物質及誘發植物防禦反應之病害防治相關機制不同，所展現具植物生長促進之特性與能力亦有不同，因此各有其適用之作物及病害種類。

枯草桿菌除能有效防治作物病害，另亦具促進農作物生育功能，因此若能於農業栽培體系中，將這些有益微生物菌種於適當的時機導入作物病蟲害的綜合管理體系中，不但可以生產健康安全的農產品外，亦可減少化學農藥與肥料的使用量，進而維護環境生態的平衡與農業的永續。

關鍵字：枯草桿菌、生物農藥、生物肥料、生物膜、植物促生根圈細菌、抗生性、植物防禦反應

前言

農用生物性產品市場，包含生物農藥（biopesticides）、生物肥料（biofertilizers）及生物刺激素（biostimulants），正於國際間快速崛起成長中，其中全球生物農藥市場於 2016 年已達 33 億美元，預估於 2021 年將達 75 億美元，年潛力成長率可達 17.4 %（Jacobs, 2016）。而目前生物製劑產品，以微生物製劑占最大產值，可達 13 億美元，雖微生物製劑僅占全球農藥市場之 2-3%，但預估 2010 年微生物農藥市場將占據全球農藥市場之 10%（Jacobs, 2016）。

微生物製劑之產品又以細菌性產品占最大宗，約占九成，全世界約有十一種類芽孢桿菌屬（*Bacillus* species）之產品。芽孢桿菌屬菌株常存在於自然界之植物葉表及根圈，在分類上屬於厚壁菌門（Firmicutes）、桿菌綱（Bacilli Class）、芽孢桿菌目（Bacillus order）、芽孢桿菌科（Bacillaceae）、芽孢桿菌屬（Bacillus）；屬於革蘭氏陽性菌，短桿狀，具周生鞭毛，及形成內生孢子能力，因內生孢子具耐冷熱、耐乾旱、耐紫外線等環境逆境之特性，而使 *Bacillus* 菌株可於環境中穩定長久存活，甚可達十年之久（Nicholson *et al*., 2000）。其中，枯草桿菌群（*Bacillus subtilis* group）菌株對哺乳類動物不具毒性，於美國食品藥物管理局（Food and Drug Administration, FDA）歸類爲一般被認定是安全的菌株（Generally Recognized as Safe, GRAS）。

因 16S rRNA 序列的高度相似性，枯草桿菌（*Bacillus subtilis* subsp. *subtilis*）、液化澱粉芽孢桿菌（*Bacillus amyloliquefaciens*）及地衣芽孢桿菌（*Bacillus licheniformis*）等又可泛稱爲枯草桿菌群（*Bacillus subtilis* group）菌株（Priest, 1993）。芽孢桿菌屬微生物除可產生對環境逆境有抗性之內生孢子，又具分泌多種酵素、抗生物質、蛋白質、維生素、二次代謝產物及天然聚合物等能力；多種菌株亦有具有促進動物、植物生長、免疫及防禦反應之功能；因此 *Bacillus* 菌屬常被作爲植物病蟲害生物防治菌（biocontrol agent）、種子保護劑或動物用益生菌（probiotics），亦常被應用於酵素、蛋白等工業發酵生產，可見此菌屬爲農業生技應用上至爲廣泛之一微生物（Nicholson, 2002; Ryu *et al*., 2003）。

除生物農藥、肥料等植醫保健應用外，此類菌株無論是在食品發酵、畜禽養殖飼料添加、水產養殖甚至是生物復育（bioremediation）皆具應用性（Islam *et al.*, 2016）。本文將著重枯草桿菌（*Bacillus subtilis*）於植物病害防治與生長促進之植醫保健應用及原理機制，彙整本文作者團隊研究成果及國內外相關文獻說明。

枯草桿菌於植醫保健之產品開發及應用發展

一、枯草桿菌屬一般認定爲安全性之枯草桿菌群細菌

芽孢桿菌屬（*Bacillus* species）菌株常存在於自然界之植物葉表（phylosphere）及根圈（rhizosphere），具形成內生孢子能力，故具耐冷熱、耐乾旱、耐紫外線等環境逆境之特性，且可於環境中穩定長久存活（Priest, 1993）。芽孢桿菌屬遺傳特性多樣，因此不易以生理生化特性區分菌株至種（species）階層，而以 16S 核糖體核酸序列可將芽孢桿菌屬區分爲五群，其中廣泛被應用於病蟲害防治之芽孢桿菌屬菌株，主要分布於仙人掌桿菌群（*Bacillus cereus* group）與枯草桿菌群（*Bacillus subtilis* group）（Ash *et al*., 1991b）。

其中仙人掌桿菌群則包含有：*B. cereus*、*Bacillus anthracis*、*Bacillus thuringiensis*、*Bacillus mycoides*、*Bacillus pseudomycoides* 及 *B. weihenstephanesis*，此群中含具人體及動物病原性之屬種，如：可引起牛及人類之炭疽熱之 *B. anthracis* 及已知可產生內毒素而造成食物中毒之 *B. cereus*（McKillip, 2000）；枯草桿菌群包括有八個種，如：*B. subtilis* subsp. *subtilis*、*B. subtilis* subsp. *spizizenii*、*B. amyloliquefaciens*（同種異名爲 *B. subtilis* subsp. *amyloliquefaciens*）、*Bacillus licheniformis*、*Bacillus atrophaeus*、*Bacillus vallismortis*、*Bacillus sonorensis* 及 *Bacillus mojavensis*（Priest, 1993），爲美國食品藥物管理局歸類爲一般認定爲安全性之微生物。

枯草桿菌群之八個屬種，雖研究報導指出可由脂肪酸組成分析、酵素剪切核酸圖譜、DNA-DNA 雜合反應、16S 核糖體核酸序列或 *gyrB* 基因序列分析區別，但依此些表現型特徵仍不易將之區別至種階層（Ash *et al*., 1991a; Wang *et al*., 2007）。其中臺灣已有登記微生物農藥之 *B. subtilis* 及 *B. amyloliquefaciens* 具有許

多相同的特徵，主要可利用 Biolog system 針對不同醣類之代謝作爲鑑定之依據或以 DNA 中 GC 含量（guanine-cytosine content）的不同區別，另其研究中亦發現 *B. amyloliquefaciens* 與 *B. subtilis* 相比，前者具有較強的澱粉水解酵素（α-amylase）能力（Logan & Berkeley, 1984; Welker & Campbell, 1967）。

而本作者研團隊前期研究亦發現同是 *B. subtilis*，不同菌株其菌落型態差異極大（圖一），且於植物病害防治能力亦迥異。另發現以 BOXA1R-PCR 之核酸多型性圖譜分析技術，可將具有優異柑桔潰瘍拮抗能力之枯草桿菌群菌株與相對應屬種標準參考菌株（type strain）區別（Huang *et al*., 2012）。

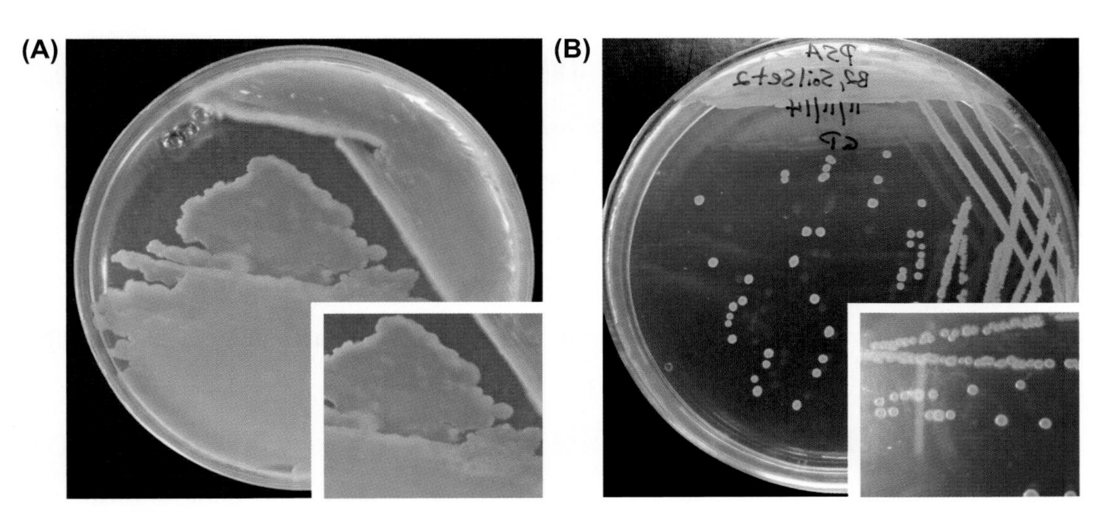

圖一　*Bacillus subtilis* 不同菌株其菌落型態差異極大。
(A) *B. subtilis* 151B1 菌株；(B) *B. subtilis* GAPB2 菌株。

二、枯草桿菌於病害防治之研究發展

枯草桿菌群菌株於植物病害防治田間應用可搜尋到之最早文獻爲 Baker 等人（1985）將所分離之 *B. subtilis* PPL-3 及 APPL-1 於田間每週噴灑於豆科植物，連續施用三週後，可降低 75% 豆銹病之罹病率（Baker *et al*., 1985）。其後 1990 年代中後期，芽孢桿菌屬於病害防應用研究在歐美國家盛起，1990 年 Handelsman 研究團隊自苜蓿根系分離一仙人掌桿菌 *B. cereus* UW85，並證實此菌株具有保護苜蓿根系作用，而降低苜蓿幼苗受猝倒疫病之感染（Handelsman *et al*., 1990）。

Asaka 與 Shoda 於 1996 年提出土壤澆灌 *B. subtilis* RB14 可防治由 *Rhizoctonia solani* 所引起之番茄幼苗猝倒病害（Asaka & Shoda, 1996）；同年 Berger 等人證實 *B. subtilis* Cot1 於溫室高溼度條件下可有效防治由 *Phytophthora* 與 *Pythium* 所引起之石楠屬植物猝倒病（Berger *et al.*, 1996）。而於 1999 年第一個 *B. subtilis* FZB24 商品在德國上市，主要用於馬鈴薯種薯之種衣（Kilian *et al.*, 2000）。

有關枯草桿菌群細菌於農業植物病害防治上之應用案例陸續被報導，研究報導指出可應用於防治葉部病害，如：茄科晚疫病、早疫病、白粉病、葉黴病；根部病害，如：番茄青枯病、油菜根瘤病、番茄猝倒病；根瘤線蟲病害與儲藏性病害，如：桃褐腐病及柑桔青黴病等細菌、眞菌、卵菌及線蟲等引起之植物病害（Rahman, 2016）。其中曾報導可抑制之植物卵菌、眞菌及細菌性病原則有 *Phytophthora medicaginis*、*Pythium torulosum*、*Botrytis cinerea*、*Rhizotonia solani*、*Sclerotinia sclerotium*、*Colletotrichum gloeosporioides*、*Colletotrichum orbiculare*、*Fusarium* spp.、*Phytophthora sojae*、*Cronartium quercuum* f. sp. *fusiforme*、*Xanthomonas oryzae*、*Xanthomonas citri* subsp. *citri*、*Pseudomonas syringae* 及 *Ralstonia solanacearum* 等（Handelsman & Stabb. 1996; Mohammadipour *et al.*, 2009; Padgham & Sikora, 2007; Wei *et al.*, 2003）。

本作者研究團隊前期由臺灣本土環境中已分離多株 *B. subtilis* 菌株，並證實此些菌株對於 *Xanthomonas* species、*R. solanacearum*、*C. gloeosporioides*、*Fusarium oxysporum*、*Pythium aphanidermatum* 與 *Phytophthora palmivora* 有不等程度之拮抗能力。其中 *B. subtilis* BS1 對水稻白葉枯病原及柑桔潰瘍病原具較佳之拮抗性，對 *Xanthomonas* 菌屬細菌所造成之病害亦具優異病害抑制效果，並亦具草莓炭疽病防治效用（圖二），且此菌株亦能纏據於柑桔葉表形成生物膜干擾病原纏據能力（Huang *et al.*, 2012; Jan, 2015）；*B. subtilis* GAPB2 則對番茄青枯病原 *R. solanacearum* 有較佳之拮抗活性，且可纏據於番茄根系形成生物膜，對番茄青枯病亦具優異防治效果（Perez, 2016）；*B. subtilis* 151B1 對茶及百香果炭疽病原與 *Phytophthora palmivora* 有較強之拮抗性，且對百香果具生長促進性（Lin, 2015）。

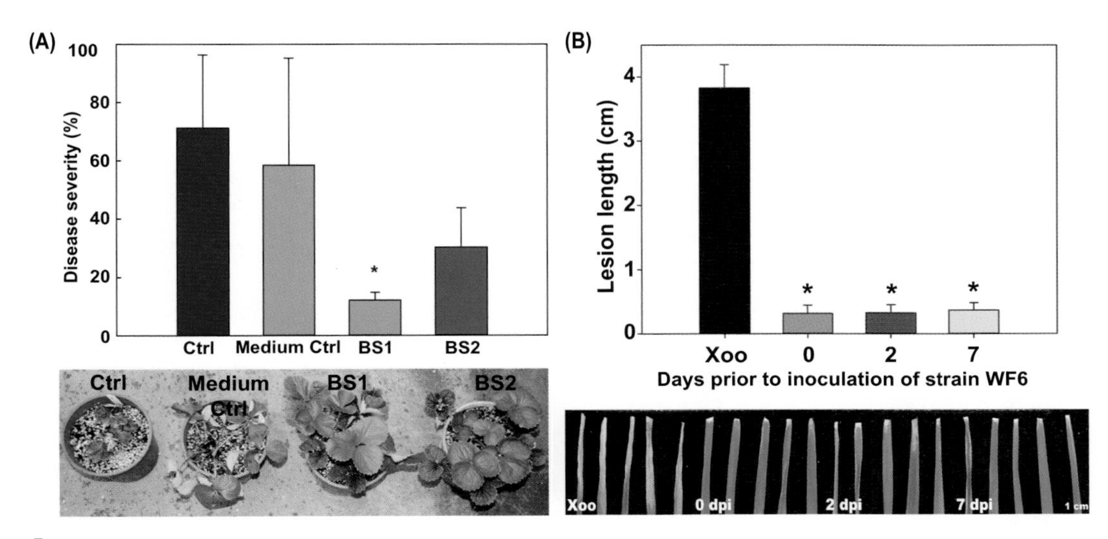

圖二　臺灣本土枯草桿菌具真菌性及細菌性病害防治效果。施用枯草桿菌 (A) 可降低草莓炭疽病發生（Huang, 2016）；(B) 可抑制水稻白葉枯病（Jan, 2015）。

目前國際間商品化之枯草桿菌群產品有：*B. amyloliquefaciens* QST713 、*B. amyloliquefaciens* FZB24、*B. amyloliquefaciens* MBI600、*B. amyloliquefaciens* D747，其中 *B. subtilis* FZB24 菌株其全基因體序列與 *B. amyloliquefaciens* FZB42 具 100% 相同度，因此重新命名爲 *B. amyloliquefaciens* FZB24（Idriss *et al.*, 2002）；另 QST713 及 MBI600 先前之分類名稱爲 *B. subtilis* var. *amyloliquefaciens*（表一）。此四菌株具病害防治作用之主要作用機制爲產生脂胜肽（lipopeptides），破壞病原菌細胞膜，而抑制病原生長；另 QST713 及 FZB24 菌株抑具有誘發植物防禦機制作用（Rahman, 2016）。

而臺灣目前登記之枯草桿菌群生物農藥則有 *B. subtilis* WG6-14、*B. subtilis* Y1336、*B. amyloliquefaciens* Ba-BPD1、*B. amyloliquefaciens* CL3、*B. amyloliquefaciens* PMB01 與 *B. amyloliquefaciens* YCMA1 等六菌株，而其所適用之作物及防治病原種類則各有不同（表一）。

表一　國內外已商品化登記之枯草桿菌群微生物產品

微生物菌株	商品名	病害 / 病原	作物	參考文獻
Bacillus subtilis QST713	Serenade, Rhapsody, Serenade soil	裾腐病、香蕉葉斑病（*Mycosphaerella fijiensis*）、白粉病（*Peronospora, Pseudoperonospora*）、白絹病（*Sclerotium rolfsii*）、疫病（*Phytophthora capsici*）、猝倒病（*Pythium, Fusarium*）、根瘤病（*Plasmodiophora brassicae*）	草莓、草皮、觀賞植物、香蕉、蔬菜作物、番茄、南瓜、油菜	(Lahlali *et al*., 2012; Warkentin, 2012)
B. subtilis（syn *Bacillus amyloliquefaciens*）FZB24	Rhizoplus, Taegro ECO	葉斑病、白粉病、*Rhizoctonia*、*Pythium*、*Fusarium*、*Sclerotinia*、*Pythium*、*Phytophthora*	園藝蔬菜、果菜類、葉菜類、瓜類	(Kilian *et al*., 2000)
B. subtilis GB03	Kodiak, Companion	莖潰瘍病、黑痣病（*Rhizoctonia solani*）、猝倒病（*Rhizoctonia*）、*Aspergillus*	馬鈴薯、小麥、大麥、棉花、豌豆	(Brewer & Larkin, 2005)
B. amyloliquefaciens GB99 + *B. subtilis* GB122	Bio Yield	*Rhizoctonia*、*Pythium*、*Fusarium*	苗床介質混拌	(Schisler *et al*., 2004)
B. subtilis MBI600	Integral, Subtilex	*Rhizoctonia* 及 *Fusarium* 引起之幼苗猝倒病、萎凋病	豆科、玉米、苜蓿、棉花、大豆	(Kumar *et al*., 2012)
B. amyloliquefaciens D747	Double Nickel 55, Amylo-X	真菌（*Alternaria, Botrytis cinerea, Didymella bryoniae, Phoma cucurbitacearum, Erisphe, Fusarium, Macrophomina phaseoli, Monosporascus cannonballus, Peronospora, Phytophthora, Pseudoperonospora* spp., *Puccinia* spp., *Pythium, Rhizoctonia, Sphaerotheca*s pp., *Verticillium* spp.）細菌（*Pseudomonas syringae* pv. *tomato*）	作物、觀賞作物、草皮	US EPA

微生物菌株	商品名	病害／病原	作物	參考文獻
B. subtilis WG6-14	金雞牌賜倍效、漢寶牌培農菌	徒長病	水稻	（行政院農業委員會動植物防疫檢疫局，2019）
B. subtilis Y1336	臺灣寶、樂農寶、農會寶、興農寶、臺灣水寶	紋枯病、根瘤病、露菌病、白粉病、果腐病、蒂腐病	水稻、甘藍、胡瓜、豆菜類、豌豆、番荔枝、蓮霧、檬果、豆科乾豆類、豆科小葉菜類、豆科根菜類、瓜菜類、胡瓜、豆科豆菜類、豌豆、瓜果類	（行政院農業委員會動植物防疫檢疫局，2019）
B. amyloliquefaciens Ba-BPD1	臺肥農眾賀	灰黴病	蔬菜、草莓、花木	（行政院農業委員會動植物防疫檢疫局，2019）
B. amyloliquefaciens CL3	神真水 3 號	灰黴病	蔬菜、草莓、花木	（行政院農業委員會動植物防疫檢疫局，2019）
B. amyloliquefaciens PMB01	絶症、剋星、救你一命	萎凋病、青枯病	茄科小葉菜類、、茄科根菜類、茄科果菜類、蔬菜、蘿蔔、胡瓜、絲瓜、瓜果類、花木	（行政院農業委員會動植物防疫檢疫局，2019）
B. amyloliquefaciens YCMA1	火山寶	葉斑病、葉枯病、褐斑病、黑斑病、葉斑病、早疫病、輪紋病、紫斑病、黑葉枯病	豆科乾豆類、十字花科包葉菜類、十字花科根菜類、菊科包葉菜類、菊科小葉菜類、菊科根菜類、蔥科小葉菜類、蔥科根菜類、茄科果菜、芹菜、芫荽、山蘇、豆薯、狗尾草、大豆、馬鈴薯、胡蘿蔔豌豆、油菜、向日葵、甘藍、花木、枸杞、黃耆、當歸、地黃	（行政院農業委員會動植物防疫檢疫局，2019）

三、枯草桿菌於肥料應用之研究發展

益生性微生物製劑於作物健康保健之研究發展起始於二十世紀初，最早之細菌性生物肥料商品「Alinit」，即為 1897 年由當時之德國 Farbefabriken vorm. Friedrich Bayer & Co. 公司（即現今之 Bayer AG）所開發用於穀類作物之 *B. subtilis*，此產品之應用可使作物產量增加 40%（Kilian *et al*., 2000）。植物根圈（plant rhizosphere）為一高度營養競爭之環境，微生物主要利用植物根系所分泌養分存活，因此多數微生物纏據聚集於植物根系，同時部分細菌亦具促進植物生長作用，因此此類細菌亦被稱為「Plant Growth Promoting Rhizobacteria, PGPR」（Kloepper *et al*., 1980），亦為微生物生物肥料（biofertilizer）產品的常見菌種來源，而 PGPR 對植物具益生性效用則主要來自於固氮作用、溶磷作用、產生植物賀爾蒙或揮發性物質促進植物根系發展與養分之吸收（Borriss, 2011）。

其中前述具病害防治功能之枯草桿菌群細菌，如：*B. amyloliquefaciens* FZB24、FZB42、GB03、QST713 及 MB1600 等亦兼具植物生長促進之功能。研究指出於玉米、馬鈴薯及棉花田長期施用 *B. amyloliquefaciens* FZB24，可使產量增加 7.5-10%，而若能搭配化學殺菌劑之施用，則產量可增加至 40%（Yao *et al*., 2006）。

而在臺灣根據行政農業委員會農糧署 2019 年 2 月 23 日公告之「國產微生物肥料品牌推薦名單一覽表」共二十九筆資料顯示，目前國內市售之微生物肥料主要以溶磷及溶鉀菌肥料品目登記，所含細菌菌種有：*Bacillus safensis*、*B. subtilis*、*B. mycoides*、*B. amyloliquifaciens*、*B. licheniformis* 等。本作者研究團隊前期由臺灣本土環境中分離之多株 *B. subtilis* 菌株亦具水稻、草莓、番茄與茶等作物生長促進效果（圖三），後續試驗中亦證實其具溶磷及產生植物賀爾蒙吲哚乙酸（indole-3-acetic acid, IAA）與 2,3-buabediol 揮發性物質等之能力（Hsieh, 2018; Huang, 2016; Jan, 2015）。

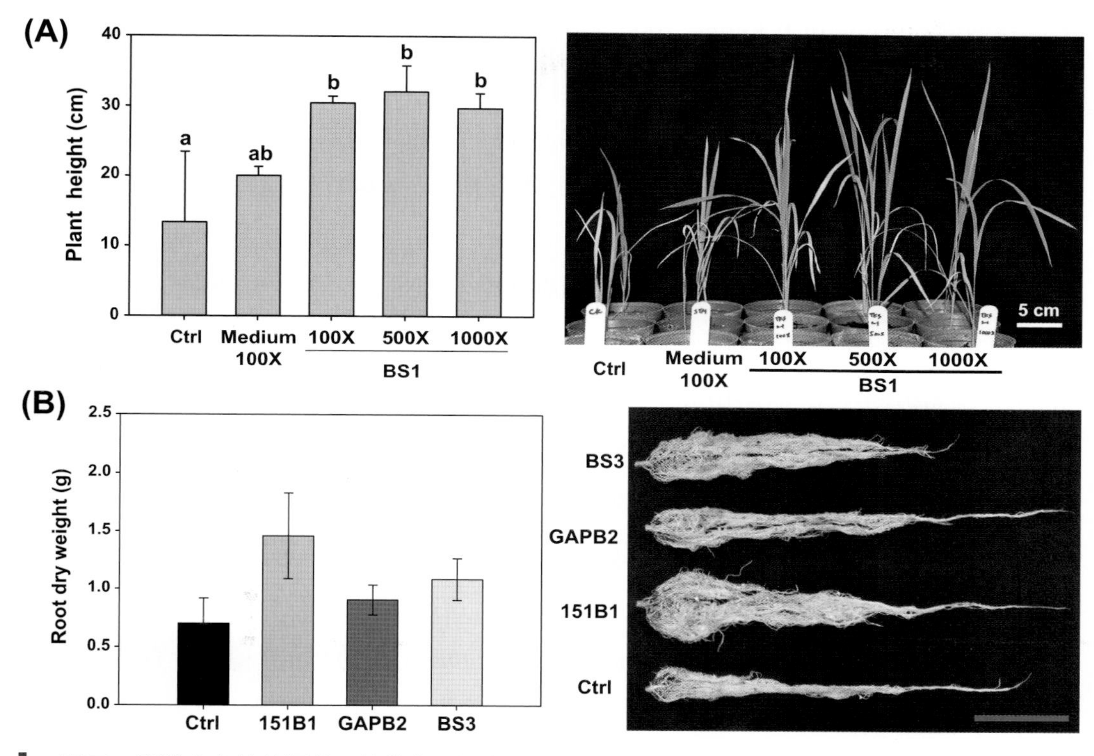

圖三　臺灣本土枯草桿菌具植株生長促進效果。施用枯草桿菌 (A) 可促進水稻植株生長（Jan, 2015）；(B) 可促進番茄根系生長（Hsieh, 2018）。

枯草桿菌具植醫保健功能之機制探討

一、枯草桿菌可纏據於葉表及根系形成生物膜攸關其生物防治能力

微生物群體附著一表面所形成之膜狀結構即被稱爲生物膜（biofilms）（Characklis & Marshall, 1990），已知多種和植物相關之細菌（plant-associated bacteria）*Agrobacterium tumafaciens*、*Pseudomonas putida*、*Pseudomonas fluorescens*、*Pantoea stewartii*、*Sinorhizobium melilotii* 與 *B. subtilis* 等，皆可在植物葉表、根圈或植物細胞與維管束內形成生物膜。此生物膜之形成亦被證實在其是否能造成植物病害或保護植物、促進植物生長與抗病性等植物 - 微生物交互作用中扮演重要角色；且微生物以生物膜形式附著於物體表面，有助其抵抗乾旱、紫外光、

毒質等逆境（Danhorn & Fuqua, 2007; Parsek & Fuqua, 2004）。

而芽孢桿菌屬能否纏據植物表面普遍被認爲是影響其應用於生物防治是否成功之關鍵（Danhorn & Fuqua, 2007），因此了解其於植株葉表或根圈之纏據與生物膜形成，所需基因表現及調控，將有助於使應用 *Bacillus* 菌作爲植物病害管理策略達到其最高效益。

有關枯草桿菌 *B. subtilis* 生物膜形成與其生物防治效力之相關性，Rudrappa 等人（2008）研究發現受 *P. syringae* 感染之阿拉伯芥根部會分泌蘋果酸（malic acid），並誘引生物防治用根圈細菌 *B. subtilis* FB17 纏據於根上並形成厚實生物膜（Rudrappa *et al*., 2008）。其研究團隊亦證實 *B. subtilis* 可纏據於阿拉伯芥根上形成生物膜，同時伴隨產生脂胜肽抗菌物質 surfactin，surfactin 不僅爲 *B. subtilis* 形成生物膜所需，其對 *P. syringae* 抑菌效力亦是保護植物免受感染之關鍵因子（Bais *et al*., 2004）。

另研究指出，生物製劑產品 Kodiak 之 *B. subtilis* GB03 可於種子上存活直至種子種植發芽後，以植物產生分泌物微養分增殖並於植物根系微細其細菌族群量，於種植後六十年仍可維持每條根系達 10^5cfu 之菌量，遠較其他土壤之細菌族群量高十倍（Kloepper *et al*., 2004; Kokalis-Burelle *et al*., 2006）。

本作者研究團隊由中、南部地區所採集本土介質及根圈土壤分離拮抗性枯草桿菌可抑制柑桔潰瘍病害發生，研究中特別針對枯草桿菌及潰瘍病原於葉表形成生物膜能力與抑制病害相關性進行探討。結果顯示於接種潰瘍病原前一天噴灑枯草桿菌群菌株，可明顯抑制潰瘍病原於墨西哥萊姆葉表生物膜形成及纏據能力；另葉表多由枯草桿菌群菌株所纏據，且枯草桿菌之應用亦可明顯降低單位葉表面積柑桔潰瘍病斑數（Huang *et al*., 2012）。

另本團隊研究中亦發現，具番茄青枯病原拮抗性及青枯病防治效用之 *B. subtilis* GAPB2 可於番茄及阿拉伯芥根系纏據並形成生物膜（圖四），另亦發現此根系之纏據作用與植物體醣類轉運蛋白相關（Perez, 2016）。綜合上述結果皆顯示，拮抗性枯草桿菌於植物葉表及根部形成生物膜能力與病害防治效果具相關性，而菌體於作物表面生物膜形成能力亦受菌體自身及寄主作物分泌物影響。

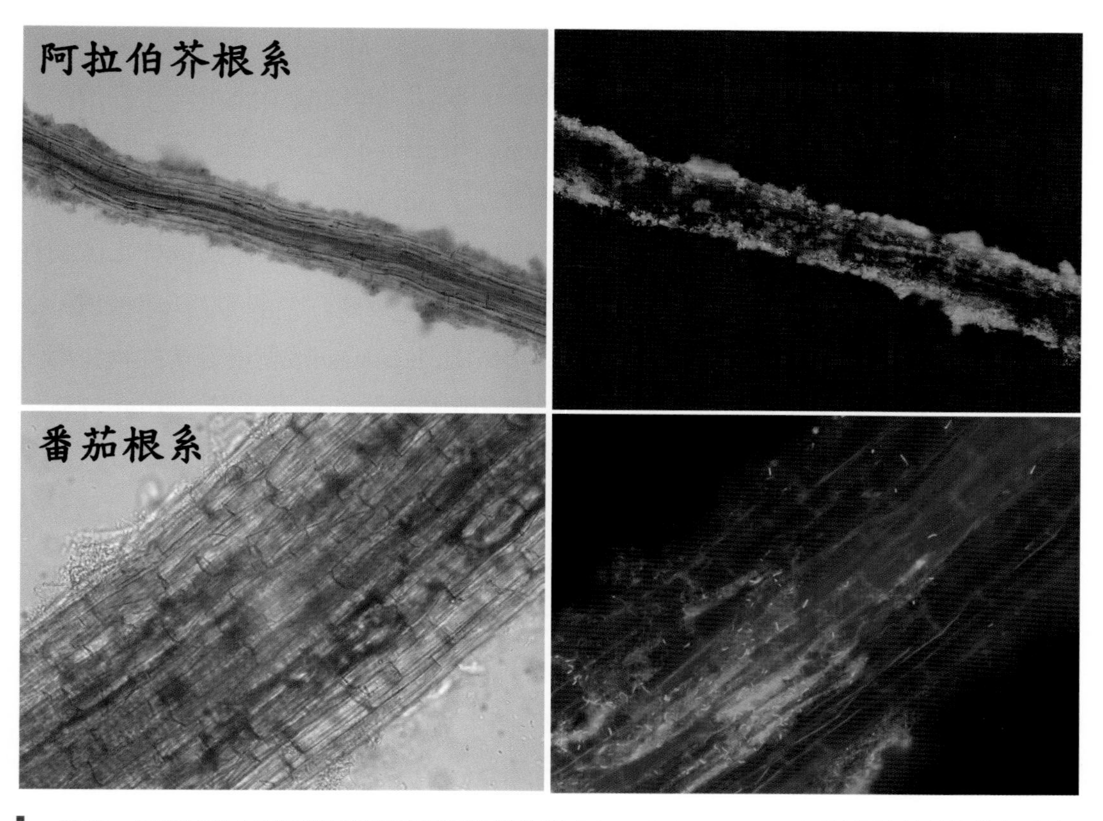

圖四　具番茄青枯病原拮抗性及青枯病防治效用之 *B. subtilis* GAPB2，可於阿拉伯芥植株根系纏據並形成生物膜。

二、枯草桿菌可干擾病原細菌群體間訊息傳遞作用影響病害發展

微生物分泌並感應細胞外小分子量訊息分子（small signal molecules），來了解其族群在環境中的密度，並進而調控其生物機能（如：抗生物質之產生、生物膜的形成、微生物表面移行性、轉型作用及產孢等），此一現象稱爲 quorum sensing（QS）或 cell-to-cell communication（Waters & Bassler, 2005）。QS 已知爲微生物隨環境中族群量改變，自行調控其生物功能之機制，並已知在致病過程、共生作用等生物交互作用中扮演極重要角色；因此干擾 QS 系統被視爲一研發抗菌物質作爲病害防治或疾病治療之標的或調控微生物功能，如：抗生物質、分解酵素等，產生或增進益生微生物纏據能力之利器。

Bacillus 菌屬已被報導有兩類 QS 訊息傳遞系統：其一爲由細胞外胜肽（extracellular signaling peptides）ComX pheromone 及 PhrC pentapeptide 所調控，已知可調控抗生物質的產生、產孢（sporulation）及 competence（Lazazzera, 2000）；另一爲革蘭氏陽性及陰性菌共通之訊息傳遞分子 furanone 所誘導之 LuxS/AI-2 訊息傳遞系統，此系統可調控 *B. subtilis* 孢子發育、生物膜的形成及與菌株之泳動性有關（Lombardia *et al*., 2006）。另部分 *Bacillus* 菌屬可產生分解 QS 訊息傳遞分子 acyl-homoserine lactones（AHL）之分解酵素 AHL lactonase，利用分子生物技術將此基因轉殖至馬鈴薯，已有報告指出具有抑制由 *Erwinia carotovora* 所引起軟腐病發生（Dong *et al*., 2001）。

另 Newman 等人（2008）首度報導指出，*Bacillus* sp.、*Paenibacillus* sp.、*Microbacterium* sp.、*Staphylococcus* sp. 及 *Pseudomonas* sp. 具降解 *Xanthomonas* 及與其較親源性菌屬所產生訊息傳遞分子 Diffusible signal factor（DSF）之能力；並由 *Pseudomonas* sp. strain G 中鑑識出此 DSF 降解能力相關基因爲 *carAB*，其產物爲 carbamoylphosphate synthase，是一在大腸桿菌中被證實參與調控嘧啶（pyrimidine）及精胺酸（arginine）前驅物之生合成，當此生合成基因缺失（突變）時則呈現嘧啶與精胺酸營養缺失表現型（Newman *et al*., 2008）。而後 Caicedo 等人（2016）亦證實由柑桔葉表所分離之三株 *Bacillus* sp. SJ13、*Bacillus* sp. SJ15 及 *Pseudomonas* sp. SJ02 菌株具 DSF 降解能力，且此三菌株之應用可降低柑桔潰瘍病徵之表現（Caicedo *et al*., 2016）。

本作者團隊研究結果亦證實本土 *X. axonopodis* pv. *citri* 亦具 DSF 訊息傳遞系統，而臺灣本土性 *Bacillus* 菌屬菌株具防治由 *X. axonopodis* pv. *Citri* 所引起之潰瘍病害之能力，然此 *Bacillus* 菌屬防治柑橘潰瘍病之能力是否亦具與產生分解 *X. axonopodis* pv. *citri* 訊息傳遞系統之訊息分子 DSF 相關，則待進一步試驗證實。綜觀上述結果顯示，細胞間訊息傳遞之系統不僅可在拮抗微生物生物防治作用扮演重要角色，亦爲植物病原細菌致病之重要調控系統。

三、枯草桿菌可產生具抗生活性之二次代謝產物抑制病害發生

芽孢桿菌屬菌株可分泌抗生物質（antibiotics）、胞外水解酵素（extracellular

hydrolase）、氨氣（NH_3）與揮發性氣體，對病原菌之生理代謝作用具直接的影響（Lugtenberg & Kamilova, 2009）。多數芽孢桿菌屬細菌在特定培養環境的二次代謝過程中可產生多種抗生物質，已知抗生物質多達七百九十五種以上，其中枯草桿菌的基因體中約有 4-5% 基因序列與菌株之抗生物質生合成相關（Stein, 2005）。

常見的二次代謝物質結構，多爲多個胺基酸環狀化後結合一長鏈脂肪酸之環脂胜肽（cyclic lipopeptides, CLPs）類物質，其中最具抗生活性之大分子物質依其結構可將之分爲 surfactin 類、iturin 類及 fengucin 類，各類物質各司其所在芽孢桿菌屬中扮演不同角色。

Iturin 類化合物，主要由 *B. subtilis* 及 *B. amyloliquefaciens* 產生，係由七個胜肽與一個 β- 氨基脂肪酸結合而成，以不直接溶解或破壞的方式干擾病原菌細胞膜的滲透作用；在生體外（*in vitro*）對絲狀眞菌（filamentous fungi）具優異拮抗活性，亦可誘導植物產生抗性，但對細菌的抑制效果極低，僅有特定菌株具感受性，且無抗病毒活性（Ongena & Jacques, 2008）。

Surfactin 類，可由 *B. subtilis*、*B. amyloliquefaciens*、*B. coagulans*、*B. pumilus* 及 *B. licheniformis* 產生，是由七個胺基酸與一個 β- 羥基脂肪酸結合形成的環狀內酯化合物，爲具雙親合性（amphiphile）的生物性界面活性劑，可改變膜的完整性，具溶血性、抗病毒、抗菌質體特性，且對細菌具抗生活性較強。此外，surfactin 也可促進菌體群聚形成生物膜構造，菌體於植物葉表、根圈或植物細胞與維管束內形成生物膜可有保護植物免於病原菌之侵害；而益生菌形成生物膜的能力經研究也證實有助促進植物生長、抗病性等，在植物 - 微生物交互作用中扮演重要角色（Ongena & Jacques, 2008）。

Fengycin 類物質，除可由 *B. subtilis* 及 *B. amyloliquefaciens* 產生外，另也於 *B. cereus* 及 *B. thuringiensis* 發現，其爲十個胜肽與一個 β- 氨基脂肪酸結合而成的環狀脂胜肽，除可抑制多種眞菌菌絲生長，亦被證實可誘導寄主植物產生系統性誘導抗病反應（induced systemic resistance）（Ongena & Jacques, 2008）。*B. amyloliquefaciens* QST713、*B. amyloliquefaciens* FZB24、*B. amyloliquefaciens* MBI600、*B. amyloliquefaciens* D747 等枯草桿菌群產品，在殺菌劑抗藥性行動委員會（Fungicide resistance acting committee, FRAC）之作用機制表中歸屬於 FRAC

F6，其主要作用機制爲產生脂胜肽（lipopeptides），破壞病原菌細胞膜，而抑制病原生長。

本作者團隊研究中亦證實，臺灣本土枯草桿菌亦具產生抑制病原眞菌及細菌生長之抗生物質，且可破壞病原細胞膜、影響病原眞菌之孢子正常能量代謝，甚至導致眞菌細胞程序性死亡（program cell death），影響正常感染過程，進而降低病原所造成病害之罹病度（圖五）（Huang, 2016; Lin, 2015）。

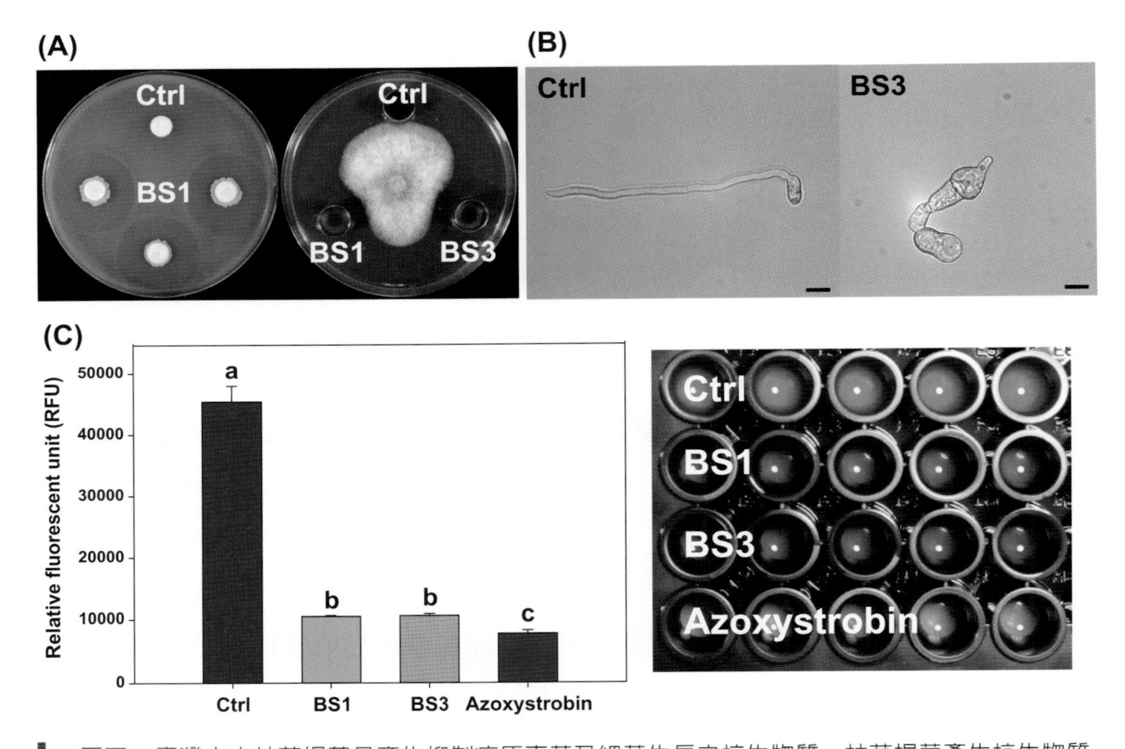

圖五　臺灣本土枯草桿菌具產生抑制病原真菌及細菌生長之抗生物質。枯草桿菌產生抗生物質 (A) 抑制病原細菌 *Xanthomonas oryzae*（左）及真菌 *Colletotrichum gloeosporioides*（右）之生長；(B) 破壞病原細胞膜，導致病原發芽管畸形膨大；(C) 影響病原真菌之孢子正常能量代謝。

四、枯草桿菌可誘導作物產生系統性抗病反應

植物體於自然環境中，不同於動物體可藉由移動來躲避外來侵擾或不良環境，因此在受到外在刺激或病原菌侵擾時，除藉由自身特化之構造或分泌物抵禦

外來病原菌侵擾外，亦可藉由離子傳輸或小分子植物賀爾蒙（plant hormone）如：phytoalexins、幾丁質酶（chitinase）、葡萄聚糖酶（β-13-glucanase）、蛋白酶抑制物（proteinase inhibitors）等病原性相關蛋白（pathogenicity-related proteins）誘發物質（elicitors）來調控植物防禦反應，而 PGPR 微生物亦具誘發植物防禦反應作用（van Loon, 2007）。

研究證據顯示當施用 *B. subtilis* FZB24 於番茄根部，可明顯減少 *Phytophthora infestans* 和 *Botrytis cinerea* 在葉部的感染（Choudhary & Johri, 2009; Kilian *et al*., 2000）。當豌豆種子處理 *B. subtilis* AF1 菌株，可顯著提高成長苗中苯丙胺酸裂解酶 phenylalanine ammonia lyase（PAL）的活性及植株對 *Fusarium* 萎凋病之抗病性（Podile & Laxmi, 1998）。另 Ryu 等人（2014）研究中亦證實 *B. subtilis* GB03 及 *B. amyloliquefaciens* IN937a 可產生揮發性物質 2,3-butanediol 而可誘發阿拉伯芥植株之 induced systemic resistance（ISR）（Ryu *et al*., 2004）。而胡瓜幼苗無論是種子浸泡或是澆灌處理 *B. subtilis* B579，其植物防禦反應相關酵素（plant defense related enzymes）無論是在過氧化酶（peroxidase, PO）、多酚氧化酶（polyphenol oxidase, PPO）及 PAL 之表現量，皆較僅接種 *Fusarium oxysporum* 及水處理之對照組處理有顯著增加（Chen *et al*., 2010）。

本作者團隊研究結果證實，將臺灣本土所分離枯草桿菌噴灑施用於水稻幼苗，除可有效降低白葉枯病癥表現，另可見在水稻植株之 PO、PPO 及 PAL 之酵素活性皆顯著，較僅接種白葉枯病原或水處理之對照組提升（圖六）（Jan, 2015）。

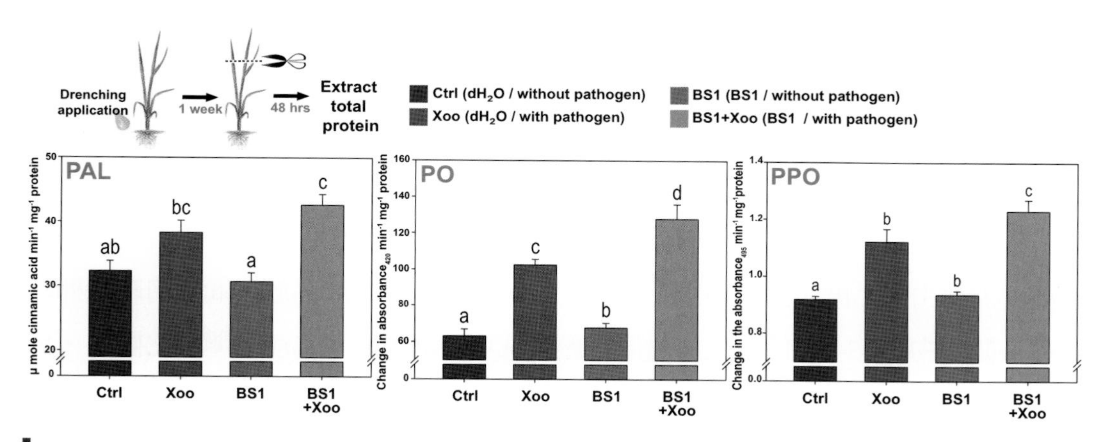

圖六　臺灣本土枯草桿菌具誘發水稻防禦反應相關酵素產生。過氧化酶（PO）、多酚氧化酶（PPO）及苯丙胺酸裂解酶（PAL）（Jan, 2015）。

五、枯草桿菌可促進作物生長

枯草桿菌除可保護植物免於病原感染外，其亦具促進植物生長之作用。Kilian 等人（2000）之研究中即發現，土壤澆灌或馬鈴薯種薯處理 *B. subtilis* FZB24 商品，經四週後，可使根系乾重增加 5%，並使產量提升 12%（Kilian *et al*., 2000）。多數研究中亦證實枯草桿菌群菌株，亦同具生長促進效果。而經研究證實枯草桿菌可生成植物賀爾蒙，如：吲哚乙酸（IAA）、細胞分裂素（cytokinin）及激勃素（gibberellic acid）、生合成 IAA 之前驅物色胺酸（tryptophan）、間接影響植物賀爾蒙生成調控路徑，如：產生 1-aminocyclopropane-1-carboxylic acid deaminase 降解乙烯，或產生揮發性物質 2,3-butanediol 而調控並促進植物體生長（Borriss, 2011; Kloepper *et al*., 1980）。

Idris 等人（2007）研究中即證實，當 *B. amyloliquefaciens* FZB42 IAA 之前驅物色胺酸生合成基因缺時，其所產生 IAA 量亦降低，且會影響 FZB42 促進植物體生長之作用（Idris *et al*., 2007）。此外，枯草桿菌也可藉由分泌胞外水解酵素（extracellular hydrolase）、蛋白質分解酵素（protease），可將含大分子的蛋白質分解成較小分子的胜肽，亦可分泌有機酸及 phytases，使土壤中磷轉化爲游離態，有利植物之吸收，進而促進植株之生長（Mia *et al*., 2016）。

結語

枯草桿菌群微生物製劑品爲國際上爲最廣泛被利用之植醫保健的產品，目前國內外皆已有登記於生物農藥（biopesticides）及生物肥料（biofertilizer）應用之商品；但因菌株來源不同所適應環境亦不同，另各菌株所展現之病害防治機制與產生促進生長物質與能力皆各迥異，因此所適用之地理環境、作物與植物病害對象亦不同。

因大多數枯草桿菌群除能有效防治作物病害，另亦具促進農作物生育功能；因此如何能藉由產品開發過程中調整量產配方與劑型，維繫產品於田間應用時能即時發揮其微生物活性，並能導入一般慣行農業栽培管理模式，爲產品開發之關鍵。另如何結合跨領域研究團隊，拓展菌株可同時適用於農作物栽培、畜牧飼養、水產養殖與環境復育等多場域功能，將有利於發揮枯草桿菌群微生物製劑最大潛力與增進開發商品產值。

主要參考文獻

1. 行政院農業委員會動植物防疫檢疫局。2019。農藥資訊服務網。
2. Asaka, O., and Shoda, M. 1996. Biocontrol of *Rhizoctonia solani* damping-off of tomato with *Bacillus subtilis* RB14. Applied and Environmental Microbiology 62: 4081.
3. Ash, C., Farrow, J. A. E., Wallbanks, S., and Collins, M. D. 1991a. Phylogenetic heterogeneity of the genus Bacillus revealed by comparative analysis of small-subunit-ribosomal RNA sequences. Letters in Applied Microbiology 13: 202-206.
4. Ash, C., Farrow, J. A. E., Wallbanks, S., and Collins, M. D. 1991b. Phylogenetic heterogeneity of the genus *Bacillus* revealed by comparative analysis of small-subunit-ribosomal RNA sequences. Lett. Appl. Microbiol. 13: 202-206.
5. Baker, C. J., Stavely, J. R., and Mock, N. 1985. Biocontrol of bean rust by *Bacillus subtilis* under field conditions. Plant Diseases. 69(a): 770-772.
6. Berger, F., Li, H., White, D., Frazer, R., and Leifert, C. 1996. Effect of pathogen inoculum, antagonist density and plant species on biological control of phytophthora and pythium damping off by *Bacillus subtilis* Cot1 in high humidity fogging glasshouses. Phytopathology 86: 428-433.
7. Borriss, R. 2011. Use of plant-associated *Bacillus* strains as biofertilizers and biocontrol agents in agriculture. Pages 41-76 in: Bacteria in Agrobiology: Plant Growth Responses. D. K. Maheshwari, ed. Springer Berlin Heidelberg, Berlin, Heidelberg.
8. Brewer, M. T. and Larkin, R. P. 2005. Efficacy of several potential biocontrol organisms against *Rhizoctonia solani* on potato. Crop Protection 24: 939-950.
9. Caicedo, J. C., Villamizar, S., Ferro, M. I. T., Kupper, K. C., and Ferro, J. A. 2016.

Bacteria from the citrus phylloplane can disrupt cell-cell signalling in *Xanthomonas citri* and reduce citrus canker disease severity. Plant Pathology 65: 782-791.

10. Chen, F., Wang, M., Zheng, Y., Luo, J., Yang, X., and Wang, X. 2010. Quantitative changes of plant defense enzymes and phytohormone in biocontrol of cucumber Fusarium wilt by *Bacillus subtilis* B579. World Journal of Microbiology and Biotechnology 26: 675-684.
11. Choudhary, D. K. and Johri, B. N. 2009. Interactions of *Bacillus* spp. and plants - with special reference to induced systemic resistance (ISR). Microbiol. Res. 164: 493.
12. Danhorn, T. and Fuqua, C. 2007. Biofilm formation by plant-associated bacteria. Annu. Rev. Microbiol. 61: 401-422.
13. Dong, Y. H., Wang, L. H., Xu, J. L., Zhang, H. B., Zhang, X. F., and Zhang, L. H. 2001. Quenching quorum-sensing-dependent bacterial infection by an N-acyl homoserine lactonase. Nature 411: 813-817.
14. Handelsman, J. and Stabb, E. V. 1996. Biocontrol of soilborne plant pathogens. Plant Cell 8: 1855-1869.
15. Hsieh, S. H. 2018. Revealing the biofilm formation, efficacy in biocontrol of tomato bacterial wilt and growth promotion by three *Bacillus subtilis* group strains. Master Thesis. National Chung Hsing University, Taichung, Taiwan.
16. Huang, H. Y. 2016. Application of *Bacillus subtilis* strains TKS1-1 and SP4-17 for the control of strawberry anthracnose. Master Thesis. National Chung Hsing University, Taichung, Taiwan.
17. Huang, T. P., Tzeng, D. D. S., Wong, A. C., Chen, C. H., Lu, K. M., Lee, Y. H., Huang, W. D., Hwang, B. F., and Tzeng, K. C. 2012. DNA polymorphisms and biocontrol of *Bacillus* antagonistic to citrus bacterial canker with indication of the interference of phyllosphere biofilms. PLoS ONE 7: e42124.
18. Idris, E. E., Iglesias, D. J., and Talon, R. 2007. Tryptophan-dependent production of indole-3-acetic acid (IAA) affects level of plant growth promotion by *Bacillus*

amyloliquefaciens FZB42. Molecular Plant-Microbe Interactions 20: 619-626.

19. Idriss, E. E., Makarewicz, O., Farouk, A., Rosner, K., Greiner, R., Bochow, H., Richter, T., and Borriss, R. 2002. Extracellular phytase activity of *Bacillus amyloliquefaciens* FZB45 contributes to its plant-growth-promoting effecta. Microbiology 148: 2097-2109.
20. Islam, M. T., Rahman, M., Pandey, P., Jha, C. K., and Aeron, A. 2016. Bacilli and Agrobiotechnology. Springer, Cham.
21. Jacobs, D. 2016. Biopesticide registration around the world. AgriBusiness Global 30: 10-12.
22. Jan, Y. J. 2015. Application of microbial agent *Bacillus subtilis* TKS1-1 on the control of rice bacterial blight and its putative control mechanisms. . Master Thesis. National Chng Hsing University, Taichung, Taiwan.
23. Kilian, M., Steiner, U., Krebs, B., Junge, H., Schmiedeknecht, G., and Hain, R. 2000. FZB24 *Bacillus subtilis* - mode of action of a microbial agent enhancing plant vitality. Pflanzenschutz-Nachrichten Bayer 1: 72-93.
24. Kloepper, J. W., Ryu, C. M., and Zhang, S. 2004. Induced systemic resistance and promotion of plant growth by *Bacillus* spp. Phytopathology 94: 1259.
25. Kloepper, J. W., Leong, J., Teintze, M., and Schroth, M. N. 1980. Enhanced plant growth by siderophores produced by plant growth-promoting rhizobacteria. Nature 286: 885-886.
26. Kokalis-Burelle, N., Kloepper, J. W., and Reddy, M. S. 2006. Plant growth-promoting rhizobacteria as transplant amendments and their effects on indigenous rhizosphere microorganisms. Applied Soil Ecology 31: 91-100.
27. Kumar, A. S., Lakshmanan, V., Caplan, J. L., Powell, D., Czymmek, K. J., Levia, D. F., and Bais, H. P. 2012. Rhizobacteria *Bacillus subtilis* restricts foliar pathogen entry through stomata. The Plant Journal 72: 694-706.
28. Lahlali, R., Peng, G., Gossen, B. D., McGregor, L., Yu, F. Q., Hynes, R. K., Hwang, S. F., McDonald, M. R., and Boyetchko, S. M. 2012. Evidence that the biofungicide

Serenade (*Bacillus subtilis*) suppresses clubroot on canola via antibiosis and induced host resistance. Phytopathology 103: 245-254.

29. Lazazzera, B. A. 2000. Quorum sensing and starvation: signals for entry into stationary phase. Current Opinion in Microbiology 3: 177.
30. Lin, Y.-H. 2015. Identification of antagonistic microorganisms against anthracnose on tea and passion fruit and their potential application in disease control. Master Thesis. National Chung Hsing University.
31. Logan, N. A. and Berkeley, R. C. W. 1984. Identification of Bacillus strains using the API system. Microbiology 130: 1871-1882.
32. Lombardia, E., Rovetto, A. J., Arabolaza, A. L., and Grau, R. R. 2006. A LuxS-dependent cell-to-cell language regulates social behavior and development in *Bacillus subtilis*. J. Bacteriol. 188: 4442-4452.
33. Lugtenberg, B. and Kamilova, F. 2009. Plant-Growth-Promoting Rhizobacteria. Annual Review of Microbiology 63: 541.
34. McKillip, J. L. 2000. Prevalence and expression of enterotoxins in *Bacillus cereus* and other *Bacillus* spp., a literature review. Antonie Van Leeuwenhoek 77: 393-399.
35. Mia, M. A. B., Naher, U. A., Panhwar, Q. A., and Islam, M. T. 2016. Growth promotion of nonlegumes by the inoculation of *Bacillus* species. Pages 57-76 in: Bacilli and Agrobiotechnology. M. T. Islam, M. Rahman, P. Pandey, C. K. Jha and A. Aeron, eds. Springer International Publishing, Cham.
36. Mohammadipour, M., Mousivand, M., Salehi Jouzani, G., and Abbasalizadeh, S. 2009. Molecular and biochemical characterization of Iranian surfactin-producing *Bacillus subtilis* isolates and evaluation of their biocontrol potential against *Aspergillus flavus* and *Colletotrichum gloeosporioides*. Can. J. Microbiol. 55: 395-404.
37. Newman, K. L., Chatterjee, S., Ho, K. A., and Lindow, S. E. 2008. Virulence of plant pathogenic bacteria atenuated by degradation of fatty acid cell-to-cell signaling factors. Mol. Plant-Microbe Interact 21: 326-334.

38. Nicholson, W. L. 2002. Roles of *Bacillus* endospores in the environment. Cell. Mol. Life Sci. 59: 410-416.
39. Ongena, M. and Jacques, P. 2008. Bacillus lipopeptides: versatile weapons for plant disease biocontrol. Trends in Microbiology. 16: 115-125.
40. Padgham, J. L. and Sikora, R. A. 2007. Biological control potential and modes of action of *Bacillus megaterium* against *Meloidogyne graminicola* on rice. Crop Prot. 26: 971-977.
41. Parsek, M. R. and Fuqua, C. 2004. Biofilms 2003: emerging themes and challenges in studies of surface-associated microbial life. J. Bacteriol. 186: 4427-4440.
42. Perez, G. A. 2016. Biocontrol of tomato bacterial wilt and biofilm formation by *Bacillus subtilis* strains GAPB2 and GAPB3. . Master Thesis. National Chung Hsing University, Taichung, Taiwan.
43. Podile, A. R. and Laxmi, V. D. V. 1998. Seed bacterization with *Bacillus subtilis* AF 1 increases phenylalanine ammonia-lyase and reduces the incidence of Fusarial wilt in pigeonpea. Journal of Phytopathology 146: 255-259.
44. Priest, F. G. 1993. Systematics and ecology of *Bacillus*. Pages 3-16 in: *Bacillus subtilis* and Other Gram-Positive Bacteria: Biochemistry, Physiology, and Molecular Genetics. A. L. Sonenshein, ed. ASM Press Washington, D. C., USA.
45. Rahman, M. 2016. Bacillus spp.: a promising biocontrol agent of root, foliar, and postharvest diseases of plants. Pages 113-141 in: Bacilli and Agrobiotechnology. M. T. Islam, M. Rahman, P. Pandey, C. K. Jha and A. Aeron, eds. Springer International Publishing, Cham.
46. Ryu, C. M., Farag, M. A., Hu, C. H., Reddy, M. S., Kloepper, J. W., and Paré, P. W. 2004. Bacterial volatiles induce systemic resistance in Arabidopsis. Plant Physiology 134: 1017.
47. Ryu, C.-M., Farag, M. A., Hu, C. H., Reddy, M. S., Wei, H. X., Pare, P. W., and Kloepper, J. W. 2003. Bacterial volatiles promote growth in *Arabidopsis*. Proc. Nat. Acad. Sci. USA 100: 4927-4932.

48. Schisler, D. A., Slininger, P. J., Behle, R. W., and Jackson, M. A. 2004. Formulation of *Bacillus* spp. for biological control of plant diseases. Phytopathology 94: 1267-1271.
49. Stein, T. 2005. *Bacillus subtilis* antibiotics: structures, syntheses and specific functions. Molecular Microbiology 56: 845-857.
50. van Loon, L. C. 2007. Plant responses to plant growth-promoting rhizobacteria. Eur J Plant Pathol. 119: 243-254.
51. Wang, L. T., Lee, F. L., Tai, C. J., and Kasai, H. 2007. Comparison of *gyrB* gene sequences, 16S rRNA gene sequences and DNA-DNA hybridization in the *Bacillus subtilis* group. International Journal of Systematic and Evolutionary Microbiology 57: 1846-1850.
52. Warkentin, D. 2012. *Bacillus subtilis* strain 713, biofungicide: soil applications for disease control, crop yield and quality enhancement. in: MBAO, Maitland, FL.
53. Waters, C. M. and Bassler, B. L. 2005. Quorum sensing: cell-to-cell communication in bacteria. Annu.Rev. Cell Dev. Biol. 21: 319-346.
54. Wei, J. Z., Hale, K., Carta, L., Platzer, E., Wong, C., Fang, S. C., and Aroian, R. V. 2003. *Bacillus thuringiensis* crystal proteins that target nematodes. Proc. Natl. Acad. Sci. USA 100: 2760-2765.
55. Welker, N. E. and Campbell, L. L. 1967. Unrelatedness of *Bacillus amyloliquefaciens* and *Bacillus subtilis*. Journal of Bacteriology 94: 1124.
56. Yao, A. V., Bochow, H., Karimov, S., Boturov, U., Sanginboy, S., and Sharipov, A. K. 2006. Effect of FZB 24® *Bacillus subtilis* as a biofertilizer on cotton yields in field tests. Archives of Phytopathology and Plant Protection 39: 323-328.

CHAPTER 5

液化澱粉芽孢桿菌植醫保健產品

謝奉家

行政院農委會農業藥物毒物試驗所生物藥劑組

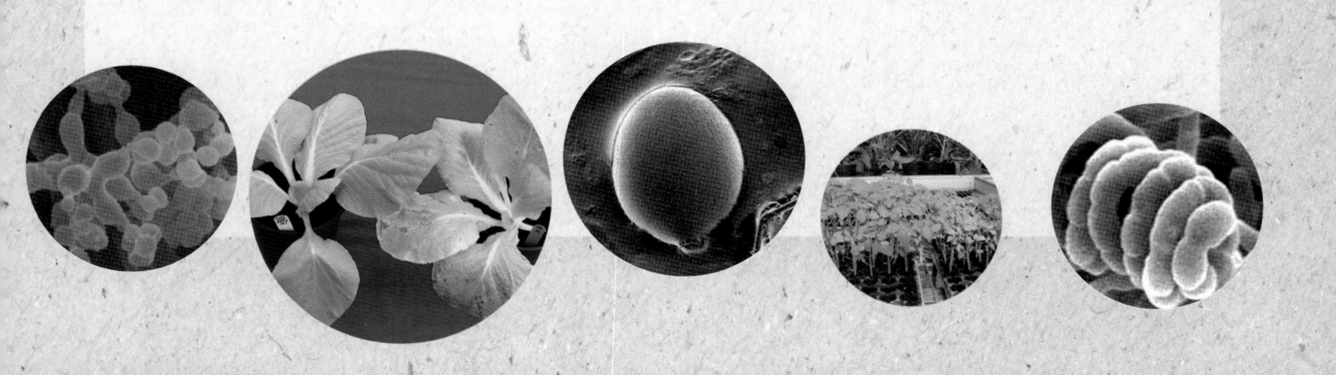

摘要

液化澱粉芽孢桿菌（*Bacillus amyloliquefaciens*）是 2016 年至 2019 年在臺灣獲得最多張農藥許可證的生物殺菌劑熱門菌種。液化澱粉芽孢桿菌屬革蘭氏陽性，好氣性桿菌，具週生鞭毛及內生孢子爲其形態上的特徵。早期作爲種子處理劑（育苗場增加育成率），近來則應用於土壤根圈與病原菌競爭根系中的營養分成爲優勢菌種，進而降低病原菌的危害，也可作爲葉面施用之殺菌劑。產孢過程中可產生對多種病原菌具有抑制作用之抗生物質，孢子產品的儲架壽命至少二年。尤其液化澱粉芽孢桿菌具有溶磷功能，所以也可做爲微生物肥料。

液化澱粉芽孢桿菌的相關生物農藥與微生物肥料產品已陸續上市，預期在二年內將形成「紅海」市場互相削價競爭，必須尋找液化澱粉芽孢桿菌的新應用領域或更多樣性的其他菌種替代；例如，農試所 2018 年已針對液化澱粉芽孢桿菌在根瘤線蟲的防治進行研究，藥毒所也針對液化澱粉芽孢桿菌的誘導抗病進行探討。

關鍵字：液化澱粉芽孢桿菌、生物殺菌劑、微生物肥料、溶磷菌、多功能菌種

前言

許多人提到生物殺菌劑中的芽孢桿菌（*Bacillus* spp.），常只聯想到枯草桿菌（*Bacillus subtilis*）單一菌種，但事實上，還有其它具有抑菌功能的芽孢桿菌屬菌株已經陸續研發並已在臺灣上市。同樣的，許多人也認為上述芽孢桿菌屬菌株主要功能就只有殺菌或抑菌，農委會藥毒所近年來積極進行本土優良安全菌株液化澱粉芽孢桿菌的產業化研發，落實農業科技研發成果產業化及推動本土菌株產品上市之商品化政策，已有相當成果。

但行政院農業委員會各地區的農業改良場（臺中區農業改良場、高雄區農業改良場等）與大專院校（國立中興大學、國立屏東科技大學、國立高雄師範大學等）也逐年新篩獲很多具開發潛力的液化澱粉芽孢桿菌菌株（邱，2002；謝，2012），相關研發成果的商品化，可以讓農民有更多樣化的產品選擇。

例如，農委會藥毒所研發的液化澱粉芽孢桿菌 Ba-BPD1 已取得中國大陸與中華民國的發明專利。由於產生多種抗生物質，有抑菌的功能，所以可作為生物殺菌劑；有溶磷或產生植物激素吲哚乙酸（indole acetic acid, IAA）等功能，可促進作物生長，所以可作為微生物肥料；可產生多種消化酵素與抑菌物質，所以可作為動物飼料添加物。菌株應用範圍可以從植物保護用的生物農藥與微生物肥料，擴大至雞、豬等動物飼料添加物及應用於水產養殖業，將單一菌種跨領域研發與創新加值，開闢更多發展方向（圖一）。由於篇幅有限，本文係針對液化澱粉芽孢桿菌在植物領域的多功能進行相關資訊介紹。

液化澱粉芽孢桿菌簡介

液化澱粉芽孢桿菌於 1943 年由日本學者 Fukomoto 首先發現，此菌種可產生大量的 α-amylase 及 protease。在一開始時，由於此菌種外觀及表現特徵和枯草桿菌極為相似（圖二），因此當時暫將液化澱粉芽孢桿菌列為枯草桿菌的亞種之一。但在 1967 年 Welker 與 Compbell 利用 DNA 雜交方法發現枯草桿菌和液化澱粉芽孢桿菌之 gene 相似度只有 14.7～15.4% 之間，枯草桿菌的 DNA guanine-plus-cytosine

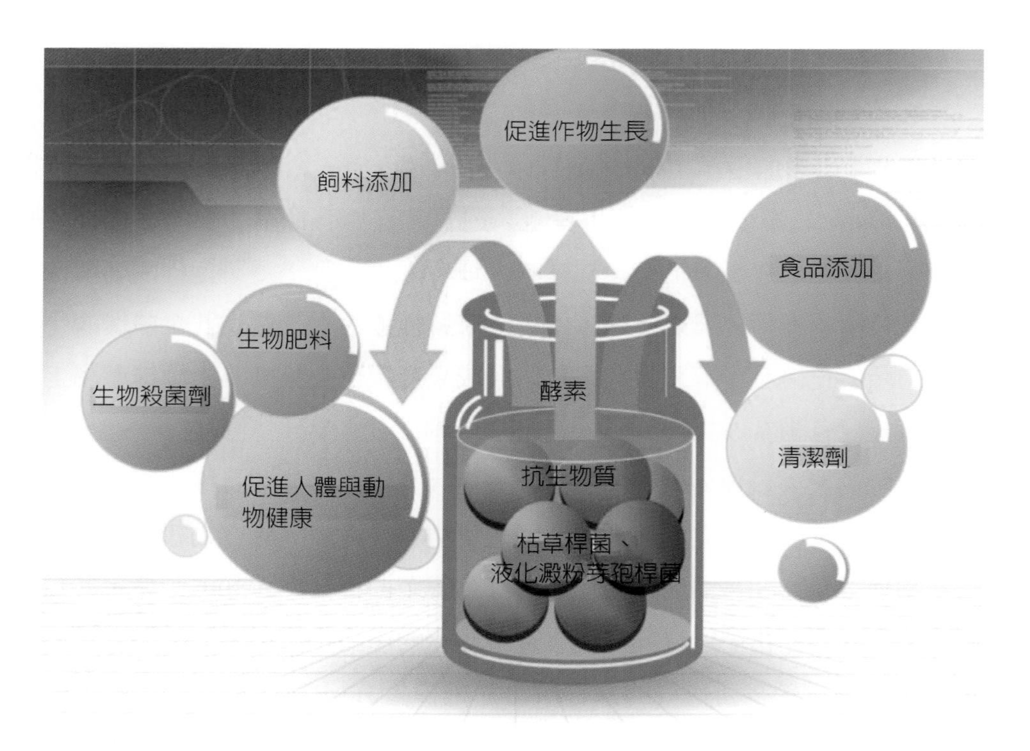

圖一　液化澱粉芽孢桿菌的多功能示意圖。

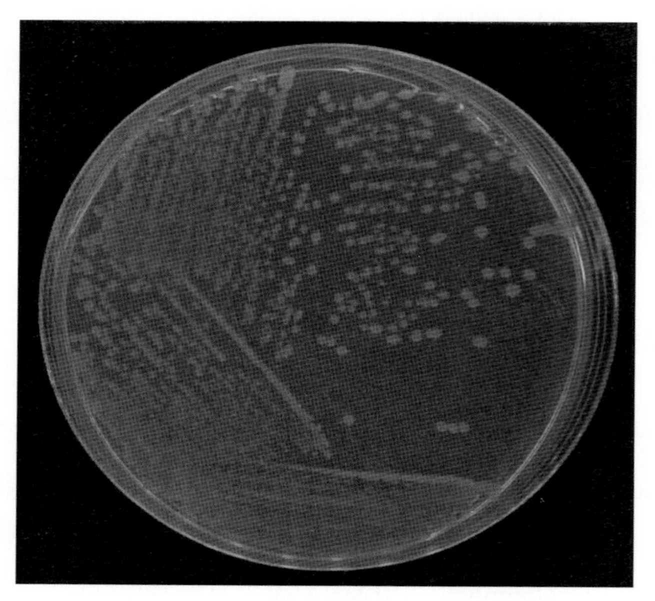

圖二　液化澱粉芽孢桿菌在平板上的菌落型態。

成分（G+C%）是 41.5～43.5%，而液化澱粉芽孢桿菌的 G+C% 是 43.5～44.9%，由此可以判斷枯草桿菌和液化澱粉芽孢桿菌是爲不同的品種。

除了分子基因上的證明枯草桿菌和液化澱粉芽孢桿菌不同，另外在其它如枯草桿菌和液化澱粉芽孢桿菌所產生的 α-amylase 特性上也有相當大的差異。1986 年，在《Bergey's Manual of Systematic Bacteriology》書中，將液化澱粉芽孢桿菌分類爲一獨立菌株，Priest 在 1987 年正式發表在期刊上，至此液化澱粉芽孢桿菌才眞正被定義出來。目前利用 API（analytical profile index）簡易鑑定套組與 *gyr*B 基因定序，也可將液化澱粉芽孢桿菌、枯草桿菌、地衣芽孢桿菌（*Bacillus licheniformis*）及短小芽孢桿菌（*Bacillus pumilus*）等四株表現型接近的菌種鑑別出來。

藥毒所的研究團隊從臺灣梨山篩選到液化澱粉芽孢桿菌 Ba-BPD1，爲本土篩獲並已完成多項產品技轉的優良菌株，具有下列多項功能：產生伊枯草菌素（iturin）與表面素（surfactin）等抗生物質的高產率能力；抑制多種細菌與多種眞菌生長的效果。可產生纖維素分解酵素（cellulase）、蛋白質分解酵素（protease）、脂質分解酵素（lipase）、澱粉分解酵素（amylase）等能力（圖三），可作爲動物飼料添加劑。

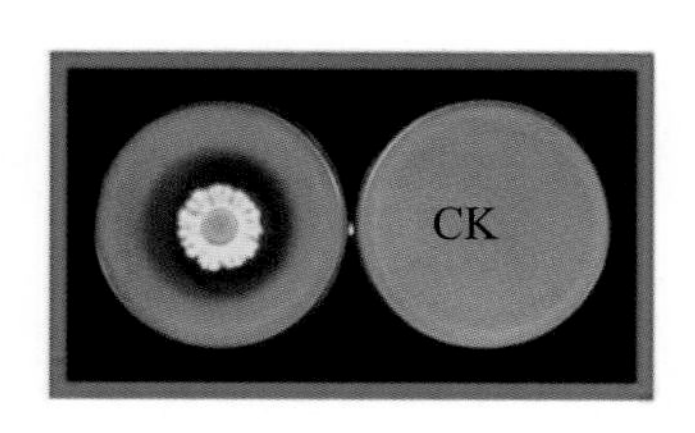

蛋白質分解酵素

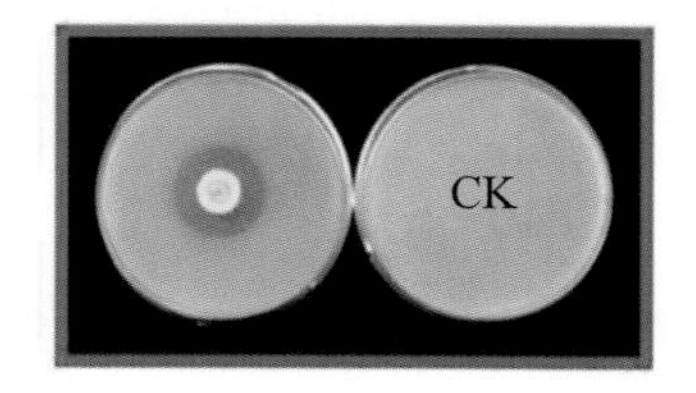

脂質分解酵素

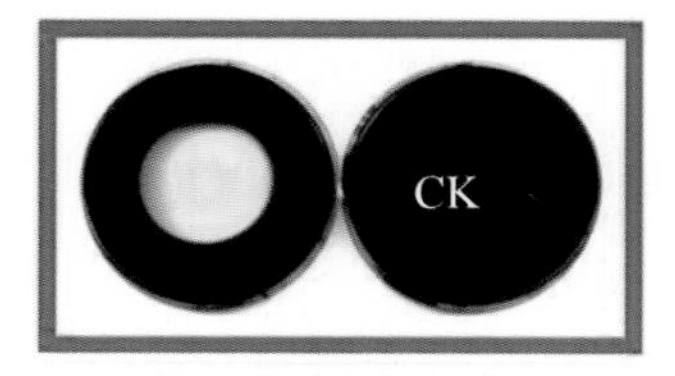

澱粉分解酵素

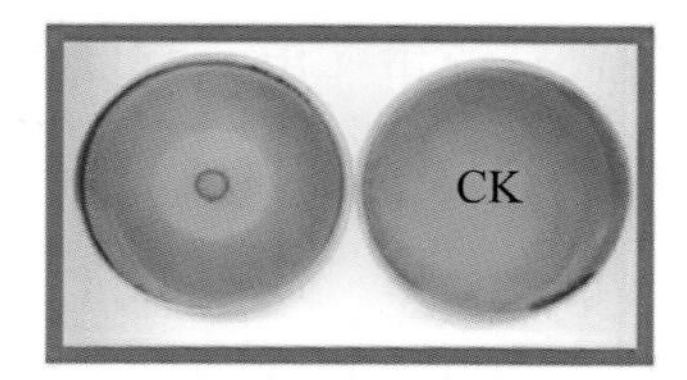

纖維素分解酵素

圖三　液化澱粉芽孢桿菌 Ba-BPD1 可以產生至少四種主要酵素的分解能力。
左邊平板為試驗組，右邊平板為對照組。

貝萊斯芽孢桿菌與液化澱粉芽孢桿菌的分類尚未有共識

若用 16S rRNA 或 *gyr*B 基因序列進行菌種資料庫比對，會發現三年前的比對結果可能原本是液化澱粉芽孢桿菌最接近，但最近三年的比對結果卻變成貝萊斯芽孢桿菌（*Bacillus velezensis*）。貝萊斯芽孢桿菌於 2005 年由西班牙學者 Ruiz-García 等在西班牙南部馬赫拉加發現並命名，Wang 等人（2008）認爲是液化澱粉芽孢桿菌的同物異名（a later heterotypic synonym）。但 Dunlap 等人（2016）卻認爲不是同物異名。

貝萊斯芽孢桿菌是否等於液化澱粉芽孢桿菌？在分類地位上尚未普遍得到共識，但在中國大陸已有相當多的貝萊斯芽孢桿菌研究報告，臺灣在 2019 年也有業者開始申請登記。

生物農藥功能

液化澱粉芽孢桿菌的植物病害防治機制，至今尚未全盤了解，主因在於它所表現出來的功能是多重作用機制的結果，包括與病原菌競爭營養及空間、抗生物質的作用、促進土壤中大分子的分解與營養的有效吸收、改善土壤性質以及促進作物生長與抗病性等，需要許多因素相互搭配，才能達到成功的拮抗作用（Huang *et al*., 2016）。

例如，把孢子活菌施用於作物的葉面和果實的表皮上與土壤中，會與病原眞菌進行生長競爭，而由於液化澱粉芽孢桿菌爲細菌類，較眞菌生長快，因此能迅速把周圍可利用的營養吸收殆盡，進而獲致防治效果。液化澱粉芽孢桿菌對病原眞菌和細菌具有拮抗作用，可以產生許多代謝產物和抗生物質。近年已發表的資料（Zuber *et al*., 1993）顯示十一種有確定的結構與功能，包含有 alboleutin、bacillomycin、bacilycin、botrycidin、豐原素（fengycin）、伊枯草菌素、表面素及 subtilin 等，具有廣大的應用性，因而在植物病害防治應用性之開發，多年來備受重視。

有些產品已鑑定出一種稱爲「iturin A」的抗生物質，這種化合物會與病原眞菌細胞膜的固醇分子作用形成複合物，使得離子傳導孔隙增大，改變細胞膜的滲透性，讓鉀離子迅速流出，進而導致病原眞菌菌絲分解並抑制孢子發芽，達到防治病害的效果。値得注意的是，液化澱粉芽孢桿菌製劑抗生物質的作用，是整個菌體代謝物的綜合作用，而不是像傳統應用上單一抗生物質的作用。由於是多重作用機制，這類製劑不會發生傳統農藥應用上常見的抗藥性問題（謝等，2003；謝，2004, 2005, 2011；Hsieh *et al*., 2004, 2008）。

以本土液化澱粉芽孢桿菌 Ba-BPD1 爲例，該菌株是由藥毒所自臺中梨山的土壤篩選出來，並且進一步培養、鑑定及保存與開發。Ba-BPD1 菌株具有高產率並同時產生抗生物質伊枯草菌素、表面素與豐原素的能力，用以抑制眞菌或細菌生長。

在眞菌方面，可抑制百合灰黴病菌（*Botrytis elliptica*）、玫瑰灰黴病菌（*Botrytis cinerea*）、檬果炭疽病菌（*Glomerella cingulata*）、香蕉炭疽病菌（*Colletotrichum musae*）、甜柿炭疽病菌（*Colletotrichum gloeosporioides*）、水稻立枯絲核菌（*Rhizoctonia solani*）、豌豆鐮胞菌（*Fusarium oxysporum* f. sp. *pisi*）、番茄鐮胞菌（*Fusarium oxysporum* f. sp. *lycopersici*）、蘭花鐮胞菌（*Fusarium solani*）、荔枝鐮胞菌（*Fusarium solani*）、百合白絹病菌（*Sclerotium rolfsii* Saccardo）、蘋果褐斑病菌（*Alternaria mali*）、甜椒疫菌（*Phytophthora capsici*）、洋蔥黑麴菌（*Aspergillus niger*）、柑桔青黴菌（*Penicillium italicum*）、蓮霧果腐菌（*Pestalotiopsis eugeniae*）及檬果蒂腐菌（*Botryodiplodia theobromae*）等。

在細菌方面，可抑制細菌性軟腐桿菌（*Erwinia chrysanthemi* 及 *Erwinia carotovora* subsp. *carotovora*）、瓜類細菌性斑點菌（*Acidovorax avenae* subsp. *citrulli*）、癌腫菌（*Agrobacterium tumefaciens*）、石竹科花卉細菌性萎凋菌（*Burholderia caryophylli*）、茭白細菌性基腐菌（*Enterobactor cloaceae*）、楊桃細菌性斑點菌（*Pseudomonas syringae*）、青枯病菌（*Ralstonia solanacearum*）、柑桔潰瘍菌（*Xanthomonas axonopodis* pv. *cirti*）、茄科植物細菌性斑點菌（*Xanthomonas axonopodis* pv. *vesicatoria*）、十字花科黑腐菌（*Xanthomonas campestris* pv. *compestris*）、水稻白葉枯菌（*Xanthomonas oryzae* pv. *oryzae*）等。

藥毒所研究團隊已進行草莓灰黴病的田間防治評估，Ba-BPD1 菌液於大湖草莓田間每週施用一次，持續施用四次之後，對於草莓灰黴病有一定的防治效果，至少降低罹病率 36%。另於國姓草莓田間試驗結果顯示，Ba-BPD1 對草莓果腐病的預防效果也很顯著。水稻紋枯病初步田間防治結果顯示，施用 Ba-BPD1 菌液共八次後，相較於對照組，罹病度降低約 30～40%，具有 5% 顯著差異。蝴蝶蘭黃葉病（*Fusarium solani*）之溫室盆栽防治試驗顯示，經過十週施藥，可明顯降低黃葉病的罹病率約達 58%，尤其對蝴蝶蘭具有內生的能力，不需持續補充菌源，菌體仍可存在於植株內。

尤其，也可應用在蔬果的採收後處理 post-harvest（圖四）。藥毒所爲與市面類似產品有差異化的區隔，除了孢子數提升外，亦提升主要抗生物質伊枯草菌素的含

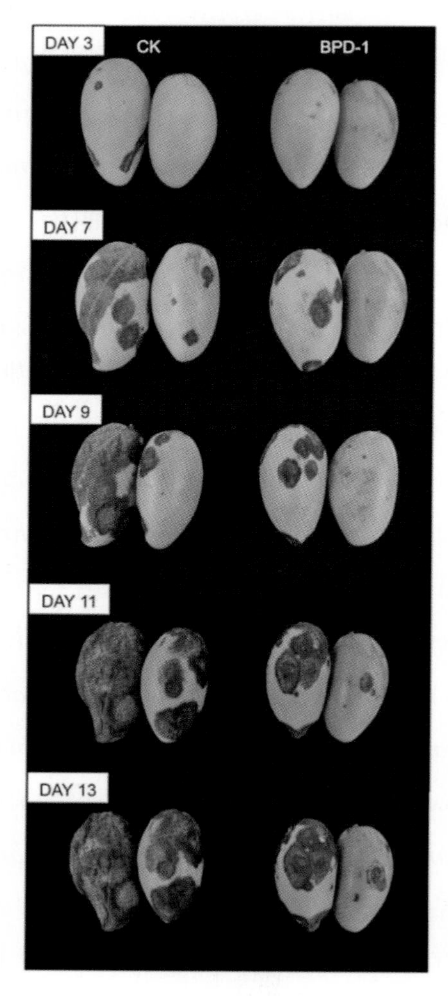

圖四　液化澱粉芽孢桿菌發酵液浸泡芒果防治炭疽病的試驗。

量（Liao *et al*., 2016; Wu *et al*., 2018），達到治療與預防的雙效功能。2018 年已完成治療與預防的雙效功能之微生物殺菌劑商品化，且取得生物農藥許可證，與市售只注重孢子數或預防功能的一般商品有所區隔。

微生物肥料功能

液化澱粉芽孢桿菌有誘導植物抗病（induced resistance）之功能，間接地促進植物生長，也有直接之促進作用，爲 plant growth-promoting rhizobacteria（PGPR）。PGPR 可能經由抑制病害發生間接地促進植物生長，或經由提供植物營養物質之固氮作用、溶磷作用，分泌植物生長的調控因子如植物荷爾蒙，以活化根部的代謝作用，或是藉由分泌抗生物質、嵌鐵物質、競爭生態位與養分及誘導植株抗性來降低植物病原菌的侵害等方式來促進植物生長。

目前國內外研究學者已開始重視上述機制的探討，農委會農試所與藥毒所及不少大專院校也有相關研究人員投入。液化澱粉芽孢桿菌能誘導植物抗病之功能，可使生物防治菌之施用兼具地下部病害及地上部病害之防治功效，且可同時減少多種病害之發生，更能減少化學農藥的使用量；由於病原對植物複雜之抗病機制不易產生抗性，沒有如對化學農藥產生抗藥性的問題，增加使用此等有益細菌之優勢；如與化學肥藥整合運用，除了可減少化學肥藥之使用，仍可達到預期之促進生長功效（圖五）。

依照過去肥料登記制度，含有機質成分及微生物之肥料產品，僅能籠統的登記於有機質肥料品目之下，而且「肥料種類品目及規格」規範當中並無單獨「微生物肥料」之品目；因此 2010 年以前，所有市面上販賣的「微生物肥料」，不論其是否符合檢測規定，皆屬「無法可管」的階段。有鑑於此，農委會於 2010 年 7 月 29 日公告修正「肥料種類品目及規格」，肥料種類分爲：氮肥類、磷肥類、鉀肥類、次微量要素肥料類、有機質肥料類、複合肥料類、植物生長輔助劑類、微生物肥料類及其他肥料類，共九類，其中新增微生物肥料類。

至於微生物肥料類可再分爲以下六項：(1) 豆科根瘤菌肥料、(2) 游離固氮菌肥料、(3) 溶磷菌肥料、(4) 溶鉀菌肥料、(5) 複合微生物肥料及 (6) 叢枝菌根菌肥料

圖五　液化澱粉芽孢桿菌發酵液對番茄植株之生長促進試驗。

等。液化澱粉芽孢桿菌 Ba-BPD1 分析顯示具有螯鐵蛋白（siderophore）、IAA 與 ACC（1-aminocyclopropane-1-carboxylic acid）去胺酵素（ACC deaminase）等促進作物生長的多項因子，經田間試驗對於草莓植株的生長具有正面的幫助，其中對於果實數量以及果實之甜度效果更爲顯著。

由於具有溶磷功能，依現行法規可以申請爲微生物肥料類的溶磷菌肥料。液化澱粉芽孢桿菌 Ba-BPD1 是本土生物製劑的新一代具商業發展優勢菌種，由於同時具有預防與治療功能，及促進作物生長之效能，不僅預防與治療雙效合一，更可解決傳統農藥只有病害防治或肥料只有促進作物生長的問題。藥毒所此項農藥與肥料雙效無毒生物製劑的研發成果，對於促進本土安全農業與無毒農業的發展有重要貢獻。

國內發展現況與成果

在這裡要特別說明的是，液化澱粉芽孢桿菌的分離株與代號很多，哪一株菌株最好？市售液化澱粉芽孢桿菌的菌株功能差異不大，但要比較，還是有差異。就像參加亞運，運動選手都已經是萬中選一，但同場比賽還是有冠亞軍。但田間的變數太多，也不是每次都一定是某個菌株得冠軍，所以建議可先小面積試用，若覺得某產品效果不錯，再大面積施用。目前國內已有五項液化澱粉芽孢桿菌產品取得農藥許可證（表一），且至少已有二家正在申請登記進口液化澱粉芽孢桿菌的商品。

表一　國內目前有農藥成品許可證之液化澱粉芽孢桿菌

普通名稱	產品名	菌株	廠商名稱	防治對象
液化澱粉芽孢桿菌 PMB01	救你一命（液劑）	*Bacillus amyloliquefaciens* PMB01（高雄區農改場技轉）	嘉農企業股份有限公司	茄科作物青枯病、胡瓜萎凋病、蔬菜萎凋病、花木萎凋病
液化澱粉芽孢桿菌 PMB01	絶症剋星（可溼性粉劑）	*Bacillus amyloliquefaciens* PMB01（高雄區農改場技轉）	嘉農企業股份有限公司	茄科作物青枯病
液化澱粉芽孢桿菌 CL3	神真水 3 號（水懸劑）	*Bacillus amyloliquefaciens* CL3（藥毒所技轉）	興農股份有限公司	草莓灰黴病、蔬菜灰黴病、花木灰黴病
液化澱粉芽孢桿菌 Ba-BPD1	臺肥農衆賀（水懸劑）	*Bacillus amyloliquefaciens* Ba-BPD1（藥毒所技轉）	臺灣肥料股份有限公司	草莓灰黴病、蔬菜灰黴病、花木灰黴病
液化澱粉芽孢桿菌 YCMA1	火山寶（可溼性粉劑）	*Bacillus amyloliquefaciens* YCMA1（高師大技轉）	百泰生物科技股份有限公司	甘藍黑斑病、十字花科作物葉斑病、菊科作物葉斑病、山蘇葉斑病、繖形花科作物黑葉枯病、蔥科作物紫斑病、豆科作物葉枯病、葉斑病、褐斑病、褐點病、茄科作物早疫病、輪紋病、地黃葉斑病、當歸葉枯病、花卉黑斑病、褐斑病、葉斑病

截至 2019 年 3 月，已有三十七件微生物肥料商品取得肥料登記證，其中三十三件爲「溶磷菌肥料」、三件爲「溶鉀菌肥料」，一件爲叢枝菌根菌。因爲溶磷菌屬於公告的六種微生物肥料之一，所以不需要執行肥料效果試驗，只需委託農試所執行肥料毒害試驗。臺灣目前有產品正式登記爲微生物肥料的廠商及產值逐年增多，若能立足臺灣，以開拓東南亞市場爲跳板進軍國際市場，相信將能促進相關產業的升級與發展。

市場分析

生物農藥的開發與產業化應用，爲近年農委會積極發展的技術方向，近五年農委會各試驗機關在微生物農藥製劑的開發上屢有斬獲，並透過產學合作的商品化開發計畫，縮短國內生物農藥商品化的時程，並於技轉前完成查驗登記所需試驗，大幅降低產品上市的不確定性，也因此提高業者願意支付的授權金。

農委會藥毒所研發的液化澱粉芽孢桿菌 Ba-BPD1 已技轉並開發爲生物農藥產品、微生物肥料產品產品且成功上市，提供本地農民需求並擴展至海外市場。對於有機栽培業者，可增加抗病性與降低罹病率，促進作物發育及生長；亦能促進作物對於土壤養分吸收，提高產量及品質；也可配合友善環境栽培生產，減少化學農藥與化學肥料使用，改善化學農藥與化學肥料殘留於蔬果、土壤與水源的問題，以及減少連作障礙。

由於化學農藥的使用在未來十年有可能下降至目前使用量的 60%，而生物農藥的利用則會增加，市場占有率可能接近 40%。至於化學肥料每年銷售金額已達新臺幣六十三億元，有機質肥料銷售金額約新臺幣四十一億元，未來微生物肥料約可占國內肥料市場 20%，估計有新臺幣十億元以上的銷售金額。

在市場供需方面，爲滿足持續成長的有機產品市場，有機農業規模也不斷增加，因而帶動生物農藥需求提高，刺激相關投資增加。隨著資源投入，可望促進活性成分開發、製程設計、劑型改良等技術提升，使產品純度與活性大幅提高，增加穩定性及保存期限，擴大生物農藥產品的應用層面。基於環境保護與安全考量，各國政府（包含臺灣）皆積極鼓勵產業界朝向低毒性的活性成分開發，並提供快速審查的誘因，加速生物農藥及低毒性化學農藥上市。此外，於劇毒化學農藥禁用、農藥殘留標準趨嚴與害物整合管理 IPM（Integrated Pest Management）農法推廣等政策下，也爲生物農藥帶來更多發展機會（高，2010；高與謝，2010；許，2010；曾，2010）。

農民自行培養菌液是否可行？

要強調的是，液化澱粉芽孢桿菌的殺菌或促進生長等作用不是短期內可以用肉眼觀察到，若每七天施用一次至少需連續施用四次，且病害預防勝於治療。許多人都誤以爲液化澱粉芽孢桿菌都是一樣的，事實上，同樣叫做「液化澱粉芽孢桿菌」的菌種有成千上萬株，所謂「一樣米，養百樣人」。液化澱粉芽孢桿菌還要再經過學者專家測試，防治植物病害效果的強弱與防治作物的種類進行評估，然後才能篩選出優良菌株並探討最適培養條件，進而開發爲產品；決不是隨便找到一株液化澱粉芽孢桿菌培養，就能有效防治病害。

曾經有農友購買市面的液化澱粉芽孢桿菌產品作菌種來自行 DIY 發酵菌液，筆者並不建議農民買商品作菌種來自行 DIY 發酵菌液，因爲商品的菌種很純沒錯，但農友如何穩定控制發酵的條件並不容易，若器具或容器消毒不完全會有雜菌產生，可能反而不利農作物健康，得不償失。另外，菌種持續繼代培養，有可能造成部分特性與活性降低或喪失，甚至變異，所以菌種的保存與活化仍需專業監測。

尤其，發酵的培養液成分配方或比例、攪拌速度、培養天數與溫度等等，都會大大影響甚至降低液化澱粉芽孢桿菌的產孢率與有效成分含量，造成每批 DIY 的效果參差不齊；反而對於生物性植物保護製劑的眞正功效產生懷疑，甚至動搖無毒農業的決心，也牽連使正規產品蒙受農友信心不足的陰影，所以仍建議使用正規商品。若有大規模的使用量，可與農會或廠商討論需求。

依據目前的研究資料顯示，液化澱粉芽孢桿菌對人類是安全的，但液化澱粉芽孢桿菌的 strains 數目眾多，無法估算。小型生物科技公司的液化澱粉芽孢桿菌菌種並沒有經過專業機構的再確認，若菌種鑑定有誤或製作過程汙染其他雜菌，就可能造成無法預測的害處。建議購買經政府核准的商品並依廠商使用說明施用，才有保障。

因爲目前政府的查驗登記制度都會針對生物活性、毒理影響與田間試驗等做嚴謹試驗評估，合格者才有核准字號。但不可否認，目前的市面上仍充斥許多未經核准的小型生物科技公司商品，用土壤添加劑或改良劑的名義而不用農藥的名義，規避農藥主管機關的查核，藥效不明確也不穩定，品質參差不齊，建議慎選使用。筆者期待國內業者藉由合法化的設廠登記，取得產品合法的商品登記，以利將來市場行銷的運作。

結語

防檢局與農糧署在 2018 年 6 月起將生物防治資材列入補助，每公頃補助五千元，對於提高農民的使用意願有很大幫助。但已取得「生物農藥」或「微生物肥料」登記許可證的產品，在臺灣是否就可以直接用在有機農業栽培上？臺灣的有機農業可用商品資材仍需要農糧署審核，要查產品的製程、原料來源、組成配方是否含化學成分或基因改造成分等；所以即使是獲得生物農藥或微生物肥料的許可證、不會有化學農藥殘留的問題，但依法仍不能直接宣稱有機可用，業者必須向農糧署申請「有機農業商品化資材推薦」，經查核通過才能列入標示。已通過有機驗證機構查核的農友，建議要採用任何資材前，都要事先洽詢有機驗證機構進行確認，避免誤用。

近年來臺灣生物農藥之研究開發及推廣應用已有相當成果，農委會與相關大專院校積極開發生物農藥與昆蟲費洛蒙等防治資材。藥毒所亦每年開辦生物農藥與微生物肥料訓練班，講解多項生物防治資材的施用原理與技術，受到農友熱烈歡迎與肯定。基於環境保護與安全考量，各國政府鼓勵產業界朝向低毒性的活性成分開發，並提供快速審查的誘因，加速生物農藥及低毒性化學農藥上市。爲推動環境友善耕作，立法院已於 2018 年 5 月 8 日三讀通過有機農業促進法，以強化建構促進有機農業發展之環境。

爲推動化學農藥減半政策，農委會除落實「農藥農用」減低非農業人員之暴露，提升用藥人員的個人防護水準外，亦已逐步推行相關措施，包括病蟲害綜合管理技術、生物農藥補助；並於 2019 年規劃辦理農藥分級制度，將農藥依據不同的危害風險，採取不同強度的管理策略，未來危害風險高之農藥將會加強管理，如限制使用範圍、或限制購買及使用人員的資格，以降低農藥使用的風險。而危害風險低的農藥，例如生物農藥可視程度放寬管理力道，以鼓勵使用。

液化澱粉芽孢桿菌的相關生物農藥與微生物肥料產品已陸續上市，預期在二年內將形成「紅海」市場互相削價競爭，必需尋找液化澱粉芽孢桿菌的新應用領域或更多樣性的其他菌種替代；例如，農試所 2018 年已針對液化澱粉芽孢桿菌在根瘤線蟲的防治進行研究，藥毒所也針對液化澱粉芽孢桿菌的誘導抗病進行探討，期待在近年盡快有豐碩成果產出。

主要參考文獻

1. 邱安隆。2002。應用生物製劑防治百合灰黴病。花蓮區農業專訊 42: 22-25。
2. 高穗生。2010。微生物農藥研發進展與產業潛力。農業生技產業季刊第 24 期。
3. 高穗生、謝奉家。2010。液化澱粉芽孢桿菌之生物農藥與生物肥料商品化產品開發。第 23-27 頁。生物科技產學論壇。國立中興大學，臺中。
4. 許嘉伊。2010。全球生物農藥產業概況與未來展望。農業生技產業季刊第 24 期。
5. 曾德賜。2010。臺灣生物農藥開發與產業化應用之問題與展望。農業生技產業季刊第 24 期。
6. 謝奉家、李美珍、高穗生。2003。枯草桿菌菌體及其代謝產物對病原眞菌之抑菌效果評估。植保會刊 45: 155-162。
7. 謝奉家。2004。本土生物農藥資源及其應用（病害防治資材）－芽孢桿菌。植物保護論壇。農業生物技術國家型科技計畫辦公室。臺中。
8. 謝奉家。2005。植物病害的殺手明星－枯草桿菌。科學發展月刊 391: 18-21。
9. 謝奉家。2011。臺灣芽孢桿菌生物殺菌劑的研發與應用現況。第 1-11 頁。行政院農業委員會農業藥物毒物試驗所技術專刊第 205 號。
10. 謝奉家。2012。液化澱粉芽孢桿菌防治外銷蝴蝶蘭黃葉病之研發。農政與農情月刊 237: 91-94。
11. Dunlap, C. A., Kim, S. J., Kwon, S. W., Rooney, A. P. 2016. *Bacillus velezensis* is not a later heterotypic synonym of *Bacillus amyloliquefacien*s; *Bacillus methylotrophicus*, *Bacillus amyloliquefacien*s subsp. *plantarum* and *Bacillus oryzicola* are later heterotypic synonyms of *Bacillus velezensis* based on

phylogenomics. Int. J. Syst. Evol. Microbiol. 66(3): 1212-1217.

12. Liao, J. H., Chen, P. Y., Yang, Y. L., Kan, S. C., Hsieh, F. C., Liu, Y. C. 2016. Clarification of the antagonistic effect of the lipopeptides produced by *Bacillus amyloliquefaciens* BPD1 against *Pyriculariaoryzae* via *in situ* MALDI-TOF IMS analysis. Molecules 21: 1670.
13. Hsieh, F. C., Lin, T. C., Meng, M., and Kao, S. S. 2008. Comparing methods for identifying *Bacillus* Strains capable of producing the antifungal lipopeptideiturin A. Curr. Microbiol. 56: 1-5.
14. Hsieh, F. C., Li, M. C., Lin, T. C., and Kao, S. S. 2004. Rapid detection and characterization of surfactin-producing *Bacillus subtilis* and closely related species based on PCR. Cur. Microbiol. 49: 186-191.
15. Huang, C. N., Lin, C. P., Hsieh, F. C., Liu, C. T. 2016. Characterization and evaluation of *Bacillus amyloliquefaciens* strain WF02 regarding its biocontrol activities and genetic responses against bacterial wilt in two different resistant tomato cultivars. World J. Microbiol. Biotechnol. 32: 183.
16. Wang, L. T., Lee, F. L., Tai, C. J., Kuo, H. P. 2008. *Bacillus velezensis* is a later heterotypic synonym of *Bacillus amyloliquefacien*. Int J Syst Evol Microbiol. 58: 671-675.
17. Wu, J. Y., Liao, J. H., Shieh, C. J., Hsieh, F. C., Liu, Y. C. 2018. Kinetic analysis on precursors for iturin A production from *Bacillus amyloliquefaciens* BPD1. J. Biosci. Bioeng. 126: 630-635.
18. Zuber, P., Nakano, M. M., and Marahiel, M. A. 1993. Peptide antibiotics, Pages 897-916 *in*:*Bacillus Subtilis* and Other Gram-Positive Bacteria, eds A. L. Sonenshein, J. A. Hoch, and R. Losick. America Society for Microbiology,Washington, DC.

CHAPTER 6

多黏類芽孢桿菌植醫保健產品之發展

陳昭瑩

國立臺灣大學植物病理與微生物學系

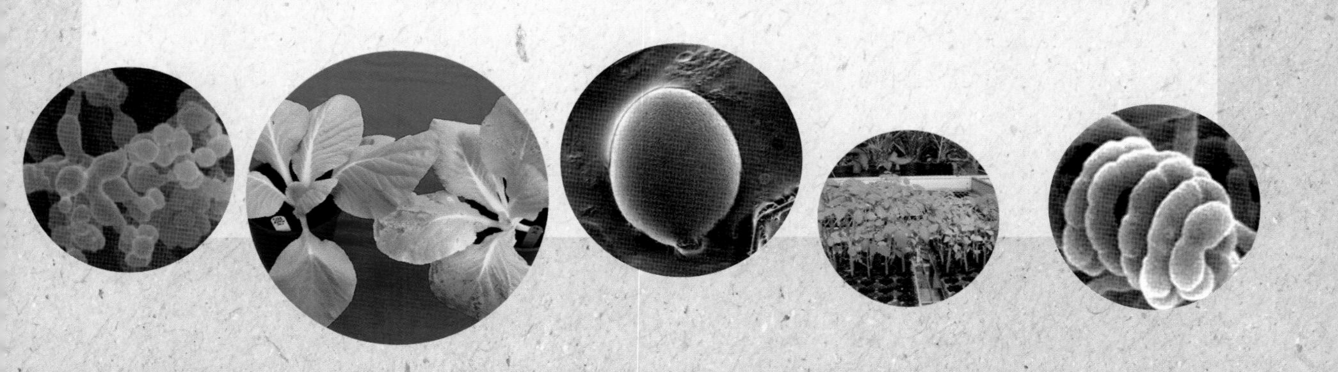

摘要

植物群系有多元豐富的微生物相，包括許多對植物有幫助的細菌種類，如多黏類芽孢桿菌，其可棲息於土壤、植物根部，爲植物促生根圈細菌，是相當具有發展潛力的生物防治菌。

多黏類芽孢桿菌可於植物根部形成生物膜、分泌鐵離子螯合物、產生抑菌物質，可誘導植物產生系統抗病性與抑制病害的發生；此有益菌並可產生植物荷爾蒙、揮發性氣體，具固氮及溶磷的能力，有助於植物的生長。故多黏類芽孢桿菌可爲生物農藥及生物肥料的活性組成之一，在永續農業或生物科技發展都是重要的微生物資源。

關鍵字：多黏類芽孢桿菌、生物防治、植物促生根圈細菌

前言

細菌是植物群系（phytobiome）中的重要成員，可以是對植物有幫助的種類，也可能是造成植物生病的病菌。芽孢桿菌（*Bacillus*）和類芽孢桿菌（*Paenibacillus*）廣泛地存在於植物根圈的環境，類芽孢桿菌早期被歸類於芽孢桿菌屬；1993 年經分子鑑定另區分爲類芽孢桿菌屬，爲革蘭氏陽性桿菌，其年輕菌落之革蘭氏染色常表現革蘭氏陰性菌的特性，具有周生鞭毛、內生孢子，廣泛分布於人體、動物、植物及環境中。

許多類芽孢桿菌有促進作物生長的作用，可產生殺菌、殺蟲物質，對各種病原的危害有抵制的功效，並在植物上有誘導抗病的作用。類芽孢桿菌也可產生胞外多醣及各種水解酵素，有各種用途如作爲洗潔劑（detergents）、用於生物復育（bioremediation）等。類芽孢桿菌所產生的抗生素有醫藥的用途，如多黏菌素（polymyxins）及殺鐮孢菌素（fusaricidins），爲首度自多黏類芽孢桿菌（*Paenibacillus polymyxa*）分離得到；故類芽孢桿菌無論在永續農業、生物技術、醫藥上都扮演重要的角色，在此主要針對多黏類芽孢桿菌在永續農業可有之應用發展爲文介紹。

多黏類芽孢桿菌之生物農藥發展

生物防治菌可使用於植物種子、根圈、葉表、莖部、花器與果實，施用作物涵蓋糧食作物、蔬菜、果樹、草皮等，可應用於土媒病害、種子病害、葉部與儲藏性病害的防治。生物防治所運用的機制有：抗生作用（antibiosis）、競爭作用（competition）、超寄生作用（mycoparasitism）、分解作用（lysis）、捕食作用（predation）以及誘導植株的系統抗病性（induced systemic resistance, ISR）等。ISR 是由非病原性微生物刺激植株，誘發其產生對病原菌的抗性，這種抗性具有廣效性、持久性、系統性等優點。

生物防治菌中枯草桿菌（*Bacillus subtilis*）是相當受到關注的菌種，可產生脂胜肽（lipopeptides）表面素（surfactins）、伊枯草桿菌素（iturins）、豐原素

（fengycins）等，能幫助菌株群聚（colonization）於根圈，直接拮抗病原菌，以及誘發植株的 ISR 反應；如界面活性劑表面素在誘發 ISR 反應中扮演重要的角色，處理表面素的植物細胞，無論胞外過氧化氫（hydrogen peroxide）的累積及鹼化作用（alkalinization），或是胞內苯丙胺酸脫氨裂解酶（phenylalanine ammonia lyase）與脂氧合酶（lipoxygenase）的活性，都顯著提升，也能誘發其他抗病代謝途徑，促進植物具有更強的能力以抵抗病原菌（Jourdan *et al*., 2009）。

多黏類芽孢桿菌（*Paenibacillus polymyxa*）爲近似於枯草桿菌的種類，棲息於土壤、植物根部、根圈（如小麥、大麥、高粱、玉米、甘蔗、森林樹木），以及海洋沉積物，是相當具有潛力的生物防治菌種（Govindasamy *et al*., 2010; Jeong *et al*., 2019; Lal & Tabacchioni, 2009）；可用以防治多種作物病害（圖一），如：草莓灰黴病（陳，2013；Helbig, 2001）、草莓炭疽病（陳，2015）、油菜黑腳病（Beatty & Jensen, 2002）、花生冠腐病（Haggag & Timmusk, 2007）、西瓜蔓割病（Raza *et al*., 2009）、番茄萎凋病（Mei *et al*., 2014）、胡瓜萎凋病（Zhang *et al*., 2008）、胡瓜腐霉病（Yang *et al*., 2004）；也可降低採收後病害如柑橘綠黴病的發病率（Lai *et al*., 2012）。

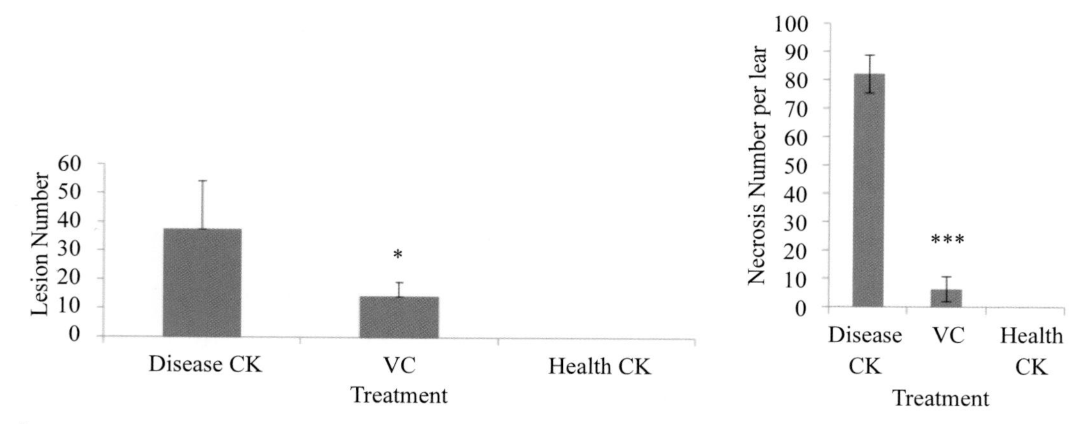

圖一　施用 *Paenibacillus polymyxa* TP3 對不同植物灰黴病的抑制效果。左圖為施用於玫瑰花，右圖為施用於百合葉（陳，2013）。

除了防治眞菌性病害，多黏類芽孢桿菌可用以防治卵菌、細菌與線蟲引起的病害，如於辣椒上防治疫病，於甜椒上抑制細菌性葉斑病（Phi *et al*., 2010）及抑制辣椒疫病（Lee *et al*., 2013），於番茄上抑制根瘤線蟲的危害（Khan *et al*., 2012; Son *et al*., 2009），於菸草上防治黑莖病（Ren *et al*., 2012）；並有殺蟲的作用（Grady *et al*., 2016）。

多黏類芽孢桿菌可於植物根部形成生物膜（Haggag & Timmusk, 2007; Timmusk *et al*., 2005）、分泌鐵離子螯合物、產生抑菌物質（Dijksterhuis *et al*., 1999），如多黏菌素（polymyxins）可抑制多種革蘭氏陰性菌如梨火傷病菌及軟腐病菌的生長（Niu *et al*., 2013; Storm *et al*., 1977），殺鐮孢菌素（fusaricidins）泛稱 LI-F type 抗生素可抑制眞菌生長（蔡，2016；Beatty & Jensen, 2002；Chen *et al*., 2010；Deng *et al*., 2011；Kajimura & Kaneda, 1996, 1997；Kurusa *et al*., 1987），以及產生抑制植物病原眞菌 *Sclerotinia sclerotiorum*、*Botrytis cinerea* 及根瘤線蟲的揮發性氣體（Cheng *et al*., 2017; Liu *et al*., 2008; Zhao *et al*., 2011）。

多黏類芽孢桿菌產生之多黏菌素和殺鐮孢菌素是脂胜肽，也會產生與液化澱粉芽孢桿菌產生之伊枯草桿菌素類群桿菌黴素（bacillomycin）相似的脂胜肽（Aleti *et al*., 2015）。脂胜肽是芽孢桿菌屬和類芽孢桿菌屬細菌常見的二次代謝物，由非核醣體胜肽合成酶（non-ribosomal peptide synthetase, NRPS）所生合成（Benedict & Langlykke, 1947; Cawoy *et al*., 2015; Li & Jenson, 2008; Niu *et al*., 2011）。其他如聚酮（polyketides）也是多黏類芽孢桿菌經常產生的二次代謝物，由基因組挖掘（genome mining）發現其具有新穎的聚酮合成酶（Aleti *et al*., 2015）。

多黏芽孢桿菌會產生和抗菌相關的水解酵素（hydrolytic enzyme），抑制多種植物病原菌的生長（Nielsen & Sorensen, 1997; Raza *et al*., 2008）。多黏類芽孢桿菌也可以誘導植物產生系統抗病性，於辣椒上抑制炭疽病（Lamsal *et al*., 2012），番茄上抑制根瘤線蟲及鐮孢菌的危害即是經由此機制作用（Khan *et al*., 2012; Mei *et al*., 2014），如使防禦蛋白增加，使植株過氧化氫與酚類物質含量增加（Mei *et al* ., 2014）。多黏類芽孢桿菌所產生的殺鐮孢菌素也具有誘導植物抗病的能力（Lee *et al*., 2013），其所產生的揮發性氣體也能誘導植物水楊酸、茉莉酸與乙烯傳訊路徑相關之防禦基因增強表現（Lee *et al*., 2012; Timmusk & Wagner, 1999）。

本實驗室所分離之多黏類芽孢桿菌，對草莓灰黴病菌及炭疽病菌具有拮抗作用，能減緩草莓灰黴病及炭疽病的發病程度，其作用包括直接抑制病原菌（圖二）

或是誘發植物之系統抗病性（陳，2013，2015；蔡，2016）。

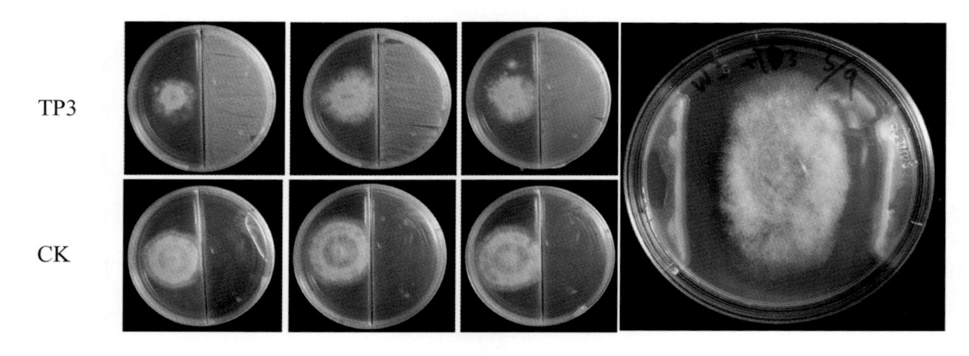

圖二　*Paenibacillu spolymyxa* TP3 揮發性氣體抑制灰黴病菌菌絲生長。
右圖為菌株 TP3 與灰黴病菌的對峙培養（陳，2013）。

植物生長之促進作用：多黏類芽孢桿菌之生物肥料發展

有一部分生物防治細菌屬於大家熟知的 PGPR，它們透過促進植物生長，使植株更為健壯，其促進植物生長之機制如下：(1) 產生植物荷爾蒙，此類 PGPR 可分泌植物生長的調控因子來活化根部的代謝作用，如產生吲哚乙酸（indole-3-acetic acid, IAA）、吉貝素（gibberellins, GA）、細胞分裂素（cytokinin）等；(2) 固氮作用；(3) 溶解有益離子供植物吸收，包括溶磷、溶鉀作用等，前者將土壤及礦石中無機磷溶出或將土壤中不溶於水的磷如 $Ca_3(PO_4)_2$ 及 $CaHPO_4$，轉換為可溶型式，使植物易於吸收。

類芽孢桿菌有一百五十種以上的種類，許多種類可以促進作物生長，有固氮、溶磷能力，可產生植物荷爾蒙、鉗鐵物質等（Gary *et al*., 2016; Xie *et al*., 2016）。多黏類芽孢桿菌即為其中成員，有固氮的能力（Grady *et al*., 2016; Grau & Wilson, 1962; Puri *et al*., 2016），可產生植物生長素（auxin）、細胞分裂素等植物荷爾蒙（Lebuhn *et al*., 1997），有溶磷能力（Postma *et al*., 2010; Singh & Singh, 1993; Wang *et al*., 2012），可產生揮發性氣體（Sharifi & Ryu, 2018），故多黏類芽孢桿菌有助於植物生長（Govindasamy *et al*., 2010; Jeong *et al*., 2019），可發展為生物肥

料。多黏芽孢桿菌會刺激植物的根重塑其蛋白質表現（Yaoyao *et al*., 2017），可促進與葉片生長有關的酵素 glucose-6-phosphate dehydrogenase, 6-phosphogluconatedehydrogenase, glutathione reductase glutathione S-transferase 等的含量增加（Çakmakçi *et al*., 2007）。

生物製劑之輔助及增效方法及應用

多黏類芽孢桿菌與不同微生物協同作用，可增進植物病害防治的效果，如與戀臭假單胞菌（*Pseudomonas putida*）及叢枝菌根菌（arbuscular mycorrhizal fungus）共同施用，可以有效防治鷹嘴豆（chickpea）根腐及根瘤線蟲複合病害（Akhtar & Siddiqui, 2007）。

幾丁聚醣可用以防治葡萄灰黴病、葡萄露菌病、胡瓜灰黴病及番茄炭疽病（Aziz *et al*., 2006; Barka *et al*., 2004），其原理可能經由直接的殺菌作用及誘導植物抗病的作用。幾丁聚醣的施用對葡萄植株生長及草莓果實產量也有提升的效果（Abdel-Mawgoud *et al*., 2010; Barka *et al*., 2004），與幾丁聚醣混合使用時，可有效抑制草莓灰黴病的發展（圖三）（陳，2013）。

多黏類芽孢桿菌與有機肥（organic fertilizer）混合施用時，可有效地防治西瓜蔓割病，增加植株乾重（Raza *et al*., 2009）。另外可與固氮菌共同施用，對於

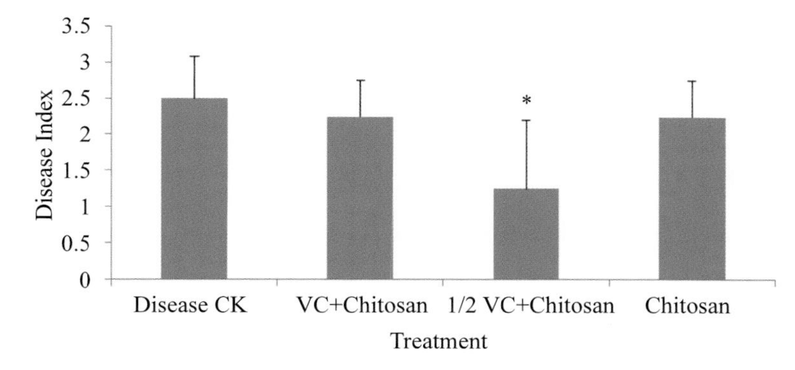

圖三　合適濃度之 Paenibacillus polymyxa TP3 與幾丁聚醣共同施用可抑制草莓灰黴病的病徵發展。較低濃度（1/2 VC）之 TP3 營養細胞懸浮液與稀釋 800 倍的幾丁聚醣共同施用，對灰黴病有明顯的抑制效果（陳，2013）。

植株生長有協力的作用（Koriri*et al*., 2017）。將多黏類芽孢桿菌以種子造粒技術（seed pelleting）包裹種子，則可有效促進芝麻的生長及防治種傳病害（Ryu *et al*., 2006）。

結語

選擇植物促生菌應用於作物之生產管理是現今普遍盛行的方法，微生物存在於許多農業資材中如有機肥，其中之微生物可能對作物生長有幫助，也可能是殘留的病原菌，導入有益菌使微生物相趨於優質菌相，對作物生長即可以有穩定的促進作用，減少負面的影響。發展生物肥料或生物農藥需要有好的製劑配方，芽孢桿菌有內生孢子，適於商品開發，是其優點，然而內生孢子有休眠性，就如刀刃兩面，有優點也有缺點，確定內生孢子能發芽生長，也是發展製劑特別要注意的部分。

多黏類芽孢桿菌可產生促進植物生長的物質、水解酵素、抗生物質，並有固氮、溶磷的能力，可增進土壤多孔性，故於永續農業上，無論發展爲生物農藥或生物肥料都有很大的應用性。多黏類芽孢桿菌還會產生 2,3- 丁二醇（2, 3-butanediol）、凝聚劑等，在工業生產及廢水處理上極具應用價值。多黏類芽孢桿菌的抗生作用標的除了植物病原菌，還有人體及動物病原菌，故在醫藥上也是具有重要性。在臺灣可嘗試發展多黏類芽孢桿菌爲生物肥料或生物農藥，以應用於作物之健康管理，促進永續農業之發展。

主要參考文獻

1. 陳鈺婷。2013。草莓灰黴病生物防治之應用研究。國立臺灣大學植物病理與微生物學系碩士論文。臺北。臺灣。62 頁。
2. 陳柏良。2015。利用多黏類芽孢桿菌防治草莓炭疽病。國立臺灣大學植物病理與微生物學系碩士論文。臺北。臺灣。71 頁。
3. 蔡毅隍。2016。多黏類芽孢桿菌 TP3 產生之有效抗菌物質分析。國立臺灣大學植物病理與微生物學系碩士論文。臺北。臺灣。67 頁。

4. Abdel-Mawgoud, A. M. R., Tantawy, A. S., El-Nemr, M. A., and Sassine, Y. N. 2010. Growth and yield responses of strawberry plants to chitosan application. Eur. J. Sci. Res. 39: 161-168.
5. Akhtar, M. S. and Siddiqui, Z. A. 2007. Biocontrol of a chickpea root-rot disease complex with *Glomus intraradices*, *Pseudomonas putida* and *Paenibacillus polymyxa*. Australasian Plant Pathol. 36(2): 175-180.
6. Aleti, G., Sessitsch, A., and Brader, G. 2015. Genome mining: Prediction of lipopeptides and polyketides from *Bacillus* and related Firmicutes. Comput. Struct. Biotechnol. J. 13: 192-203.
7. Ash, C., Priest, F. G., and Collins, M. D. 1993. Molecular identification of rRNA group 3 bacilli using a PCR probe test. Proposal for the creation of a new genus *Paenibacillus*. Anton. Leeuw. 64: 253-260.
8. Barka, E. A., Eullaffroy, P., Clment, C., and Vernet, G. 2004. Chitosan improves development, and protects *Vitis vinifera* L. against *Botrytis cinerea*. Plant Cell Reptr. 22: 608-614.
9. Beatty, P. H. and Jensen, S. E. 2002. *Paenibacillus polymyxa* produces fusaricidin-type antifungal antibiotics active against *Leptosphaeria maculans*, the causative agent of blackleg disease of canola. Can. J. Microbiol. 48: 159-169.
10. Benedict, R. G. and Langlykke, A. F. 1947. Antibiotic activity of *Bacillus polymyxa*. J. Bacteriol. 54: 24-25.
11. Çakmakçi, R., Erat, M., Erdoğan, U., and Dönmez, M. F. 2007. The influence of plant growth-promoting rhizobacteria on growth and enzyme activities in wheat and spinach plants. J. Plant Nut. Soil Sci. 170: 288-295.
12. Chen, X., Wang, G., Xu, M., Jin, J., and Liu, X. 2010. Antifungal peptide produced by *Paenibacillus polymyxa* BRF-1 isolated from soybean rhizosphere. Afr. J. Microb. Res. 4: 2692-2698.
13. Cheng, W., Yang, J., Nie, Q., Huang, D., Yu, C., Zheng, L., Cai, M., Thomashow, L. S., Weller, D. M., Yu, Z., and Zhang, J. 2017. Volatile organic compounds from

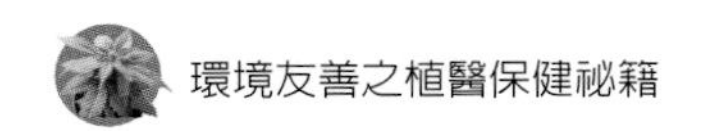

Paenibacillus polymyxa KM2501-1 control *Meloidogyne incognita* by multiple strategies. Sci. Rep. 7: 16213.

14. Deng, Y., Lu, Z., Lu, F., Zhang, C., Wang, Y., Zhao, H., and Bie, X. 2011. Identification of LI-F type antibiotics and di-n-butyl phthalate produced by *Paenibacillus polymyxa*. J. Microbiol. Meth. 85: 175-182.
15. Dijksterhuis, J., Sanders, M., Gorris, L.G. M., and Smid, E.J. 1999. Antibiosis plays a role in the context of direct interaction during antagonism of *Paenibacillus polymyxa* towards *Fusarium oxysporum*. J. Appl. Microbiol. 86: 13-21.
16. Grau, F. H. and Wilson, P. W. 1962. Physiology of nitrogen fixation by *Bacillus polymyxa*. J. Bacteriol. 83: 490-496.
17. Govindasamy, V., Senthilkumar, M., Magheshwaran, V., Kumar, U., Bose, P., Sharma, V., and Annapurna, K. 2010. *Bacillus* and *Paenibacillus* spp. : potential PGPR for sustainable agriculture. Plant Growth Health Prom. Bact. 18: 333-364.
18. Grady, E. N., MacDonald, J., Liu, L., Richman, A., and Yuan, Z. C. 2016. Current knowledge and perspectives of *Paenibacillus*: a review. Microb. Cell Fact. 15: 203.
19. Haggag, W. M. and Timmusk, S. 2007. Colonization of peanut roots by biofilm-forming *Paenibacillus polymyxa* initiates biocontrol against crown rot disease. J. Appl. Microbiol. 104: 961-969.
20. Helbig, J. 2001. Biological control of *Botrytis cinerea* Pers. ex Fr. in strawberry by *Paenibacillus polymyxa* (Isolate 18191). J. Phytopathol. 149: 265-273.
21. Jeong, H., Choi, S. K., Ryu, C. M., and Park, S. H. 2019. Chronicle of a soil bacterium: *Paenibacillus polymyxa* E681 as a tiny guardian of plant and human health. Front. Microbiol. 10: 467.
22. Jourdan, E., Henry, G., Duby, F., Dommes, J., Barthelemy, J. P., Thonart, P., and Ongena, M. 2009. Insights into the defense-related events occurring in plant cells following perception of surfactin-type lipopeptide from *Bacillus subtilis*. Mol. Plant-Microbe Interact 22: 456-468.
23. Kajimura, Y. and Kaneda, M. 1996. Fusaricidin A, a new depsipeptide antibiotic

produced by *Bacillus polymyxa* KT-8. Taxonomy, fermentation, isolation, structure elucidation, and biological activity. J. Antibiot. 49: 129-135.

24. Kajimura, Y. and Kaneda, M., 1997. Fusaricidins B, C and D, new depsipeptide antibiotics produced by *Bacillus polymyxa* KT-8, isolation, structure elucidation and biological activity. J. Antibiot. 50: 220-228.
25. Khan, Z., Son, S. H., Akhtar, J., Gautamn, N. K., and Kim, Y. H. 2012. Plant growth-promoting rhizobacterium (*Paenibacillus polymyxa*) induced systemic resistance in tomato (*Lycopersicon esculentum*) against root-knot nematode (*Meloidogyne incognita*). Indian J. Agr. Sci. 82: 603-607.
26. Korir, H., Mungai, N. W., Thuita, M., Hamba, Y., and Masso, C. 2017. Co-inoculation effect of rhizobia and plant growth promoting rhizobacteria on common bean growth in a low phosphorus soil. Front. Plant Sci. 8: 141.
27. Kurusu, K., Ohba, K., Arai, T., and Fukushima, K. 1987. New peptide antibiotics LI-FO3, FO4, FO5, FO7, and FO8, produced by *Bacillus polymyxa*. I. Isolation and characterization. J. Antibiot. 40: 1506-1514.
28. Lai, K., Chen, S., Hu, M., Hu, Q., Geng, P., Weng, Q., and Jia, J. 2012. Control of postharvest green mold of citrus fruit by application of endophytic *Paenibacillus polymyxa*strain SG-6. Postharvest Biol. Technol. 69: 40-48.
29. LaI, S. and Tabacchioni, S. 2009. Ecology and biotechnological potential of *Paenibacillus polymyxa*: a minireview. Indian J. Microbiol. 49: 2-10.
30. Lamsal, K., Kim, S. W., Kim, Y. S., and Lee, Y. S. 2002. Application of rhizobacteria for plant growth promotion effect and biocontrolof anthracnose caused by *Colletotrichum acutatum* on pepper. Microbiology. 40(4): 244-251.
31. Lebuhn, M., Heulin, T., and Hartmann, A. 1997. Production of auxin and other indolic and phenolic compounds by *Paenibacillus polymyxa* strains isolated from different proximity to plant roots. FEMS Microbiol. Ecol. 22: 325-334.
32. Li, J. and Jensen, S. E. 2008. Nonribosomal biosynthesis of fusaricidins by *Paenibacillus polymyxa* PKB1 involves direct activation of a d-amino acid. Chem.

Biol. 15: 118-127.

33. Lee, B., Farag, M. A., Park, H. B., Kloepper, J. W., Lee, S. H., and Ryu, C. M. 2012. Induced resistance by a long-chain bacterial volatile: Elicitation of plant systemic defense by a C13 volatile produced by *Paenibacillus polymyxa*. PLOS ONE 7: 1-11.
34. Lee, S. H., Cho, Y. E., Park, S. H., Balaraju, K., Park, J. W., Lee, S. W., and Park, K. 2013. An antibiotic fusaricidin: a cyclic depsipeptide from *Paenibacillus polymyxa* E681 induces systemic resistance against Phytophthora blight of red-pepper. Phytoparasitica 41: 49-58.
35. Liu, W., Mu, W., Zhu, B., Du, Y., and Liu, F. 2008. Antagonistic activities of volatiles from four strains of *Bacillus* spp. and *Paenibacillus* spp. against soil-borne plant pathogens. Agr. Sci. Chin. 7: 1104-1114.
36. Mei, L., Liang, Y., Zhang, L., Wang, Y., and Guo, Y. 2014. Induced systemic resistance and growth promotion in tomato by an indole-3-acetic acid-producing strain of *Paenibacillus polymyxa*. Ann. Appl. Biol. 165: 270-279.
37. Nielsen, P. and Sorensen, J. 1997. Multi-target and medium independent fungal antagonisms by hydrolytic enzymes in *Paenibacillus polymyxa* and *Bacillus pumilus* strains from barley rhizosphere. FEMS Microbiol. Ecol. 22: 183-192.
38. Niu, B.,Vater, J., Rueckert, C.,Blom, J., Lehmann, M., Ru, J.-J. Chen, X. H., Wang, Q., and Borriss, R. 2013. Polymyxin P is the active principle in suppressing phytopathogenic *Erwinia* spp. by the biocontrol rhizobacterium *Paenibacillus polymyxa* M-1. BMC Microbiology 13: 137.
39. Niu, B., Rueckert, C., Blom, J., Wang, Q., and Borriss, R. 2011. The Genome of the Plant growth-promoting rhizobacterium *Paenibacillus polymyxa* M-1 contains nine sites dedicated to nonribosomalsynthesis of lipopeptides and polyketides. Genome Announc. 193: 5862-5863.
40. Phi, Q. T., Park, Y. M., Seul, K. J., Ryu, C. M., Park, S. H., Kim, J. G., and Ghim, S. Y. 2010. Assessment of root-associated *Paenibacillus polymyxa* groups on growth promotion and induced systemic resistance in pepper. J. Microbiol. Biotechnol. 20:

1605-1613.

41. Postma, J., Nijhuis, E. H., and Someus, E. 2010. Selection of phosphorus solubilizing bacteria with biocontrol potential for growth in phosphorus rich animal bone charcoal. Appl. Soil Ecol. 46: 464-469.
42. Puri, A., Padda, K. P., and Chanway, C. P. 2016. Seedling growth promotion and nitrogen fixation by a bacterial endophyte *Paenibacillus polymyxa* P2b-2R and its GFP derivative in corn in a long-term trial. Symbiosis. 69: 123-129.
43. Raza, W., Yang, W., and Shen, Q. R. 2008. *Paenibacillus polymyxa*: antibiotics, hydrolytic enzymes and hazard assessment. J. Plant Pathol. 90: 419-430.
44. Raza, W., Yang, X., Wu, H., Wang, Y., Xu, Y., and Shen, Q. 2009. Isolation and characterisation of fusaricidin-type compound-producing strain of *Paenibacillus polymyxa* SQR-21 active against *Fusarium oxysporum* f. sp. *nevium*. Eur. J. Plant Pathol. 125: 471-483.
45. Ren, X., Zhang, N., Minghui, C., Wu, K., Shen, Q., and Huang, Q. 2012. Biological control of tobacco black shank and colonization of tobacco roots by a *Paenibacillus polymyxa* strain C5. Biol. Fertil. Soils 48: 613-620.
46. Ryu, C. M., Kim, J., Choi, O., Kim, S. H., and Park, C. S. 2006. Improvement of biological control capacity of *Paenibacillus polymyxa* E681 by seed pelleting on sesame. Biol. Control 39: 282-289.
47. Sharifi, R. and Ryu, C.-M.2018. Revisiting bacterial volatile-mediated plant growth promotion: lessons from the past and objectives for the future. Ann. Bot. 122(3): 349-358.
48. Singh, H. P. and Singh, T. A. 1993. The interaction of rockphosphate, *Bradyrhizobium*, vesicular-arbuscular mycorrhizae and phosphate solubilizing microbes on soybean grown in a sub-Himalayan mollisol. Mycorrhiza 4: 37-43.
49. Son, S. H., Khan, Z., Kim, S. G., and Kim, Y. H. 2009. Plant growth-promoting rhizobacteria, *Paenibacillus polymyx*a and *Paenibacillus lentimorbus* suppress disease complex caused by root-knot nematode and fusarium wilt fungus. J. Appl.

Microbiol. 107(2): 524-32.

50. Timmusk, S. and Wagner, E. G. 1999. The plant-growth-promoting rhizobacterium *Paenibacillu spolymyxa* induces changes in *Arabidopsis thaliana* gene expression: A possible connection between biotic and abiotic stress responses. Mol. Plant-Microbe Interact. 12: 951-959.
51. Timmusk, S., Grantcharova, N., Gerhart, E., and Wagner, H. 2005. *Paenibacillus polymyxa* invades plant roots and forms biofilms. Appl. Environ. Microbiol. 71: 7292-7300.
52. Wang, Y., Shi, Y., Li, B., Shan, C., Ibrahim, M., Jabeen, A., Xie, G., and Sun, G. 2012. Phosphate solubilization of *Paenibacillus polymyxa* and *Paenibacillus macerans* from mycorrhizal and non-mycorrhizal cucumber plants. Afr. J. Microbiol. Res. 6: 4567-4573.
53. Xie, J., Shi, H., Du, Z., Wang, T., Liu, X., and Chen, S. 2016. Comparative genomic and functional analysis reveal conservation of plant growth promoting traits in *Paenibacillus polymyxa* and its closely related species. Sci. Rep. 6: 21329.
54. Yang, J., Kharbanda, P. D., and Mirza, M. 2004. Evaluation of *Paenibacillus polymyxa* PKB1 for biocontrol of Pythium disease of cucumber in a hydroponic system. Acta Hortic. 635: 59-66.
55. Yaoyao, E., Yuan, J., Yang, F., Wang, L., Ma, J., Li, J., Pu, X., Raza, W., and Huang, Q. 2017. PGPR strain *Paenibacillus polymyxa* SQR-21 potentially benefits watermelon growth by re-shaping root protein expression. AMB Express 7: 104.
56. Zhang, S., Raza, W., Yang, X., Hu, J., Huang, Q., Xu, Y., Liu, X., Ran, W., and Shen, Q. 2008. Control of Fusarium wilt disease of cucumber plants with the application of a bioorganic fertilizer. Biol. Fertil. Soils 44: 1073-1080.
57. Zhao, L., Yang, X., Li, X., Mu, W., and Liu, F. 2011. Antifungal, insecticidal and herbicidal properties of volatile components from *Paenibacillus polymyxa* strain BMP-11. Agric. Sci. Chin. 10: 728-736.

CHAPTER 7

放線菌與其植醫保健產品

石信德[1]、黃振文[2*]

[1] 行政院農業委員會農業試驗所植物病理組
[2] 國立中興大學植物病理學系

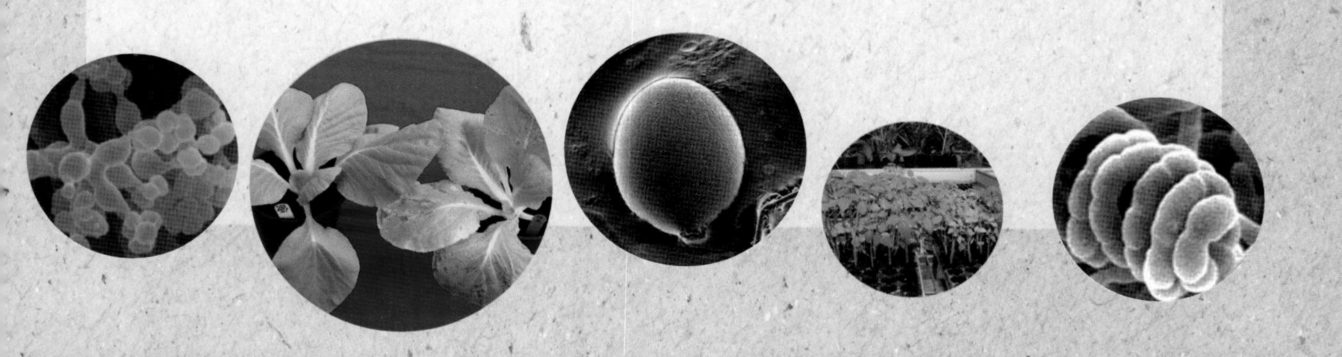

摘要

農業永續發展的目標是著眼循環利用資源及維護生態平衡的經營理念，建立一個健全而平衡的農業生態環境，進而生產健康及安全的農產品以提供給消費大眾。田間施用大量長殘效性化學農藥，產生殘留毒及抗藥性病原菌等問題，普遍受到社會大眾的關注，於是學者們嘗試利用有益微生物或其代謝產物，以研製低毒性、殘效短且具低環境汙染性的生物性農藥或植物保護製劑，作爲植物病害綜合管理的重要方法，藉以有效減緩農用化學藥劑對人畜健康與生態環境的衝擊，進而維繫農業的永續經營。

放線菌普遍存在於土壤微生物組中，其中又以鏈黴菌族群最具有潛力。筆者從農田及農業廢棄物中分離的稠李鏈黴菌 PMS-702 菌株，在實驗室可有效抑制多種植物病原菌；且於田間的測試更佐證其具防治番茄晚疫病（*Phytophthora infestans*）的功效。利用分光光度計及薄層色層分析 PMS-702 菌株培養濾液，證實其含有多烯類大環內脂（polyene macrolide）的抑菌物質。

進一步，利用薄層色層分析、矽膠管柱層析分離純化及採用紫外光吸收光譜、紅外線光譜、核磁共振光譜及質譜儀等圖譜資料分析，鑑定 PMS-702 菌株培養濾液的主要抑菌物質是治黴色基素（Fungichromin）。治黴色基素除可抑制 *P. infestans* 及 *Rhizoctonia solani* 的菌絲生長外，尚可破壞它們的細胞構造，並可造成水稻紋枯病菌的菌絲原生質滲漏及抑制其侵入構造的形成。PMS-702 菌株之發酵液搭配苦茶粕拌入稻田中，可有效降低紋枯病菌於稻稈上的存活；若將其發酵液與 2% 茶皂素溶液混合，亦可顯著防治水稻紋枯病的發生。

關鍵字：放線菌、生物防治、鏈黴菌、綜合管理、植物醫學保健產品

前言

在已開發國家的民眾對於生活的品質與環境的保育的需求有著更嚴苛的期待，尤其是食品的衛生與安全成為大眾關注的焦點。近年來，世界各地均陸續積極推動有機農業的栽培管理法，其主要的手段就是儘量避免使用化學肥料與農藥，並採行栽培防治法，施用有機添加物及推動生物防治法等技術，藉以維護農作物生產的品質與永續。Baker 氏（1987）指出生物防治法是維護農業生態系中害物（pests）與益菌或天敵等族群間均衡的重要策略之一。

生物防治的定義，係指在自然或人為操控的環境下，透過一種或多種拮抗微生物有效降低病原菌的密度、活力及感染作物的能力，進而達到防治植物病害的效果（Campbell, 1989）。在二十世紀末葉，科學家們熱衷於推動生物防治的研究工作，他們大多利用眞菌、線蟲、病毒、細菌及放線菌等拮抗微生物或生物，研發生物防治產品（Hall & Menn, 1999）。

截至 2002 年底，大約有一百七十五種有效成分及七百種生物製劑產品被登記（Paulitz & Belanger, 2001），例如：AQ10®（*Ampelomyces quisqualis*）、Fusaclean®（*Fusarium oxysporum*）、SoilGard®（*Gliocladium virens* GL-21）、T-22G®（*Trichoderma harzianum*）、Kodiak®（*Bacillus subtilis*）、BioJect Spot-Less®（*Pseudomonas aureofaciens*）、Stealth®（Steinernema feltiae）、CYD-X®（Heliothis Nucleopolyhedrosis Virus; NPV）、Actinovate®（*Streptomyces lydicus* WYEC 108）及 Mycostop®（*S. griseoviridis* K61）等。

根據美國環境保護署之定義，生物防治劑可分成微生物源、植物源及生化性等三大類，它們在植物保護的領域裡分別被應用於植物病原菌、害蟲、雜草及線蟲之防治工作（US Environmental Protection Agency, 2002.）。我國政府積極推動農業生物技術，發展生物科技產業，藉以提升農業的競爭力。

配合國家政策的需要，筆者從臺灣的農田、堆肥及栽培介質等基質，陸續分離到二百餘株放線菌，經多次測試後，發現鏈黴菌具有廣泛抑制植物病原菌的效果：因此筆者選擇本土鏈黴菌作為研究拮抗微生物的主軸，進而成功開發一種鏈黴菌植物保護製劑，有效施用於田間防治作物病害。本文主旨在於綜合論述放線菌的特性及說明如何應用鏈黴菌研製植物醫學保健產品。

放線菌概述

放線菌（*Actinomycetes* spp.）是一群形態特殊、分布廣泛的微生物，在土壤、淡水、海水、堆肥、動物及植物等天然或人為的各種環境中均可發現其蹤跡。一般而言，富含有機質的中性土壤，放線菌的數量可達 10^6-10^7cfu/g。土壤中的放線菌以鏈黴菌（*Streptomyces* spp.）為主（占 90% 以上）。依據放線菌的生理、生化及細胞特性，發現其不具有核膜，因此將其歸類於原核生物（prokarote）（石與黃，2001）。

隨著菌種分離、培養、生物化學及形態觀察等技術的發展，新屬或新種的放線菌不斷被發現及被重新歸類。直到目前為止，已接近一百個屬被描述（五十多個屬被正式承認），其中鏈黴菌及其相關的屬已超過一千多個種和變種（Miyadoh, 1997）。近年來透過總體基因體學（metagenomics）及次世代定序（NGS）技術，定序 16S rRNA 後比對相關資料庫，可定義出特定環境中的微生物體（microbiome），相信未來將有更多的放線菌能夠被描述及歸類。

放線菌在植物醫學上的應用（2010）

大多數放線菌均可以產生多種次級代謝物，是生產抗生素的主要菌種。抗生素不僅可作為人類疾病的治療藥劑，也可應用於動物飼料的添加物。如，ivermectin、lasalocid、maduramicin、monensin 及 salinomycin 等均是放線菌生產的抗生素，在畜牧獸醫上被應用於抵抗寄生蟲，除了可減少動物疾病的發生外，並可促進家畜的新陳代謝與增加體重。

放線菌也可生產具有工業用途的物質，如，皮革脫毛的蛋白分解酵素、製造果糖的葡萄糖異構酵素、膽固醇氧化酵素及維生素 B_{12} 等。由 *Streptomyces avermitilis* 生產的 Avermection B1，又稱為阿巴汀（avermectin），已被商品化成為殺蟲劑，可有效防治番茄斑潛蠅及銀葉粉蝨等。此外由 *S. viridochromogenes* 分離純化的 vulgamycin，也被用於莧屬雜草的防除工作。放線菌還可產生多種酵素，分解一些自然界不易被其他微生物分解的物質，例如：木質素、幾丁質分解酵素及纖維素等。

1937 年 Nakhimovskaia 發現在土壤中分離的八十個菌株中有四十七株放線菌分離株具有拮抗革蘭氏陽性細菌的能力，其中二十七個菌株產生有效的活性物質。Waksman 氏於 1943 年由 *Streptomyces griseus* 分離出鏈黴素（streptomycin），開創了放線菌工業化生產抗生素的先驅，除了大量被應用在醫藥用途上，也被使用在果樹及蔬菜的細菌性病害防治。1948 年 Arnstein 等人發現放線菌所產生的抗生素 musarin 可以抑制香蕉黃葉病菌（*Fusarium oxysporum* f. sp. *cubense*）的生長。1950 年代學者自 *S. aureofaciens* 分離出四環黴素（Tetracycline），曾用於柑桔立枯病的防治。

1958 年日本住木諭介自 *S. griseochromogenes* 分離出保米黴素（Blasticidin-S），用於水稻稻熱病（*Pyricularia oryzae*）的防治。鈴木三郎與磯野清兩人（1963）由 *S. cacaoi* subsp. *asoensis* 分離生產的保粒黴素（polyoxin）用於水稻紋枯病（*Rhizoctonia solani*）、煙草白星病（*Cercospora nicotianae*）及蘆筍莖枯病（*Phoma asparagi*）的防治。日本北興化學公司（1965）由 *S. kasugaensis* 分離出嘉賜黴素（Kasugamycin）用於水稻稻熱病的防治。隨後日本武田製藥公司（1966）自 *S. hygroscopicus* subsp. *limoneus* 分離出維利黴素（validamycin），用來防治水稻紋枯病。

Chattopadhyay 與 Nandi 兩氏（1982）利用 *S. longisporus* 防治 *Bipolaris oryzae* 和 *Alternaria solani*。O'Brien 等人（1984）利用 *S. griseus* 產生的 candicidin 防治荷蘭榆樹萎凋病（*Ceratocysis ulmi*）。Rothrock 與 Gtottlieb 兩氏（1984）以 *S. hygroscopicus* subsp. *geldanus* 生產 geldanamycin 防治 *R. solani* 引起的豌豆根腐病，同時也在施用過此放線菌的土壤中測得 geldanamycin 的存在。

Smith 等人（1985）以 *S. griseus* subsp. *autotrophicus* 防治 *Fusarium oxysporum* f. sp. *Asparagi* 及 *F. moniliformae* 引起的蘆筍萎凋病及根腐病，並純化出有效的抗生物質 faeriefungin。Bochow 氏（1989）利用 *S. graminofaciens* 醱酵液於溫室中防治 *Pyrenochaeta lycopersici* 引起的番茄根木栓化（corky root）及 *Phomopsis sclerotioides* 造成的胡瓜根腐病。

S. griseoviridis 產生數種代謝物其中包含一種芳香族的七烯類似 candicidin 物質，這種由放線菌所產生的代謝物可以抑制 *Candida albicans*、*Fusarium culmorum*

及 *Saccharomyces cerevisiae*。*S. griseus* 曾被用來防治 *Fusarium oxysporum* f. sp. *asparagi* 及 *F. moniliformae* 引起的蘆筍萎凋病。研究顯示 *S. griseus* 之拮抗能力與其產生多烯類的 faeriefungin 抗生素有關。

El-abyad 等人（1993）利用拮抗菌防治番茄病害，結果發現 *S. pulcher* 及 *S. carescen* 的培養濾液 80% 濃度可有效抑制番茄萎凋病菌（*F. oxysporum* f. sp. *lycopersici*）、*Verticillium albo-atram* 及 *Alternaria solani* 的孢子發芽、菌絲生長和產孢能力，利用相同濃度的 *S. pulcher* 或 *S. citreofluorescens* 培養濾液則可完全抑制番茄潰瘍病菌（*Clavibacter michiganensis* subsp. *michiganensis*）及青枯病菌（*Ralstonia solanacearum*）的生長。

Hwang 等人（1994）發現 *S. hygroscopicus* 可以有效地防治 *Bipolaris sorokiniana* 及 *Sclerotinia homoeocarpa* 感染 *Poa pratensisl*。*S. violaceoniger* 分泌一種 tubercidin 的抗生物質可抑制 *Phytophthora capasici*、*Magnaporthe grisea* 及 *Rhizoctonia solani* 的菌絲生長。

利用 *S. lydicus* WYEC108 菌株做種子粉衣處理，可使豌豆種子免於遭受腐霉病菌（*Pythium ultimum*）的危害，其保護率達 60% 以上。若將 WYEC108 的孢子先以泥炭苔及砂調配後再混入含有 *P. ultimum* 的導病土或消毒土中，試驗結果顯示豌豆及棉花的存活率、株高和鮮重均比對照組爲高。研究發現 WYEC108 除了可阻擾 *P. ultimum* 的卵孢子發芽外，亦可破壞其菌絲的細胞壁。Mahadevan 等人（1997）發現 WYEC108 具有高度分泌幾丁質分解酵素的能力，可能也是其具有拮抗病原眞菌的原因。

El-Shanshoury 等人（1996）發現 *S. corchorusii* 及 *S. mutabilis* 混用 pendimethalin 及 metribuzin 兩種藥劑，可以防治番茄萎凋病菌和青枯病菌。種子粉衣或澆灌處理 *S. griseovirides*，對於 *Alternaria brassicicola*、*F. oxysporum* f. sp. *dianthi*、*F. oxysporum* f. sp. *basilici*、*F. oxysporum* f. sp. *narcissi*、*F. culmorum* 及 *Botrytis cinerea* 均有不錯的防治效果。

Chamberlain 等人發現 *Streptomyces violaceusniger* YCED9 菌株可以產生 nigericin、geldanamycin 及 β-1,3 glucanase。施用 *Streptomyces violaceusniger* YCED9 孢子至草皮可以防治 *R. solani* 引起的苗床病害及 *Sclerotinia homeocarpa* 引起的 crown-foliar 病害。利用 *Streptomyces toxytricini* vh6 與 *Streptomyces flavotricini* vh8 的發酵物質於溫室處理番茄，具有分別降低 44.5% 與 40.1% 由 *R. solani* 引起的病害；此外，亦發現經過處理的番茄相較於對照組的具有較高含量的葉綠素、phenylalanine ammonia lyase（PAL）及累積六種指標性多酚（Patil *et al.*, 2011）。

Sabaratnam 與 Traquair 兩氏（2002）曾利用 *Streptomyces griseocarneus* Di-944 澆灌處理防治番茄立枯病的效果與殺菌劑 oxine benzoate 的功效相近。最近的研究指出此鏈黴菌能夠防治溫室內移植番茄植株多種植物病原眞菌與所分泌的抗生物 Rhizostreptin 有關（Sabaratnam & Traquair, 2015）（表一）。

放線菌 *Lentzea albidia* SR-A5 菌株也曾被證實其發酵液具有對 CymMV、ORSV、CMV 及 PlAMV 等多種植物病毒之分解能力與降低病毒感染力之作用，具有應用於抑制植物病毒活性之潛力（陳等，2014）。目前臺灣也有登記於病害防治的 *Streptomyces candidus* Y21007-2 純白鏈黴菌商品化產品安心寶 ®，用來防治多種果樹如木瓜、百香果、酪梨、芒果等疫病及鳳梨心腐病。

鏈黴菌產生抗生物質的分類

鏈黴菌可以產生多種二次代謝物，包括各種物質分解酵素及抗生物質，這些代謝產物除了被廣泛利用於人體的醫藥治療及家畜飼料添加物外，在農業的農作物生產上也作爲植物保護用途。依據不同的化學性質可將抗生物質分爲：aminoglycosides, anthracyclines, glycopeptides, β-lactams, macrolides, nucleosides, peptides, polyenes, polyethers 和 tetracyclines 等十大種類（Goodfellow *et al.*, 1988）。

鏈黴菌（*Streptomyces* spp.）是已知放線菌中最大的族群，可產生高達一千多種的抗生物質（Miyadoh, 1997），許多重要的抗生素如，放線菌素（Actinomycin）、鏈黴素（Streptomycin）、四環黴素（Tetracyclin）、保米黴素（Polyoxin）、維利黴素（Validamycin）、嘉賜黴素（Kasugamycin）、鏈黴菌素（Pimaricin）及康黴

表一　1990 年後應用鏈黴菌防治植物病害的案例

Streptomycete	Mode of action	Plant pathogen	Contributor
Streptomyces diastatochromogenes		*S. scabies*	Liu *et al.* (1995)
S. griseus subsp. *autotrophicus*	Faeriefungin	*Fusarium oxysporum* f. sp. *asparagi*	Smith *et al.* (1990)
S. lydicus WYEC108 (Actinovate®)	Chitinase	*Pythium ultimum*	Yuan *et al.* (1993) Mahadevan *et al.* (1997)
S. pulche		*Clavibacter michiganensis* subsp. *michiganensis*	El-abyad *et al.* (1993)
S. violaceoniger	Tubercidin	*Phytophthora capasici*	Hwang *et al.* (1993)
S. violaceusniger YCED-9	Guanidylfungin A Nigerium Geldanamycin Chitinase *β*-1,3-glucanase	*Pythium* spp. *Phytophthora* spp.	Trejo-Estrada *et al.* (1998)
S. griseoviridеs (Mycostop®)	Aromatic heptaene polyenes	*Alternaria brassicicola* *Botrytis cinerea* *F. culmorum* *F. oxysporum* f. sp. *basilici* *F. oxysporum* f. sp. *dianthi* *F. oxysporum* f. sp. *narcissi*	Lahdenperä (1991) Tahvonen (1993) Hiltunen *et al.*(1995) Minuto *et al.*(1997)
S. violaceoniger G10	Antibiosis	*F. oxysporum* f. sp. *cubense* race 4	Getha & Vikineswary (2002)
S. halstedii		*Phytophthora capsici*	Joo (2005)
S. ambofaciens S2		*Colletotrichum gleosporioides*	Heng *et al.*(2006)
S. griseus		*F. oxysporum* f. sp. *lycopersici*	Anitha and Rabeeth (2009)
S. toxytricini vh6 *S. flavotricini* vh8	Induced systemic resistance	*Rhizoctonia solani*	Patil *et al.* (2011)
S. felleus YJ1		*Sclerotinia sclerotiorum*	Cheng *et al.*(2014)
S. griseocarneus Di-944	Rhizostreptin	*Rhizoctonia solani*	Stabaratnam & Traquair (2002, 2015)

素（Kankmycin）等均可由鏈黴菌生產。一般而言，農用抗生素具有較低毒性及殘留性質，可以抑制病原微生物的生長和繁殖，或者能改變病原菌的型態而達到保護作物的效果。

抗生素的種類繁多且其結構複雜，從結構大至可將農用抗生素分爲六大類（Lancini *et al*., 1995）：

1. 氨基糖苷類抗生素：這類抗生素屬於糖的衍生物，由糖或氨基酸與其他分子結合而成。在植物體內具有移行性，可干擾病原細胞蛋白質的合成，其代表如鏈黴素。

2. 多胜類抗生素：這類抗生素係將氨基酸以不同的 peptide 鍵結合，經常形成網狀結構，可以抑制病原菌細胞壁的合成，其代表如 Bacitracin。

3. 四環黴素類抗生素：這類抗生素由四個乙酸及丙二酸縮合環化而行成，可以抑制病原菌核糖體蛋白，其代表如四環黴素（Tetracycline）。

4. 核酸類抗生素：這類抗生素含有核酸類似物的衍生物，作用於病原菌的 DNA 合成系統或抑制其前驅物或酵素的生合成，其代表如 Polyoxin。

5. 大環內酯類抗生素：由大於十二個碳原子組成且形成環化結構，通常可和細菌核糖體蛋白 50 subunit 結合以阻斷蛋白質的合成，其代表如 Hygrolidin。

6. 多烯類抗生素：由 25-37 個碳原子組成的大環內酯類抗生素，但是含有 3-7 個相鄰的雙鍵，可與病原眞菌細胞膜上的類固醇相結合而破壞細胞膜的功能，其代表如 Nystatin。

由於多數鏈黴菌具有分泌抗生物質或細胞外酵素的能力，具有抑制植物病原菌的功效外，少部分則具有促進植物生長或誘導植物產生抗病性的的效果，因此鏈黴菌具有應用於生物防治的潛力（Shimizu *et al*., 2001）。

放線菌植醫保健產品的研發

從臺灣各地農田及栽培介質中分離獲得二百株放線菌，一百九十六株屬於鏈黴菌屬（*Streptomyces*），其餘四株放線菌分屬於 *Actinomadura* sp.、*Microbispora* sp.、*Herbidospora* sp. 及 *Streptosporangium* sp.。取鏈黴菌 PMS-101、PMS-502 及 PMS-702 菌株分別與 *Acremonium diospyri*、*Colletotrichum gloeosporioides*、*Fusarium oxysporum* f. sp. *conglutinans*、*F. oxysporum* f. sp. *niveum*、*F. oxysporum* f. sp. *lactuctum*、*F. oxysporum* f. sp. *raphani*、*F. proliferatum*、*Pestalotiopsis eriobotryfolia*、*Pythium myriotylum*、*P. aphanider**atum*、*Rhizoctonia solani* 等十一種植物病原眞菌進行對峙培養測定，結果 PMS-702 菌株具有最佳的拮抗能力。

進一步取 PMS-702 再與其他二十種植物病原眞菌與九種植物病原細菌進行對峙培養測定，結果顯示 PMS-702 對於各種植物病原眞菌均具有不同程度的拮抗能力，但是對於白絹病菌與植物病原細菌則均不具有拮抗能力（Shih *et al*., 1998）。利用傳統鑑定方法發現 PMS-702 菌體的細胞壁含 L- 二氨基庚二酸（L-diaminopimelic acid; L-DAP），全細胞中不含特殊糖類，屬於 Chemotype IC 型，是 *Streptomyces* 屬內的一個種。

它在 ISP2（International Streptomyces Project Medium 2），ISP3 及 ISP4 培養基上生長及產孢情形良好，在 ISP2 及 ISP4 培養基上可以產生黃色色素，但不產生黑色素；其營養菌絲呈灰黃色至橘黃色；氣生菌絲爲灰黃褐色或淺灰色。在掃描式電子顯微鏡觀察 PMS-702 菌株，發現孢子鏈生呈螺旋狀排列，孢子數目超過二十個，表面平滑。

PMS-702 菌株可利用的醣類有：D-glucose, D-fructose, D-xylose, D-mannitol, cellulose；可分解 starch, casein, 及 hypoxanthine。將 PMS-702 菌株之型態、生理、生化特徵及 16S rRNA 全長度基因序列分別與 *S. galbus* CCRC12166 及 *S. padanus* CCRC12168 等菌株的特性比對後，確定 PMS-702 菌株爲 *Streptomyces padanus*（Baldacci *et al*., 1968）。

爲了有效利用 *Streptomyces padanus* PMS-702 防治植物病害，需要探討拮抗菌株與不同營養資材間的親和性，因此筆者針對六種不同營養配方比較它們培養 PMS-702 菌株的效果差異，結果顯示 SMG 配方培養 PMS-702 之生質量最佳。進一步選香蕉黃葉病菌生物分析 PMS-702 在不同配方組合中的抑菌功效，結果顯示 SMG 配方所培養 PMS-702 經過七天或十四天的濾液對黃葉病菌孢子的抗生活性最佳，故利用 SMG 配方培養 PMS-702 研製植物保護製劑產品。

在室內，取植株或切離葉生物檢定分析法 PMS-702 植保製劑的防病功效，證實 *S. padanus* PMS-702 植保製劑可以抑制 *Acremonium lactucum*、*Colletotrichum gloeosporioides*、*Peronospora brassicae*、*Microdochium panattonianum*、*Phytophthora citrophthora* 等植物病原菌。隨後在田間測試 PMS-702 製劑防治番茄

晚疫病（*Phytophthora infestans*）的效果，結果顯示 PMS-702 製劑確實可以有效防治番茄晚疫病；並可提高番茄的果實產量（Shih *et al*., 2013）。

由 PMS-702 菌株培養濾液系列萃取的抽出物對植物病原眞菌亦具有相似的抗生活性。利用分光光度計及薄層色層分析 PMS-702 培養濾液，發現其含有多烯類大環內脂（polyene macrolide）的抑菌物質。*S. padanus* PMS-702 之培養濾液經由經矽膠管柱層析（Silica Gel Chromatography）分離，再以不同比例溶劑萃取，分別得到 PM-1～PM-4 等四個沖提區。進一步，以薄層色層分析與矽膠管柱層析分離純化後，可由此四沖提區分別純化出具有抑菌活性的化合物。

利用紫外光吸收光譜、紅外線光譜、核磁共振光譜及質譜儀等之相關圖譜資料分析，將此化合物鑑定爲治黴色基素（Fungichromin）（Shih *et al*., 2003）。Fungichromin 是 PMS-702 濾液中，主要抑制 *R. solani* 的抗菌物質。利用掃瞄式電子顯微鏡觀察處理過 *S. padanus* PMS-702 培養濾液的立枯絲核菌菌絲，會有破裂及壞死的現象。這些現象顯示 *S. padanus* 分泌的抗生物質 fungichromin 可能與 *R. solani* 菌絲被破壞有著密切的關係。

研究發現治黴色基素可顯著抑制水稻紋枯病菌的菌絲生長，其 3.07 mg/L 的處理能夠抑制 50% 菌絲生長，並可造成菌絲原生質滲漏及抑制病原菌形成侵入構造。在混有紋枯病菌的稻稈田土中施用 0.5%（v/v）PMS-702 發酵液，可加速病原菌死亡及減少病原菌於稻稈中的存活。進一步發現 PMS-702 發酵液配合 0.5%（w/v）苦茶粕施用後第十二天，可使土壤中帶菌稻稈之菌絲完全死亡，施用三週後亦可顯著降低紋枯病菌核發芽率。

此外，利用黃豆粉 - 葡萄糖培養液（SMGC-2）培養 *S. padanus* PMS-702 製成 SMGC-2 發酵液與 2%（w/v）茶皂素溶液以體積一比一混合製成 SPT 製劑後，在溫室進行水稻紋枯病防治試驗，結果發現 SPT 製劑之 100 倍稀釋液可使水稻紋枯病的罹病度由 66.67% 降至 24.04%。上述研究證明稠李鏈黴菌 PMS-702 之發酵液搭配苦茶粕拌入稻田中，可有效降低紋枯病菌於稻稈上存活外，其發酵液混合 2% 茶皂素溶液，亦可顯著防治水稻紋枯病的發生（楊，2018）。

結語

臺灣地處熱帶及亞熱帶地區，氣候高溫多溼，農作物容易遭受病蟲草害的危害而造成經濟損失，因此開發新的防治技術以因應未來農業發展乃是刻不容緩的課題。筆者從臺灣的農田、堆肥及栽培介質等基質陸續分離到許多放線菌，經多次測試後，發現鏈黴菌具有廣泛抑制植物病原菌的效果（Shih & Huang, 1998），因此選擇鏈黴菌 PMS-702 作爲研究拮抗微生物的主軸，進而探討它的分類地位及其抑菌族譜與功效，藉以研製拮抗菌之製劑配方與建立該製劑的生物分析檢測技術。

近年來由於分析儀器及技術的進步，如各種分離管柱的製備、高效液態層析、核磁共振光譜等技術皆臻成熟，在未知化合物的分離與鑑定上提供更精準的效果。

微生物製劑的組成配方與其營養添加物，除可影響標的微生物的拮抗能力與儲架壽命外，亦可影響農作物的生育（圖一）。此外，如何適時、適地，且有效的將微生物製劑導入作物病害綜合管理體系中，使其發揮優異的防病功效，也是研製微生物製劑過程不可忽視的重要評估項目（Paulitz & Belanger, 2001）。

圖一　甘藍澆灌 *Streptomyces padanus* PMS720 製劑的效果。

欲將拮抗菌開發作爲植物保護製劑時，首先必須了解拮抗菌的生物及化學特性等方面的優缺點，並考量拮抗菌、病原菌、環境與作物等因子相互間的交互影響關係，然後將欲防治的病原對象納入病害管理體系後，才能減少不利的環境因子衝擊到植保製劑的效果。

鏈黴菌具有廣泛抑制植物病原眞菌的功效，筆者認爲開發鏈黴菌所需重視的課題即：(1) 深入研究鏈黴菌的生態與生理特性；(2) 探討鏈黴菌與農作物及栽培基質的親和性；(3) 明瞭作物病原菌與鏈黴菌在寄主植物生長環境中的消長，藉以確定施用鏈黴菌防治病害的關鍵時機（圖二）；(4) 評估鏈黴菌對於逆境（如殺菌劑、殺蟲劑、除草劑等）環境的抗感性；(5) 追蹤鏈黴菌生長與繁殖的必備條件等等。

圖二　芫荽澆灌 Streptomyces padanus PMS720 製劑防治疫病的效果。

此外亦要探討它於田間的施用技術及儲架壽命等均應不斷的修正與改良，進而將其導入農業生態體系中，除作爲生物防治用的菌種外，也發揮促進植物生長的能力及其對植物生長和保護的加成或協力作用，以研製具有防病功效與實用性的植醫保健產品（圖三）。

圖三　栽種萵苣過程施用稠李鏈黴菌製劑產品之田間推廣觀摩會。

（本文內容已部分刊登於「農業生技產業季刊」24 期第 38-46 頁及「永續農業」15 期第 17-24 頁，特致謝忱）。

主要參考文獻

1. 石信德、黃振文。2001。永續農業的重要微生物資源 —— 放線菌。永續農業 15: 17-24。
2. 石信德、黃振文。2010。研製鏈黴菌植物保護製劑防治作物病害。農業生技產業季刊 24：38-46。
3. 陳金枝、江芬蘭、石信德。2014。放線菌 *Lentzea albidia* SR-A5 菌株的分離鑑定與防除花卉病毒之研究。植保會刊 56(3)：89-108。
4. 楊佳融。2018。稠李鏈黴菌 PMS-702 防治水稻紋枯病的功效。國立中興大學植物病理學研究所碩士論文。56 頁。
5. Anitha, A. and Rabeeth. 2009. Control of Fusarium wilt of tomato by bioformulation

of *Streptomyces griseus* in green house condition. African J. Basic Appl. Sci. 1(1-2): 9-14.

6. Baker, K. F. 1987. Evolving concepts of biological control of plant pathogens. Annu. Rev. Phytopathol. 25: 67-85.
7. Baldacci, E., Farina, G., Piacenza, E., and Gabbri, D. 1968. Description of *Streptomyces padanus* sp. nov. and emendation of *Streptomyces xantophaeus*. Giorn. Microbiol. 16: 9-16.
8. Campbell, R. 1989. Biological Control of Microbial Plant Pathogens. University Press. Cambridge, USA. 218pp.
9. Cheng G., Huang Y., Yang., and Liu F., 2014. *Streptomyces felleus* YJ1: Potential biocontrol agents against the Sclerotinia stem rot (*Sclerotinia sclerotiorum*) of oilseed rape. J. Agri. Sci. 6(4): 91-98.
12. Copping, L. G. 1998. The Biopesticide Manual. British Crop Protection. Surrey, UK. 333pp.
13. Crawford, D. L., Lynch, J. M., Whipps, J. M., and Qusley, M. A. 1993. Isolation and characterization of actinomycete antagonists of a fungal root pathogen. Appl. Environ. Microbiol. 59: 3899-3905.
10. Getha K. and Vikineswary S. 2002. Antagonistic effects of *Streptomyces violaceusniger* strain G10 on *Fusarium oxysporum* f. sp. *cubense* race 4: Indirect evidence for the role of antibiosis in the antagonistic process. J. Ind. Microbiol. Biot. 28: 303-310.
11. Goodfellow, M., Williams, S. T., and Mordarski, M. 1988. *Actinomycetes* in biotechnology. Academic Press, London. 870pp.
14. Hall, F. R. and Menn, J. J. 1999. BioPesticides- Use and Delivery. Humana Press, NJ. 626pp.
15. Heng, J. L. S., Md Shah, U. K., Abdul Rahman, N. A., Shaari, K., and Halizah, H. 2006. *Streptomyces ambofaciens* S2—A potential biological control agent for *Colletotrichum gleosporioides* the causal agent for anthracnose in red chilli fruits. J.

Plant Pathol. Microbiol. 1: 1-6.

16. Joo, G. J. 2005. Production of an anti-fungal substance for biological control of *Phytophthora capsici* causing phytophthora blight in red-peppers by *Streptomyces halstedii*. Biotechnol. Lett. 27: 201-205.
17. Lancini, G., Parenti, F., and Gallo, G. G. 1995. Antibiotics-A Multidisciplinary Approach. Kluwer Academic/ Plenum Press, NY. 288 pp.
18. Miyadoh, S. 1997. Atlas of Actinomycetes. The Society for Actinomycetes Japan. Asakura Publishing Co., Ltd. 223 pp.
19. Patil, H. J., Srivastava A. K., Sing,h D. P., Chaudhari, B. L., and Arora, D. K. 2011. Actinomycetes mediated biochemical responses in tomato (*Solanum lycopersicum*) enhances bioprotection against *Rhizoctonia solani*. Crop Prot 30: 1269-1273.
20. Paulitz, T. C., and Belanger, R. R. 2001. Biological control in greenhouse system. Annu. Rev. Phytopathol. 39: 103-133.
21. Sabaratnam S. and Traquair. J. A., 2015. Mechanism of antagonism by *Streptomyces griseocarneus* (strain Di944) against fungal pathogens of greenhouse-grown tomato transplants. Can. J. Plant Pathol. 37(2): 1-15.
22. Shimizu, M., Fujita, N., Nakagawa, Y., nishimura, T., Furumai, T., Igarashi, Y., Onaka, H., Yoshida, R., and Kunoh, H. 2001. Disease resistance of tissue-cultured seedlings of Rhododendron after treatment with *Streptomyces* sp. R-5. J. Gen. Plant Pathol. 67: 325-332.
23. Shih, H. D. and Huang, J. W. 1998. Effect of nutrient amendments on suppressiveness of antagonistic microorganisms to plant pathogens. In 7th International Congress of Plant Pathology, Edinburgh, Scotland. Abstracts vol. 3, 5.2.39.
24. Shih, H. D., Liu, Y. C., Hsu, F. L., Mulabagal, V., Dodda, R. and Huang, J. W. 2003. Fungichromin: A substance from *Streptomyces padanus* with inhibitory effects on *Rhizoctoni solani*. J. Agric. Food. Chem. 51: 95-99.
25. Shih, H. D., Chung, W. C., Huang, H. C., Tseng, M., and Huang, J. W. 2013.

Identification for *Streptomyces padanus* strain PMS-702 as a biopesticide agent. Plant Pathol. Bull. 22: 145-158.

26. US Environmental Protection Agency. 2002. Biopesticide Products by Ingredient. Washington, DC. 26pp.

CHAPTER 8

蘇力菌植醫保健產品

謝奉家

行政院農委會農業藥物毒物試驗所生物藥劑組

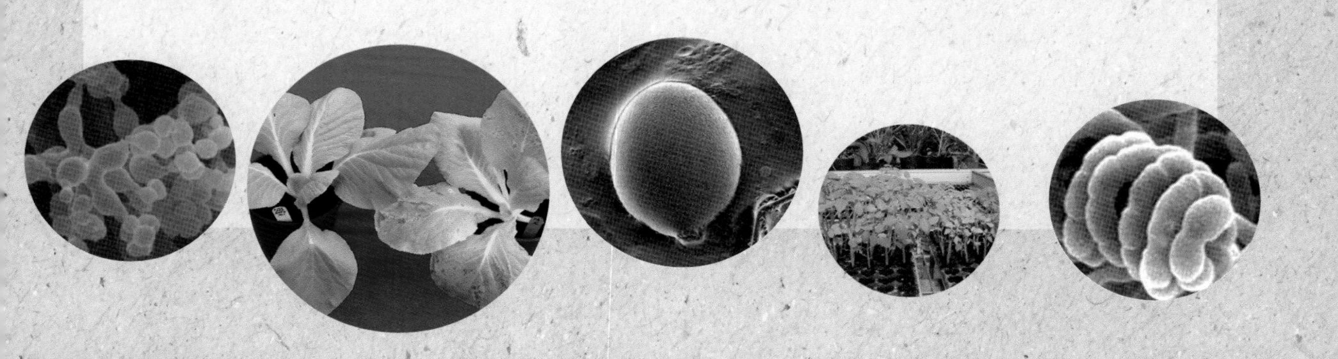

摘要

蘇力菌（*Bacillus thuringiensis*, Bt）是一種革蘭氏陽性、桿狀、可產生孢子的細菌，在芽孢生殖過程會產生殺蟲結晶蛋白質（insecticidal crystal protein, ICP）具有殺蟲的效果。蘇力菌可從許多地方分離出來，包括罹病蟲，昆蟲棲所，各種土壤，不同植物的葉片，海和潮間混有鹽味的沖積物等。蘇力菌不需寄主也能繁殖，可以人工培養基培養，1938 年在法國出現第一個蘇力菌產品，至今全世界蘇力菌產品超過一百種以上，國內也有本土菌株的蘇力菌產品上市。因爲蘇力菌的專一性和作用機制，被認爲是蟲害防治的一種安全選擇。

蘇力菌在臺灣登記主要用於防治小菜蛾、菜心螟、大菜螟、玉米螟、擬尺蠖、紋白蝶、茶蠶等。國內目前有二十項蘇力菌成品取得農藥許可證。在國外，蘇力菌的殺蟲基因已應用於基因轉殖微生物與基因轉殖植物，國內尚無在市面販售基因轉殖的蘇力菌產品。國內外有研究報告顯示蘇力菌也具有殺菌功能，屬於多功能的潛力開發菌種。蘇力菌也可以和化學藥劑搭配使用，用於害物整合管理，降低化學農藥使用量與殘留量，協助農民控制主要作物害蟲。

關鍵字：蘇力菌、微生物殺蟲劑、殺蟲結晶蛋白、生物檢定、基因轉殖

前言

微生物殺蟲劑中的蘇力菌產品，約占整體生物農藥市場規模 70% 以上。蘇力菌的內毒素（delta-endotoxin）或殺蟲結晶蛋白對特定的昆蟲具毒效（圖一），但對目標昆蟲以外的哺乳動物、鳥類，害蟲的天敵與蜜蜂等均無害，是一種安全無殘毒又環保的植物保護劑。第一個蘇力菌產品於 1938 年在法國製成，但至 1950 年代後期才開始引起其他多數國家的商業興趣，目前以蘇力菌爲基礎的產品超過一百種。蘇力菌的殺蟲功效，最早只知道它對鱗翅目昆蟲有效，1978 年發現對雙翅目有效的菌株；1983 年再發現對鞘翅目有效的菌株；1985 年進一步發現對線蟲，尤其是反芻類寄生線蟲的卵及幼蟲和原生動物、扁蟲類具毒效的菌株；1991 年又發現對螞蟻有毒效的菌株。

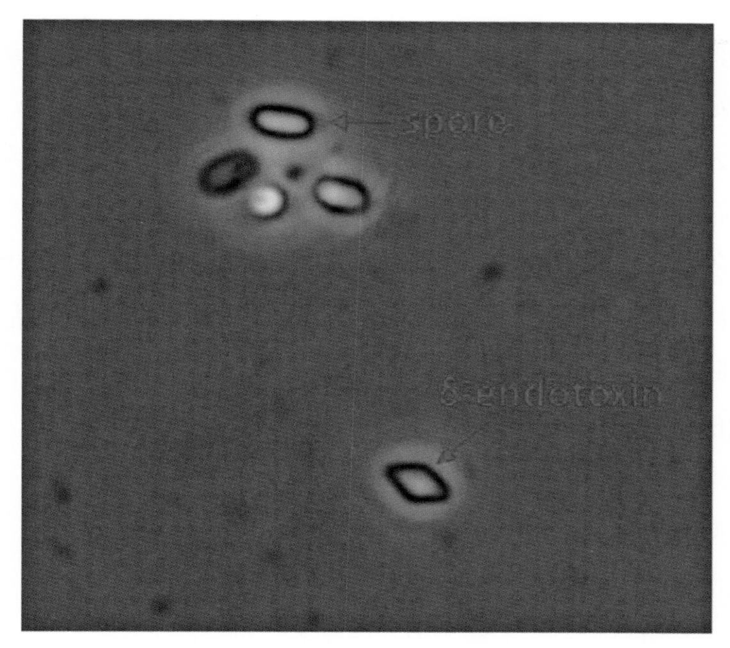

圖一　蘇力菌商品在 1000 倍位相差顯微鏡下鏡檢之圖像。

殺蟲結晶蛋白對昆蟲具有毒殺能力，其殺蟲結晶毒蛋白的殺蟲範圍與昆蟲腸內上皮細胞結合受器（receptor）的專一性有關，不同的殺蟲結晶蛋白，會辨識不同的結合位置，因此殺蟲之對象亦不同。目前主要應用在害蟲防治對鱗翅目（Lepidopterans）、雙翅目（Dipterans）、鞘翅目（Coleopterans）有效殺蟲結晶蛋白基因。其作用機制爲昆蟲幼蟲食入蘇力菌殺蟲結晶蛋白時，在中腸高鹼性下溶解和蛋白酵素（protease）的作用，使具有活性片段（active fragment）和構造片段（structured fragment）130- 140 kDa 的前毒素（pro-toxin），活化成 60-70 kDa 的毒素（toxin）。經活化後的毒素與中腸上皮細胞刷邊緣膜之高親和性接受器結合。隨後毒素插入質膜，造成孔洞（cation pore），導致滲透壓失調（osmotic imbalance），細胞腫脹、解離，中毒的昆蟲進食減緩，終至死亡（高，2000；曾，1998，2001）。

亞種分類與國內商品概況

蘇力菌的亞種差異可區分爲：Btk（*Bacillus thuringiensis* subsp. *kurstaki*）庫斯亞種、Bta（*Bacillus thuringiensis* subsp. *aizawai*）鮎澤亞種與 Bti（*Bacillus thuringiensis* subsp. *israelensis*）以色列亞種等，其中，Btk 與 Bta 適用於農業蔬菜作物，占 Bt 總市場的 85%，而 Bti 用於環境病媒蚊防治。

臺灣已有多種防治蝶蛾類害蟲的蘇力菌產品上市（圖二），截至民國 2019 年 3 月，蘇力菌在臺灣生產或進口業者十二家公司，共有二十件成品產品登記證：

1. 中華民國農會附設各級農會農化廠：蘇力菌（商品名：菜寶）。
2. 惠光股份有限公司：蘇力菌（商品名：惠光寶）。
3. 聯利農業科技股份有限公司：蘇力菌（商品名：貴寶）。
4. 臺益工業股份有限公司：蘇力菌（商品名：蘇滅寶）。
5. 興農股份有限公司：蘇力菌（商品名：殊立菌）。
6. 光華化學股份有限公司：蘇力菌（商品名：舒立旺）
7. 嘉農企業股份有限公司：蘇力菌（商品名：見招）（商品名：獨霸）（商品名：高招）。
8. 福壽實業股份有限公司：庫斯蘇力菌 E-911（商品名：速力寶）。
9. 臺灣住友化學股份有限公司：蘇力菌（商品名：新大寶）（商品名：大寶天機）

（商品名：見達利）（商品名：愛吃蟲）、鮎澤蘇力菌 NB-200（商品名：住友福祿寶）、庫斯蘇力菌 ABTS-351（商品名：金太寶）。

10. 安農股份有限公司：蘇力菌（商品名：速利殺）（商品名：尙賜配）。

11. 松樹國際有限公司：蘇力菌（商品名：松蘇力菌）。

12. 優必樂有限公司：蘇力菌（商品名：美國 - 雙倍贊）。

上述進口或製造蘇力菌業者，幾乎全倚賴國外進口或國外授權國內生產的產品，農委會藥毒所開發的國內第一株本土蘇力菌菌株 E-911 已於 2006 年技轉給福壽實業股份有限公司，目前已有商品登記上市。

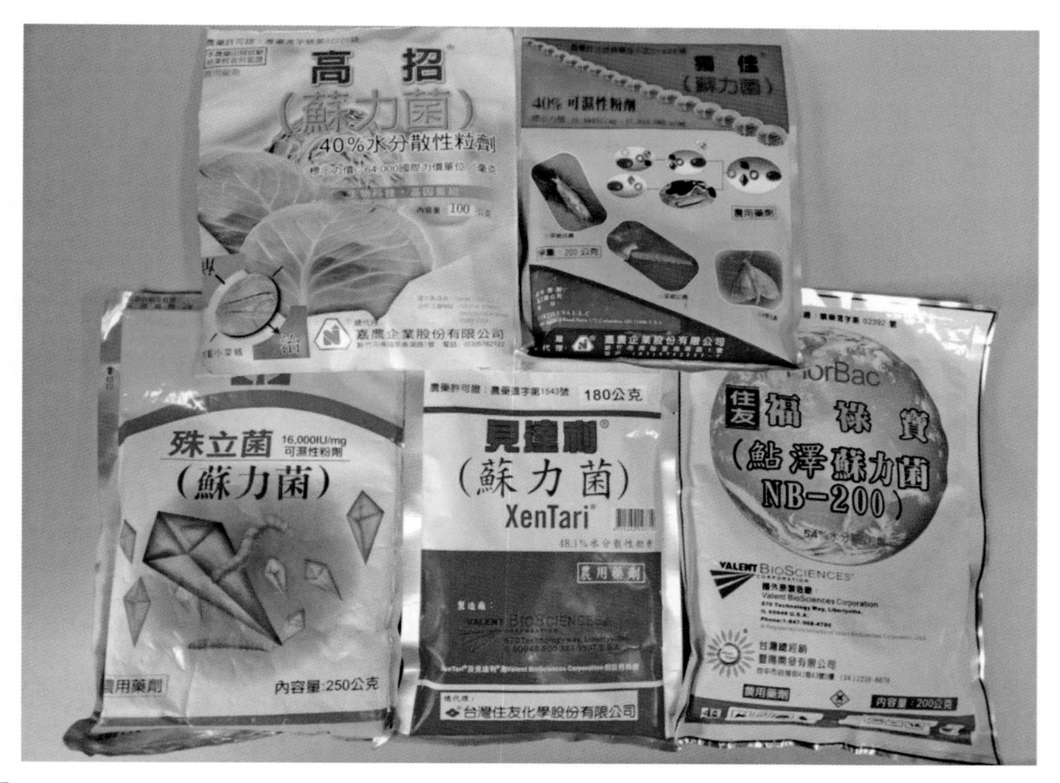

圖二　市售蘇力菌商品（部分代表）。

殺蟲結晶蛋白基因之分類

蘇力菌殺蟲結晶蛋白晶體形狀及分子量可分成三類型：(1) 呈雙金字塔形（bipyramid），殺蟲結晶蛋白分子量大小介於 130～140 KDa 之間；(2) 呈立方體形（cuboid），殺蟲結晶蛋白大小介於 70～75 KDa 之間；(3) 呈雙金字塔形或不規則形（amorphous），殺蟲結晶蛋白大小介於 70～75 KDa 之間。

各類蘇力菌毒蛋白間之類源關係，因其所含之質體核酸序列（sequence）的變異，所產生之殺蟲結晶蛋白不同，殺蟲之對象亦互異，在國際蘇力菌毒素命名委員會（*Bacillus thuringiensis* Toxin Nomenclature Committee）的網站，有關蘇力菌毒蛋白對於鱗翅目、雙翅目、鞘翅目及線蟲之毒性或細胞溶解（cytolytic）效果有最新分類與說明。

蘇力菌的鞭毛抗原根據文獻報告有七十種血清型（H-serotype）與八十三個亞種（serovar），其中 *berliner*、*kurstaki*、*aizawai* 菌株可殺死鱗翅目幼蟲，不同亞種可殺死的昆蟲幼蟲也不同。從遺傳基因發現蘇力菌的啓動子（promoter）較特殊，若以枯草桿菌的啓動子代替，所製成的蛋白質不具有殺蟲作用。但是利用蘇力菌的載體在枯草桿菌、大腸桿菌、假單胞菌甚至於番茄、煙草等植物上表現，可產生殺蟲效果更高的蛋白質，另外亦可改變蘇力菌的蛋白質分子製造更有效的殺蟲劑。

菌種特性與本土菌株篩選

蘇力菌爲兼性厭氧，在營養缺乏或環境不良的時候，會分化產成孢子和殺蟲結晶蛋白，溫度在 10℃～ 40℃間可以生長，但最適合溫度在 26℃～30℃之間。pH 值在 5.5 及 8.5 之間能夠生長，最適合的 pH 值在 6.5 至 7.5 之間。生長時不需要鹽分，但可以耐受的鹽分約在 2% 至 7% 之間。運用蘇力菌毒蛋白或其基因進行生物防治的常見方法之一就是篩選強效的菌種，並將菌體施用於田間；另一種方式是藉由植物基因轉殖（transgenic）技術，將毒蛋白基因轉入植物體內，使其在植物細胞內大量表現，以獲致長效性的保護。

從自然環境中去分離篩選更多殺蟲效力良好、殺蟲範圍更廣的野生蘇力菌菌株而直接利用，是比改造遺傳基因，轉殖到微生物或植物為較容易的。農委會藥毒所在過去三十多年，採集篩獲許多殺蟲基因組成與進口蘇力菌不同且其殺蟲活性良好的本土性蘇力菌菌株，有些殺蟲範圍超越市售傳統產品。此策略合乎生態學上，利用本地天敵防治本地害蟲之原則，同時發現新的殺蟲基因亦具學術研究之意義，而利用此自然資源所建立之蘇力菌產品更具經濟之價值。

分離篩選含殺蟲結晶蛋白之蘇力菌菌株（林等，2002；曾，2001），可利用熱處理及顯微鏡檢之方法篩出。菌種經活化、培養，抽取純化質體 DNA。再利用下列三類已知基因進行 PCR 鑑定（圖三）：Lep+Col+Dip 己知基因引子、*cry1*-type 己知基因引子、*cry2* 己知基因引子。或以特殊引子對蘇力菌核酸進行聚合酵素連鎖反應，產物再以限制酵素剪切，所得之圖譜是為核酸剪切片段多態型（RFLP），與已知菌株進行 *cry* 基因鑑定比對，當出現非預定之圖譜時，即可能是新穎基因，此時佐以序列（sequencing）分析探究，便可確定發現新穎基因。

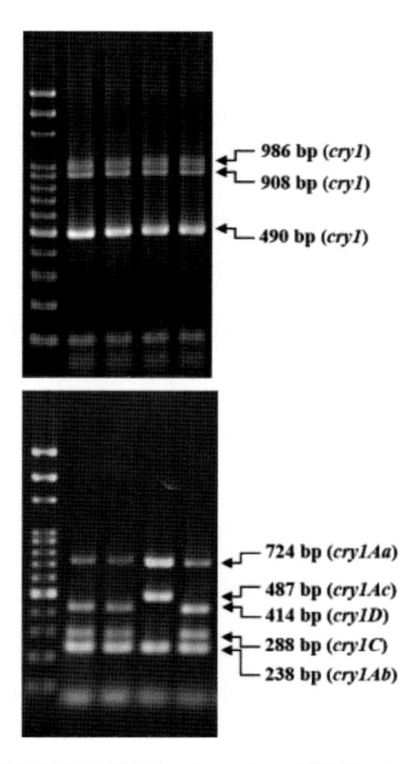

圖三　圖上方為蘇力菌商品區分防治鱗翅目（cry1）、鞘翅目（cry3）、雙翅目（cry4）殺蟲基因型之鑑定。圖下方為蘇力菌商品區分 cry1 殺蟲基因型之鑑定。

目前農委會藥毒所累計完成並保存上述三類已知基因鑑定與 PCR-RFLP 鑑定總菌株數爲八百株以上，其中顯示本土蘇力菌之殺蟲結晶蛋白基因之組成複雜，且與國外進口之蘇力菌相異，初步預測至少有二十九個疑似新穎的殺蟲結晶蛋白基因，可供進一步定序、確認、改造，供作選殖或轉殖之用。上述菌株或基因，屬於本土性的珍貴自然資源與材料，尤其新穎或有特殊效用的基因可作爲未來轉殖基因的來源。

蘇力菌商品有效力價之生物檢定

在市面上看到很多種蘇力菌商品，其成分含量相差很大，哪一種較好？蘇力菌製劑之殺蟲藥效在於產品中殺蟲結晶蛋白之種類與含量的多寡。因此・該類商品品質管制之重點可分爲主成分含量測定、產品鑑定、有害不純物之檢測及成品理化性檢驗等。主成分測定係以小菜蛾或擬尺蠖做爲標準供試蟲，進行生物檢定（bioassay）以決定商品力價（圖四）。蘇力菌的有效力價是看生物活性單位，例如，14,181 DBMU/mg 或 35,000 DBMU/mg 或 16,000 IU/mg 等，不要被商品的成分百分率混淆。

爲利農藥管理及依據農藥理化性及毒理試驗準則規範，現行蘇力菌登記時均須註明品系，由於生物農藥含量表示法會受原廠批次影響，原體來源以毒蛋白表示或是毒蛋白及其發酵液表示，其百分比含量表示法亦隨之變動，例如住友公司分別於 2003 年 10.3% WG 變更爲 48.1% WG、2004 年 1% SC 變更爲 10.8% SC、2005 年 0.32% GR 變更爲 2.3% GR、2006 年 3% WP 變更爲 23.7% WP，其含量表示雖增加，惟其國際力價單位不變。

爲避免廠商爲此申請變更含量表示法致使諸多蘇力菌使用範圍無許可證，且造成產品標示混亂及使用者之混淆，農委會藥毒所與防檢局正評估，是否公告蘇力菌之有效成分統一採國際力價單位（IU/mg）表示。蘇力菌雖然是微生物殺蟲劑，但不是任何菜蟲都能防治，還是要看商品的標示。不同的商品來自不同的菌株，每樣商品都會在瓶身的標籤標示主要防治對象。若沒有標示的蟲種，一般而言，效果並不理想。

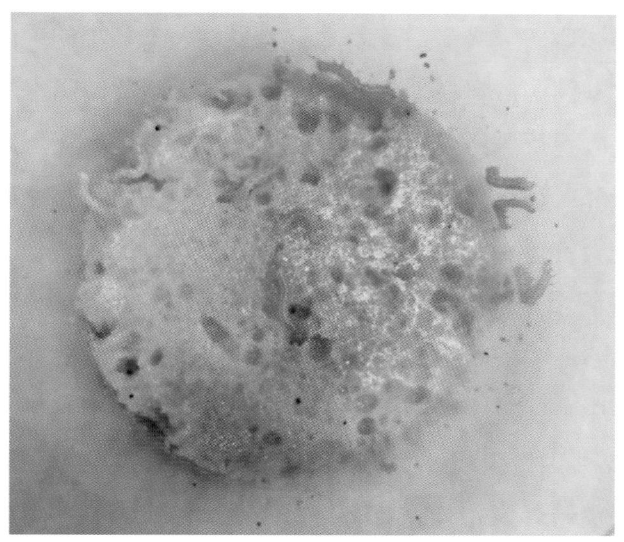

圖四　擬尺蠖二齡幼蟲經處理 72 小時之致死情形。
圖上方為實驗組（處理藥劑）；圖下方為對照組（去離子水）。

業者與學校研發人員過去常反應無法大量取得生物檢定所需標準供試蟲。農委會藥毒所爲解決上述問題，於 2017 年報准財政部訂定收費標準，並對外供應健康試驗蟲隻。目前對外收費的供試二齡昆蟲幼蟲種類爲小菜蛾、擬尺蠖、甜菜夜蛾與斜紋夜蛾等四種，未來會再評估逐年增加種類。藥毒所擁有全臺少見的獨棟隔離式養蟲室設備與專門飼育人員，採用人工飼料在溫度、溼度與光線管控的環境，大量飼育齡期一致且健康的供試昆蟲幼蟲。

基因轉殖微生物

蘇力菌 delta 內毒素產生的基因位於質體上，容易進行轉殖，第一代的蘇力菌雖已發展到重組毒素基因，但大都限於單一基因，而第二代的蘇力菌則進入利用多重毒素基因，或差異很大的基因，甚而作成嵌合（chimeric）基因，以圖增強殺蟲效果、擴大殺蟲範圍或改良蘇力菌本身對不良環境的抵抗力等。在過去八十年，蘇力菌產品大多用於防治鱗翅目某些害蟲，自 1984 年更進入蘇力菌內毒素基因轉殖植物的時代。

臺灣雖曾經有少數研究人員從事蘇力菌殺蟲基因轉殖工作，但所用之基因大多是國外菌株所帶之基因，於發展上受國外專利限制，因此使用臺灣採獲分離之本土菌株所帶的殺蟲基因進行選殖、定序及表現，除具本土害蟲與天敵之生態意義外，未來發展出來的產品，在應用上不受國外相關專利限制，將有助於臺灣本土生物技術產業的發展（高與曾，1998；Kao *et al*., 2003）。

目前已有研究將毒蛋白基因轉至螢光假單孢菌（*Pseudomonas fluorescens*）、氰細菌（cyanobacteria）等微生物中，仍能表現出有效的殺蟲蛋白，同時也能長時間留存於自然環境中。藥毒所與中興大學合作，利用葉面拮抗細菌，草生歐文氏菌（*Erwinia herbicola*）大量表現蘇力菌殺蟲蛋白基因 *cry*1Aa1，由於表生菌與植物葉面的附著關係，以及轉形質體有逐漸淘汰的特徵，轉殖過的葉表生菌有潛力成爲生物農藥的明日之星，彌補直接施用蘇力菌體保護葉面的不足之處。

未來針對不同種類或不同程度的蟲害，尚可另開發其他種類的蘇力菌殺蟲蛋白基因，取代上述試驗中所使用的 *cry*1Aa1，或者將數個基因共同表現於單一菌體中，以達成生物農藥速效、長效與廣效之理想目標。但生物科技進展日新月異，基因重組與基因改造兩者之間的定義或差異，仍尚待研發人員、業者與政府農政單位盡速取得共識，避免讓消費者產生疑慮。

基因轉殖植物

蘇力菌結晶毒蛋白具有良好的殺蟲活性，經基因選殖並表現於作物可以保護其不受害蟲攻擊。蘇力菌基因轉殖作物不僅毒效持久，且能達到農藥無法噴灑到的位置。然而，蘇力菌轉基因植物上市仍受到全球農民、農產品業者、決策者和科學家方面的爭議。臺灣在馬鈴薯、甘藍、青花菜、花椰菜及小白菜等多種轉殖作物上，已有初步研究成果，但目前的政策仍未開放上市。中國大陸近年來在農業生物技術之研究發展，亦已應用 DNA 重組技術，將蘇力菌素之基因導入玉米與番茄。

全球從首次證明轉殖蘇力菌結晶蛋白基因可以保護植物免於害蟲的侵入，不到十年光景，商業化轉殖蘇力菌基因棉花和玉米即已大量上市。基因工程作物可減少化學殺蟲劑的使用，對消費者、農夫及環境仍有優點。轉殖蘇力菌基因的棉花已直接在美國和澳洲栽種，總市場值在二億五千萬美元以上，不僅減少殺蟲劑的使用，也提高 5% 的收成。全世界每年花費在殺蟲劑約有八十一億美元，有近二十七億被 *Bt* 生物技術之應用所取代。

美國曾經至少有十六個公司參與 *Bt* 基因轉殖作物之開發，於 1996 年美國 *Bt* 轉基因作物成長超過三百萬英畝，其中包括孟山都轉基因棉花十萬英畝，1997 年所有轉基因作物之栽種已超過二千萬英畝。目前 *Bt* 轉殖棉花在美國能防治棉花上的兩種主要害蟲，但仍受棉鈴蟲（*Heliocoverpa armigera*）攻擊，顯示此害蟲對 *Bt* 轉殖棉花有抗性。許多研究人員亦陸續發表有關害蟲抗性發生頻率的報導，不過害蟲發生的抗性在有效的管理下可能在十年甚至二十年後才會顯現，比起施用化學農藥引發的抗性仍算微小。

多功能蘇力菌

蘇力菌除了會產生內毒素（俗稱殺蟲結晶蛋白質）而具有殺蟲效果外，還具有許多其他的功能，包括另一種營養期殺蟲蛋白（vegetative insecticidal protein, Vip）（林等，2007），本身具有抑菌效果且能提升殺蟲結晶蛋白之殺蟲效果的雙效菌素（zwittermicin A）（吳等，2008）及幾丁質酵素（chitinase）；此外，醯基高絲氨酸內酯酵素（acyl-homoserinelactonase, AHL-lactonase）與細菌素（bacteriocin）及庫斯塔基胜肽（kurstakins）亦具有殺細菌之效果。上述之活性物質，值得進一步開發成兼具殺蟲與抑菌功能的蘇力菌產品。另外，蘇力菌有些具有溶磷與產生吲哚乙酸（indole-3-acetic acid, IAA）等功能，可以促進作物生長（高與謝，2007；胡等，2016）。相關功能分述如下。

一、營養期殺蟲蛋白

另外一種在蘇力菌和仙人掌桿菌中曾被描述的殺蟲蛋白質，稱之爲營養期殺蟲蛋白或 Vips，在對數生長期（log phase）大量表達，爲可溶性胞外蛋白，與蘇力菌之 Cry 或 Cyt 毒素並無相似性（Nunez-Valdez, 1997）。目前 Vip - 相關的序列分爲三個不同的類別 Vip1, Vip2 和 Vip3。根據 2007 年蘇力菌命名委員會之報告，這些蛋白可分三個階層（Class）Vip1, Vip2 和 Vip3，八個亞階（subclass），Vip1A, VipB, Vip1C 和 Vip1D, Vip2A, Vip2B, Vip3A 及 Vip3B, 共五十四種 Vip 蛋白（Crickmore *et al*., 2007）。

Vip1 和 Vip2 蛋白爲二元毒素（binary toxin）之組合成分，對鞘翅目昆蟲有殺蟲效果。Vip1Aal 和 Vip2Aal 對玉米根蟲尤其是玉米根葉甲蟲（*Diabrotica virgifera*）及長角葉甲蟲（*D. longicornis*）活性很強（Han *et al*., 1999; Warren, 1997）。

Vip3 蛋白有不同殺蟲範圍，包括數種主要的鱗翅目害蟲。對小地老虎（*Agrotis ipsilon*），草地夜蛾（*Spodoptera frugiperda*），甜菜夜蛾（*S. exigua*），菸芽夜蛾（*Heliothis virescens*），玉米穗蟲（*Heliocoverpa zea*）及歐洲玉米螟（*Ostrinia nubilalis*）均有殺蟲活性（Estruch *et al*., 1996; Yu *et al*., 1997）。Vip3A 其 88 kDa 之全長毒素，被胰蛋酶降解至 62kDa，再和中腸表皮之 80kDa 和 100kDa 之膜蛋白結合（Lee *et al*., 2003）。先前認爲殺蟲之作用模式爲自戕（apoptosis），但近來認爲和殺蟲結晶蛋白毒素相似，活化之 Vip3A 毒素爲孔洞形成（pore-forming）蛋白，能夠在膜上成安定的電子通道（ion channels）（Lee *et al*., 2003）。營養期蛋白對不同害蟲之不同作用模式亦曾被描述（Selvapandiyan *et al*., 2001）。

由於作用模式和殺蟲結晶蛋白有所不同，營養期蛋白可以作為蘇力菌抗藥性管理策略之最佳候選者。可以利用基因之堆砌（stacking）或輪用，彰顯其功能。Vip 基因在植物上已有安定表現（stable expression），已開發出轉殖玉米品系表現之 plant-opimized Vip3Aa1 基因，且對數種主要害蟲表現毒性（Estruch *et al.*, 1998）。另外，表現 Vip3A 基因之轉殖棉花品種（Cot102）亦被開發出來（EPA 2003）。繼續找尋新穎的營養期殺蟲蛋白基因（Vip）序列，有助於未來殺蟲之基因轉殖物有較廣的殺蟲範圍，同時和作用不相同的殺蟲結晶蛋白協同進行抗藥性管理（Rang *et al.*, 2005）。

二、雙效菌素

Handelsman 等人（1990）從苜蓿根際分離到一株苜蓿猝倒病（病原為苜蓿疫病 *Phytophthora medicaginis*）防治效果高達 100% 之仙人掌桿菌（*Bacillus cereus* UW85）。當 UW85 芽孢大量形成時，培養液及濾液可防治苜蓿猝倒病，尚可抑制苜蓿疫病菌的生長（Silo-suh *et al.*, 1994; Handelsman *et al.*, 1990）。先前之研究亦指出某些蘇力菌的品系能產生加強蘇力菌活性的物質。而與仙人掌菌品系產生之抗生物質雙效菌素，恰巧結構相似（Manker *et al.*, 1994）。雙效菌素（Zwittermicin A）是一種線性氨基多元醇（linear aminopolyol）分子量 396 Da，有一個富含氮的末端，羥基交錯的排列在碳主鏈之兩側，pH7.0 時為陽離子，具熱穩定性，有抗紫外線能力。

雙效菌素能抑制革蘭氏陽性和陰性的細菌，以及子囊菌和擔子菌綱等眞菌之生長（He *et al.*, 1994; Silo-suh *et al.*, 1998）。更有報告顯示其對疫病屬（*Phytophthora* sp.），腐黴病屬（*Pythium* sp.）及絲囊黴屬（*Aphanomyces* sp.）等植物病原菌有較高的抑制效果（Osburn *et al.*, 1995; Silo-suh *et al.*, 1998; Shao *et al.*, 2005）。雙效菌素並無殺蟲活性，但與蘇力菌共同使用持，能大幅提高蘇力菌毒蛋白的殺蟲活性，是一種有效的協力劑，可減少蘇力菌的使用量，減少或延遲抗藥性的產生，甚至可以拓寬蘇力菌的殺蟲範圍（Broderick *et al.*, 2000）。

三、幾丁質酵素

幾丁質酵素（chitinase）是最早從蘇力菌中發現的可溶性胞外蛋白質類殺蟲的活性物質。但是，單獨作用時，對昆蟲的殺蟲效果不高。報告證實添加商品化的幾丁質酵素，源自環狀芽孢桿菌（*B. circulans*）之粗幾丁質製備物，或源自昆蟲腸道之幾丁質分解細菌（chitolytic bacteria），均能加強蘇力菌的殺蟲活性。Regev 等人（1996）報導，源自黏質沙雷氏菌（*Serratia marcescens*）之幾丁質酵素 A 在大腸桿菌（*Escherichia coli*）表現後，此重組酵素對蘇力菌基因重組株 Cry1C）之殺蓮紋夜蛾（*Spodoptera littoralis*）幼蟲具協力作用。

Barboza-Corona 等人（1999）指出，同一株蘇力菌同時含有殺蟲結晶蛋白及幾丁質酵素，對殺蟲活性具協力作用。至於幾丁質酵素能夠增強蘇力菌的殺蟲效果，其機制尚不明確。但有研究人員認爲增加中腸內切幾丁質酵素（endochitinase）會導致圍食膜（peritrophic membrane）之穿孔，增加 δ- 內毒素分子進入表皮膜（epithelial membrane），因而提升殺蟲之效果（Regev *et al*., 1996）。

事實上，蘇力菌幾丁質酵素之潛力尚可延伸到植物病原眞菌的防治上。蘇力菌以色列亞種之幾丁質酵素可抑制許多植病原眞菌的生長，如對大豆種子白絹病（*Sclerotium rolfsii*）有 100% 抑制效果，對土麴黴（*Aspergillus terrus*）、黃麴黴（*A. flavus*）、黑孢屬（*Nigrospora* sp.）、根黴屬（*Rhizopus* sp.）、黑麴黴（*A. niger*）、鐮孢菌屬（*Fusarium* sp.）、亮白麴黴（*A. candidus*）、犁頭黴屬（*Absidia* sp.）、和長蠕孢屬（*Helminthosporium* sp.）有 55% 至 82% 之抑菌效果，對彎孢黴屬（*Curvularia* sp.）有 45%，對煙麴黴（*A. fumigatus*）則有 10% 之抑菌效果。當大豆種子以白絹病感染，其發芽率可由93% 下降到25%；當加入幾丁質酵素（0.8U/mg protein），可使發芽率上升到 90%。蘇力菌之幾丁質酵素有助於大豆種子白絹病和其他植物病原眞菌之生物防治（Reyes-Ramirez *et. al*., 2004）。

四、醯基高絲氨酸內酯酵素

蘇力菌可經由一種新型式的微生物拮抗即訊息干擾（signal interference），來抑制植物病原菌蔬菜軟腐菌（*Erwinia carotovora*）之 quorum-sensing dependent 之毒力（virulence）。蔬菜軟腐菌能產生醯基高絲氨酸內酯（acyl-homoserine lactone）之 quorum-sensing 訊息，並與之反應，來調節該細菌抗生素之產生和毒力基因之表現；而蘇力菌卻擁有醯基高絲氨酸內酯酵素（AHL-lactonase），這是一種強力之醯基高絲氨酸內酯之降解酵素。

蘇力菌不會干擾蔬菜軟腐菌之正常生長，但會破壞醯基高絲氨酸內酯訊息之累積，也會抑制蔬菜軟腐菌之毒力。蘇力菌能明顯地降低蔬菜軟腐菌在馬鈴薯上感染之流行率（incidence）和病徵之發展。研究指出，蘇力菌之生物防治效力和其產生醯基高絲氨酸內酯酵素之能力有關（Dong *et al*., 2004）。

五、細菌素

多數已知細菌素（bacteriocin）產生菌，是來自土壤或食物的芽孢桿菌分離株。蘇力菌 HD2 合成 HD2，分子量 950 kDa（Favret & Yousten, 1989）；蘇力菌 BMG17 產生 thuricin 7，分子量 11.6 kDa（Cherif *et al*., 2001）；蘇力菌勵木亞種（*Bt tochigiensis*, HD868），產生 tochicin，分子量 10.5kDa（Paik *et al*., 1997）；蘇力菌 B439 產生 thuricin 439A 和 439B，其分子量均少於 3 kDa，二者相差 100Da（Ahern *et al*., 2003）；蘇力菌庫斯塔基亞種（*Bt kurstaki*, BUPM4）產生 bacthuricin F4，分子量 3.16kDa（Kamoun *et al*., 2005）；蘇力菌 NEB17 產生 thuricin 17，分子量 3.16kDa（Gray *et al*., 2006）；蘇力菌殺蟲亞種（*Bt entomocidus* HD9）產生 entomocin 9，分子量 12.4kDa（Cherif *et al*., 2003）；蘇力菌殺蟲亞種（*Bt entomocidus* HD110）產生 entomocin 110，分子量 4.8kDa（Cherif *et al*., 2006）。這些細菌素均具殺細菌之效果（bactericidal）。

六、庫斯塔基胜肽

自 *Bt kurstaki*. HD-1 可分離出四種脂胜肽（kurstakins），對葡萄穗黴菌（*Stachybotrys charatim*）有抑菌效果（Hathout *et al.,* 2000）。

面臨問題與未來展望

以蘇力菌爲基礎的產品大多是在生長成熟穩定期所釋出的孢子和結晶包涵體所配製而成。蘇力菌用於噴灑在葉面已有數十年之久，但僅限於有機農業和森林，占整個殺蟲劑市場不到 1%。其中 60% 的蘇力菌是應用在森林，而農業和公共衛生方面的使用只占 18%。大多數的蘇力菌產品是用來控制蛾類吃葉子，較新的產品也有用來防治其他的昆蟲。蘇力菌產品必須排除下列幾項障礙後，才可能擴大既有的目標。首先，蘇力菌的使用受限於活性範圍狹窄，產品效價變化大，且成本較貴等缺點。一般而言，蘇力菌產品價格約是傳統合成化學藥品的三倍左右。

Ecogen 和 Mycogen 在改良蘇力菌菌種方面居於領導的地位，問世的產品爲所謂的第一代產品。第二代產品是經由新的基因重組如嵌合基因（chimeric gene）和突變而來。蘇力菌另外的缺點是 delta 內毒素施灑於葉面會在兩天內分解，若將蘇力菌的 delta 內毒素基因轉移至其他微生物或植物，也許可改善這些殺蟲蛋白的輸送、效力、持效性或甚至宿主範圍。值得一提的是，蘇力菌產品有多種不同的蘇力菌毒素供選擇利用，農夫可以交替使用以減少對蘇力菌有抗性的害蟲產生。

至於轉殖技術雖已成功地應用於商業化植物品種，但某些作物較易於轉殖，某些作物則相當困難，而且結晶蛋白雖具備有價值的殺蟲譜，仍需要針對其他目標更爲廣泛的蛋白基因來進行轉殖，並要發展殺蟲抗性之管理策略才可以將 *Bt* 基因作物發揮至更多的品種。其中並要建立強勢的策略以保障智慧財產權，包括：植物轉殖、選擇性標記、啓動子、*Bt* 結晶蛋白、基因表現技術和抗性管理的專利申請等。

目前已有一百七十個以上的蘇力菌結晶蛋白序列被定出，每一個結晶蛋白均有其特定的殺蟲特性，Cry 1 Ab 蛋白對歐洲玉米螟活性強，Cry 1 Ac 蛋白對菸芽夜蛾（*Heliothis virescens*）和棉鈴蟲具有較強的殺蟲活性，Cry 3A 蛋白則是用來保護科羅拉多馬鈴薯甲蟲。此外，其他細菌例如，雙酵素梭菌（*Clostridium bifermentans*）和圓形芽孢桿菌（*Bacillus sphaericus*）亦可以產生殺蟲蛋白。

未來基因轉殖作物的開發仍需要依賴栽種者、食品加工業者和消費者的接受度來開拓市場，也與政府的農業政策息息相關。期待生技、種籽和農藥工業與生產者合力工作整合新技術至目前耕種操作系統，並審慎評估是否推動轉殖作物。

結語

生物農藥未來發展的空間和潛力相當大。由於世界對生物防治的需求不斷的增加，加上研究人員持續改進傳統蘇力菌產品不安定的特性，以及開發新菌種擴大防治範圍等因素，使得蘇力菌產品的應用潛力仍有增加的利基。

以蘇力菌爲主的生物殺蟲劑產品成爲生物農藥銷售的最大宗，可歸因於配方和製造方面的改善，使得產品更爲有效，尤其成本降低，某些效果甚至可與化學藥劑相比。另外的因素尚包括生物技術的應用，對蘇力菌產品作用模式的了解。近年來，蘇力菌株已被發現對線蟲及動物寄生蟲具有抑制活性，蘇力菌產品也由鱗翅目（小菜蛾），雙翅目（蚊和蚋），和鞘翅目（甲蟲）逐漸擴大其目標害蟲範圍，同時擴展蘇力菌應用在農業的市場範圍。此外，過去二十年仍有許多產品問世，使得生物殺蟲劑市場欣欣向榮。生物技術和重組技術已用來增進殺蟲活性和產品配方，如 Ecogen 公司的 Condor，Cutlass，Foil，以及 Mycogen 的 MVP 與 M-Trak 等。

臺灣目前只有農委會藥毒所仍持續開發本土蘇力菌，已累積篩獲含不同基因且殺蟲效果良好之蘇力菌菌種庫，並於 2006 年首次將本土庫斯蘇力菌 E-911 技轉予福壽實業股份有限公司，蘇力菌 E-911 可溼性粉劑（速力寶）除可以防治小菜蛾，也於 2010 年 9 月獲准延伸使用於十字花科蔬菜夜蛾類、紋白蝶、毒蛾類、菜心螟及大菜螟。相信未來會有更多蘇力菌的本土菌株商品化，讓農友有更多的選擇。蘇力菌也可以和化學藥劑搭配使用（胡等，2018），用於害物整合管理（Integrated Pest Management, IPM）甚至作物整合管理（Integrated Crop Management, ICM），降低化學農藥使用量與殘留量，協助農民控制主要作物害蟲。

主要參考文獻

1. 林正義、謝奉家、劉炳嵐、高穗生。2007。本土蘇力菌 *vip* 基因之選殖與表現。臺灣昆蟲學會第 28 屆年會論文宣讀。11 月 9 日。臺中。
2. 林志輝、吳淑盆、高穗生、曾經洲。2002。利用基因型鑑定策略發現有效殺蟲活性之臺灣本土新型蘇力菌 *cry*1C 基因。植保會刊 44：233-244。

3. 吳純熙、謝奉家、高穗生。2008。蘇力菌雙效菌素（zwittermicin A）拮抗物質之研究。中華植物保護學會年會論文宣讀。12 月 20 日。屏東。
4. 胡斐婷、郭雪、蔡米皓、曾經洲。2016。增益植物健康之多功能蘇力菌研究。臺灣農藥科學 1: 50-69。
5. 胡斐婷、郭雪、曾經洲。2018。蘇力菌與其他農藥混合對小菜蛾及斜紋夜蛾的生物活性影響評估。臺灣農藥科學 4: 21-36。
6. 高穗生。2000。生物殺蟲劑簡介。第一章，農村青年中短期農業專業訓練教材。行政院農業委員會農業藥物毒物試驗所技術服務室編印。臺中。
7. 高穗生、曾經洲。1998。利用生物技術來改善蘇力菌殺蟲結晶蛋白。臺灣省農業藥物毒物試驗所技術專刊 79：1-8。
8. 高穗生、謝奉家。2007。生物農藥之新進展。第 249-264 頁。臺灣昆蟲特刊第九號（臺灣植物保護發展願景研討會專刊）。
9. 曾經洲。1998。蘇力菌與其應用現況。第 1-11 頁。臺灣省農業藥物毒物試驗所技術專刊第 77 號。
10. 曾經洲。2001。蘇力菌在整合蟲害管理上之應用。第 313-328 頁。謝豐國、林政行、顧世紅編。跨世紀臺灣昆蟲學研究之進展研討會專刊。國立自然科學博物館刊印。
11. 曾經洲。2001。蘇力菌菌種鑑別試驗檢驗方法。第 1-10 頁。行政院農業委員會農業藥物毒物試驗所技術專刊第 101 號。
12. Ahern, M., Verschueren, S., and Van Sinderen, D. 2003. Isolation and characterization of a novel bacteriocin produced by *Bacillus thuringiensis* strain B439. FEMS MicrobiolLett. 220: 127-131.
13. Barboza-Corona, J. E., Contreras, J. C., Vel’aquez-Robledo, R., Bautista-Justo, M., Go’mez-Rami’rez, M., Cruz-Camarillo, R., and Ibarra, J. E. 1999. Selection of chitinolytic strain of *Bacillus thuringiensis*. Biotechnol. Lett. 21: 1125-1129.
14. Broderick, N. A., Goodman, R. M., Raffa, K. F., and Handelsman, J. 2000. Synergy between zwittermicin A and *Bacillus thuringiensis* subsp. *kurstaki* against Gypsy moth（Lepideptera : Lymantriidae）Environ. Entomol. 29: 101-107.

15. Cherif, A, Rezgui, W., Raddadi, N., Daffonchio, D., and Boudabous, A. 2006. Characterization and partial purification of entomocin 110, a newly identified bacteriocin from *Bacillus thuringiensis* subsp. *entomocidus* HD110. Microbiol. Res. 17: 145-179.
16. Cherif, A., Ouzari, H., Daffonchio, D., Cherif, H., Ben Slama, K., Hassen, A., Jaoua, S., and Boudabous, A. 2001. Thuricin 7: a novel bacteriocin produced by *Bacillus thuringiensis* BMG 1.7, a new strain isolated from soil. Lett. Appl. Microbiol. 32: 243-247.
17. Cherif, A., Chehimi, S., Limem, F., Hansen, B. M., Hendriksen, N. B., Daffonchio, D., and Boudabous, A. 2003. Detection and characterization of the novel bacteriocinentomocin 9, and safety evaluation of its producer, *Bacillus thuringiensis* subsp. *entomocidus* HD 9 J. Appl. Microbiol. 95: 990-1000.
18. Crickmore, N., Zeigler, D. R., Schnepf, E., Van Rie, J., Lereclus, D., Baun, J., Bravo, A., and Dean, D. H. 2007. *Bacillus thuringiensis* toxin nomenclature. http：// www.lifesci. sussex. ac. uk/Home/Neil_Crickmore/Bt/
19. Dong, Y. H., Zhang, X. F., Xu, J. L., and Zhang, L. H. 2004. Insecticidal *Bacillus thuringiensis* silences *Erwinia Carotovora* virulence by a new form of microbial antagonism, signal interference. Appl. Environ. Microbiol. 70: 954-960.
20. Environmental Protection Agency (EPA). 2003. *Bacillus thuringiensis* Vip3A insect control protein as expressed in event COT102：notice of filing a certain pesticide chemical in or on food. Fed. Regist. 68: 66422-66425.
21. Estruch, J. J., Warren, G. W., Mullins, M. A., Nye, G. J., Craig, J. A., and Koziel, M. G. 1996. Vip3A, a novel *Bacillus thuringiensis* vegetative insecticidal protein with a wide spetrum of activities against lepidopteran insects. Proc. Natl. Acad. Sci. USA. 93: 5389-5394.
22. Estruch, J. J., Koziel, M. G., Yu, C. G., Desai, N. M., Nye, G. J., and Warren, G. W. 1998. Plant pest control. World Intellectual Property. Patent WO 9844137.
23. Favret, M. E. and Yousten, A. A. 1989. Thurcin：The bacteriocin produced by

Bacillus thuringiensis. J. Invertebr. Pathol. 53: 206-216.

24. Gray, E. J., Lee, K. D., Souleimanov, A. M., Di Falco, M. R., Zhou, X., Ly, A., Charles, T. C., Driscoll, B. T., and Smith, D. L. 2006. A. novel bacteriocin, thuricin, 17, produced by plant growth promoting rhizobacteria strain *Bacillus thuringiensis* NEB17: isolation and classification. J. Appl. Microbiol. 100: 545-554.
25. Han, S., Craig, J. A., Putman, C. D., Carozzi, N. B., and Tainer, J. A. 1999. Evolution and mechanism from structures of an ADP-ribosylating toxin and NAD complex. Nat. Struct. Biol. 6: 932-936.
26. Handelsman, J., Raffel, S., Mester, E. H., Wunderlich, L., and Grau, C. R. 1990. Biological control of damping-oft of alfalff seedlings with *Bacillus cereus* UW85. Appl. Environ. Microbiol. 56: 713-718.
27. Hathout, Y., Ho, Y. P., Ryzhov, V., Demirev, P., and Fenselau, C. 2000. Kuratakins: a new class of lipopeptides isolated from *Bacillus thuringiensis*. J. Nat. Prod. 63: 1492-1496.
28. He. H., Silo-Suh, L. A., Clardy, J., and Handelsman, J. 1994. Zwittermicin A, an antifungal and plant protection agent from *Bacillus cereus*. Tetrahedron Lett. 35: 2499-2502.
29. Kamoun, F., Mejdoub, H., Aouissaoui, H., Reinbolt, J., Hammami, A., and Jaoua, S. 2005. Purfication, amino acid sequence and characterization of bacthuricin F4, a new bacteriocin produced by *Bacillus thuringiensis*. J. Appl. Microbiol. 98: 881-888.
30. Kao, S. S., Hsieh, F. C., Tzeng, C. C., and Tsai, Y. S. 2003. Cloning and expression of the insecticidal crystal protein gene cry1Ca9 of *Bacillus thuringiensis* G10-01A from Taiwan granaries. Current Microbiology 47: 295-299.
31. Lee, M. K., Walters, F. S., Hart, H., Palekar, N., and Chen, J. S. 2003. The mode of action of *Bacillus thuringiensis* vegetative insecticidal protein Vip3A differs from that of Cry1Ab δ-endotoxin. Appl. Environ. Microbiol. 69: 4648-4657.
32. Manker, D. C., Lidster, W. D., Starnes, R. L., and MacIntosch, S. C. 1994. Potentiator of *Bacillus*pesticidal activity. Patent cooperation treaty, WO94 /09630.

33. Nunez-Valdez, E. 1997. *Bacillus thuringiensis* conference in Thailand: A widening "umbrella". Nature Biotechnol. 15: 225-226.
34. Osburn, R. M., Milner, J. L., Oplinger, E. S., Smith, R. S., and Handelsman, J. 1995. Effect of *Bacillus cereus* UW85 on the yield of soybean at two field sites in Wisconsin. Plant Dis. 79: 551-556.
35. Paik, H. D., Bae, S. S., Park, S. H., and Pan, J. G. 1997. Identification and partial characterization of tochicin, a bacteriocin produced by *Bacillus thuringiensis* subsp. *tochigiensis*. J. Indust. Microbiol. Biotechnol. 19: 294-298.
36. Rang, C., G.il, P., Neisner, N., Van Rie, J., and Frutos, R. 2005. Novel Vip3-related protein *Bacillus thuringiensis*. Appl. Enciron. Microbiol. 71: 6276-6281.
37. Regev, A., Keller, M., Strizhov, N., Sneh, B., Prudovsky, E., Chet, I., Ginzberg, I., Koncz-Kalman, Z., Koncz, C., Schnell, J., and Zilberstein, A. 1996. Synergistic activity of a *Bacillus thuringiensis* δ--endotoxin and a bacterial endochitinase against *Spodoptera littoralis* larvae. Appl. Environ. Microbiol. 62: 3581-3586.
38. Reyes-Rami'rez, A., Escudero-Abarca, B. I., Hayward-Jones, P. M., and Barboza-Corona, J. E. 2004. Antifungal activity of *Bacillus thuringiensis*chitinase and its potential for the biocontrol of phytopathogenic fungi in soybean seeds, J. Food Sci. 69: 131-134.
39. Selvapandiyan, A., Arora, N., Rajagopal, R., Jalali, S. K., Venkatesan, T., Singh, S. P., and Bhatnagar, R. K. 2001. Toxicity analysis of N-and C-termins-deleted vegetative insecticidal protein. Appl. Environ. Microbiol. 67: 5855-5858.
40. Shao, L., Yuan, Z. H., Cai, J., Chen, Y. H., and Ren, G. X. 2005. Screening of zwittermicin A-producing Bt strains and tests of their antagonistic spectrum. Page 374 *in:* H. W. Yang, ed. Biocontrol of China in 21 Centry. Chinese Agricultural Technology Press. Beijing.（in Chinese）
41. Silo-Suh, L. A., Lethbridge, B. J., Raffel, S. J., He, H., Clardy, J., and Handelsman, J. 1994. Biological activities of two fungistaticantibiotics produced by *Bacillus cereus* UW85. Appl. Environ. Microbiol. 60: 2023-2030.

42. Silo-Suh, L. A., Stabb, E. V., Raffel, S. J., and Handelsman, J. 1998. Target range of zwittermicin A, an aminopolyolantibiotic from *Bacillus cereus*. Curr. Microbiol. 37: 6-11.
43. Warren, G. W. 1997. Vegetative insecticidal proteins：novel proteins for control of corn pests. Pages 109-121 *in:* N. Carozzi and M. Koziel, eds. Advances in insect control: the role of transgenic plants. Taylor and Frances, Londom, UK.
44. Yu, C. G., Mullins, M. A., Warren, G. W., Koziel, M. G., and Estruch, J. J. 1997. The *Bacillus thuringiensis* vegetative insecticidal protein Vip3A lyses midgut epithelium cells of susceptible insects. Appl. Environ. Microbiol. 63: 532-536.

CHAPTER 9

核多角體病毒防治農業害蟲成效提升及其商品化契機之探討

段淑人

國立中興大學昆蟲學系

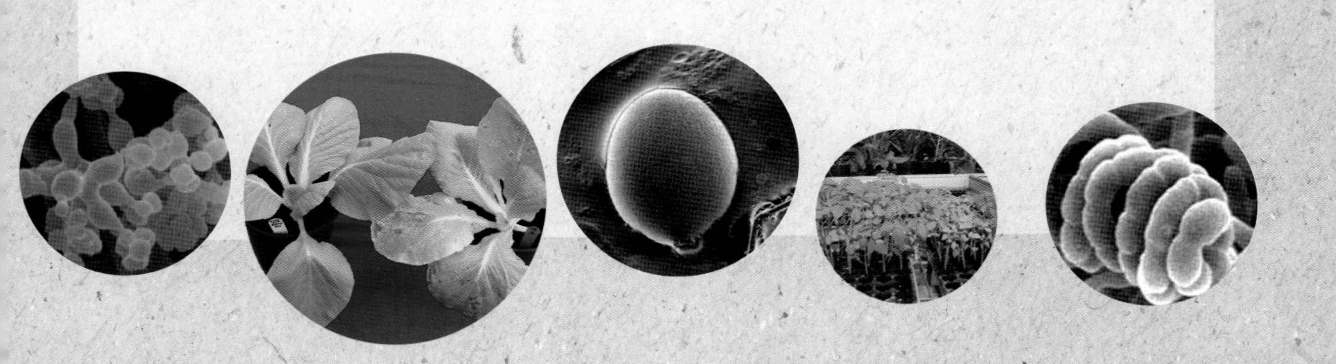

摘要

數十年來，昆蟲桿狀病毒已被國際間廣泛地作爲防治鱗翅目害蟲之微生物殺蟲劑，尤其是核多角體病毒（nuclear polyhedrosis virus, NPV）因具有極高的寄主專一性、相對的穩定性，及與化學藥劑或其他防治措施的相容性，故在使用上對人、畜、天敵及環境之安全性無需顧慮。尤其是在目前國內全面推動環境友善之永續農業，故如何喚起農友及產官學界對於此等優質之安全防治資材的研發關注度，是眼下亟需設定爲植物保護資材投資的亮點。

目前除了本土性的核多角體病毒，如：斜紋夜蛾（*Spodoptera litura*）、玉米穗蟲（*Helicoverpa armigera*）、甜菜夜蛾（*Spodoptera exigua*）及黑角舞蛾（*Lymantria xyline*）核多角體病毒，其對各自寄主幼蟲有極高之致病性外，加州苜蓿夜蛾核多角體病毒（*Autographa californica* multiple NPV, AcMNPV）係極少數具廣域寄主範圍的昆蟲病毒之一，對臺灣數種重要鱗翅目害蟲之致病性亦相當值得開發爲有效的殺蟲劑。然而，在利用此類昆蟲病毒做爲害蟲防治利器時，要考慮的除了寄主範圍適用性外，尚要縮短害蟲罹病潛伏期、加速其死亡，以減少其繼續爲害作物造成損失。

近年來許多學者專家利用基因工程，將有毒基因片段插入桿狀病毒基因體內，運用高效率啓動子表現不同的神經毒素或其他干擾昆蟲生長的荷爾蒙等，明顯地加速病毒致死的效力。但基因改造的昆蟲病毒之安全性是否尚有疑慮，有待進一步研究。然而，無論係野生型或基改型之病毒，在使用端均應有正確的了解及配套措施才能提升防治效果。本文內容主要在於介紹病毒的基本生物及生態特性、病毒殺蟲劑的研發與應用，以及開發的潛能評估等做一探討，希望能引起農民及業者對此類蟲生病毒之推廣應用投入更多的興趣。

關鍵字：核多角體病毒、專一性、基因改造工程、寄主範圍、致病力

前言

臺灣地處亞熱帶、氣候高溫多溼，耕地面積密集、採行小農制連續多期耕作，加上農民各自管理、缺乏區域性綜合防治之觀念，致使病蟲害孳生源不斷。且由於長期依賴速效、廣效的化學農藥，頻繁不當過度施用非專一性的農藥，反而造成害蟲抗藥性的產生，甚或者次要害蟲的崛起。對於田間病蟲害的危害持續增加，農民則認爲唯一方法即再增加用藥劑量及同時混用多種藥劑，因而導致藥害及採收之蔬果殘留過量農藥，使消費大眾面臨對殘留農藥的食安疑慮。

如此不僅造成環境汙染、土壤酸化貧脊的危機，農業資材成本之提高，尚可能發生因農產品違規殘留而受罰等連串的惡性循環。在經濟及資訊迅速成長的二十一世紀，國人對農產品的要求已不限於外觀及口味的品質，還要加上安全健康的保障，生機飲食的特殊食療效果已漸突顯有機蔬果的市場需求。同時爲求生態的平衡、節省自然界可用資源、減少化學藥劑及肥料的汙染、使土地得以永續利用，全球有機農業的呼聲日益高漲，有機農業的推廣亦勢在必行。

政府爲展現推行有機業的決定，已於 2007 年 1 月 29 日公布「農產品生產及驗證管理法」，特將有機農產品認驗證納入管理，且自 2009 年 1 月 31 日起國產或進口農產品、農產加工品，以有機名義販賣，均依該法管理。近期爲了要爲推動友善環境農業，降低化學肥料使用量及達成化學農藥十年減半政策目標，行政院農業委員會農糧署於 2018 年 5 月 25 日農糧資字第 1071069558 號函修訂「友善環境農業資材補助作業方式」鼓勵農民使用國產微生物肥料、生物防治資材，及農田地力改良肥料資材。

昆蟲核多角體病毒（nuclear polyhedrosis virus, NPV）對害蟲具有極高的致病力，分別可感染五百種以上的昆蟲，又以鱗、膜、雙、鞘翅目等爲主要寄主；目前爲止只針對節肢動物有致病性，不感染哺乳動物，對人、畜，及天敵均無毒害，可利用爲一安全有效的防治利器（Groner, 1986）。在田間實際應用上已證實核多角體病毒之防治效果甚至比化學藥劑來得高（Smits *et al*., 1987），且有數種病毒已經商品化，如：*Anticarsia gemmatalis* NPV, *Autographa californica* NPV, *Heliothis zea* NPV, *Lymantria dispar* NPV, *Neodiprion sertifer* NPV, *Orgyia pseudotsugata* NPV, *Spodoptera exigua* NPV（Agathos, 1991）。

由於 NPV 具高度的寄主專一性及施用安全性，在田間應用上，亦可配合寄生性或捕食性天敵、化學傳訊素或其他防治方法，發揮綜合防治的功效。在永續農業的經營理念上，實爲值得推廣應用的微生物農藥。

目前除了本土性的核多角體病毒，如：斜紋夜蛾（*Spodoptera litura*）、玉米穗蟲（*Helicoverpa armigera*）、甜菜夜蛾（*Spodoptera exigua*）及黑角舞蛾（*Lymantria xyline*）核多角體病毒（nucleopolyhedrovirus, NPV），其對各自寄主幼蟲有極高之致病性。另外加州苜蓿夜蛾核多角體病毒（*Autographa californica* multiple NPV, AcMNPV）係爲一廣寄主域之昆蟲病毒，對本省數種重要鱗翅目害蟲之致病性亦相當值得開發爲有效的殺蟲劑（段，1995b）。然而在利用此類昆蟲病毒做爲害蟲防治利器時，要考慮的除了寄主域適用性外，尚要縮短害蟲罹病潛伏期、加速其死亡，以減少其繼續爲害作物造成損失（Tuan *et al*., 2007）。

近年來許多學者專家利用基因工程，將有毒基因片段插入桿狀病毒基因體內，運用適當起動子表現不同的高效毒素或其他干擾昆蟲生長的荷爾蒙等，明顯地加速病毒致死的效力，但基因改造的昆蟲病毒之安全性是否尚有疑慮，有待進一步研究。而研發符合經濟效益的病毒量產流程，以及如何在田間找到最適合的使用條件，以降低環境因子的不良影響亦是田間應用上重要的課題。本文就病毒的基本生物學、致病機制、生態特性、病毒殺蟲劑的研發與應用，以及其安全性和效果的評估等做粗淺的介紹及討論，希望能引起農民及業者對此類蟲生病毒的認知及興趣。

核多角體病毒的結構特性簡介

目前已知可感染昆蟲之病毒種類甚多，其中以桿狀病毒科（Baculoviridae）最爲重要，被認爲是最具生物防治潛能的病原之一，其主要的寄主昆蟲包括鱗翅目、膜翅目、雙翅目及鞘翅目等，至今已自不同蟲類分離多達一千餘種桿狀病毒。由國際病毒分類委員會（International Committee on Taxonomy of Virus）依病毒粒子被膜（envelope）內含核蛋白鞘（nucleocapsid）數量之多寡區分爲兩個亞屬：即 single nucleocapsid NPV（SNPV），以家蠶核多角體病毒（*Bombyx mori* NPV）爲代表種；

及 multiple nucleocapsid NPV（MNPV），以加州苜蓿夜蛾核多角體病毒爲代表種（Tinsley & Kelly, 1985; Francki *et al*., 1991）。

核多角體病毒係由雙股去氧核糖核酸（dsDNA）與蛋白質外鞘（capsid）組成核蛋白鞘，被包裹於脂蛋白之被膜內，其外再由多角體蛋白質（polyhedrin）以晶格狀排列形成多角體（polyhedron），或稱包涵體。其大小約爲直徑 1-10mm，包涵數十或上百個病毒粒子（virion）而成（圖一）。多角體蛋白質分子量約爲 25-31 kDa，依病毒種類不同而異（Caballero *et al*., 1992），可保護病毒在田間抗陽光紫外線、乾燥或其他化學因子，使病毒的活性不受破壞。多角體外圍又被一層富含碳水化合物的 calyx 包圍著，以 thiol-linked 方式與多角體蛋白質聯結，對病毒之穩定性有增強作用（Whitt & Manning, 1988）。

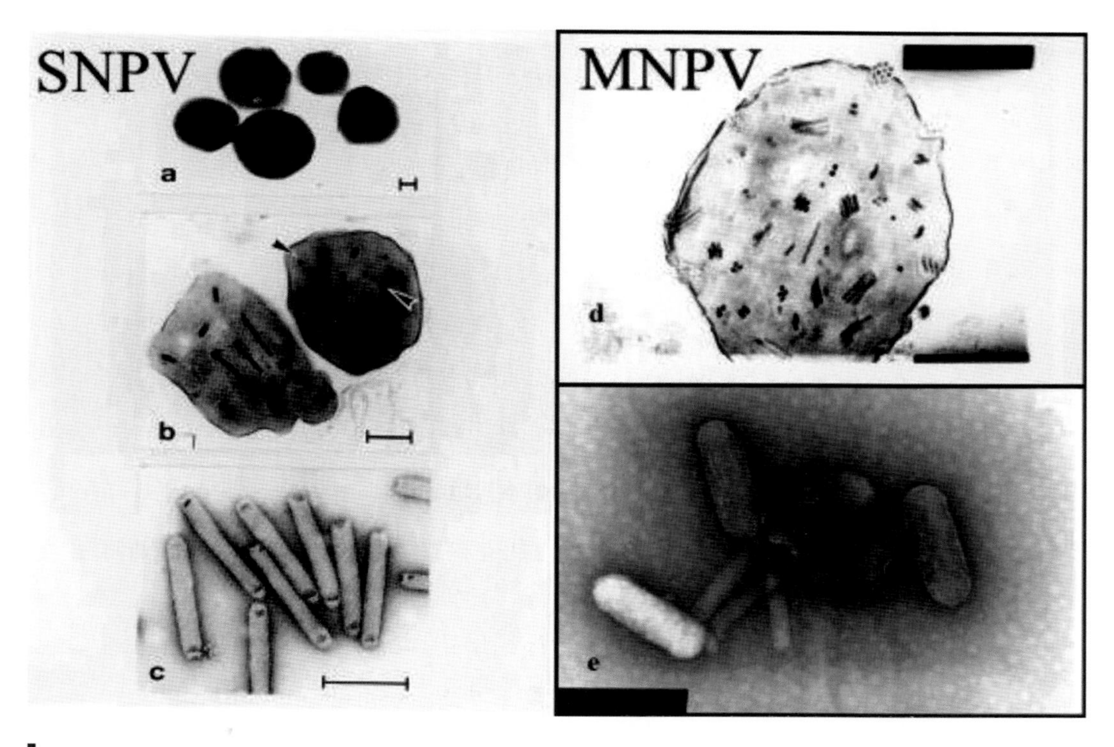

圖一　核多角體病毒 NPV 可分為 SNPV（a, b）及 MNPV(d) 兩大類。包涵體（OB）內有病毒粒子 (e)，其內有核蛋白鞘 (c) 單個及多個（d, e）。

病毒粒子呈桿狀，粒子中包含一個或多個核酸蛋白鞘（nucleocapsid）（Fraser, 1986）。鞘的大小直徑約 40-50 nm、長度約 200-400 nm，鞘的兩端結構不同。鞘內含有以 protamine-like protein 爲主之蛋白質，與雙股環狀去氧核糖核酸（dsDNA）形成軸心（core）（Tweeten *et al*., 1980）。一般使用光學顯微 400 以上的放大倍數即可見其似球型的包涵體，實際爲二十面體之多角體構型。由於它的構型及感染繁殖位置在寄主昆蟲之細胞核內，故被命名爲核多角體病毒，可將核的體積撐到脹破細胞的程度（圖二）。

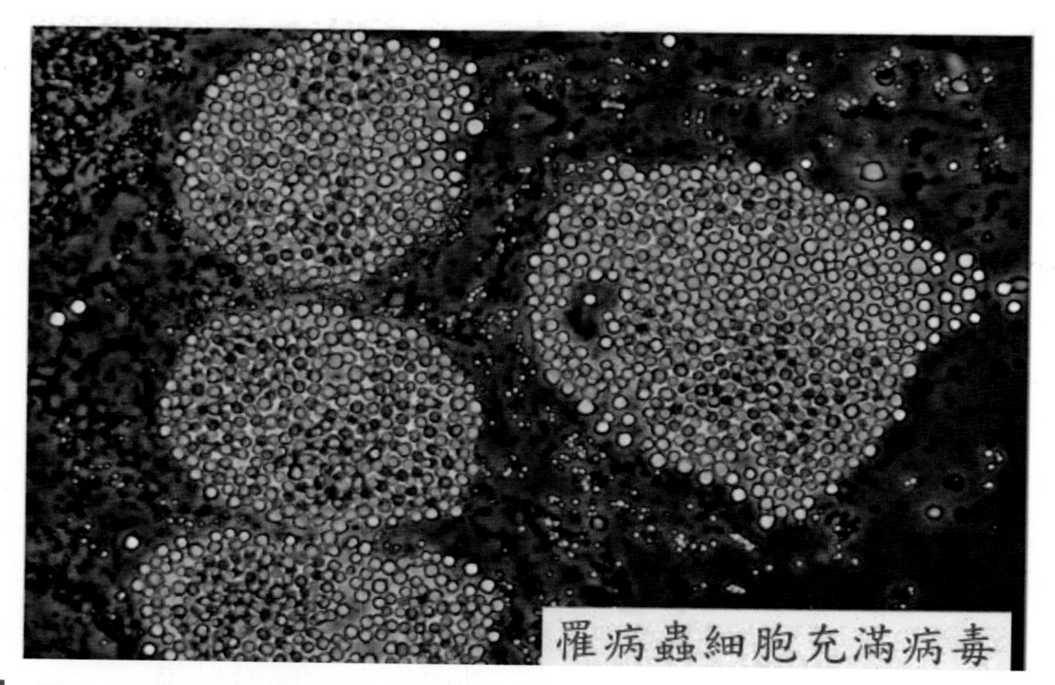

圖二　核多角體病毒感染寄主昆蟲之細胞核，在核仁內繁殖並產生包涵體，大量病毒將細胞寄主幼蟲細胞脹破。

核多角體病毒的感染與致病機制簡介

病毒多角體經由幼蟲取食進入腸道，藉由鹼性腸液及蛋白質分解酵素之作用，而溶解多角體蛋白質、釋出病毒粒子（Harrap & Longworth, 1974）。病毒粒子之被膜與寄主中腸柱狀細胞（columnar cell）微絨毛膜（microvillar membrane）發生膜融合作用（fusion）後，核蛋白鞘進入細胞中，移向細胞核表面再以一端對上細胞核膜孔，並經由褪鞘作用（uncoating），鞘蛋白則在細胞質內被分解，而使得病毒核酸進入寄主細胞核內（Granados & Williams, 1986）。

病毒在感染細胞過程可分爲三個階段，即：

1. 早期：細胞在感染的 0-6 小時之內會有明顯的變化，cytoskeletal rearrangements 發生（Charlton & Volkman, 1991），且染色質亦在核仁內進行分散，感染 30 分鐘後即可測得病毒 RNA，病毒已開始其複製過程（Chisholm & Henner, 1988）。

2. 晚期：病毒繼續進行核酸複製作用，晚期基因亦開始表現，gp64 的蛋白質亦合成，此時期核仁內會形成電子密度高的區域稱爲病毒子座（virogenic stroma）（Kelly, 1981）。同時亦可見核蛋白鞘的組裝（Fraser, 1986），其移至寄主細胞質膜，以單一核蛋白鞘穿過中腸細胞基底膜，而成爲出芽型病毒（BV），其一端並有 peplomerlike 的結構。BV 進入血腔後，由於昆蟲爲開放式循環系統，可藉由血液之輸送，使 BV 得以感染其他組織或細胞（Bassemir *et al*., 1983; Keddie *et al*., 1989）。在感染後 12-20 小時，則以指數成長方式產生大量的 BV，其後則減少 BV 的生產（Lee & Miller, 1979）。

3. 非常晚期：核多角體病毒生活史是屬於兩相式（biphase）複製，約在感染的 20 小時之後，寄主細胞核內之核蛋白鞘以單一或多數組合之方式，形成病毒粒子（SNPV or MNPV），48 小時左右多角體蛋白質及 p10 兩種主要的蛋白質產生，此時並以晶格狀排列之多角體蛋白質合成包涵體型式的病毒多角體，平均一個核內可產生約七十個病毒包涵體（Fraser, 1986）。病毒自中腸細胞進入血腔後，即感染脂肪體細胞、眞皮層細胞、肌肉鞘、氣管鞘、血球及神經細胞等，病毒在細胞核內大量複製多角體後，導致細胞核腫大進而造成核及細胞崩解，罹病蟲體節間腫脹、體色淡化，最後導致蟲體潰爛死亡，並流出乳白的大量病毒多角體，而成爲在田間水平傳播之來源（Hunter & Hall, 1968; Whitlock, 1974; Tuan *et al*., 1997; Milks *et al*., 1998）（圖三）。

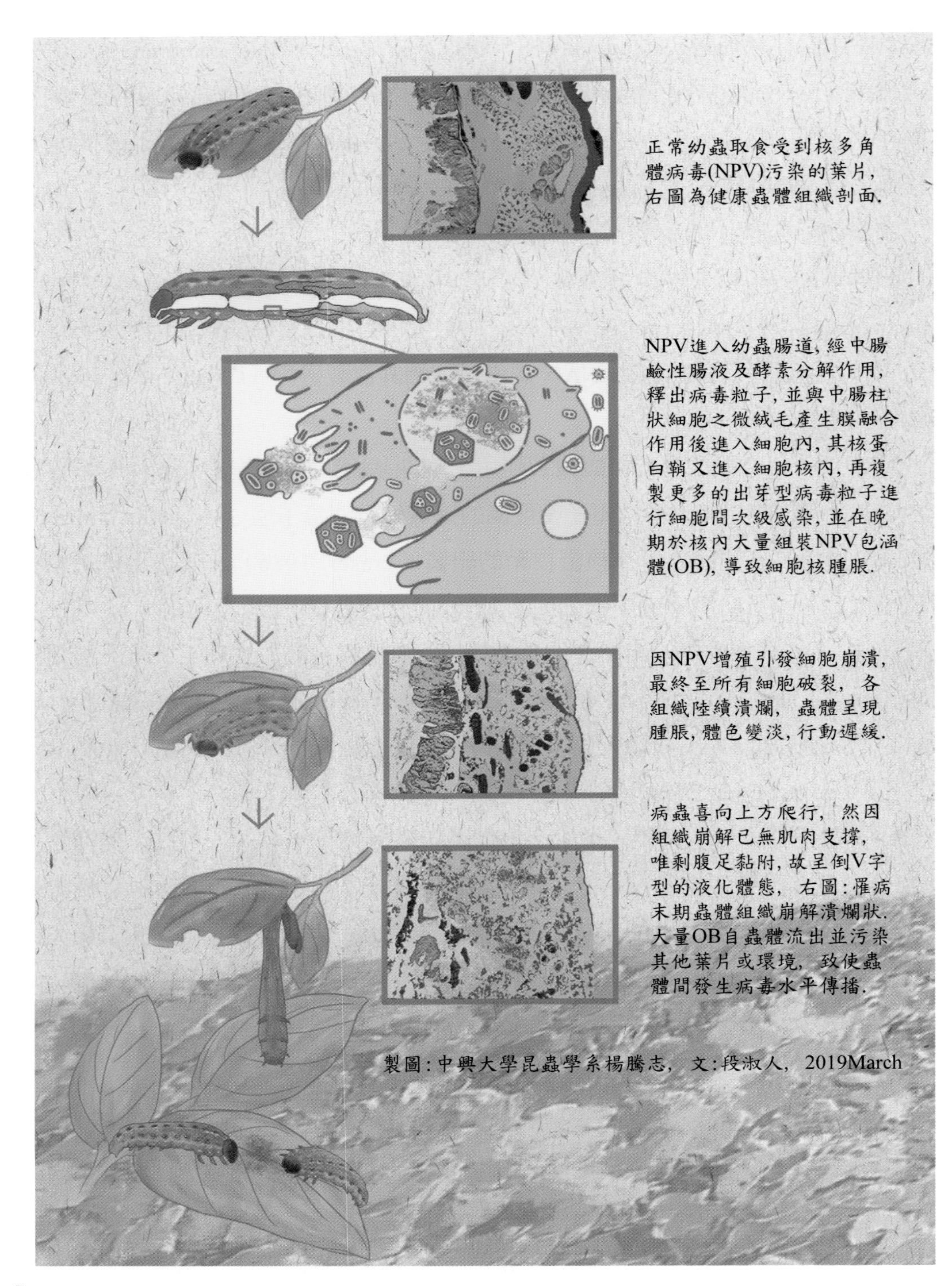

圖三　核多角體病毒感染斜紋夜蛾幼蟲之致病過程與水平傳播途徑。

由前述病毒感染寄主的機制得知，幼蟲發病的潛伏期較長，平均約三至九天，甚至更久可長達數十天，依幼蟲食入的病毒劑量、幼蟲發育期、環境之溫溼度等而有很大的差異。病毒接種濃度愈高，則死亡率愈高，潛伏期也愈短；幼蟲對病毒之感受性亦隨著齡期之增長而降低，齡期愈高死亡率愈低，且死亡時間也明顯延後（Allen & Ignoffo, 1969; Boucias *et al*., 1980; Smits & Vlak, 1988a; Tuan *et al*., 1994; Milks *et al*., 1998）。

即使病毒劑量未能在幼蟲化蛹前使其罹病死亡，而已感病之幼蟲在進入化蛹期時可能會形成不正常蛹，如翅腹銜接不全；成蟲性比率改變、雌蟲產卵量降低或羽化後雄蟲之繁殖力減弱，影響下一代卵之孵化率，或造成下一代初齡幼蟲罹病死亡（Santiago-Alvarez & Vargas Osuna, 1988; Smits & Valk, 1988b; Tuan *et al*., 1995b; 1997; Milks *et al*., 1998）。國內本土之甜菜夜蛾核多角體病毒（*Spodopera exigua* NPV）亦於 1996-1998 年間於宜蘭三星及壯圍地區進行推廣試驗，成效良好，每公頃可節省約十萬元之農藥費用。

核多角體病毒的持續性及傳播途徑

核多角體病毒多角體因含有大量的多角體蛋白質，可防止陽光、高溫及乾燥等氣候因子的衝擊，延長病毒在田間之生物活性。但對於直接曝曬於葉表之病毒，仍會因強烈的紫外線而在數小時或數天內快速失去活性，而在土表之病毒因有土壤顆粒及作物枝葉的遮蔭作用，經過 230 週後仍可保有 84% 之活性。藉著雨水及風的散布，或病蟲糞便及蟲屍的汙染，而將病毒包涵體擴散至土壤、植株或其他蟲體，使病毒在昆蟲族群中蔓延。在土壤中殘存量之評估，證明多角體在土壤中具有非常強的持續力。

當白鼠吃了約 35 公頃棉花田用量之 *Heliothis* NPV，大部分之感染力已於 48 小時內被破壞，幾乎 99.9% 的病毒多角體已於 4 小時內在腸道中喪失感染力。而已感染之 *Heliothis zea* 雌成蟲所產之卵上亦附有多角體，致新孵出了一齡幼蟲罹病，而達隔代持續效果。病毒亦可由捕食性天敵或寄生性天敵傳播，受病毒包涵體汙染口器的食蟲椿象（*Podisus maculiventris*）可使網室內擬尺蠖（*Trichoplusia ni*）之蟲口密度下降；膜翅目之小繭蜂科（Braconidae）和姬蜂科（Ichneumonidae）雌蜂在產卵的過程中，亦會扮演傳播病毒的角色，*Microplitis croceipes* 之產卵管經塗抹病毒後，可使被寄生之菸芽夜蛾幼蟲死於病毒的感染。

病毒除了藉由食物的汙染或天敵的媒介，使病毒在寄主昆蟲個體間完成水平傳播（horizontal transmission）外，亦可經由附著卵表面（transovum）的汙染或經由卵巢（transovarian）的傳染，使病毒由母代傳給子代，而達到垂直傳播（vertical transmission）的效果。因此在適宜的氣候，尤其是季節轉換、冷熱交替時，施用病毒至田間可達到最好的致病效果。而感染病毒的害蟲因爲爬行或咀食作物而汙染的植株或土壤也可能加速病毒的擴散，一旦害蟲密度增加即產生「風土病」使罹病蟲遍布，並有效壓制害蟲族群。

影響核多角體病毒致活性之因子

昆蟲病毒雖然可以在環境中持續保存很長的時間，但其致病活性仍然受到田間許多因子的影響。如紫外線的傷害（尤其是 UVB, 280～320nm）、不同溫度下的穩定性、對酸鹼的忍受性、在植株及土壤中的持久性等（Shapiro & Argauer, 1995）。早在 1950 年代已證明短波的紫外線會使病毒失去活性，在自然陽光的暴曬下，*Heliothis* NPV 的半衰期（half-life）小於一天，紫外線應是導致病毒不活化之主要環境因子。

溫度、溼度及 pH 值等之影響均較小，雖然田間溫度（15℃～45℃）對多角體之穩定性並無影響，但病毒的複製卻於 40℃時受到抑制。在低於 65℃下，20 分鐘後仍不喪失活性，而在水中 80℃加熱 10 分鐘，可以完全使多角體失去活性。又以冷凍乾燥之多角體粉末，貯存於 20℃及 5℃下，直至十五年後，仍不失其活性。

一般強酸或強鹼均會造成多角體的破壞而致使活性降低。*Heliothis* NPV 可與大多數的殺蟲劑及添加劑併用，於 pH 值 7.0 時活性不受影響，於 PH 值 4.0 及 9.0 時活性稍微降低（<15%），而於 pH 值 1.2 及 12.4 時顯著下降（>95%）。另外福馬林及次氯酸鈉會嚴重破壞病毒活性。

多角體於葉面上的持續性受到葉片種類、構造、分泌物及露水成分之影響。

例如，在番茄葉上 48 小時後，所保留原有之活性爲 32.4%，大於大豆葉上者（30.0%），又大於在棉花葉上之持續力。推測在番茄葉上之所以能有如此強的保留活性（Original Activity of PIBS remaining, %OAR），可能是因爲葉面上葉毛及捲曲處的遮蔽保護作用。而葉表乾燥時 PH 值之上升與露水中離子成分均會影響多角體之持續性，多角體被撒布的位置亦對持續性有影響，如於棉花花萼及花苞，下方葉片及葉的下表面之多角體較於上方葉或葉上表面裸露之多角體具有更好的持續性。

爲了延長病毒在田間的生物活性，以提高其在田間之感染率，許多研究亦開發利用抗氧化劑、亮光劑、染劑、活性碳或胺基酸等做爲保護劑，以加強病毒對紫外線的抵抗力之效果各異。其作用爲抗 280～400nm 波長的紫外線，破壞病毒核酸或產生高活性的游離基。

核多角體病毒量產流程及製劑

核多角體病毒在寄主體內之增殖速率與寄主之生理狀況、幼蟲體重、接種劑量、培育溫度均有著極密切的關係，前三者與病毒產量呈正相關，而在適當範圍內溫度的升高亦可加速病毒增殖。一般以 *Heliothis* spp. 幼蟲來大量生產 HzSNPV。其生產過程中需要四個隔離的設備：(1) 食物飼料貯存及配製的設備；(2) 飼育蟲源及供生產病毒的蟲口之設備；(3) 病毒大量生產的設備；及 (4) 回收病蟲並純化、製成劑型的設備。以經濟成本效益而言，最好選擇蟲體較大且感受性高的健康蟲體進行病毒增殖，以斜紋夜蛾爲例，其生產、製劑之大略過程如下之流程圖（圖四）。

基因改造技術提升病毒殺蟲效力之優勢

核多角體病毒被認爲是具生物防治潛能之病原微生物，其主要的寄主昆蟲包括鱗翅目、膜翅目、雙翅目及鞘翅目等，目前爲止對哺乳動物，對人、畜及天敵均無毒害，可利用爲一安全有效的防治利器。但一般核多角體病毒及顆粒體病毒的生物特性即爲寄主域窄及殺蟲時效慢，且在潛伏期間罹病幼蟲仍會繼續爲害作物造成損

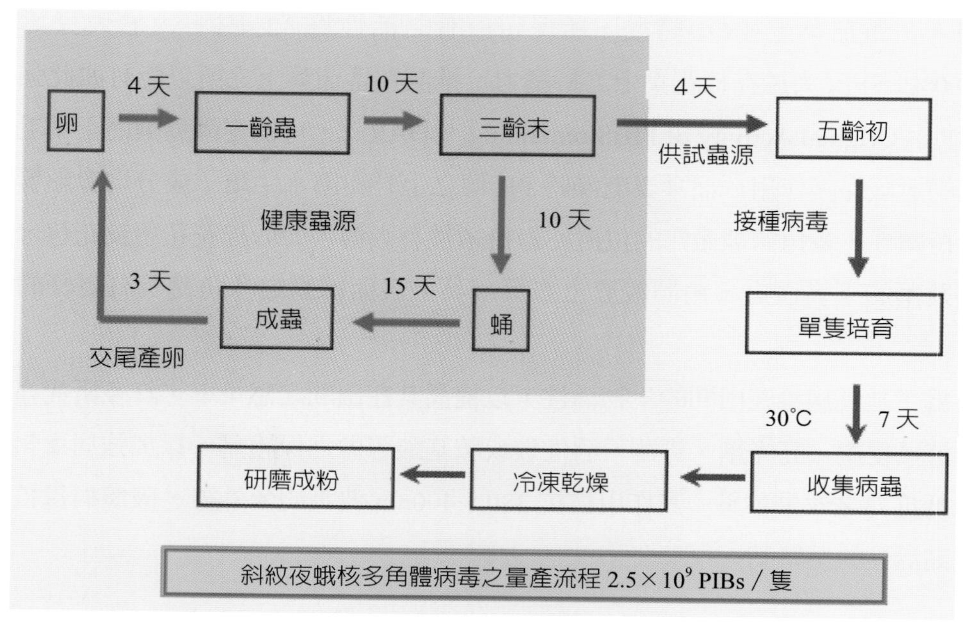

圖四　斜紋夜蛾核多角體病毒生產、製劑之流程圖。

失，此爲病毒在害蟲防治效率上最大的缺點。爲改進病毒在防治害蟲上的缺點，自 1980 年代末期起，已有許多專家學者，試圖利用基因工程擴大病毒寄主範圍，或修飾病毒本身基因，或以其他節肢動物及微生物之毒素、昆蟲本身之激素或分解酵素轉殖到此病毒之基因內，以提高病毒的致死效率。

Maeda（1989）將菸草天蛾（*Manduca sexta*）之利尿激素（diuretic hormone）基因，銜接至家蠶核多角體病毒上，以此重組病毒感染家蠶，則會干擾蟲體體內生理水分之平衡現象而造成死亡。而罹病幼蟲之體液亦較野生型感染者減少 30%，同時可縮短病毒致死時間，較野生型病毒感染致死之家蠶提早一天死亡。Hammock 等人（1990）構築含有青春激素酯酶（juvenile hormone eaterase, JHE）基因之重組病毒，以此感染初孵化之擬尺蠖幼蟲時，可影響幼蟲之正常取食活動。但 JHE 在感染重組病毒之蟲體內，其表現量及穩定度尚需加強。

另外 Gopaladrishnan 等人（1995）自菸草天蛾體內萃取幾丁質酶（chitinase）cDNA，插入 AcMNPV 核酸內構成重組病毒，利用血腔注射法感染四齡之菸草天蛾及秋行軍蟲（*S. frugiperda*），可使幼蟲之半致死時間提早二十小時，證實幾丁質酶可加強昆蟲病原菌之殺蟲能力。某些捕食昆蟲之節肢動物如蠍、蜘蛛、胡蜂等，會分泌神經毒素使蟲體麻痺後，再進行取食或供給下一代孵化後取食。以北美蠍（*Androctonus australis*）爲例，其產生毒液中含有一種昆蟲特異性興奮神經毒（AaIT），Stewart 等人（1991）將此毒素基因銜接至 AcMNPV 構築重組病毒，可在細胞培養下釋出毒素並具生物活性，可使幼蟲提早死亡；其對幼蟲之取食量亦有抑制作用（Pang *et al*., 1995）。

而 Tomalski 與 Miller（1991）亦將（*Pyemotes tritia*）之神經毒素基因定序，並銜接至 AcMNPV 表現載體，再以此構築之重組病毒於體外培養後，注射入擬尺蠖五齡幼蟲體內，隔天後即產生麻痺效應，可降低幼蟲之取食外，並可縮短病毒致死之時間。利用 *Diguetia canities* 及 *Tegenaria agrestis* 兩種神經毒之重組病毒對擬尺蠖、甜菜夜蛾及菸芽夜蛾可分別達到降低取食量、減少作物損失、及提早幼蟲死亡時間之功效（Hughes *et al*., 1997）。對豆尺蠖（*Pseudoplusia includens*）幼蟲而言，含蠍毒基因之 AcMNPV 又較含青春激素酯酶之 AcMNPV 更具殺蟲效果（Kunimi *et al*., 1997）。田間試驗亦顯示神經毒快速的殺蟲效果，並可減少 50% 之蔬菜受害面積，達到比野生型病毒更好的防治效果（Cory *et al*., 1994）。

蘇力菌（*Bacillus thuringiensis, Bt*）之殺蟲結晶蛋白（insecticidal crystal protein, ICP），可造成腸壁細胞之穿孔、使水及其他離子自由進出細胞膜、干擾滲透壓之平衡，最後造成細胞脹破，進而導致寄主全身麻痺、停止取食而死亡（Honee *et al*., 1991）。

Martens 等人（1990）及 Merryweather 等人（1990）將整段內毒素基因選殖到 AcMNPV 上，以此重組病毒感染昆蟲細胞株，可產生毒蛋白，再以此含毒素之細胞萃取物餵食昆蟲，可降低供試蟲之取食量，並進而造成死亡。但直接將重組病毒接入蟲體內則無預期之效果（Hu *et al*., 1994）。

目前爲止，各重組病毒中又以含北美蠍神經毒或以色列黃蠍鎮定神經毒（*L. quinquestriatus hebraeus* depressant toxin, $LqhIT_2$）的效果較顯著（Gershburg *et al*., 1998）。若將 $LqhIT_2$ 基因，分別插入早期起動子（Phcmv*-1）及非常晚期起動子（p10）之下游，構築成含蠍毒之 AcMNPV 重組病毒，可造成幼蟲神經麻痺停止取食；感染擬尺蠖、甜菜夜蛾及小菜蛾幼蟲時，其致死時間較野生型病毒顯著提早，在田間盆栽試驗亦較野生型病毒顯著減少甘藍菜葉片受害面積（Tuan *et al.*, 2005）。

除加入外源毒素基因外，亦有直接修飾桿狀病毒本身基因，AcMNPV 基因體上含有一蛻皮素類固醇尿甘二磷酸 - 糖基轉移酶（ecdysteroid UDP-glucosyl-transferase, *egt*）基因，可使幼蟲之蛻皮及化蛹過程受阻，以促進病毒自身在寄主體內增殖，因此造成幼蟲罹病後仍可繼續大量取食作物並延緩化蛹（O'Relly & Miller, 1989）。若刪除 *egt* 基因之後可顯著地改善病毒之防治效果，幼蟲經刪除之突變種病毒感染後，較被野生型病毒感染之幼蟲在取食量上有相當程度之減少並提前死亡，可利用爲有效之生物殺蟲劑（O'Relly, 1992; 1995）。

但經遺傳工程改造後之病毒，則必須考慮其可能造成之風險。Vlak（1993）亦針對考慮重組病毒在田間的安全性，而提出三種可行的策略，以減少重組病毒的生物適應性。第一個策略爲：刪除病毒持續性或降低後代病毒的生產力，但此種策略卻會限制病毒造成流行疫病的潛能。第二個策略則是：利用 lac I repressor 序列插入核多角體基因的轉錄起始點所在之位置，以生產無包涵體之病毒粒子，故無法在環境中存活。第三個策略則是：在殺蟲基因的上游放置可誘發起動子（inducible promotor），以控制多角體僅在被誘發的條件下才會形成。而達到限制重組病毒在田間的存活與轉移的機會，以避免不預期的風險。中央研究院分生所趙研究員 1996 年構築綠螢光組病毒，可作爲早期偵測昆蟲感病的生物標誌，藉此系統了解病毒在田間感染害蟲之百分率、病毒的散布與傳播力、病毒的持續與殘存期間以及同種或不同種類病毒，在田間蟲體內是否會自行發生基因重組現象等。

如何正確使用核多角體病毒於田間

在田間推廣應用時，病毒的專一性反而會成爲限制發展的不利因子。施用寄主範圍太窄的微生物製劑，無法達成眞正的防治效果。病毒除了可以單獨使用防治害蟲外，尚可搭配蘇力菌（*Bacillu thuringiensis*）、蟲生眞菌（如：黑殭菌 *Metarhizium anisopliae*、白殭菌 *Beauveria bassiana*）及蟲生線蟲（*Steinernema* sp. 和 *Heterorhabditi*s sp.）等病原微生物。然而在田間施用時要特別注意以下事項：

1. 取用稀釋病毒之水體時，不可直接用剛流出的自來水，因爲若水質中含有高濃度氯離子，則會造成病毒失去致病活性，亦需避免使用工廠排放廢水，而應以中性清水及未受汙染之地下水爲宜。

2. 病毒在自然日光之照射下很容易喪失活性，尤其是夏秋之際應避免在中午時分施用，可考慮在傍晚日落時進行噴灑。

3. 雖然病毒可與一般化學農藥混合使用，但應注意混合農藥之酸鹼度及含氯濃度。

4. 微生物蟲生病原菌無法像有機磷或氨基甲酸鹽類之神經毒殺蟲劑一般速效，病毒施用後尚需一段潛伏期（夏秋約 4～6 天、冬春約 7～10 天），罹病蟲體才會死亡，且感病期間仍會繼續取食爲害作物，農民需有相當的心理準備。

5. 欲利用蟲體繁殖大量病毒時，避免與上列速效型化學殺蟲劑混合，以免蟲體於短促的時間內死亡，導致病毒在蟲體內增殖時間不足、而降低病毒產量。

6. 寄主昆蟲對於病毒具有成熟免疫性，即隨著齡期的增長、體型加大，而對病毒的劑量忍受性亦相對增高，故在施用病毒的時機以幼齡幼蟲期較佳；且鱗翅目幼蟲會於孵化時取食卵殼，故受病毒噴布或汙染的卵塊或卵粒亦能造成初齡幼蟲罹病死亡，如此可於田間害蟲產卵期間即施撒病毒。

7. 病毒對害蟲具極高度之寄主種別專一性，故必須確認害蟲種類以「對症下藥」，即防治斜紋夜蛾時則應施用斜紋夜蛾核多角體病毒，才能達到良好的防治效果。

農民 DIY 量產病毒進行田間害蟲防治的方法／流程如下：自試驗單位或學校取得核多角體病毒源（冷凍），農民可先自行量產 NPV：(1) 準備蟲體：自田間採取受害葉片或蔥管，連同蟲、植物一起裝於紗袋封口；(2) 依推薦濃度（約稀釋 1000 倍）配置一桶病毒液，將前述之紗袋浸入此桶中約 30 秒，而持續壓入病毒液使蟲體及植物均沾附病毒；(3) 取出蟲袋瀝乾，置於陰涼通風處等待蟲體漸大；(4) 隔約 5～6 天即可自田間收集罹病蟲體（體色變淡、亮、膨脹即將潰爛），持續挑取病蟲至第 10 天；(5) 將每日收集之病蟲冷凍貯存，待下次需要防治時，取出以果汁機磨碎、以紗布過濾再稀釋，噴灑於田間（傍晚），5～6 日後即可由田間收病蟲，如此再重覆 DIY 增殖病毒自用。

結語

桿狀病毒已被廣泛地利用爲防治害蟲之微生物殺蟲劑，因其具有極高的寄主專一性，故對人、畜、天敵及環境之安全性無需顧慮。由於化學藥劑防治易造成農藥殘留及抗藥性問題，對於環境品質及生物多樣性或農業永續經營等發展及環境生態友善之維護均有負面影響，故需開發安全有效之生物防治方法、降低對化學藥劑之依賴與使用頻度、濃度。利用蟲體大量生產病毒應係解決上述問題的舒通方法之一。

但無論是利用野生型病毒或基因重組病毒，均要特別注意在適當的時機、正確地使用，在綜合應用各種病原菌時，需謹慎考量其感染途徑、作用機制、致病力、生物生態特性、適用條件、氣象因子（不同季節氣候適宜不同的蟲生病原菌），並比較其限制因子及優缺點，再配合作物栽培環境及農民操作習慣，方能充分發揮微生物防治之效果。至於如何搭配其他防治資材共同發揮以達到加成的防治效果，則需要產、官、學及農友們一起努力。

主要參考文獻

1. Agathos, S. N. 1991. Mass production of viral insecticides. Pages 217-235 *in:* Biotechnology for Biological Control of Pests and Vectors. Maramorosch, K., ed. CRC Press, Boca Raton, FL.
2. Allen, G. E. and Ignoffo, C. M. 1969. The nucleopolyhedrosis virus of *Heliothis* quantitative *in vivo* estimates of virulence. J. Invertebr. Pathol. 13: 378-381.
3. Bassemir, U., Miltenburger, H., and David, P. 1983. Morphogenesis of nuclear polyhedrosis virus from *Autographa californica* in a cell line from *Mamestra brassicae* (cabbage moth). Cell Tissue Res. 228: 587-595.
4. Boucias, D. G., Johnson, D. W., and Allen, G. E. 1980. Effects of host age, virus dosage, and temperature on the infectivity of a nucleopolyhedrosis virus against velvetbean caterpillar, *Anticarsia gemmatalis*, larvae. Environ. Entomol. 9: 59-61.

5. Caballero, P., Zuidema, D., Santiago-Alvarez, C., and Vlak, J. M. 1992. Biochemical and biological characterization of four isolates of *Spodoptera exigua* nuclear polyhedrosis virus. Biocont. Sci. Tech. 2: 145-157.
6. Charlton, C. A. and Volkman, L. E. 1991. Sequential rearrangement and nuclear polymerization of actin in baculovirus-infected *Spodoptera frugiperda* cells. J. Virol. 65: 1219-1227.
7. Chisholm, G. E. and Henner, D. J. 1988. Multiple early transcripts and splicing of the *Autographa californica* nuclear polyhedrosis virus IE-1 gene. J. Virol. 62: 3193-3200.
8. Cory, J. S., Hirst, M. L., Williams, T., Hails, R. S., Goulson, D., Green, B. M., Carty, T. M., Possee, R. D., Cayley, P. J., and Bishop, D. H. L. 1994. Field trial of a genetically improved baculovirus insecticide. Nature 370: 138-140.
9. Francki, R. I. B., Fauquet, C. M., Knuddson, D., and Brown, F. 1991. Classification and Nomenclature of Viruses. Fifth Report of the International Committee on Taxonomy of Viruses, Arch. Virol. Suppl. 2, 450pp.
10. Fraser, M. J. 1986. Ultrastructural observations of virion maturation in *Autographa californica* muclear polyhedrosis virus infected *Spodoptera frugiperda* cell cultures. J. Ultrastruct. Mol. Struct. Res. 95: 189-195.
11. Gershburg, E., Stockholm, D., Froy, O., Rashi, S., Gurevitz, M., and Chejanovsky, N. 1998. Baculovirus-mediated expression of a scorpion depressant toxin improves the insecticidal efficacy achieved with excitatory toxins. FEBS Letters 422: 132-136.
12. Gopaladrishnan, B., Muthudrishnan, S., and Kramer, K. J. 1995. Baculovirus-mediated expression of a *Manduca sexta* chitinase gene: properties of the recombinant protein. Insect Biochem. Mol. Biol. 25: 255-265.
13. Granados, R. and Williams, K. 1986. *In vivo* infection and replication of baculoviruses. pages. 89-108 in: "The Biology of Baculoviruses". (R. R. Granados and B. A. Federici, eds.), Vol. 1. CRC Pres, Boca Raton, Florida.
14. Groner, A. 1986. Specificity and safety of baculoviruses. Pages 177-201 *in*: The

Biology of Baculoviruses. Vol. 1, R. R. Granados and B. A. Federici, eds. CRC Press, Boca Raton, Florida.

15. Hammock, B. D., Bonning, B. C., Possee, R. D., Hanzlik, T. N., and Maeda, S. 1990. Expression and effects of the juvenile hormone esterase in a baculovirus vector. Nature 344: 458-461.
16. Harrap, K. and Longworth., J. 1974. An evaluation of purification methods for baculoviruses. J. Invertebr. Pathol. 24: 55-62.
17. Honee, G., Convents, D., van Rie, J., Jansens, S., Peferoen, M., and Visser, B. 1991. The COOH-terminal domain of the toxic fragment of a *Bacillus thuringiensis* crystal protein determines receptor binding. Mol. Microbiol. 5: 2799-2806.
18. Hu, Y. C., Lo, C. F. and Shih, C. J. 1994. Construction of recombinant baculovirus containing the *Bacillus thuringiensis* d-endotoxin gene. Chinese J. Entomol. 14: 445-461. (in Chinese)
19. Hughes, P. R., Wood, H. A., Breen, J. P., Simpson, S. F., Duggan, A. J., and Dybas, J. A. 1997. Enhanced bioactivity of recombinant baculoviruses expressing insect-specific spider toxins in lepidopteran crop pests. J. Invertebr. Pathol. 69: 112-118.
20. Hunter, D. K. and Hall, I. M. 1968. Cytopathology of a nuclear polyhedrosis virus of the beet armyworm, *Spodoptera exigua*. J. Invertebr. Pathol. 12: 93-97.
21. Keddie, B. A., Aponte, G. W., and Volkman, L. E. 1989. The pathway of infection of *Autographa californica* nulcear polyhedrosis virus in an insect host. Science 243: 1728-1730.
22. Kelly, D. 1981. Baculovirus replication: electron microscopy of the sequence of infection of *Trichoplusia ni* nuclear polyhedrosis virus in *Spodoptera frugiperda* cells. J. Gen. Virol. 52: 209-219.
23. Kunimi, Y., J. R. Fuxa, and Richter, A. R. 1997. Survival times and lethal doses for wild and recombinant *Autographa californica* nuclear polyhedrosis viruses in different instars of *Pseudoplusia includens*. Biol. Control 9: 129-135.
24. Lee, H. H. and Miller, L. K. 1979. Isolation, complementation, and initial

characterization of temperature-sensitive mutants of the baculovirus *Autographa californica* nulcear polyhedrosis virus. J. Virol. 31: 240-252.

25. Maeda, S. 1989. Increased insecticidal effect by a recombinant baculovirus carring a synthetic diuretic hormone. Biochem. Biophys. Res. Commun. 165: 1177-1183.
26. Martens, J. W. M., Honee, G., Zuidema, D., van Lent, J. W. M., Visser, B., and Vlak, J. M. 1990. Insecticidal activity of a bacterial crystal protein expressed by a recombinant baculovirusin insect cells. Appl. Environ. Microbiol. 56: 2764-2770.
27. Merryweather, A. T., Weyer, U., Harris, M. P. G., Hirst, M., Booth, T., and Possee, R. D. 1990. Construction of genetically engineered baculovirus insecticides containing the *Bacillus thuringiensis* subsp. *kurstaki* HD-73 delta endotoxin. J. Gen. Virol. 71: 1535-1544.
28. Milks, M. L., Burnstyn, I., and Myers, J. H. 1998. Influence of larval age on the lethal and sublethal effects of the nucleopolyhedrovirus of *Trichoplusia ni* in the cabbage looper. Biol. Control 12: 119-126.
29. O'Relly, D. R. and Miller, L. K. 1989. A baculovirus block insect molting by producing ecdysteroid UDP-glucosyl transferase. Science 245: 1110-1112.
30. O'Relly, D. R. 1992. Improvement of a baculovirus pesticide by deletion the *egt* gene. Pages 387-392 *in*: Proceedings, Brighton Crop Protection Conference, Pests and Diseases, 1992 Brighton, November 23-26, 1992. Farm, UK; British Crop Protection Council.
31. O'Relly, D. R. 1995. Baculovirus encoded ecdysteroid UDP-glucosyl transferase. Insect Biochem. Mol. Biol. 25: 541-550.
32. Pang, Y., Yao, B., Fan, Y. L., Zhao, R. M., Wang, T. Y., Wang, X. Z., Long, Q. X., and Zhuang, M. B. 1995. Improvement of baculovirus as insecticide by using a scorpion toxin gene. Natural Enemies of Insects 17: 90-92. (in Chinese)
33. Santiago-Alvarez, C. and Vargas Osuna, E. 1988. Reduction of reproductive capacity of *Spodoptera littoralis* males by a nuclear polyhedrosis virus (NPV). J. Invertebr. Pathol. 52: 142-146.

34. Shapiro, M. and Argauer, R. 1995. Effects of pH, temperature, and ultraviolet radiation on the activity of an optical brightener as a viral enhancer for the gypsy moth (Lepidoptera: Lymantriidae) baculovirus. J. Econ. Entomol. 88: 1602-1606.
35. Smits, P. H., van de Vrie, M., and Vlak, J. M. 1987. Nuclear polyhedrosis virus for control of *Spodoptera exigua* larvae on glass-house crops. Entomol. Exp. Appl. 43: 73-80.
36. Smits, P. H. and Vlak, J. M. 1988a. Biological activity of *Spodoptera exigua* nuclear polyhedrosis virus against *S. exigua* larvae. J. Invertebr. Pathol. 51: 107-114.
37. Smits, P. H. and Vlak, J. M. 1988b. Selection of nuclear polyhedrosis viruses as biological control agents of *Spodoptera exigua* [Lep.: Noctuidae]. Entomophaga 33: 299-308.
38. Stewart, L.M. D., Hirst, M., Ferber, M. L., Merry weather, A. T., Cayley, P. J., and Possee, R. D. 1991. Construction of an improved baculovirus insecticide containing an insect-specific toxin gene. Nature 352: 85-88.
39. Tinsley, T. W. and Kelly, D. C. 1985. Taxonomy and nomenclature of insect pathogenic viruses. In "Viral Insecticides for Biological Control". (K. Maramorosch and K. E. Sherman, eds.), pp. 3-26. Academic Press, London.
40. Tomalski, M. D. and Miller, L. K. 1991. Insect paralysis by baculovirus-mediated expression of a mite neurotoxin gene. Nature 352: 82-85.
41. Tuan, S. J., Kao, S. S., and Cheng, D. J. 1994. Histopathology and pathogenicity of *Spodoptera exigua* nuclear polyhedrosis virus isolated in Taiwan. Chinese J. Entomol. 14: 33- 45. (in Chinese)
42. Tuan, S. J., Kao, S. S., and Leu, U. L. 1995a. Factors affecting pathogenicity and stability of *Spodoptera litura* nuclear polyhedrosis virus isolated in Taiwan. Chinese J. Entomol. 15: 47- 58. (in Chinese)
43. Tuan, S. J., Kao, S. S., Leu, U. L., and Cheng, D. J. 1995b. Pathogenicity and propagation of *Spodoptera litura* nuclear polyhedrosis virus isolated in Taiwan. Chinese J. Entomol. 15: 19- 33. (in Chinese)

44. Tuan, S. J., Kao, S. S., Chao, Y. C., and Hou, R. F. 1997. Investigation of pathogenicity of AcMNPV to nine lepidopteran pests in Taiwan. Chinese J. Entomol. 17: 209- 225. (in Chinese)

45. Tuan, S. J., Hou, R. F., Kao, S. S., Lee, C. F., and Chao, Y. C. 2005. Improved plant protective efficacy of a baculovirus using an early promoter to drive insect-specific neurotoxin expression. Bot. Bull. Acad. Sin. 46: 11-20.

46. Tuan, S. J., Hou, R. F., Lee, C. F., and Chao, Y. C. 2007. High level production of polyhedra in a scorpion toxincontaining recombinant baculovirus for better control of insect pests. Bot. Studies 48: 273-281.

47. Tweeten, K. A., Bulla, L. A., and Consigli, R. A. 1980. Characterization of an extremely basic protein derived from granulosis virus nucleocapsids. J. Virol. 33; 866-876.

48. Vlak, J. M. 1993. Genetic engineering of baculoviruses. Pages 11-22 *in:* Opportunities for Molecular Biology in Crop Production. BCPC Monograph No. 55. D. J. Breodle, D. H. L. Bishop, L. G., Copping, G. K. Dixon, and D. W. Hollomon, eds. The British Crop Protection Council. Surrey, UK.

49. Whitlock, V. H. 1974. Symptomatology of two viruses infection *Heliothis armigera.* J. Invertebr. Pathol. 23: 48-56.

50. Whitt, M. A. and Manning, J. S. 1988. A phosphorylated 34-kda protein and a subpopulation of polyhedrin are thiol-linked to the carbohydrate layer surrounding a baculovirus occlusion body. Virology 163: 33-42.

CHAPTER 10

叢枝菌根菌在植物病蟲害免疫之應用

林素禎[1*] 吳繼光[2]

[1] 行政院農業委員會農業試驗所農業化學組
[2] 前亞洲大學生物科技學系

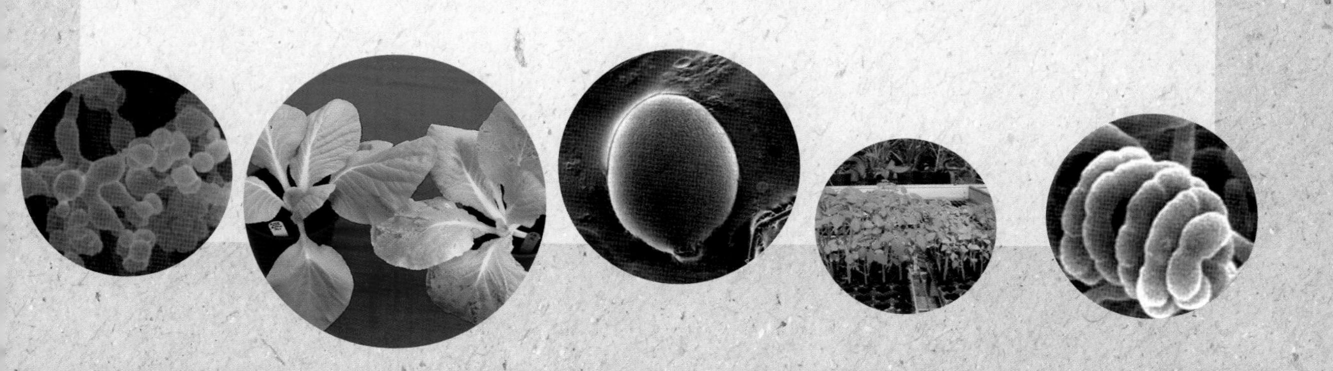

摘要

臺灣近五十年來研究叢枝菌根菌（arbuscular mycorrhizal fungi, AMF）的方向，多以該菌協助作物吸收土壤中被固定的磷，進而促進作物生長等生物性肥料的效用，但仍有許多前輩研究叢枝菌根菌在病蟲害防治方面的應用，而病害防治機制歸因於叢枝菌根菌促進營養吸收後，增強作物對外來病蟲害的抵抗（緩衝）能力，以及因競爭病原菌感染點而降低根部病害等為主。雖然叢枝菌根菌在土壤傳播性病蟲害的防治效果已累積不少經驗，但其防治機制的解釋仍只限於根部型態或生理改變等，直至近十餘年來，由於分子生物技術的進步才逐漸解開這神祕的面紗。

接種叢枝菌根菌於植物根部就如同我們小時候接種卡介苗一般，可以增強植物的免疫能力。當外來病原菌或害蟲入侵時，植物便能迅速產生防禦性的酵素，如：β-1, 3-glucanase, chitinase, phenylalanine ammonia-lyase 和 lipoxygenase 等，來抵禦病原微生物的進一步入侵，達到防治的效果。但這些防禦性酵素的產生需要透過一些植物荷爾蒙來充當訊息分子，以啓動系統性的防禦機制。目前水楊酸（Salicylic acid, SA）和茉莉酸（Jasmonic acid, JA）及其衍生物已被認為是植物免疫系統中兩個主要的訊息分子。

本文就叢枝菌根菌與土壤傳播性真菌病害及植物寄生性線蟲的防治機制進行整理與討論。由於不是任何一種叢枝菌根菌都可與植物共生並產生正面的影響，因此，有關叢枝菌根菌在植物免疫上的應用，建議應著重於植物品種與特定叢枝菌根菌間的配對，以強化其促進生長與病蟲害免疫的效果。

關鍵字：叢枝菌根菌、生物防治、線蟲、機制、根分泌物、誘導系統性抗病、後天系統性抗病

前言

根據化石紀錄，叢枝菌根菌（arbuscular mycorrhizal fungi, AMF）早在四億年前即已存在地球上（Taylor, 1995）。在生命的演化過程中，AMF 扮演著重要的角色，AMF 協助植物吸收水分與養分使水生植物成功登上陸地。從獲取水分、養分到抵抗病蟲害的入侵，AMF 具有多重功能，包括：(1) 幫助植物獲取養分；(2) 促進幼苗的生長，提升組織培養苗的移植存活率；(3) 提早開花，提早結果；(4) 誘導植物產生抵抗土壤傳播性病蟲害的能力；(5) 延長作物的產期；(6) 水土保持與崩塌地復育；(7) 抵抗水分逆境（乾旱、淹水）等（吳與林，1998；林等，2001；Whipps, 2004；Asmelash *et al.*, 2016；Camprubi & Abril, 2012）。

叢枝菌根菌因形成根外菌絲（extraradical hyphae），可顯著增加植物根部與土壤的接觸面積。根據 Giovannetti 等人（2001）的研究發現菌根形成後可增加接觸面積超過四十倍。由於根外菌絲可分泌磷酸酶，可將土壤中被 Ca^{2+}、Fe^{3+}、Al^{3+} 等離子固定的磷重新釋放出來，並透過根外菌絲將磷傳送至根內，因此在低磷或缺磷的情況下，可提高磷肥的吸收進而促進作物的生長。此外，根外菌絲也可增加銨離子，不易移動的元素如 Zn^{2+} 及其他離子如 K^{+}、Ca^{2+}、Mg^{2+}、Fe^{3+} 等的吸收。不過，AMF 並不會促進重金屬如錳的吸收，反而有助於幫助植物降低重金屬的危害（Clark & Zeto, 2000; Liu *et al.*, 2000; Smith & Read, 2008）。

不當的田間作物管理對於 AMF 在田間的生態具有一定程度的影響，例如，耕犁翻土與過量施用磷肥將降低 AMF 族群與感染率（Daniell *et al.*, 2001; Brito *et al.*, 2012; Avio *et al.*, 2013; Lehmann *et al.*, 2014）。其他如系統性殺菌劑的施用以及與非叢枝菌根菌宿主作物（如十字花科、藜科）的種植也對於 AMF 的接種效果產生負面的影響（Njeru *et al.*, 2015）。AMF 不只提升作物的生質量與產量，也能改變植物的二次代謝，增加作物體內的植物化學成分，如海藻糖（trehalose）、山梨醇（sorbitol）、胡蘿蔔素（carotenoids）、黃酮類化合物（flavonoids）、多酚（polyphenols）（Antunes *et al.*, 2012; Sbrana *et al.*, 2014）等，進而增加作物的附加價值。

長期以來 AMF 被普遍認爲只是一種生物性肥料（biofertilizers），但 AMF 也提供作物抵抗逆境的能力，如乾旱（Jayne & Quigley, 2014）、淹水（Neto *et al*., 2006）、鹽害（Porcel *et al*., 2012）、重金屬汙染（Garg & Chandel, 2010）、強酸或強鹼土壤等逆境（Seguel *et al*., 2013; Rouphael *et al*., 2015）。有關 AMF 在生物肥料的功能，過去在國內外發表的論文頗多，本文將著重在 AMF 與植物的土壤傳播性病蟲害之生物防治，特別是在植物免疫上的應用。

叢枝菌根菌在真菌病害防治的應用

叢枝菌根菌在過去應用於壞死性（necrotrophic）與（半）生物營養性（hemi-biotrophic）病原微生物防治的例子頗多，特別是根腐病（*Pythium* spp., *Aphanomyces euteiches,Phytophthora* spp., *Erwinia carotovora, Pseudomonas syringae*）和植物萎凋病（*Rhizoctonia*, *Fusarium*, *Verticillium*）等的土壤傳播性病原菌（Whipps, 2004；張，2003；林等，2012）（表一、表二）；甚至，在番茄地上部的壞死性病原菌 *Alternaria solani* 的生物防治也有許多成功的範例（Harrier & Watson, 2004; Whipps, 2004; Fritz *et al*., 2006; Pozo & Azcón-Aguilar, 2007; Jung *et al*., 2012; Veresoglou & Rillig, 2012）。

表一　香蕉移植 158 天後黃葉病之發病率與病害程度（林等，2012）

Treatment	Disease Incidence（%）	Leaf yellowing（level）	Pseudostem splits（level）	Vessel browning of pseudostem（level）	Vessel browning of corm（level）
CK[z]	88 ± 15 a[y]	0.91 ± 0.14 a	0.83 ± 0.20 a	2.06 ±0.27 a	2.54 ± 0.36 a
AM[z]	67 ± 15 b	0.68 ± 0.39 b	0.62 ± 0.32 a	1.45 ± 0.91 b	1.83 ± 1.11 b
AM + BIO[z]	90 ± 12 a	0.89 ± 0.33 a	0.79 ± 0.28 a	2.04 ± 0.77 a	2.49 ± 0.93 a

[z] CK: control; AM: Banana seedlings inoculated with arbuscular mycorrhizal fungus, *Glomus clarum*; AM + BIO: Banana seedlings inoculated with *Glomus clarum*, *Pseudomonas putida* and *Trichoderma asperellum*.

[y] Mean ± standard error (n = 6). Means within each column followed by the same letter are not significantly different at 5% level by Fisher's protected LSD test. Percentage data were square-root transformed prior to analysis.

我國利用 AMF（*Rhizophagus clarus*）在香蕉黃葉病的防治試驗上，發現無論是在葉片黃化程度、假莖維管束褐化程度及塊莖維管束褐化程度三者在接種菌根菌組與對照組相比，均可達顯著差異（表一）（林等，2012）。而在甜椒疫病菌（*Phytophthora capsici*）的生物防治上，*Funneliformis mossease*的防治效果似乎較*R. clarus* 顯著（表二）（張，2003）。

表二　甜椒接種不同微生物後植株罹病死亡率調查（張，2003）

Treatment	Fatal rate（%）	
	3-Week-old plant	4-Week-old plant
CK [z]	0 b [y]	0 c
RC	0 b	0 c
FM	0 b	0 c
P	47 a	97 a
RC+P	7 b	87 ab
FM+P	13 b	77 b

z CK：Control；RC：*Rhizophagus clarus*；FM：*Funneliformis mosseae*；P：*Phytophthora capsici*；RC+P：*Rhizophagus clarus* and *Phytophthora capsici*； FM+P：*Funneliformis mosseae* and *Phytophthora capsici*.

y Means each in columns with the same letters are not significantly different by Duncan's multiple range test, 5% level.

在過去雖然提高植物體的磷含量被認為是 AMF 可應用在生物防治上的機制之一，但是在未接種 AMF 的植物即使添加可溶性磷肥，並未能降低病原菌的感染（Bodker *et al*., 1998）。Fritz 等人（2006）曾指出番茄接種 AMF（*Rhizophagus irregularis*）後會減少壞死性（necrotrophic）病原菌 *Alternaria solani* 所造成的病徵；然而番茄生質量與體內的磷含量並未增加。對接種 AMF 的番茄添加磷肥，甚至產生更嚴重的病徵。植物接種 AMF 後，並不總是在植體磷含量與植體的生質量上呈現正相關；在一些接種 AMF 的試驗上，也常觀察到接種後反而造成植體的生長受到抑制，但 AMF 菌絲吸收並傳送土壤中的磷到植物體內的現象不受影響（Smith & Smith, 2011）。

Song 等人（2015）的研究發現番茄（*Solanum lycopersicum* Mill.）接種 AMF（*Funneliformis mosseae*）後可顯著降低由 *Alternaria solani* Sorauer 所造成的番茄輪紋病（tomato early blight）。已經接種 AMF 的番茄葉片，當病原菌入侵時會顯著增加防衛性酵素的活性，如：β-1,3-glucanase，chitinase，phenylalanine ammonia-lyase（PAL）和 lipoxygenase（LOX）。單獨接種 AMF 並不會影響上述基因的轉錄，但當病原菌入侵葉片時，接種 AMF 的番茄葉片會引發 PR1，PR2，PR3 三種致病相關蛋白質（pathogenesis-relatedprotein）基因，以及三種防衛相關基因（LOX，AOC，PAL）的防衛反應。事先接種 AMF 的植物，並不會在植物體內立即產生防衛酵素，但當面對病原菌入侵時，就會誘發（priming）比未接種 AMF 的對照組植物強烈且快速的防衛反應（Song *et al*., 2015）。

根據 Mustafa 等人（2017）的研究報導，接種 AMF（*F. mosseae*）的小麥被生物營養性（biotrophic）病原菌，布氏白粉病菌（*Blumeria graminis* f. sp. *tritici*）感染後，葉面的病徵跟對照組相比，可顯著降低 78%。同時透過小麥葉面接種病菌孢子試驗證明，根部接種 AMF 後會誘導產生系統性的抵抗，包括白粉病菌在葉部表皮細胞產生吸器（haustoria）的數量顯著減少，並在菌絲穿入點（penetration peg）附近累積酚類化合物及 H_2O_2 等物質。白粉病孢子在菌根植物的葉面雖可發芽並形成附著器（appresoria），但在往下侵入時，便可發現癒創聚葡糖（callose）與 H_2O_2 堆積並阻礙菌絲進一步穿入。對於防衛性蛋白如：peroxidase、PAL、chitinase1 及 NPR1 等的基因表達雖然會出現在接種 AMF 的小麥，但在白粉病菌的感染後並不會激發更強的反應。

過去有報導指出生物營養性病原菌在感染菌根植物後會出現更嚴重的病癥，例如：亞麻（*Linium usitatissimum* L.）的白粉病（*Oidium lini*）及大麥（*Hordeum vulgare* L.）的白粉病（*Blumeria graminis* f.sp. *hordei*）（Gallou *et al*., 2011）；但對於半生物營養性（hemi-biotrophic）的病原菌，如黃瓜炭疽病菌（*Colletotrichum orbiculare*），接種 AMF（*R. irregularis*）後，植物卻對於該病菌具有抑制作用（Lee *et al*., 2005）。可見在 AMF 接種後不同的植物針對不同類型的病原菌可產生不同的系統性抵抗（systemic resistance）。其間的機制如何？有待後續的研究。

當 AMF 與植物形成菌根（mycorrhiza）的共生關係時，植物碰觸到假想病原菌（AMF）後，也會產生 MTI 的防衛反應（MAMP-Triggered Immunity），爲避免 AMF 被植物攻擊而無法建立共生菌根，AMF 便會釋放 effector（Sym）來調和，使之轉變爲 JA 與 Ethylene（ET）訊號所主導的新防衛系統，導致產生轉錄及荷爾蒙（水楊酸、茉莉酸等）的改變。

2011 年 Fiorilli 等人研究番茄與 AMF（*Funneliformis mosseae*）形成菌根的過程中所有相關的基因轉錄庫（transcriptome），並觀察灰黴病菌（*Botrytis cinerea*）感染番茄後，在根與莖內基因調控所引起的主要與次要代謝過程的改變，以及後續所產生的防衛與因應機制；顯示 AMF 接種後番茄病害指數（disease index）可降至 37.5%，而對照組番茄病害指數爲 60.3%（Fiorilli *et al*., 2011）。經過接菌組與對照組的比對後，發現接種 AMF 的番茄其葉片內的植物荷爾蒙 abscisic acid（ABA）濃度顯著低於對照組，而 SA 在兩組之間並無明顯差異，JA 則沒有被檢測出來。因此，Fiorilli 等人（2011）認爲 ABA 可能參與病害的生物防治機制。

植物荷爾蒙在調節植物生長、發育、生殖方面扮演著重要的角色，而它們也是細胞內重要的訊息分子（signal molecule），當面對病原菌、昆蟲的叮咬，或有益微生物（根瘤固氮菌、AMF、游離性固氮菌、PGPB 等）時，在植物的免疫反應中產生關鍵的調節作用（劉等，2008）。水楊酸 Salicylic acid（SA）和茉莉酸 jasmonic acid（JA）以及其衍生物是目前被認爲主要的植物免疫系統中的防衛性荷爾蒙（Browse, 2009; Vlot *et al*., 2009; Campos *et al*., 2014）（圖一、圖二）。

JA 可提升植物免疫性二次代謝物與蛋白質的基因表達，如植物鹼（alkaloid），萜類化合物（terpenoids），苯丙烷素（phenylpropanoids），胺基酸衍生物（amino acid derivatives），抗營養蛋白（anti-nutritional proteins），如植酸（phytic acid）、消化酵素抑制蛋白等，及一些病原性相關蛋白（pathogenesis-related proteins）等。其他的賀爾蒙如 ethylene（ET）（Van Loon *et al*., 2006）、abscisic acid（ABA）（Ton *et al*., 2009）、gibberellins（GAs）（Navarro *et al*., 2008）、auxins（Kazan & Manners, 2009）、cytokinins（CKs）（Walters & McRoberts, 2006）、brassinosteroids（Nakashita *et al*., 2003）和 nitricoxide（NO）（Moreau *et al*., 2010），在免疫系統中也扮演著調節者的角色（表三）。

表三　叢枝菌根合成後可作為訊號分子的植物賀爾蒙（Miransari *et al.*, 2014）。

訊號分子	相關的效應
Strigolactones	叢枝菌根（AM）共生、寄生植物發芽、抑制植株枝條分叉
Formononetin	AM 共生及產孢
Cytokinins	上游調控 AM 共生基因、透過影響 AM 共生來控制病原菌
Ethylene （ET）	負面影響 AM 共生
Abscisic acid （ABA）	正面影響 AM 共生
Auxin	與 Strigolactones 交互影響 AM 共生
Jamonic acid （JA）	AM 共生、影響 AM 共生時 Carbon 的轉移
Salicylic acid （SA）	啓動 AM 共生與抑制共生的作用

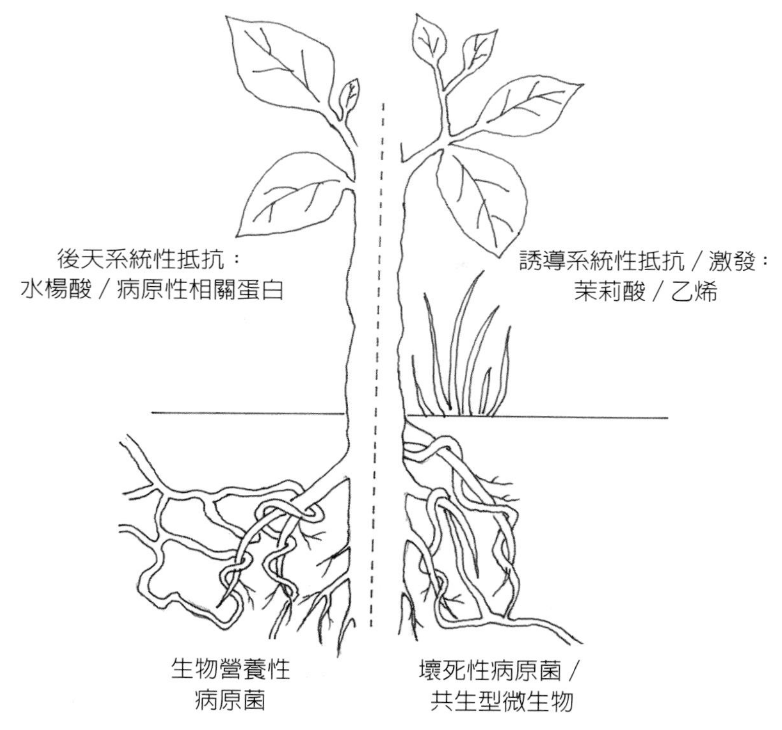

圖一　植物的誘導性免疫反應（仿 Zeilinger *et al.*, 2015 之圖重製）。

誘導系統性抵抗（Induced Systemic Resistance, ISR）：這種免疫路徑主要是由壞死性病原菌與共生型微生物所誘導產生，並依賴 JA（茉莉酸），和 ET（乙烯）當訊息分子。植物的菌根化會激發（priming）植物使之具備一個快而有效的 JA 防衛準備，一旦下次遭受攻擊，便可產生更強烈的防衛反應。

後天系統性抵抗（Systemic Acquired Resistance, SAR）：這是一種長而廣效型的免疫抵抗。這種由 SA（水楊酸）所誘導的免疫路徑是由生物營養性（biotrophic）病原菌所啓動的。植物一旦將攻擊者辨識後，植物便會產生不同比例的防衛相關訊號如茉莉酸（JA），乙烯（ET）與水楊酸（SA）。這些訊號的路徑彼此間會相互對話並協調出一個適當的比例，產生反應。

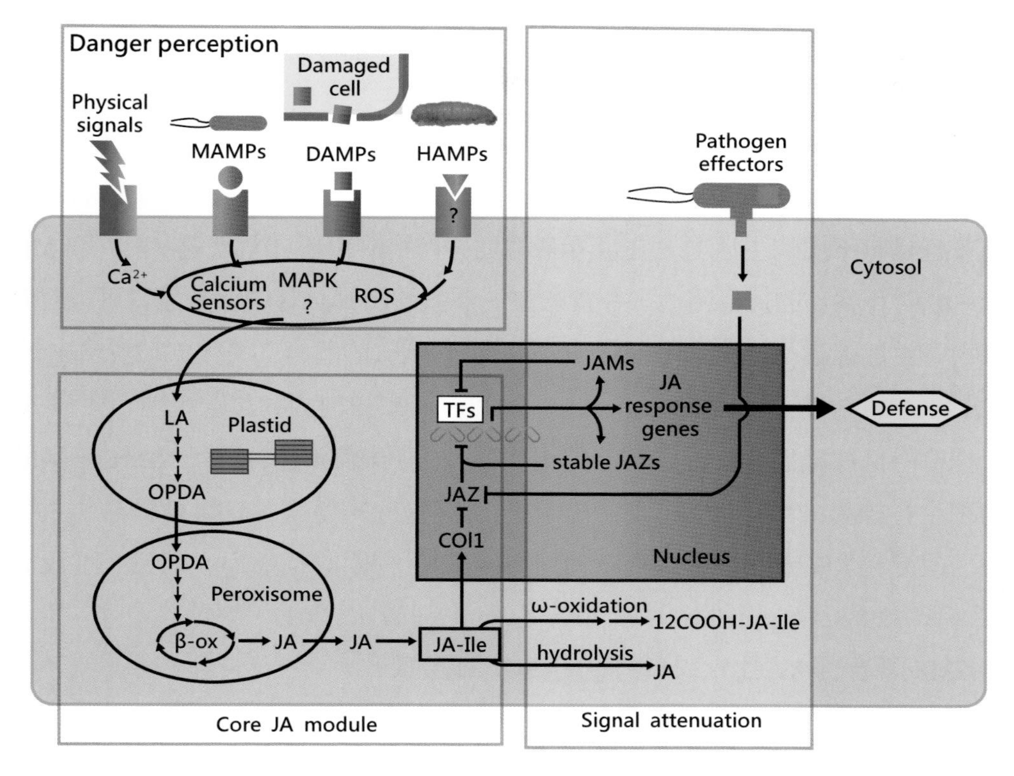

圖二　茉莉酸（JA）啓動之植物免疫模式（仿 Campos *et al.*, 2014 之圖重製）。
植物細胞表面的樣式辨識受器（pattern recognition receptors, PRRs）可辨認來自攻擊性生物（MAMPs/HAMPs）與受傷植物細胞（DAMPs）的危險訊號。PRR 的活化與細胞內部的訊號系統同步，包括促分裂原活化蛋白激酶（Mitogen-activated protein kinases, MAPK）、鈣傳感蛋白（calcium ion-sensing proteins）、活性氧化物質（reactive oxygen species, ROS）等。
但是這些訊號彼此間如何互動進而活化 JA 訊號模組（Core JA signal module）的核心尚未清楚，如：JA 是如何從它的前驅物亞麻酸（linolenic acid, LA）合成的？色素體（plastids）及過氧化物酶體（peroxisome）內的酵素將 LA 轉化成 JA。JA 在細胞質內與異白氨酸（isoleucine, Ile）合成 JA-Ile。在細胞核內 JA-Ile 會促進 JAZ 抑制蛋白與 COI1（coronatine insensitive 1）蛋白結合成 JAZ-COI1。這是為了將 JAZ 標示並在泛素-蛋白酶體系統（ubiquitin-proteasome system）分解。
JAZ 移除後，轉錄因子（TF）便可被活化進而促成 JA 的反應基因表達，使植物產生防衛性的化學物質與型態上的改變，達到保衛植物免於攻擊的目的。已有若干的機制說明如何在核心模組內調節防衛性訊號，包括透過 ω 氧化（ω-oxidation）與水解來分解代謝 JA-Ile，以及堆積 JAMTFs 來抑制轉錄等。JAM 的作用有如轉錄抑制蛋白。病原菌所產生的效應傳遞因子（effector）會傳送到 JA 訊號模組的核心來破壞賀爾蒙的平衡並誘發免疫反應。

叢枝菌根菌在線蟲防治的應用

叢枝菌根菌是與植物絕對共生的眞菌，除了可以保護宿主植物抵抗非生物性的環境逆境外，也可抵抗生物性的逆境，例如線蟲的感染。寄生於植物的線蟲種類繁多且具有不同的生活史，在世界各地危害作物的情形非常普遍。利用 AMF 在香蕉、咖啡和番茄的線蟲防治，在實驗室、溫室及田間試驗中已被證實可以有效防治植物寄生性線蟲（plant parasitic nematode, PPN）的危害（黃，2003；Vos *et al*., 2012a；Alban *et al*., 2013；Koffi *et al*., 2013）。根據前人的試驗發現，接種 AMF 的植株會降低線蟲感染、減少線蟲的再生以及提升植物的抗性等。AMF 參與防治植物寄生性線蟲的可能機制，包括感染空間與養分的競爭、誘導植物的防禦免疫系統、改變植物的根分泌物進而改變了根圈微生物間的互動等（圖三）（程等，2001；黃，2003；Vierheilig *et al*., 2008；Cameron *et al*., 2013）。

AMF 防治植物寄生性線蟲的可能機制整理如下。

機制一：提高作物對養分的攝取量，進而提升對線蟲的抗性

根據 Pettigrew 等人（2005）在棉花田所做的觀察發現植體內有較佳的營養狀態時，可忍受根內較高族群密度的著生型半寄生性線蟲（sedentary semi-endoparasitic nematode, *Rotylenchulus reniformis*）。此外，Coyne 等人（2004）透過回歸分析也發現水稻體內的礦物含量與移動型外寄生性線蟲（migratory ectoparasitic nematode, *Helicotylenchus* spp.）的族群密度呈正相關；而鎂、鋅、鐵的含量則與移動型內寄生性線蟲（migratory endoparasitic nematode，*Pratylenchus zeae*）族群密度呈負相關。南方根瘤線蟲（*Meloidogyne incognita*）的族群密度則與鎂、鈣的含量呈負相關（Coyne *et al*., 2004）。

但這些觀察的數據並未顯示 AMF 是否是造成作物可抵抗寄生性線蟲的原因。根據程氏等（2001）的研究發現根瘤線蟲之存在並不影響叢枝內生菌根菌感染根部形成菌根，卻可減少根瘤線蟲之侵入，又因菌根植物根群發育比非菌根植株（單獨接種線蟲者）茂盛，維持較多正常有功能之根部，進而幫助植物吸收營養，具有補償根部降低傷害之作用。

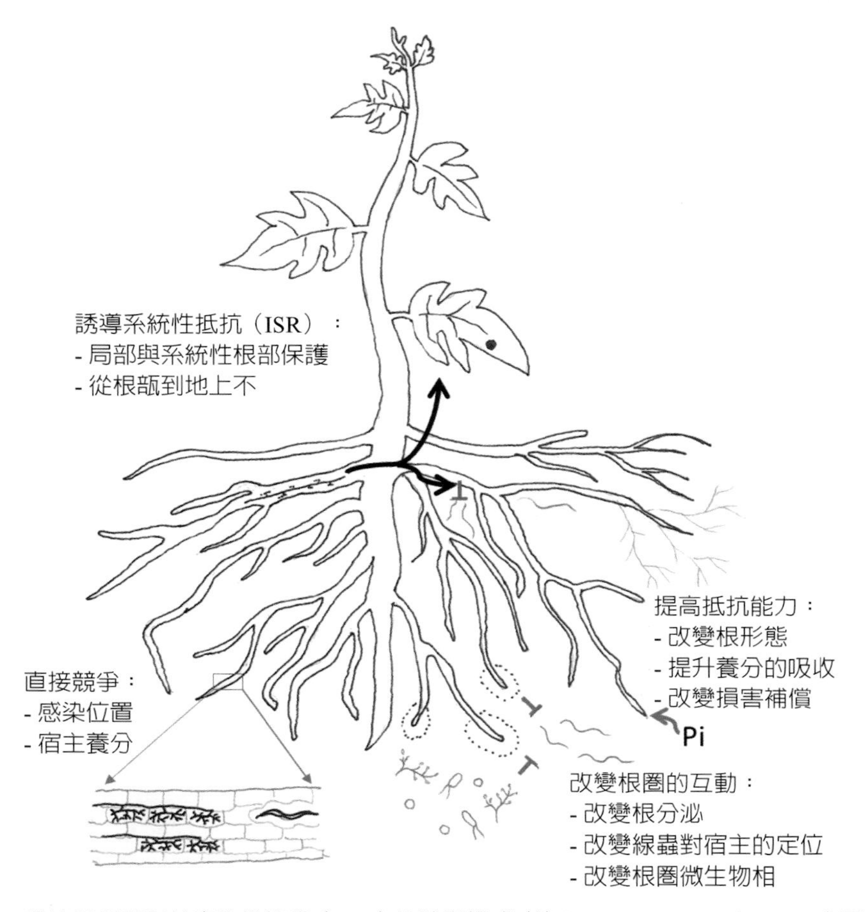

圖三　叢枝菌根菌對抗寄生性線蟲（PPN）的防衛模式（仿Schouteden *et al*., 2015之圖重製）。AMF 對抗病原的直接效應，包括養分與空間的競爭（左下圖）；以及植物參與的間接效應，包括傷害的補償與提高抵抗能力（右上圖）。抵抗能力可進一步區分為 AMF 激發植物的系統性抵抗（ISR 左上圖）與透過改變根分泌物來改變根圈與微生物的互動（右下圖）。這些機制並不能完全獨立運作，生物防治的效果更可能是這些機制綜合後的具體展現。

機制二：改變根的型態

叢枝菌根菌除了可增加植體的養分吸收外，菌根植物也經常呈現根的生長量與分叉量增加的現象（Gamalero *et al*., 2010; Orfanoudakis *et al*., 2010; Gutjahr & Paszkowski, 2013）。經由 AMF 的感染後，造成根部型態的改變，可能與植物遺傳特徵有關。植物具有粗短的根似乎較能從 AMF 的感染中獲益，進而增加生質量與養分攝取量（Yang *et al*., 2014）。根的分叉量增加同時也提高了病原菌或線蟲感染的機會（Vos *et al*., 2014），但 AMF 增加根的活力，提升了養分的攝取能力，進而平衡了寄生性線蟲對根所造成的損失。

例如，香蕉移動型根內寄生性線蟲（*Radopholus similis* 和 *P. coffeae*）會降低根的分叉量，但這部分的損失可因 AMF（*Funneliformis mosseae*）的感染後抵消（Elsen *et al*. 2003a）。根的分叉量增加所可能產生負面的影響，取決於根寄生性線蟲與植物的種類。移動型根內寄生性線蟲，如 *R. similis* 較喜歡侵入主根（Stoffelen *et al*., 2000; Elsen *et al*., 2003b）；著生型根內寄生性根瘤線蟲和胞囊線蟲（sedentary endoparasitic root-knot and cyst nematodes），主要的侵入點是根的延長區與側根的形成位置點，可能是這些位置有較多根分泌物的緣故（Wyss, 2002; Curtis *et al*., 2009）。

然而，增加根的分叉與根的長度並不會改變植物對於囊胞線蟲的抗性，因爲甜菜包囊線蟲（*Heterodera schachtii*）的幼齡線蟲在轉殖基因的阿拉伯芥的根，無論是長根或短根表現型，其入侵點的數量與野生型類似，並無差別（Hewezi & Baum, 2012）。有關 AMF 的感染造成根型態的改變在其他病原菌的生物防治上曾進行過調查研究。

Norman 等人（1996）調查草莓高度分叉的根系被疫病菌（*Phytophthora fragariae*）感染後，發現這類病原菌主要從根尖侵入。如果草莓沒有形成叢枝菌根（arbuscular mycorrhiza, AM），則在分叉較多的根域被病原菌感染的機會較大。但在接種 AMF 的草莓則沒有這種現象。這種現象在其他病原菌也有類似的發現（Fusconi *et al*., 1999; Gange, 2000; Vigo *et al*., 2000; Gamalero *et al*., 2010）。由此可見，AMF 所引起的根型態改變並非是生物防治效果展現的主要原因。

機制三：養分與空間的競爭

在特定的生態棲地，具有相同生理需求的微生物間，對於養分或空間的競爭確實存在，特別是在碳源有限的情形下（Vos *et al*., 2014）。AMF 從宿主植物轉移的碳源估計在 4%-20%（Hammer *et al*., 2011）。因此，Vos 等人（2014）認爲 AMF 與病原菌間競爭碳源看起來似乎是可能的。不同的 AMF 其聚碳能力（carbon sink）

不同，所以 AMF 競爭碳源的能力也不同。但是否因競爭碳源的能力不同，而展現出不同程度生物防治的能力（Lerat *et al*., 2003）？事實證明這不是眞的（Vierheilig *et al*., 2008; Jung *et al*., 2012）。

例如，AMF *R. irregularis* 與 *F. mosseae* 相較，前者聚碳能力較強，但對於香蕉線蟲 *Radopholus similis*、*Pratylenchus coffeae* 以及番茄南方根瘤線蟲 *M. incognita* 並不能展現出強的生物防治效果（Schouteden *et al.*,2015）。由於 AMF 與根內寄生性線蟲皆在根內感染，因此，對於根內空間的競爭似乎是可能的（Jung *et al*., 2012）。依此類推，根內感染率越高的 AMF 菌株是否就越能展現其生物防治的能力呢？這樣的假設目前只有部分菌株是肯定的（Vierheilig *et al*., 2008）。

叢枝菌根菌展現其生物防治能力的前提是要建立成熟穩定的根內拓殖（colonization）（Khaosaad *et al*., 2007; Pozo & Azcón-Aguilar, 2007）。Dos Anjos 等人（2010）證實 AMF 與植物建立完整的共生關係後，根瘤線蟲 *M. incognita* 感染程度會受到抑制。如果兩者同時接種植物，則 AMF 無法表現出生物防治的效果。但是如果將當地土生（native）的 AMF 與線蟲 *Meloidogyne exigua* 同時接種到咖啡樹，則可觀察到生物防治的效果（Alban *et al*., 2013）。這是否意味著當地的 AMF 可以比外來的 AMF 快速的建立共生關係，進而展現其生物防治的效果呢？有待後續研究來證實。

從另外一方面看，根部如果被寄生性線蟲感染在先，那麼 AMF 也同樣會與線蟲發生養分與空間競爭的現象。del Mar Alguacil 等人（2011）曾報導根部如果沒有被南方根瘤線蟲（*M. incognita*）入侵，則感染植物根部的 AMF 菌種多樣化及數量比有根瘤線蟲入侵的根部多；而有線蟲入侵且產生根瘤的部位，其內也有 AMF，只是其族群數量與多樣化最少，其 AMF 菌種屬於 Paraglomeraceae 和 Glomeraceae 這兩科爲主。

機制四：誘導植物產生系統性的抵抗

目前 AMF 誘導植物產生系統性的抵抗能力之研究，越來越受到廣泛的重視，特別是當國際間普遍關心過量施用化學殺菌劑與殺蟲劑來控制線蟲，以及自 2005 年起全面禁用土壤燻蒸劑 - 溴化甲烷等作法，使利用微生物製劑來做爲生物防治的手段已受到極大的鼓舞（Pinochet *et al*., 1996; Hol & Cook, 2005）。AMF 誘導植物產生系統性抗性（induced systemic resistance, ISR）的研究已經為我們在生物防治的機制上打開新的視野（Pieterse *et al*., 2014; Schouteden *et al*., 2015）。

Vos 等人（2012a）將同一株番茄根部分隔（split root）為兩部分，其中一部分事先接種 AMF（*F. mosseae*），在另一部分的根則接種根瘤線蟲 *M. incognita* 或根腐線蟲 *P. penetrans*，結果證實接種線蟲這邊的根沒有被線蟲入侵。Elsen 等人（2008）也報導類似的系統性抑制線蟲的試驗，他們利用根部分隔試驗，將一半的香蕉根事先接種 *R. irrgularis* 後發現可抑制另一半根的線蟲（*R. similis* & *P. coffeae*）入侵。此外，在葡萄的試驗中也一樣證實 AMF 可產生系統性抑制外劍線蟲（*Xiphinema index*）（Hao *et al*., 2012）。利用根分隔試驗也證實 AMF 可以誘導植物對一些病原菌產生系統性的抵抗能力（Cordier *et al*., 1998; Pozo *et al*., 2002; Zhu & Yao, 2004; Fritz *et al*., 2006; Khaosaad *et al*., 2007; Castellanos-Morales *et al*., 2011）。

AMF 誘導產生系統性的抵抗，主要的途徑是植物初步與有益微生物（如 AMF）接觸後，藉由微生物相關分子模式（MAMPs, microbe associated molecular patterns）辨識為「假想病原菌」。這種辨識要經由植物受體來發動微生物相關分子模式活化免疫反應（MAMP-triggered immunity, MTI），使植物產生第一道防線，限制該微生物的進一步入侵（Jones & Dangl, 2006）。這種 MTI 的植物免疫反應最近已被證實是存在的（Millet *et al*., 2010）。López-Ráez 等人（2011）比較番茄在兩種不同拓殖模式的 AMF（*F. mosseae*, *R. irrgularis*）下，其基因轉錄的反應差異，儘管兩者都會誘導茉莉酸（jasmonate, JA）的合成與傳遞訊號給相關的基因，但兩者間只有 35% 重疊性的轉錄譜（transcriptional profile）。

總體來說，在 AMF 感染的初期，MTI 反應的誘導是微弱且短暫的，這樣可以讓菌根菌與植物共生關係的建立成為可能。AMF 為了避免被植物的初級防線攻擊，積極的釋放效應傳遞因子（effector）來抑制 MTI 反應（Zamioudis & Pieterse 2012）。因為水楊酸（salicylic acid, SA）會抑制 AMF 的拓殖，所以 AMF 會企圖制止植物體內 SA 所媒介的相關防衛反應（Hause *et al*., 2007; Miransari *et al*., 2014）。到目前為止，只有一種 AMF（*R. irregularis*）的效應傳遞因子（effector）SP7 被描述。該效應傳遞因子可以干擾乙烯（ethylene, ET）在植物體內的訊號傳遞（Kloppholz *et al*., 2011），這也說明了 ET 在 MTI 免疫反應中也扮演重要角色（Millet *et al*., 2010）。

在 AMF 與宿主植物建立共生階段的初期會啓動一種快而強的 JA 相關的防衛反應，以便保護植物免於後續的病原菌攻擊，這種反應稱爲誘導系統性抵抗（induced systemic resistance, ISR）（圖二）。因爲與 AMF 的參與有關，所以特稱爲菌根誘導性抵抗（mycorrhiza induced resistance, MIR）（Pozo & Azcón-Aguilar, 2007; Pieterse *et al*., 2014）。透過外在添加 JA 並利用改變 JA 代謝途徑的變異株證明 JA 確實參與植物寄生性線蟲的免疫反應（Soriano *et al*., 2004; Cooper *et al*., 2005; Fujimoto *et al*., 2011; Fan *et al*., 2015）。除了線蟲以外，JA 也參與了壞死性（necrotrophic）與（半）生物營養性（hemi- or biotrophic）病原菌、共生眞菌、葉蟬（leafhoppers）、甲蟲（beetles）、毛毛蟲（caterpillars）、蚜蟲（aphids）、薊馬（thrips）、蜘蛛蟎（spider mites）、蕈蠅（fungus gnats）、蛞蝓（slugs）、甲殼類動物（crstaceans）以及一些脊椎食草性生物（vetebrate herbivores）等的免疫反應（Campos *et al*., 2014）。

傳統上，對於微生物的防衛反應可區分爲兩類，ISR（induced systemic resistance）和 SAR（systemic acquired resistance）（圖一）。SAR 需要 SA 參與並進而誘導產生致病相關的蛋白質（pathogenesis-related protein, PR）；而 ISR 則透過 JA 和 ET 來調控免疫機制，但不伴隨 PR 蛋白質的表現（Vlot *et al*., 2008; Pieterse *et al*., 2009）。近來的研究顯示 ISR 和 SAR 有許多重疊相似之處（Mathys *et al*., 2012; Pieterse *et al*., 2014）。因此有關 MIR 對於植物寄生性線蟲的免疫反應，可能不是只有 JA 的途徑而已。

Li 等人（2006）曾報導接種 AMF（*Glomus versiforme*）的葡萄，當根瘤線蟲入侵時，可誘發活化第三類幾丁質分解酵素的基因轉錄，此構成型基因表達（constitutive expression）在菸草上，可提升對根瘤線蟲的抗性，但對於 AMF 則沒有影響，本項試驗顯示第三類幾丁質分解酵素基因參與了寄生性線蟲的防衛機制。近年來的研究也指出具有較強幾丁質分解酵素活性的轉殖基因植物較能抵抗根瘤線蟲的入侵（Chan *et al*., 2010, 2015）。

機制五：改變根分泌物與根圈微生物的互動

植物本身因形成菌根，除了有 MIR 防衛反應外，也可透過根分泌物的組成與量的改變在根圈對根寄生性線蟲產生阻抗。這種防衛的方式包括影響卵的孵化、線蟲移動性、化學趨性（chemotaxis）、宿主位置的定位等（Hodge, 2000; Jones *et al*., 2004）。菌根植物與非菌根植物其根分泌物的差異，包括醣、有機酸（Sood, 2003; Lioussanne *et al*., 2008; Hage-Ahmed *et al*., 2013），氨基酸（Harrier & Watson, 2004）、酚類化合物（McArthur & Knowles, 1992）、黃酮類化合物（Steinkellner *et al*., 2007）、甚至植物荷爾蒙 strigolactone（López-Ráez *et al*., 2011）等。

此外，植物或 AMF 的種類以及共生關係的強弱等都會影響到根分泌物的質與量（表四，表五）（黃，2003）。根分泌物的差異性是植物用來操控共生關係的重要工具（Pinior *et al*., 1999; Vierheilig *et al*., 2003）。植物利用根分泌物的質量來調節 AMF 在根內的拓殖率，也可用來阻斷根圈的病原微生物（Vierheilig *et al*., 2008）。在無菌環境下，來自菌根草莓的根分泌物可以抑制疫病 *Phytophthora fragariae* 的孢子發芽（Norman & Hooker, 2000）。但來自菌根馬鈴薯的根分泌物卻會增加線蟲的孵化率（Ryan & Jones, 2004）。

在化學趨向反應方面，來自非菌根番茄的根分泌物會吸引疫病菌（*P. parasitica*）的動孢子（Lioussanne *et al*., 2003）；而來自菌根番茄的根分泌物才會吸引促進植物生長的有益細菌（PGPB）（*A. chroococum*; *P. fluorescens*）（Sood, 2003）。Vierheilig 等人（2000）首次觀察到以不同 AMF 接種大麥會表現不同的拓殖程度，且可產生不同的根分泌物。在根分隔試驗中，已被某種 AMF 拓殖（colonized）的半邊植株，根部會系統性地抑制其他的 AMF 在另一半邊的根內拓殖。甚至將已被某種 AMF 拓殖的半邊植株的根分泌物加到另一半邊的根部也可產生拓殖的抑制作用（Vierheilig *et al.,* 2008）。

Vierheilig 等人（2000; 2008）進而推測菌根合成（symbiosis）的自我調控（autoregulation）可能與生物防治效果有關。Khaosaad 等人（2007）利用根分隔試驗（root split），當一邊的大麥根被 AMF（*Glomus mosseae*）廣泛的拓殖後，在另一半邊的根受到病原菌 *Gaeumannomyces graminis* 的傷害便會減到最低程度。然而如果 AMF 的拓殖程度低，沒達到一定的門檻，則對於另一半邊根的保護則無法展現（Khaosaad *et al*., 2007）。這項發現也得到Pozo與Azcón-Aguilar（2007）的支持。

達到關鍵的菌根菌拓殖程度且有叢枝體（arbuscule）的出現是展現生物防治的先決條件。Lioussanne *et al*.（2008）也觀察到接種 AMF（*R. irregularis*）的植物根分泌物，只有在 AMF 拓殖達到成熟的階段才會展現排斥疫病 *Phytophthora nicotianae* 的動孢子。Vos 等人（2012a）利用兩個相同盆栽中間以管橋連接的雙胞胎盆栽（twin chamber）試驗，來觀察菌根根分泌物對於線蟲行爲的影響。兩盆栽同時種植番茄，但其中一盆接種 AMF（*F. mosseae*），另一盆則無，爲對照組。

管橋的中央部位放入根瘤線蟲 *M. incognita* 的幼蟲，若干天後管橋內的幼蟲，大約等量地分別移動至兩邊的盆栽內，但令人意外的是，接種 AMF 之盆栽內的線蟲只停留在土壤內，並未穿入番茄的根內。反之，在未接種 AMF 之對照組盆栽內的線蟲則大多已侵入番茄的根部。進一步試驗發現若再額外添加菌根植物的根分泌物，則可再進一步降低根瘤線蟲侵入根部的程度。

在實驗室內也觀察到菌根番茄（mycorrhizal tomato）的根分泌物可暫時癱瘓根瘤線蟲的二齡幼蟲（J2）的活動能力（Vos *et al*., 2012b）。另外也發現菌根植物的根分泌物可以降低線蟲 *Radopholus similis* 對於香蕉宿主的定位與入侵的機率（Vos *et al*., 2012b）。黃氏（2003）研究發現 AMF 可以改變根部澱粉與糖的分配比例，造成根部滲漏糖減少，進而降低南方根瘤線蟲對於番茄根部入侵的機率（表四、表五）（圖四）。

叢枝菌根合成之後，植物的根分泌物改變也間接造成根圈微生物多樣性的改變，進而影響與病原微生物的互動（Bais *et al*., 2006; Lioussanne, 2010）。有些研究報告指出合成菌根之後，根分泌物有助於增加兼厭氣性細菌（如 PGPR）、螢光假單胞細菌、鏈球菌及產生幾丁質分解酵素的放線菌等的族群（Marschner & Baumann, 2003; Wamberg *et al*., 2003; Harrier & Watson, 2004; Scheublin *et al*., 2010; Miransari, 2011; Nuccio *et al*., 2013; Philippot *et al*., 2013）。這些微生物對於植物寄生性線蟲也具有拮抗的潛力，可能的機制包括誘捕線蟲，或有些眞菌可寄生在線蟲的卵，或是誘導產生植物防衛反應等（Kerry, 2000; Tian *et al.,* 2007; Zamioudis & Pieterse, 2012）。

表四　不同微生物接種對番茄葉部及根部糖與澱粉含量比之影響（黃，2003）

Treatments[z]	Leaves sugar content / Leaves starch content	Roots sugar content / Roots starch content
Control	0.4 a[y]	0.18 a
GABD	0.5 b	0.06 c
LCLM	0.8 a	0.05 c
GABD + Mi	0.7 a	0.11 b
LCLM + Mi	0.7 a	0.11 b
MI	0.5 b	0.10 b

[z]：GABD：Inoculated with *Gigaspora albida*；LCLM：Inoculated with *Glomus clarum*；GABD + Mi：Inoculated with *Gigaspora albida* and *Meloidogyne incognita*；LCLM + Mi：Inoculated with *Glomus clarum* and *Meloidogyne incognita*；Mi：Inoculated with *Meloidogyne incognita.*

[y]：Means each in column with the same letters is not significantly different by LSD test, 5% level.

表五　叢枝菌根菌接種對番茄根瘤線蟲罹病程度之影響（黃，2003）

Treatment[z]	Root knots number (no./plant)	Root knots weight (mg/plant)	Juveniles number (no./plant)	Juvenile population (no./g root fresh wt.)
GABD + Mi	11.2 b[y]	17.3 b	36.5 b	17.8 b
LCLM + Mi	11.7 b	18.2 b	25.1 b	8.9 b
Mi.	27.2 a	48.0 a	132.4 a	48.9 a

[z]：GABD + Mi：Inoculated with *Gigaspora albida* and *Meloidogyne incognita*；LCLM + Mi：Inoculated with *Glomus clarum* and *Meloidogyne incognita*；Mi：Inoculated with *Meloidogyne incognita.*

[y]：Means each in column with the same letters is not significantly different by LSD test, 5% level.

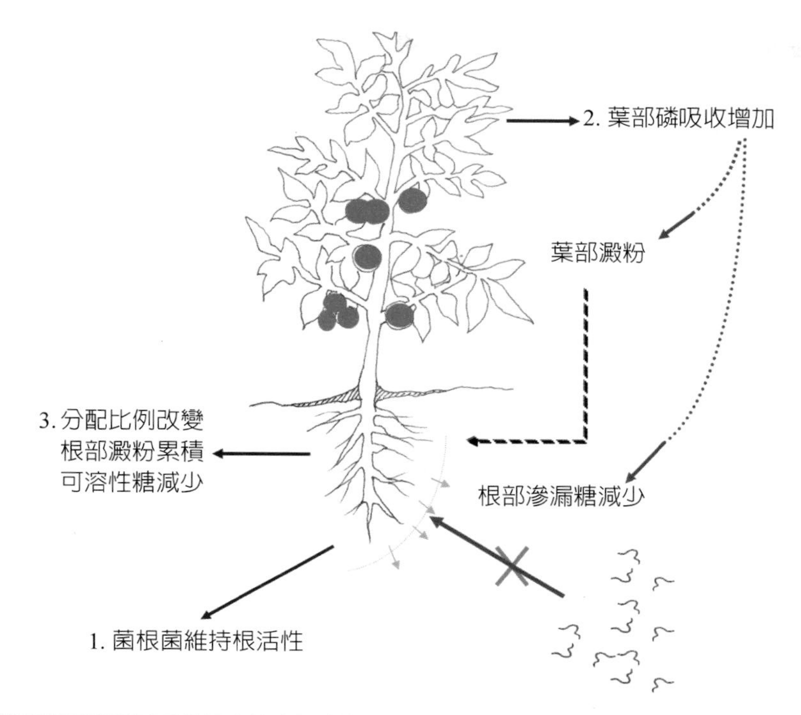

圖四　叢枝菌根菌降低番茄根瘤線蟲根瘤數目及二齡幼蟲數目的可能機制（仿黃，2003 之圖重製）。

叢枝菌根菌與不同植物品種的親和性

過去的農業幾乎是以化學肥料爲前提下所建立的運作體制，包括農藝育種在內。我們前輩們透過雜交所選拔出來的品種是以化學肥料施用後，在田間所表現出來的性狀做爲篩選的指標。這些所選拔出來的品種在不知不覺中已將一些原本對微生物（包括叢枝菌根菌）依賴性高的基因逐漸的甩脫。目前已知，同一種 AMF，以及同一種病原菌的情形下，不同的植物品種可以表現出不同程度的防治效果。例如，野生草莓（*Fragaria vesca* L.）有許多的品種對同一種 AMF（*Glomus fistulosum*）可以表現出不同的感染率，以及對同一種疫病菌（*Phytophthora fragariae* Hickman）可以表現出不同的感病程度（Mark & Cassells, 1996）。

另外，不同番茄的品種在接種同一 AMF（*Gigaspora albida*）之下，會表現出不同感染率（王，2008；Smith & Smith, 2011）（圖五），當然，不同的 AMF 在同一作物上的接種效果自然也會有所不同。例如，Hayek 等人（2012）在矮牽牛的試驗上便發現三種不同的 AMF（*Funnelliformis mosseae, Gigaspora rosea, Rhizophagus intraradices*）雖皆表現出正面的接種效應，但只有一種（*R. mosseae*）可幫助矮牽牛抵抗根部病害。日本學者 Suzuki 等人（2015）針對日本六十四種水稻品種與單一 AMF（*Funneliformis mosseae*）接種合成菌根後，發現只有在來米（Indica rice）會產生正面促進作物生長，提高磷含量並降低對水稻不利的銅、鋁等離子的攝取量。

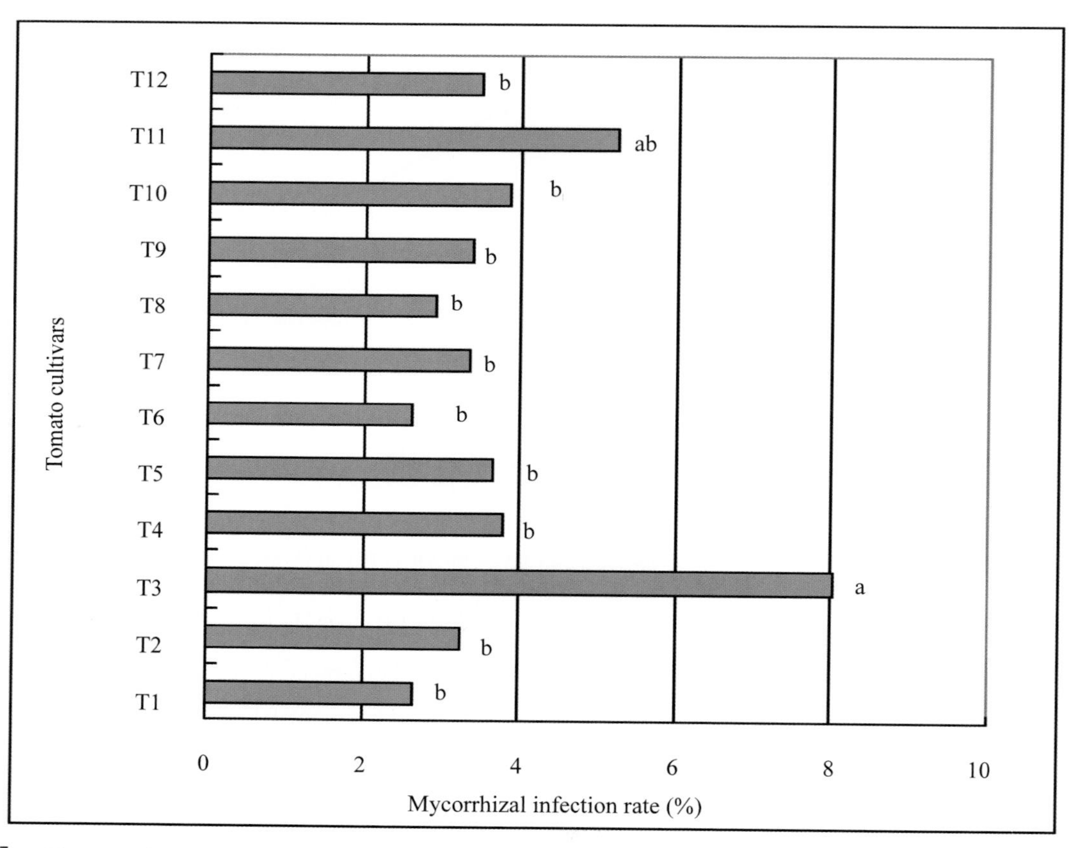

圖五　番茄品種對叢枝菌根菌感染率之影響。
T1 為農友 301；T2 為農友春光；T3 為農友新光；T4 為農友慧珠；T5 為農友小姑娘；T6 為種苗 7 號；T7 為種苗八號；T8 為臺南亞蔬 6 號；T9 為桃園亞蔬 9 號；T10 為臺中亞蔬 10 號；T11 為臺南亞蔬 11 號；T12 為花蓮亞蔬 13 號。
柱狀圖後英文字母相同者，表示未達 LSD　test 顯著水準（n=6，P<0.05）（王，2008）。

根據比利時 Geel 等人（2016）的研究發現，禾本科（Poaceae）與葫蘆科（Cucurbitaceae）的植物與 AMF 的接種效果可以比較穩定的表現，而 *Glomus* 和 *Funneliformis* 這兩屬的 AMF 則比較能表現出促進作物生長的效果。但無論如何，在進行有效性生物防治菌種的篩選時，對於受試驗植株與相對應的適當菌株的選擇，建議還是先進行評估後再決定爲好（Geel*et al.*, 2016）。

叢枝菌根菌在生物防治的推廣應用

根據德國柏林大學（Veresoglou & Rillig, 2012）所做的大數據分析顯示，作物接種 AMF 後可降低 30%-42% 的眞菌病害以及降低線蟲的入侵率達 44%-57%。使用永續性、低投入、有機的植物生產系統觀念與發展生物病害防治是密不可分的。利用這樣的植物生產體系搭配生物防治製劑的使用越來越受到關注，因爲密集式的農業生產體系包括頻繁使用農藥等可能對環境造成衝擊。

目前已有許多的證據顯示在永續農業體系中採用的生產流程，包括經由減少翻犁降低土壤干擾，沒有休耕持續讓作物栽種在土壤中，減少化肥的施用，添加有機肥和減少農藥的投入等，可以增加 AMF 族群（Hooker & Black, 1995; Smith & Read, 1997; Atkinson *et al.*, 2002; Ryan & Graham, 2002）。因爲 AMF 具有生物防治製劑的潛力，因此永續農業體系的生產流程在某些狀況下，可以導致較佳的病害防治效果。將 AMF 與有機土壤添加劑混合使用來提升病害的防治效果（Murphy *et al.*, 2000; Matsubara *et al.*, 2002），以及與特定植物抽取之生長激素等共同使用來提高 AMF 在土壤中的族群數量（Aikawa *et al.*, 2000）等觀念，值得我國農業從事者參考。

應用非共生型微生物來提升病害防治的效果，除了與生物防治製劑共同施用外，還應減少或幾乎不用殺菌劑（Whipps, 1997, 2001）。有許多的 AMF 對於農業、園藝與森林用殺菌劑十分敏感；但也有一些報告指出 AMF 與殺菌劑，甚或一些生物防治製劑混合使用，也可顯現病害防治的效果。例如，AMF 與殺菌劑（metalaxyl）共同使用也在田間試驗上成功地改善植物生長與病害防治（Afek *et al.*, 1991; Hwang *et al.*, 1993; Channabasava *et al.*, 2015）。

在最近的試驗中，AMF（*Glomus mosseae*）與植物防禦機制的活化劑 DL-amino-n-butyric acid（BABA）和 acibenzolar-S-methyl（BTH）共同施用到向日葵（*Helianthus annuus* L.）上發現，葉面噴灑 BABA 和 BTH 對於白粉病（*Plasmopara halstedii*（Farlow）Berl. & de Toni）有很好的防治效果，但對於 AMF 的拓殖率與根系發展沒有影響（Tosi & Zazzerini, 2000）。

利用非菌根植物與叢枝菌根植物共同種植（co-culture），來達到免於或降低病原菌入侵的方法，也是可以嘗試的手段之一。例如，法國萬壽菊（*Tagetes patula* L.）接種 AMF（*Glomus intraradices*）後，與另一非菌根植物康乃馨（*Dianthus caryophyllus* L.）共植在已感染鐮孢病菌〔*Fusarium oxysporum* f. sp. *dianthi*（Prill. & Delacr.）Snyder & Hansen〕的蒙特石介質後，可以降低康乃馨的感病程度（St-Arnaud *et al*. 1997）。

這樣的防治效果可能是由於康乃馨被 AMF 誘導出抗性，或者是與土壤中微生物直接或間接互動後所誘導的抗性所致。這種陪伴種植的概念，在農業或園藝界的十字花科植物的病害防治上，特別是有機生產體系中，有非常高的應用價值，值得深入研究。

利用 AMF 與可促進植物生長或生物防治的微生物進行雙相接種的研究，已在繡球菌屬的 AMF（*Glomus* spp.）及其他的細菌或眞菌上驗證過（林，1998）。這些細菌包括傳統的促進植物生長根圈細菌（PGPRs）（如：*Pseudomonas* spp., *Azospirillum brasilense*）（Linderman & Paulitz, 1990），生物防治製劑〔如：*Agrobacterium radiobacter*（Beijerinck & van Delden）Conn K1026，已商品化的菌株產品名：No-Gall〕，溶磷細菌（Toro *et al*., 1997）與根瘤共生固氮細菌（*Rhizobium* spp.）等。結合繡球菌屬（*Glomus* spp.），根瘤固氮細菌（*Rhizobium* spp.）以及其他促進植物生長的細菌的多重接種已證實可以改善豆科植物 *Anthyllis cytisoides* L. 的生質量，但這種多重組合並非全都有這樣正面的效果（Requena *et al.,* 1997）。

雖然本文重點放在 AMF 提升植物的免疫能力與生物防治的應用，但是也可透過其他的努力來提升菌根菌接種源與土壤中自有 AMF 族群的活性，來加強植物病蟲害防治並產生永續的效果。不過最明顯而有效的方法還是藉由特定的 AMF 菌株，在特定的環境下，經由篩選或育種來選拔適當的宿主植物，合成菌根後使之能表達出一定程度的生物防治效果。

目前已有足夠的證據顯示透過正確的植物 - 菌根菌組合的篩選，能夠穩定提升植物生長，建立群落以及疾病防治（Toth *et al*., 1990; Mark & Cassells, 1996; Requena *et al*., 2001; Vosatka & Dodd, 2002; Barea *et al*., 2002）。在現代的穀類育種計畫中，科學家可能會選育出對於化學肥料依賴性強的品種，但對於菌根菌接種則毫無反應。若能在低磷的操作條件下進行篩選，就有可能篩選出對於 AMF 接種有反應的品種（Ryan & Graham, 2002）。

結語

叢枝菌根菌能否做爲生物肥料、生物防治眞菌製劑、生物防治線蟲製劑等，與環境的關係非常密切，如果 AMF 不能在施用的環境下存活，其後續的防治效果就無法展現。AMF 在應用上建議使用者考慮下列三點要素：(1) 菌體是否是活的？AMF 的主要繁殖體是厚壁孢子。雖然菌絲與感染的根段也可做爲繁殖體，但是因爲菌絲無論是根內或根外菌絲的隔板少，其感染的活力不如孢子來得長久。AMF 產品如果沒有保持乾燥，介質內的其他微生物如放線菌等會危害孢子的活力。(2) 菌體的數量是否與標示相符？AMF 孢子數或接種源（inoculum），其標示應該與實際產品的內容物相符。因爲只有這樣，使用者才能估計每株作物的使用量，也才能評估該產品的使用成本與產生的經濟效益。(3)AMF 產品的品質是否穩定？每批次生產的菌株是否一致？AMF 在繁殖過程中，容易出現被其他菌種混雜的現象。這是 AMF 品管的一項關鍵指標。如果一種 AMF 產品，其所標示的菌種與實際不符且每批次產品內的菌株皆不相同，田間的實際使用效果就無法穩定展現，徒增農民的困擾與疑惑。

但最重要的是生產廠家的良心與信念，因爲農民或其他一般消費者沒有能力來判斷上述的 AMF 以及其他微生物製劑應該把關的三個要點。此時，除了生產廠商應該秉持良心進行嚴格品管外，相關的政府單位也應挑起監督者的重擔，共同爲農民的權益盡一份心力。

主要參考文獻

1. 王朝儀。2008。不同番茄品種與栽培介質對叢枝菌根菌接種效應之比較研究。亞洲大學生物科技所碩士論文。67 頁。
2. 吳繼光、林素禎。1998。囊叢枝內生菌根菌應用技術手冊。臺灣省農業試驗所發行。232 頁。
3. 林素禎、王朝儀、蘇慶昌。2012。叢枝菌根菌與其他微生物在香蕉黃葉病防治之應用。臺灣農業研究 61(3): 241-249。
4. 林素禎、林淑媛、吳繼光。2001。微生物接種對洋桔梗生長與植體磷變化之研究。中華農業研究 50(4): 66-73。
5. 林素禎。1998。臺灣囊叢枝內生菌根菌之生態與其應用之研究。國立臺灣大學農業化學研究所博士論文。165 頁。
6. 張秀月。2003。叢枝內生菌根菌接種對甜椒疫病之影響。國立中興大學土壤環境系碩士論文。65 頁。
7. 黃春惠。2003。叢枝菌根菌及南方根瘤線蟲於番茄根內相互作用之探討。國立臺灣大學植物研究所碩士論文。45 頁。
8. 程永雄、莊明富、蔡東纂。2001。洋香瓜囊叢枝內生菌根菌與根瘤線蟲之相互關係。植病會刊 10(1): 19-26。
9. 劉益宏、黃健瑞、林玉儒、陳昭瑩。2008。利用植物免疫力防治病害的現況與展望。第 193-202 頁。節能減碳與作物病害管理研討會專刊。謝廷芳、陳金枝、鄧汀欽、安寶貞主編。行政院農業委員會農業試驗所、中華民國植物病理學會出版。臺中。
10. Afek, U., Menge, J.A., and Johnson, E.L.V. 1991. Interaction among mycorrhizae, soil solarization, metalaxyl, and plants in the field. Plant Dis. 75: 665-671.
11. Aikawa, J., Ishii, T., Kuramoto, M., and Kadoya, K. 2000. Growth stimulants for vesicular-arbuscular mycorrhizal fungi in satsuma mandarin pomace. J. Jpn. Soc. Hortic. Sci. 69: 385-389.
12. Alban, R., Guerrero, R., and Toro, M. 2013. Interactions between a root-knot

nematode (*Meloidogyne exigua*) and arbuscular mycorrhizae in coffee plant development (*Coffea arabica*). Am. J. Plant Sci. 4: 19-23.

13. Antunes, P., Franken, P., Schwarz, D., Rillig, M., Cosme, M., Scott, M., and Hart, M. 2012. Linking soil biodiversity and human health: do arbuscular mycorrhizal fungi contribute to food nutrition. Pages 153-172 *in*: Soil Ecology and Ecosystem Services, Edited by Wall, D.H., Bardgett, R.D., Behan-Pelletier, V., Herrick, H., Jones, J.E., Ritz, K., Six, J., Strong, D.R., van der Putten, W.H.,. Oxford University Press, New York, NY, USA.
14. Asmelash, F., Bekele, T., and Birhane, E. 2016. The potential role of arbuscular mycorrhizal fungi in the restoration of Degraded Lands. Front Microbiol. 7: 1095.
15. Atkinson, D., Baddeley, J.A., Goicoechea, N., Green, J., SánchezDíaz, M., and Watson, C.A. 2002. Arbuscular mycorrhizal fungi in low input agriculture.Pages 211-222*in*: Mycorrhizal technology in agriculture: from genes to bioproducts. Ed., S. Gianinazzi, H. Schüepp, J. M. Barea, and Haselwandter, K. Basel: Birkhäuser Verlag.
16. Avio L., Castaldini, M., Fabiani, A., et al. 2013. Impact of nitrogen fertilization and soil tillage on arbuscular mycorrhizal fungal communities in a Mediterranean agroecosystem. Soil Biol Biochem. 67: 285-294.
17. Bais, H. P., Weir, T. L., Perry, L. G., Gilroy, S., and Vivanco, J. M. 2006. The role of root exudates in rhizosphere interactions with plants and other organisms. Annu. Rev. Plant Biol. 57: 233-266.
18. Barea, J.M., Azcon, R., and Azcon-Aguilar, C. 2002. Mycorrhizosphere interactions to improve plant fitness and soil quality. Antonie Leeuwenhoek 81: 343-351.
19. Bodker, L., Kjoller, R., and Rosendahl, S. 1998. Effect of phosphate and the arbuscular mycorrhizal fungus *Glomus intraradices* on disease severity of root rot of peas (*Pisum sativum*) caused by *Aphanomyces euteiches*. Mycorrhiza 8: 169-174.
20. Brito, Isabel, Michael J. Goss, Mario de Carvalho, Odile Chatagnier, Diederik van Tuinen. 2012. Impact of tillage system on arbuscular mycorrhiza fungal communities

in the soil under Mediterranean conditions. Soil & Tillage Research 121: 63-67.

21. Browse, J. 2009. Jasmonate passes muster: a receptor and targets for the defense hormone. Annu. Rev. Plant Biol. 60:183-205.
22. Cameron, D., Neal, A., van Wees, S., and Ton, J. 2013. Mycorrhiza-induced resistance: more than the sum of its parts? Trends Plant Sci. 18: 539-545.
23. Campos, Marcelo L., Kang, Jin-Ho, and Howe, Gregg A. 2014. Jasmonate-triggered plant immunity. J. Chem. Ecol. 40: 657-675.
24. Camprubi, A. and Abril, M. 2012. Contribution of arbuscular mycorrhizal symbiosis to the survival of psammophilic plants after sea water flooding. Plant and Soil 351: 97-105.
25. Castellanos-Morales, V., Keiser, C., Cárdenas-Navarro, R., Grausgruber, H., Glauninger, J., García-Garrido, J. M., et al. 2011. The bioprotective effect of AM root colonization against the soil-borne fungal pathogen *Gaeumannomyces graminis* var. *tritici* in barley depends on the barley variety. Soil Biol. Biochem. 43: 831-834.
26. Chan, Y. L., Cai, D., Taylor, P. W. J., Chan, M. T., and Yeh, K. W. 2010. Adverse effect of the chitinolytic enzyme PjCHI-1 in transgenic tomato on egg mass production and embryonic development of *Meloidogyne incognita*. Plant Physiol. 59: 922-930.
27. Chan, Y., He, Y., Hsiao, T., Wang, C., Tian, Z., and Yeh, K. 2015. Pyramiding taro cystatin and fungal chitinase genes driven by a synthetic promoter enhances resistance in tomato to root-knot nematode *Meloidogyne incognita*. Plant Sci. 231: 74-81.
28. Channabasava, H., Lakshman, C., and Jorquera, M.A. 2015. Effect of fungicides on association of arbuscular mycorrhiza fungus *Rhizophagus fasciculatus* and growth of Proso millet (*Panicum miliaceum* L.) J. Soil Sci. & Plant Nutr. 15: 35-45.
29. Clark, R.B., and Zeto, S.K. 2000. Mineral acquisition by arbuscular mycorrhizal plants. J. Plant Nutr. 23: 867-902.
30. Cooper, W. R., Jia, L., and Goggin, L. 2005. Effects of jasmonate-induced defenses

on root-knot nematode infection of resistant and susceptible tomato cultivars. J. Chem. Ecol. 31: 1953-67.

31. Cordier, C., Pozo, M. J., Barea, J. M., Gianinazzi, S., and Gianinazzi-Pearson, V. 1998. Cell defense responses associated with localized and systemic resistance to *Phytophthora parasitica* induced in tomato by an arbuscular mycorrhizal fungus. Mol. Plant Microbe Interact 11: 1017-1028.
32. Coyne, D. L., Sahrawat, K. L., and Plowright, R. A. 2004. The influence of mineral fertilizer application and plant nutrition on plant-parasitic nematodes in upland and lowland rice in Côte d'Ivoire and its implications in long term agricultural research trials. Exp. Agric. 40: 245-256.
33. Curtis, R., Robinson, A., and Perry, R. 2009. Hatch and host location. Pages 139-162 *in*: Root-knot Nematodes, Ed., R. N. Perry, M. Moens, and J. L. Starr. Wallingford, CAB International.
34. Daniell, T. J., Husband, R., Fitter, A. H., Young, J. P. W. 2001. Molecular diversity of arbuscular mycorrhizal fungi colonising arable crops. FEMS Microbiol Ecol. 36:203-9.
35. del Mar Alguacil, M., Torrecillas, E., Lozano, Z., and Roldán, A. 2011. Evidence of differences between the communities of arbuscular mycorrhizal fungi colonizing galls and roots of *Prunus persica* infected by the root-knot nematode *Meloidogyne incognita*. Appl. Environ. Microbiol. 77: 8656-8661.
36. Dos Anjos, É. C. T., Cavalcante, U. M. T., Gonçalves, D. M. C., Pedrosa, E. M. R., dos Santos, V. F., and Maia, L. C. 2010. Interactions between an arbuscular mycorrhizal fungus (*Scutellospora heterogama*) and the root-knot nematode (*Meloidogyne incognita*) on sweet passion fruit (*Passiflora alata*). Brazilian Arch. Biol. Technol. 53: 801-809.
37. Elsen, A., Beeteren,s R., Swennen, R., and De Waele, D. 2003a. Effects of an arbuscular mycorrhizal fungus and two plant-parasitic nematodes on Musa genotypes differing in root morphology. Biol. Fertil. Soils 38: 367-376.

38. Elsen, A., Baimey, H., Swennen, R., and De Waele, D. 2003b. Relative mycorrhizal dependency and mycorrhiza-nematode interaction in banana cultivars (*Musa* spp.) differing in nematode susceptibility. Plant Soil 256: 303-313.
39. Elsen, A., Gervacio, D., Swenne,n R., and De Waele D. 2008. AMF-induced biocontrol against plant-parasitic nematodes in *Musa* sp.: a systemic effect. Mycorrhiza 18: 251-256.
40. Fan, J. W., Hu, C. L., Zhang, L. N., Li, Z. L., Zhao, F. K., and Wang, S. H. 2015. Jasmonic acid mediates tomato's response to root knot nematodes. J. Plant Growth Regul. 34: 196-205.
41. Fiorilli, V., Catoni, M., Francia, D., Cardinale, F. and Lanfranco, L. 2011. The arbuscular mycorrhizal symbiosis reduces disease severity in tomato plants infected by *Botrytis cinerea*. J. Plant Pathol. 93: 237-242.
42. Fritz, M., Jakobsen, I., Lyngkjær, M. F., Thordal-Christensen, H., and Pons-Kühnemann, J. 2006. Arbuscular mycorrhiza reduces susceptibility of tomato to *Alternaria solani*. Mycorrhiza 16: 413-419.
43. Fujimoto, T., Tomitaka, Y., Abe, H., Tsuda, S., Futai, K., and Mizukubo, T. 2011. Jasmonic acid signaling pathway of *Arabidopsis thaliana* is important for root-knot nematode invasion. Nematol. Res. 41: 9-17.
44. Fusconi, A., Gnavi, E., Trotta, A., and Berta, G. 1999. Apical meristems of tomato roots and their modifications induced by arbuscular mycorrhizal and soilborne pathogenic fungi. New Phytol. 142: 505-516.
45. Gallou, A., Mosquera, H. P. L, Cranenbrouck, S., Suarez, J. P., Declerck, S. 2011. Mycorrhiza induced resistance in potato plantlets challanged by *Phytophthora infestans*. physiol. Molec. Plant Pathol. 76: 20-26.
46. Gamalero, E., Pivato, B., Bona, E., Copetta, A., Avidano, L., Lingua G., et al. 2010. Interactions between a fluorescent pseudomonad, an arbuscular mycorrhizal fungus and a hypovirulent isolate of *Rhizoctonia solani* affect plant growth and root architecture of tomato plants. Plant Biosyst. Int. J. Deal. Asp. Plant Biol. 144: 582-

591.

47. Gange, A. C. 2000. Species-dpecific responses of a root- and shoot-feeding insect to arbuscular mycorrhizal colonization of its host plant. New Phytol. 150: 611-618.
48. Garg, N., and Chandel, S. 2010. Arbuscular mycorrhizal networks: processand functions. A review. Agron. Sustain. Dev. 30(3): 581-599.
49. Geel, Maarten Van, De Beenhouwer, M., Lievens, B., and Honnay, O. 2016. Crop-specific and singlespecies mycorrhizal inoculation is the best approach to improve crop growth in controlled environments. Agron. Sustain. Dev. 36: 37.
50. Giovannetti, M., Fortuna, P., Citernesi, A.S., Morini, S., and Nuti, M.P. 2001. The occurrence of anastomosis formation and nuclear exchange in intact arbuscular mycorrhizal networks. New Phytol. 151: 717-724.
51. Gutjahr, C., and Paszkowski, U. 2013. Multiple control levels of root system remodeling in arbuscular mycorrhizal symbiosis. Front. Plant Sci. 4: 204.
52. Hage-Ahmed, K., Moyses, A., Voglgruber, A., Hadacek, F., and Steinkellner S. 2013. Alterations in root exudation of intercropped tomato mediated by the arbuscular mycorrhizal fungus *Glomus mosseae* and the soilborne pathogen *Fusarium oxysporum* f.sp. *lycopersici*. J. Phytopathol. 161: 763-773.
53. Hammer, E. C., Pallon, J., Wallander, H., and Olsson, P. A. 2011. Tit for tat? A mycorrhizal fungus accumulates phosphorus under low plant carbon availability. FEMS Microbiol. Ecol. 76: 236-244.
54. Hao, Z., Fayolle, L., Van Tuinen, D., Chatagnier, O., Li, X., Gianinazzi, S., et al. 2012. Local and systemic mycorrhiza-induced protection against the ectoparasitic nematode *Xiphinema index* involves priming of defence gene responses in grapevine. J. Exp. Bot. 63: 3657-3672.
55. Harrier, L. A. and Watson, C. A. 2004. The potential role of arbuscular mycorrhizal (AM) fungi in the bioprotection of plants against soil-borne pathogens in organic and/or other sustainable farming systems. Pest Manag Sci. 60:149-57.
56. Hause, B., Mrosk, C., Isayenkov, S., and Strack, D. 2007. Jasmonates in arbuscular

mycorrhizal interactions. Phytochemistry 68: 101-110.

57. Hayek, S., Grosch, R., Gianinazzi-Pearson, V., and Franken, P. 2012. Bioprotection and alternative fertilisation of petunia using mycorrhiza in a soilless production system. Agron. Sustain. Dev. 32: 765-771.
58. Hewezi, T. and Baum, T. 2012. Manipulation of plant cells by cyst and root-knot nematode effectors. Mol. Plant Microbe Interact 26: 9-16.
59. Hodge, A. 2000. Microbial ecology of the arbuscular mycorrhiza. FEMS Microbiol. Ecol. 32: 91-96.
60. Hol, W. H. G. and Cook, R. 2005. An overview of arbuscular mycorrhizal fungi-nematode interactions. Basic Appl. Ecol. 6: 489-503.
61. Hooker, J. E. and Black, K. E. 1995. Arbuscular mycorrhizal fungi as components of sustainable soil-plant systems. Crit. Rev. Biotechnol. 15: 201-212.
62. Hwang, S. F., Chakravarty, P. and Prevost, D. 1993. Effects of rhizobia, metalaxyl, and VA mycorrhizal fungi on growth, nitrogen fixation, and development of *Pythium* root rot of sainfoin. Plant Dis. 77: 1093-1098.
63. Jayne, B. and Quigley, M. 2014. Influence of arbuscular mycorrhiza on growth and reproductive response of plants under water deficit: a meta-analysis. Mycorrhiza 24: 109-119.
64. Jones D. L., Hodge, A., and Kuzyakov, Y. 2004. Plant and mycorrhizal regulation of rhizodeposition. New Phytol. 163: 459-480.
65. Jones, J. D. G. and Dangl, J. L. 2006. The plant immune system. Nature 444: 323-329.
66. Jung, S. C., Martinez-Medina, A., Lopez-Raez, J. A., and Pozo, M. J. 2012. Mycorrhiza-induced resistance and priming of plant defenses. J. Chem. Ecol. 38: 651-664.
67. Kazan, K. and Manners, J. M. 2009. Linking development to defense: auxin in plant-pathogen interactions. Trends PlantSci. 14: 373-82.
68. Kerry, B. R. 2000. Rhizosphere interactions and the exploitation of microbial agents

for the biological control of plant-parasitic nematodes. Annu. Rev. Phytopathol. 38: 423-441.

69. Khaosaad, T., García-Garrido, J. M., Steinkellner, S., and Vierheilig, H. 2007. Take-all disease is systemically reduced in roots of mycorrhizal barley plants. Soil Biol. Bichem. 39: 727-734.

70. Kloppholz, S., Kuhn, H., and Requena, N. 2011. A secreted fungal effector of *Glomus intraradices* promotes symbiotic biotrophy. Curr. Biol. 21: 1204-1209.

71. Koffi, M. C., Vos, C., Draye, X., and Declerck, S. 2013. Effects of *Rhizophagus irregularis* MUCL 41833 on the reproduction of *Radopholus similis* in banana plantlets grown under in vitro culture conditions. Mycorrhiza 23: 279-288.

72. Lee, C. S., Lee, Y. J., and Jeun, Y. C. 2005. Observations of infection structures on the leaves of cucumber plants pre-treated with arbuscular mycorrhiza *Glomus intraradices* after challange inocuiation with *Colletotrichum orbiculare*. Plant Pathol. 21: 237-243.

73. Lehmann, A., Veresoglou, S. D., Leifheit, E. F., and Rillig, M. C. 2014. Arbuscular mycorrhizal influence on zinc nutrition in crop plants－A meta-analysis. Soil Biol. Bichem. 69: 123-131.

74. Lerat, S., Lapointe, L., Piché, Y., and Vierheilig, H. 2003. Variable carbon-sink strength of different *Glomus mosseae* strains colonizing barley roots. Can. J. Bot. 81: 886-889.

75. Li, H. Y., Yang, G. D., Shu, H. R., Yang, Y. T., Ye, B. X., Nishida, I., et al. 2006. Colnization by the arbuscular mycorrhizal fungus *Glomus versiforme* induces a defense response against the root-knot nematode *Meloidogyne incognita* in the grapevine (*Vitis amurensis* Rupr.), which includes transcriptional activation of the class III chitin. Plant Cell Physiol. 47: 154-163.

76. Liu, A., Hamel, C., Hamilton, R.I., Ma, B.L., and Smith, D.L. 2000. Acquisition of Cu, Zn, Mn and Fe by mycorrhizal maize (*Zea mays* L.) grown in soil at different P and micronutrient levels. Mycorrhiza 9: 331-336.

77. Linderman, R.G., and Paulitz, T.C. 1990. Mycorrhizal rhizobacterial interactions. Pages 261-283 *in*: Biological control of soil-borne plant pathogens. Ed., D. Hornby, CAB International, Wallingford, UK.
78. Lioussanne, L. 2010. Review. The role of the arbuscular my corrhiza-associated rhzobacteria inthe biocontrol of soilborne phytopathogens. Spanish J. Agric. Res. 8: 3-5.
79. Lioussanne, L, Jolicoeur, M., and St. Arnaud, M. 2003. Effects of the alteration of tomato root exudation by *Glomus intraradices* colonization on *Phytophthora parasitica* var. nmicotianae zoospores. Abstract No. 253, Abstract Book ICOM 4; Montreal, Canada, p 291.
80. Lioussanne, L., Jolicoeur, M.,and St-Arnaud, M. 2008. Mycorrhizal colonization with *Glomus intraradices* and development stage of transformed tomato roots significantly modify the chemotactic response of zoospores of the pathogen *Phytophthora nicotianae*. Soil Biol. Biochem. 40: 2217-2224.
81. López-Ráez, J. A., Charnikhova, T., Fernández, I., Bouwmeester, H., and Pozo, M. J. 2011. Arbuscular mycorrhizal symbiosis decreases strigolactone production in tomato. J. Plant Physiol. 168: 294-297.
82. Mark, G.L., and Cassells, A.C. 1996. Genotype-dependence in the interaction between *Glomus fistulosum*, *Phytophthora fragariae* and the wild strawberry (*Fragaria vesca*). Plant Soil, 185: 233-239.
83. Marschner, P. and Baumann, K. 2003. Changes in bacterial community structure induced by mycorrhizal colonization in splitroot maize. Plant Soil 251: 279-289.
84. Mathys, J., De Cremer, K., Timmermans, P., Van Kerckhove, S., Lievens, B., Vanhaecke, M., et al. 2012. Genome-wide characterization of ISR induced in *Arabidopsis thaliana* by *Trichoderma hamatum* T382 against *Botrytis cinerea* infection. Front. Plant Sci. 3: 108.
85. Matsubara, Y., Hasegawa, N., and Fukui, H. 2002. Incidence of *Fusarium* root rot in asparagus seedlings infected with arbuscular mycorrhizal fungus as affected by

several soil amendments. J. Jpn. Soc. Hortic. Sei. 71: 370-374.

86. McArthur, D. A., and Knowles, N. R. 1992. Resistance responses of potato to vesicular-arbuscular mycorrhizal fungi under varying abiotic phosphorus levels. Plant Physiol. 100: 341-351.

87. Millet, Y. A., Danna, C. H., Clay, N. K., Songnuan, W., Simon, M. D., Werck-Reichhart, D., et al. 2010. Innate immune responses activated in *Arabidopsis* roots by microbe-associated molecular patterns. Plant Cell 22: 973-990.

88. Miransari, M. 2011. Interactions between arbuscular mycorrhizal fungi and soil bacteria. Appl. Microbiol. Biotechnol. 89: 917-930.

89. Miransari, M., Abrishamchi, A., Khoshbakht, K., and Niknam, V. 2014. Plant hormones as signals in arbuscular mycorrhizal symbiosis. Crit. Rev. Biotechnol. 8551: 1-12.

90. Moreau, M.,Lindermayr, C.,Durner, J., and Klessig, D. F. 2010. NO synthesis and signaling in plants—Where do we stand? Physiol. Plant 138: 372-83.

91. Murphy, J.G., Rafferty, S.M., and Cassells, A.C. 2000. Stimulation of wild strawberry (*Fragaria vesca*) arbuscular mycorrhizas by addition of shellfish waste to the growth substrate: interaction between mycorrhization, substrate amendment and susceptibility to red core (*Phytophthora fragariae*). Appl. Soil Ecol. 15: 153-158.

92. Mustafa, G., Khong, N. G., Tisserant, B., et al. 2017. Defence mechanisms associated with mycorrhiza-induced resistance in wheat against powdery mildew. Funct. Plant Biol. 44: 443-454.

93. Nakashita, H.,Yasuda, M., Nitta,T., Asami, T., Fujioka, S., et al. 2003. Brassino steroid functions in abroad range of disease resistance in tobacco and rice. Plant J. 33: 887-98.

94. Navarro, L., Bari, R., Achard, P., Lison, P., Nemri, A., et al. 2008. DELLAs control plant immune responses by modulating the balance of jasmonic acid and salicylic acid signaling. Curr. Biol. 18: 650-55.

95. Neto, Domingos, Carvalho, Luis M., and Martins-Loucao, M. A. 2006. How do

mycorrhizas affect C and N relationships in flooded *Aster tripolium* plant? Plant and soil 279: 51-63.

96. Njeru, E. M., Avio, L., Bocci, G., Sbrana, C., Turrini, A., Barberi, P., et al. 2015. Contrasting effects of cover crops on 'hot spot' arbuscular mycorrhizal fungal communities in organic tomato. Biol. Fertil. Soils 51: 151-166.
97. Norman, J. R. and Hooker, J. E. 2000. Sporulation of *Phytophthora fragariae* shows greater stimulation by exudates of nonmycorrhizal than by mycorrhizal strawberry roots. Mycol. Res. 104: 1069-1073.
98. Norman, J.R., Atkinson, D., and Hooker, J.E. 1996. Arbuscular mycorrhizal fungal-induced alteration to root architeclure in strawberry and induced resistance to the root pathogen *Phytophthora fragariae*. Plant Soil 185: 191-198.
99. Nuccio, E. E., Hodge, A., Pett-Ridge, J., Herman, D. J., Weber, P. K., and Firestone, M. K. 2013. An arbuscular mycorrhizal fungus significantly modifies the soil bacterial community and nitrogen cycling during litter decomposition. Environ. Microbiol. 15: 1870-1881.
100. Orfanoudakis, M., Wheeler, C. T., and Hooker, J. E. 2010. Both the arbuscular mycorrhizal fungus *Gigaspora rosea* and *Frankia* increase root system branching and reduce root hair frequency in *Alnus glutinosa*. Mycorrhiza 20: 117-126.
101. Pettigrew, W. T., Meredith, W. R., and Young, L. D. 2005. Potassium fertilization effects on cotton lint yield, yield components, and reniform nematode populations. Agron. J. 97: 1245-1251.
102. Philippot, L., Raaijmakers, J. M., Lemanceau, P., and van der Putten, W. H. 2013. Going back to the roots: the microbial ecology of the rhizosphere. Nat. Rev. Microbiol. 11: 789-99.
103. Pieterse, C. M. J., Leon-Reyes, A., Van der Ent, S., and Van Wees, S. C. M. 2009. Networking by small-molecule hormones in plant immunity. Nat. Chem. Biol. 5: 308-316.
104. Pieterse, C.M.J., Zamioudis, C., Berendsen, R. L., Weller, D.M., van Wees, S.C., and

Bakker, P.A.H. M. 2014. Induced systemic resistance by beneficial microbes. Annu. Rev. Phytopathol. 52:347-75.

105.Pinior, A., Wyss, U., Piché, Y., and Vierheilig, H. 1999. Plants colonized by AM fungi regulate further root colonization by AM fungi through altered root exudation. Can. J. Bot. 77: 891-897.

106.Pinochet, J., Anglis, M., Dalmau, E., Fernandez, C., and Felipe, A. 1996. Prunus Rootstock Evaluation to Root-knot and Lesion Nematodes in Spain. Suppl. J. Nematol. 28(4S): 616-623.

107.Porcel, R., Aroca, R., and Ruíz-Lozano, J. M. 2012. Salinity stress alleviation using arbuscular mycorrhizal fungi. A review, Agronomy for sustainable development. 32: 181-200.

108.Pozo, M. J., and Azcón-Aguilar, C. 2007. Unraveling mycorrhiza-induced resistance. Curr. Opin. Plant Biol. 10: 393-398.

109.Pozo, M. J., Cordier, C., Dumas-Gaudot, E., Gianinazzi, S., Barea, J. M., and Azcón-Aguilar, C. 2002. Localized versus systemic effect of arbuscular mycorrhizal fungi on defence responses to *Phytophthora* infection in tomato plants. J. Exp. Bot. 53: 525-534.

110.Requena, N., Jimenez, I., Toro, M., and Barea, J.M. 1997. Interactions between plant-growth-promoting rhizobacteria (PGPR), arbuscular mycorrhizal fungi and *Rhizobium* spp. in the rhizosphere of *Anthyllis cytisoide*s, a model legume for revegetation in mediterranean semi-arid ecosystems. New Phytol. 136: 667-677.

111.Requena, N., Perez-Solis, E., Azcon-Aguilar, C., Jeffries, P., and Barea, J.M. 2001. Management of indigenous plant-microbe symbioses aids restoration of desertified ecosystems. Appl. Environ. Microbiol. 67: 495-498.

112.Rouphael, Y.,Franken, P. and Schneider, C. 2015. Arbuscular mycorrhizal fungi act as biostimulants in horticultural crops Sci. Hortic. 196:91-108.

113.Ryan, A, and Jones, P. 2004. The effect of mycorrhization of potato roots on the hatching chemicals active towards the potato cyst nematodes, *Globodera pallida* and

G. rostochiensis. Nematol 6: 335-342.

114. Ryan, M.H., and Graham, J.H. 2002. Is there a role for arbuscular mycorrhizal fungi in production agriculture? Plant Soil. 244: 263-271.

115. Schaarschmidt, S., Gresshoff, P. M., and Hause, B. 2013. Analyzing the soybean transcriptome during autoregulation of mycorrnization identifies the transcription factors GmNF-YA1 a/b as positive regulators of arbuscular mycorrhization. Genome Biol. 14: R 62.

116. Sbrana, C., Avio, L., and Giovanetti, M., 2014. Beneficial mycorrhizal symbionts affecting the production of health-promoting phytochemicals. Electrophoresis 35: 1535-1546.

117. Scheublin, T. R., Sanders, I. R., Keel, C., and van der Meer, J. R. 2010. Characterisation of microbial communities colonising the hyphal surfaces of arbuscular mycorrhizal fungi. ISME J. 4: 752-763.

118. Schouteden, N., De Waele, D., Panis, B. and Vos, C. M. 2015. Arbuscular mycorrhizal fungi for the biocontrol of plant-parasitic nematodes: A review of the mechanisms involved. Front. Microbiol. 6: 1280.

119. Seguel, A., Cumming, J.R., Klugh-Stewart, K., Cornejo, P., and Borie, F. 2013. The role of arbuscular mycorrhizas in decreasing aluminium phototoxicity in acidic soils: a review. Mycorrhiza 23: 167-183.

120. Smith, F. A., and Smith, S. E. 2011. What is the significance of the arbuscular mycorrhizal colonisation of many economically important crop plants? Plant Soil 348: 63-79.

121. Smith, S.E., and Read, D. J. 1997. Mycorrhizal symbiosis. 2nd ed. Harcourt Brace & Company, San Diego.

122. Smith, S.E., and Read, D.J. 2008. Mycorrhizal Symbiosis, 3rd ed. Academic Press, London.

123. Song, Y., Chen, D., Lu, K., Sun, Z., and Zeng, R. 2015. Enhanced tomato disease resistance primed by arbuscular mycorrhizal fungus. Front. Plant Sci. 6: 786.

124. Sood, G. S. 2003. Chemotactic response of plant-growth-promoting bacteria towards roots of vesicular-arbuscular mycorrhizal tomato plants. FEMS Microbiol. Ecol. 45: 219-227.

125. Soriano, I. R., Asenstorfer, R. E., Schmidt, O., and Riley, I. T. 2004. Inducible flavone in oats (*Avena sativa*) is a novel defense against plant-parasitic nematodes. Phytopathology 94: 1207-1214.

126. St-Arnaud, M., Hamel, C., Vimard, B., Caron, M., and Fortin, J.A. 1997. Inhibition of *Fusarium oxysporum* f. sp. *dianthi* in the non-VAM species *Dianthus caryophyllus* by co-culture with *Tagetes patula* companion plants colonized by *Glomus intraradices*. Can. J. Bot. 75: 998-1005.

127. Steinkellner, S., Lendzemo, V., Langer, I., Schweiger, P., Khaosaad, T., Toussaint, J.-P., et al. 2007. Flavonoids and strigolactones in root exudates as signals in symbiotic and pathogenic plant-fungus interactions. Molecules 12: 1290-1306.

128. Stoffelen, R., Verlinden, R., Xuyen, N. T., De Waele, D., and Swennen, R. 2000. Host plant response of *Eumusa* and Australimusa bananas (*Musa* spp.) to migratory endoparasitic and root-knot nematodes. Nematology 2: 907-916.

129. Suzuki, S., Kobae, Y., Sisaphaithong, T., Tomioka, R., Takenaka, C., et al. 2015. Differential growth responses of rice cultivars to an arbuscular mycorrhizal fungus, *Funneliformis mosseae*. J. Hortic. 2: 142.

130. Taylor, T.N., Remy, W., Hass, H.,and Kerp, H. 1995. Fossil arbuscularmycorrhizae from the Early Devonian. Mycologia 87: 560-573.

131. Tian, B., Yang, J., and Zhang, K. Q. 2007. Bacteria used in the biological control of plant-parasitic nematodes: populations, mechanisms of action, and future prospects. FEMS Microbiol. Ecol. 61: 197-213.

132. Ton, J., Flors, V., and Mauch-Mani, B. 2009. The multifaceted role of ABA in disease resistance. Trends Plant Sci. 14: 310-317.

133. Toro, M., Azcon, R., and Barea, J.M. 1997. Improvement of arbuscular mycorrhiza development by inoculation of soil with phosphate-solubilizing rhizobacteria to

improve rock phosphate bioavailability (^{32}P) and nutrient cycling. Appl. Environ. Microbiol. 63: 4408-4412.

134. Tosi, L., and Zazzerini, A. 2000. Interactions between *Plasmopara helianthi*, *Glomus mosseae* and two plant activators in sunflower plants. Eur. J. Plant Pathol. 106: 735-744.

135. Toth, R., Toth, D., Starke, D., and Smith, D.R. 1990. Vesiculararbuscular mycorrhizal colonization in *Zea mays* affected by breeding for resistance to fungal pathogens. Can. J. Bot. 68: 1039-1044.

136. Van Loon, L. C., Geraats, B. P. J., and Linthorst, H. J. M. 2006. Ethylene as a modulator of disease resistance in plants. Trends Plant Sci. 11: 184-91.

137. Veresoglou, S. D. and Rillig, M. C. 2012. Suppression of fungal and nematode plant pathogens through arbuscular mycorrhizal fungi. Biol. Lett. 8: 214-217.

138. Vierheilig, H. 2004. Regulatory mechanisms during the plant arbuscular mycorrhizal fungus interaction. Can. J. Bot. 82: 1166-1176.

139. Vierheilig, H., Lerat, S., and Piché, Y. 2003. Systemic inhibition of arbuscular mycorrhiza development by root exudates of cucumber plants colonized by *Glomus mosseae*. Mycorrhiza 13: 167-170.

140. Vierheilig, H., Steinkellner, S., and Khaosaad, T. 2008. "The biocontrol effect of mycorrhization on soilborne fungal pathogens and the autoregulation of the AM symbiosis: one Mechanism, Two Effects?" Pages 307-320 *in*: Mycorrhiza, ed. A. Varma, Berlin: Springer-Verlag.

141. Vierheilig, H., Garcia-Garrido, J. M., Wyss, U., and Piché, Y. 2000. Systemic suppression of mycorrhizal colonization of barley roots already colonized by AM fungi. Soil Biol. Biochem. 32: 589-595.

142. Vigo, C., Norman, J.R., and Hooker, I.E. 2000. Biocontrol of the pathogen *Phytophthora parasitica* by arbuscular mycorrhizal fungi is a consequence of effects on infection loci. Plant Pathol. 49: 509-514.

143. Vlot, A. C., Klessig, D. F., and Park, S. W. 2008. Systemic acquired resistance: the

elusive signal(s). Curr. Opin. Plant Biol. 11: 436-442.

144. Vlot, A. C., Dempsey, D. A., and Klessig, D. F. 2009. Salicylic acid, a multifaceted hormone to combat disease. Annu. Rev. Phytopathol. 47: 177-206.

145. Vos, C. M., Yang. Y., De Coninck, B., and Cammue, B. P. A. 2014. Fungal (-like) biocontrol organisms in tomato disease control. Biol. Control 74: 65-81.

146. Vos, C., Claerhout, S., Mkandawire, R., Panis, B., de Waele, D., and Elsen, A. 2012a. Arbuscular mycorrhizal fungi reduce root-knot nematode penetration through altered root exudation of their host. Plant Soil 354: 335-345.

147. Vos, C., Van Den Broucke, D., Lombi, F. M., De Waele, D., and Elsen, A. 2012b. Mycorrhiza-induced resistance in banana acts on nematode host location and penetration. Soil Biol. Biochem. 47: 60-66.

148. Vosatka, M. and Dodd, J.C. 2002. Ecological considerations for successful application of arbuscular mycorrhizal fungal inoculum. Pages 235-247 *in*: Mycorrhizal technology in agriculture: from genes to bioproducts. Ed. S. Gianinazzi, H. Schüepp, J.M. Barea, and K. Haselwandter, Basel: Birkhäuser Verlag.

149. Walters, D. R. and McRoberts, N. 2006. Plants and biotrophs: apivotal role for cytokinins? Trends Plant Sci. 11: 581- 86.

150. Wamberg, C., Christensen, S., Jakobsen, I., Müller, A. K., and Sørensen, S. J. 2003. The mycorrhizal fungus (*Glomus intraradices*) affects microbial activity in the rhizosphere of pea plants (*Pisum sativum*). Soil Biol. Biochem. 35: 1349-1357.

151. Whipps, J. M. 2004. Prospects and limitations for mycorrhizas in biocontrol of root pathogens. Can. J. Bot. 82(8): 1198-1227.

152. Whipps, J. M. 1997. Developments in the biological control of soil-borne plant pathogens. Adv. Bot. Res. 26: 1-134.

153. Whipps, J.M. 2001. Microbial interactions and biocontrol in the rhizosphere. J. Exp. Bot. 52: 487-511.

154. Wyss,U. 2002. "Feeding behaviour of plant-parasitic nematodes," Pages 233-259 *in*: Biology of Nematodes, ed. D. L. Lee, London: Taylor & Francis.

155. Yang,H., Zhang, Q., Dai, Y., Liu, Q., Tang, J., Bian, X., et al. 2014. Effects of arbuscular mycorrhizal fungi on plant growth depend on root system: a meta-analysis. Plant Soil 389: 361-374.

156. Zamioudis, C. and Pieterse, C. M. J. 2012. Modulation of host immunity by beneficial microbes. Mol. Plant Microbe Interact 25: 139-150.

157. Zeilinger, S., Gupta, V. K., Dahms, T.E., Silva, R.N., Singh, H.B., Upadhyay, R.S., Gomes, E.V., Tsui, C.K., and Nayak, S. C. 2015. Friends or foes? Emerging insights from fungal interactions with plants. FEMS Microbiol Rev. 40(2): 182-207.

158. Zhu, H. H. and Yao, Q. 2004. Localized and systemic increase of phenols in tomato roots induced by *Glomus versiforme* inhibits *Ralstonia solanacearum*. J. Phytopathol. 152: 537-542.

PART III

植物源植醫資材與產品

CHAPTER 11

微奈米乳化液應用於植物保健之技術

涂凱芬[1]、黃振文[2,3]、林耀東[1,3*]

[1] 國立中興大學土壤環境科學系
[2] 國立中興大學植物病理學系
[3] 國立中興大學永續農業創新發展中心

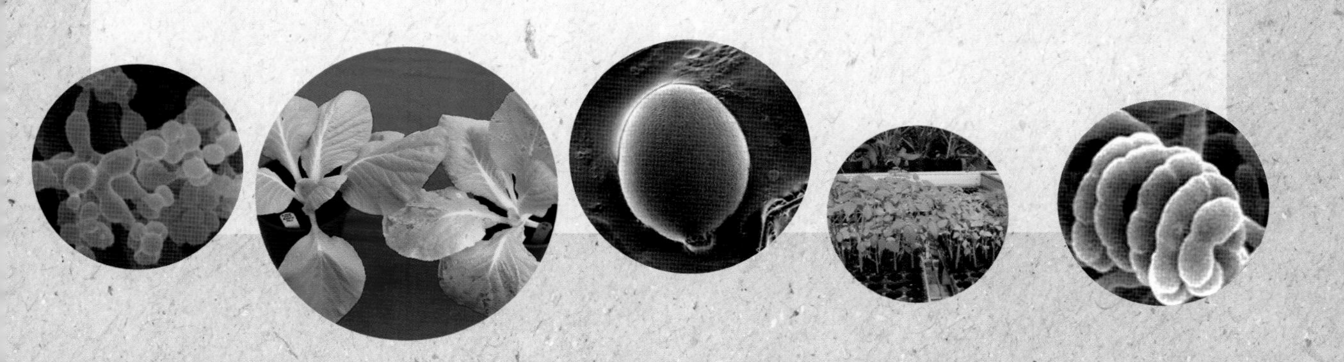

摘要

本文介紹各種常見乳化液製備技術及乳化液基本特性，並彙整乳化液於環境抗菌、植物保健之應用及相關抗菌機制。乳化液製備可區為高能量乳化法及低能量乳化法，若油相以液滴狀分散於水相則稱為 O/W 體系，反之水相以液滴狀分散在油相，則稱為 W/O 體系。乳化液於植物保健領域應用別稱為乳劑。近年研究著重以天然成分如植物萃取物或植物油等材料製備，然其抗菌效果與油品種類及油濃度息息相關。文獻顯示乳化液防植病機制為乳化液可於植體表面形成薄膜，阻隔病原菌孢子發芽與菌絲生長，降低病原菌二次傳播與感染的機會。乳化液製備過程之親水基和親油基的平衡值（hydrophile-lipophilebalance, HLB）、油滴粒徑及界達電位（zeta potential）等參數對乳化液之抗菌效能具關鍵影響。HLB 影響製備乳化液之劑型（如 W/O 體系或 O/W 體系），液滴之表面界達電位影響乳化液之穩定性。此外文獻亦指出乳化液滴之粒徑大小與抗菌效果具相關性。故若能因應調整乳化液基本性質，則可擴大乳化技術於植物保健之應用範圍與提升病害防治成效。為深入探討乳化液液滴粒徑防治植物病害效果，本研究團隊以不具抑菌效果之大豆油乳化液施用於感染胡瓜露菌病之葉面，評估乳化液滴粒徑對胡瓜露菌病抑制之影響。

研究結果指出液滴粒徑為 100 及 200 nm 時，胡瓜露菌病罹病率分別為 93% 及 100%，液滴粒徑為 300 nm 則可降低至 70%，當液滴粒徑為提升至 400 及 500 nm 時，罹病率僅 23% 且病斑也明顯減少，顯示乳化液液滴粒徑對抗菌防病效果極為重要。透過觀察露菌孢囊釋出游走子之影像顯示，對照組之孢囊有效分化並釋出游走子，處理組其孢囊無法順利分化，油滴包裹乳突致使游走子無法釋出。因此，未來研究可針對不同菌株特性，透過調整乳化液液滴粒徑，可獲致最佳之抗菌乳化液。

關鍵字：乳化液、植物油、製備技術、液滴粒徑、植物保健、胡瓜露菌病、機制

前言

乳化技術已被廣泛應用於各個領域並取得明顯成效，在農業領域稱爲乳劑，多應用於乳化高毒性之農藥如，陶斯松、巴拉松等，近期因全球環保運動興起，環境友善、無毒之農業製劑需求高，乳化技術開始應用至植物油及植物萃取成分等天然物質，上述材料除環境友善外，民眾接受度亦高（黃等，2018），本文將植物保健應用之乳化製劑統稱爲乳化液，目前乳化技術依其所需能量可分爲高能量乳化法及低能量乳化法，常見的高能量乳化法爲高速微射流體法（microfluidization）、高壓均質法（high-pressure homogenization, HPH）及超音波震盪法（ultrasonication）三種；低能量乳化法則爲自發乳化（spontaneous emulsification）、相轉變溫度法（phase inversion temperature method, PIT）及高速均質法（high-speed homogenization）三種，上述乳化技術均可有效將油相分散於水相中。評估乳化液基本性質包括親水基 / 親油基平衡値（hydrophile-lipophile balance, HLB）、液滴粒徑及界達電位（Jiménez*et al.*, 2018; Moghimi *et al.*, 2016），惟乳化液應用於植物保健領域對於乳化液基本性質及評估基本性質與植物保健 / 抗病害效能之關聯甚少琢磨。

迄今雖有文獻提及乳化植物油及植物萃取成分於植物保健之應用，然僅探討乳化液稀釋倍率、油品濃度及油品種類對防治植物病蟲害之效能，於不同乳化技術對應之乳化液基本性質與植物保健 / 抗病害機制仍未有定論；文獻指出乳化液可應用於環境抗菌及食品抗菌等領域，其研究結果顯示乳化後之液滴粒徑影響抗菌效果（Jiménez*et al.*, 2018; Moghimi *et al.*, 2016），因此推論乳化液於植物保健領域應有相似結果：乳化後液滴粒徑大小亦有可能影響植物保健防治效果。

本文主要目的除在於回顧彙整乳化液之製備方式 / 技術、乳化液基本特性外，亦針對乳化液於環境抗菌、植物保健功效之應用，並探討乳化液抗菌 / 抗植病機制，盼藉由探討乳化液上游製備、中游基本性質及下游乳化液環境，以及農業應用等一系列文獻彙整與相關實驗結果，祈有助於乳化技術應用於植物保健產業發展。

乳化液製備技術

乳化液（emulsion）係指由兩種互不相溶的液體所組成之分散體系，此系統其中一相會以液滴狀分散於另一相中，前者稱爲分散相（dispersed phase），後者則爲連續相（continuous phase）亦稱分散介質（dispersing medium），此兩相亦分別稱爲內相與外相。爲提高系統之穩定性，乳化劑（emulsifier）添加於乳化液系統，而界面活性劑爲常見之乳化劑。以油水系統爲例，當乳化劑加入時，其親水基（hydrophilic group）溶入水相（water phase），親油基（hydrophobic or lipophilic group）則溶入油相（oil phase）。若油相以液滴狀分散於水中，則屬油在水中（oil in water）體系，又稱爲 O/W 體系或水包油體系；反之水相以液滴狀分散在油中，則屬於水在油中（water in oil）體系，又稱爲 W/O 體系或油包水體系（圖一）（Clayton, 1954）。

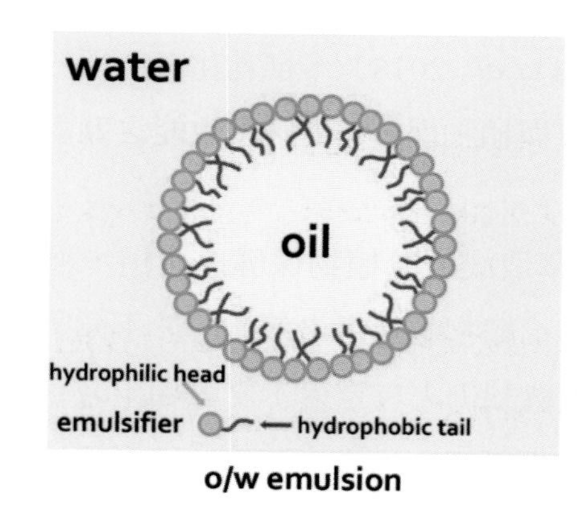

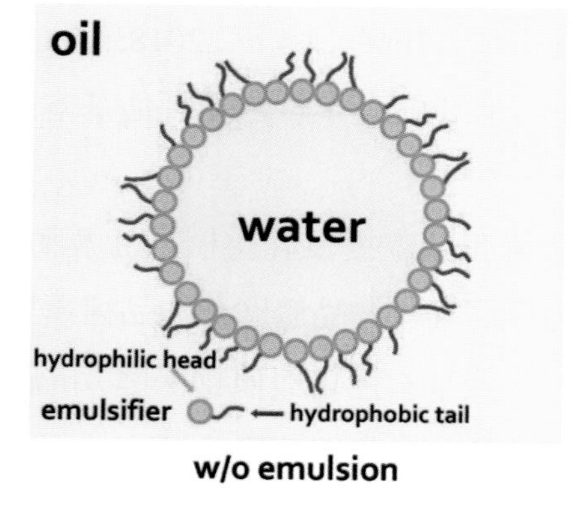

圖一　油在水中乳化液及水在油中乳化液之結構示意圖（仿 Chevalier 及 Bolzinger，2013，Colloids and Surfaces A: Physicochemical and Engineering Aspects 439 重繪）。

乳化液廣泛應用於各個領域，如醫藥、食品、農業、汙染整治等，可做爲抗菌劑、藥物傳輸載體、食品添加物、植物保健製劑等（Moghimi *et al.*, 2016；Swathy *et al.*, 2018）。乳化液製備技術可依系統能量多寡分爲低能量乳化法及高能量乳化法，上述兩種方法皆可有效調整液滴粒徑及提升乳化液穩定性（Swathy *et al.*, 2018）。常見高能量乳化法又可分爲高速微射流體法、高壓均質法及超音波震盪法；低能量乳化法則可細分為自發乳化、相轉變溫度法及高速均質法（Jiménez *et al.*, 2018; Moghimi*et al.*, 2016），上述乳化液製備技術優劣點彙整如表一所示，並分述如下。

表一　乳化液製備技術高能量乳化法與低能量乳化法之優缺點彙整表

乳化液製備技術		優點	缺點
高能量乳化法	超音波震盪法	‧界面活性劑使用量低 ‧低儀器需求 ‧製備容易	‧耗能 ‧乳化效果受與探針距離之影響
	高速微射流體法	‧包裹效率高 ‧穩定性高	‧耗能 ‧需多次通過使其液滴大小一致
	高壓均質法	‧製備容易 ‧產品汙染風險低	‧耗能 ‧零件易受高壓損壞
低能量乳化法	自發乳化	‧較不耗能 ‧成本較低 ‧製備簡單 ‧不需特殊設備 ‧有利於擴大規模生產	‧需較高之界面活性劑與油之比例 ‧需良好控制製備條件
	相轉變溫度法	‧較不耗能 ‧成本較低 ‧製備簡單 ‧不需特殊設備	‧需較高之界面活性劑與油之比例 ‧油滴凝聚狀況 ‧需良好控制製備條件
	高速均質法	‧較不耗能 ‧成本較低 ‧製備簡單 ‧不需特殊設備 ‧易製成高流量及大功率 ‧樣品得以多次通過轉定子，提高分散、打碎之效果 ‧組裝容易且清洗方便 ‧易將樣品導入系統，有利於連接管線放大系統進行連續操作	‧需較高之界面活性劑與油之比例 ‧需考量樣品黏稠度選擇適宜轉子－定子

一、高能量乳化法

高能量乳化法係指乳化液製備技術需輸入大量機械能，常見方法為高速微射流體法（microfluidization）、高壓均質法（high-pressure homogenization, HPH）及超音波震盪法（ultrasonication）（Jiménez *et al.*, 2018）。

1. 超音波震盪法

超音波震盪法藉由將超音波探針導入乳化液樣品中，破壞油水兩相交界面，使油滴破碎形成較小顆油滴並分散至水中，因而製成微奈米乳化液。然若直接將超音波應用於油相及水相之界面，其所產生之能量較難破壞兩相界面，且因樣品與超音波探頭間的距離不一，使其乳化後液滴粒徑分布不均，故在進行超音波震盪前多會先製備粗乳化液，提升超音波乳化之效能（呂等，2008；林，2011）。

由於超音波震盪法較傳統機械製程、界面活性劑使用量低，且具高效率、低操作成本及容易操作等因素故被視爲一種綠色科技，許多文獻均以超音波震盪法製備乳化液並應用於抗菌領域（Moghimi *et al.*, 2016; Nirmal *et al.*, 2018）。

2. 高速微射流體法

高速微射流體法原理與超音波震盪法相似，透過幫浦施加高壓，將粗乳化液（coarse emulsion）以固定壓力注入碰撞衝擊室（interaction chamber）。當粗乳化液經微通道（micro channel）進入碰撞衝擊室時，粗乳化液被分成兩股並相互高速碰撞，同時產生剪力（shear force）、衝擊力（impact force）及漩渦眞空力（cavitation force），進而形成液滴粒徑更小之乳化液。因碰撞產生之高溫可由後續之冷卻槽進行降溫（Salvia-Trujillo *et al.*, 2015）。以高速微射流體法製備之乳化液具有較高穩定性，且分散相被包裹之效率可超過 75%（Varzakas & Tzia, 2014）。

3. 高壓均質法

高壓均質法透過對乳化樣品施加壓力，使樣品經兩噴嘴拆成兩股而後快速碰撞，使系統產生剪切力、空穴效應及紊流流體，進而形成液滴粒徑較小之乳化液（Swathy *et al.*, 2018；林，2011）。高壓均質法多應用於藥物生產，其製備簡單、產品汙染風險低，然高壓均質法耗能大，且均質機零件易於高壓下受到磨損，需經常進行維護（呂等，2008）。

二、低能量乳化法

高能量乳化法如高壓均質法和超音波震盪法相對較耗能及混合功效較差，且不易形成品質良好之乳化液（崔，1998）；低能量乳化法成本較低、製備簡單且不需要特殊的均質設備。然低能量乳化法需較高之界面活性劑與油之比例（surfactant to oil ratios, SOR）以利形成穩定之奈米乳化液（Chang *et al.*, 2013）。

1. 自發乳化法

自發乳化法爲於兩種互不相溶之液體接觸且無外在機械能輸入，其溶液本身或環境條件如油、水及界面活性劑之比例或攪拌速率等產生變化時，伴隨著油滴自發性地被油、水及界面活性劑混合體系所包裹住之過程。此方法因不需高剪切力（如高壓均質、超音波震盪等）並易於擴大規模生產（Li *et al.*, 2017）。

2. 相轉變溫度法

相轉變溫度法（PIT）多使用易受溫度影響之非離子型界面活性劑，其分子結構會隨溫度變化而改變。當溫度高於相轉變溫度時，相與相之間的界面張力極低，因此界面活性劑對水相及油相有良好之親和力，有利於形成雙連續結構或層狀結構。若連續攪拌且快速降溫至 PIT 以下之情況下，界面活性劑會重新分布於水相和油相間，使該系統形成穩定之乳化液。惟油滴之凝聚狀況則爲相轉變溫度法製備乳化液之主要關鍵課題（Hilbig *et al.*, 2016）。

3. 高速均質法

高速均質法多利用轉子 / 定子設備（Rotor-Stator），因內部之轉動軸（轉子）之高速轉動，可有效將待處理樣品自動地垂直導入轉子與外部的固定管（定子）間，而後經剪切力及推力作用，從側向排出；此外紊流（turbulence）也在轉子 - 定子間產生，並提供樣品最佳之混合條件，使樣品在極短時間內形成均質狀態，高速均質法運用廣泛（崔，1998），其優點如下（孫，2008）：

(1) 利用剪切力進行粉碎、混合、均質和乳化，效果好且能耗低。

(2) 轉子質輕且轉動慣量小，較易製成高流量及大功率之設備。

(3) 樣品得以多次通過轉定子，提高分散、打碎之效果。

(4) 組裝容易且清洗方便，適用於原料種類頻繁更換及製程管制嚴格之場所。

(5) 易將樣品導入系統，有利於連接管線放大系統進行連續操作。

微奈米乳化液關鍵特性

製備乳化液過程中需添加乳化劑（界面活性劑），故親水基和親油基平衡值影響乳化效果，此外乳化液之液滴粒徑、液滴粒徑分散指數及液滴之表面界達電位（zeta potential）亦為影響乳化液穩定性關鍵因素，以下臚列微奈米乳化液關鍵基本特性並分述如下。

一、親水基和親油基平衡值

藉由界面活性劑分子中親水基和親油基平衡值（Hydrophile-Lipophile Balance, HLB），可判斷界面活性劑分子為親水性或親油性，此外亦可依據界面活性劑之 HLB 值判斷及篩選出適當乳化劑以製備乳化液。HLB 值介於 0 至 20 間，當界面活性劑分子之親水性愈強，HLB 值則愈大，HLB 值為一相對值故無單位，且僅適用於非離子界面活性劑，HLB 值小於 9.0 為親油性，HLB 值大於 11.0 則為親水性。圖二彙整不同 HLB 值乳化液於水中之狀態、作用與用途。由圖二顯示 HLB 值亦可作為篩選所需之乳化劑、潤溼劑、清潔劑和可溶化劑等，惟上述數值僅為經驗估計，故實務運用上可能針對實際條件作調整，且圖二之 HLB 值僅能確定所形成之乳液類型，並不能代表其乳化能力強弱（王，1988）。

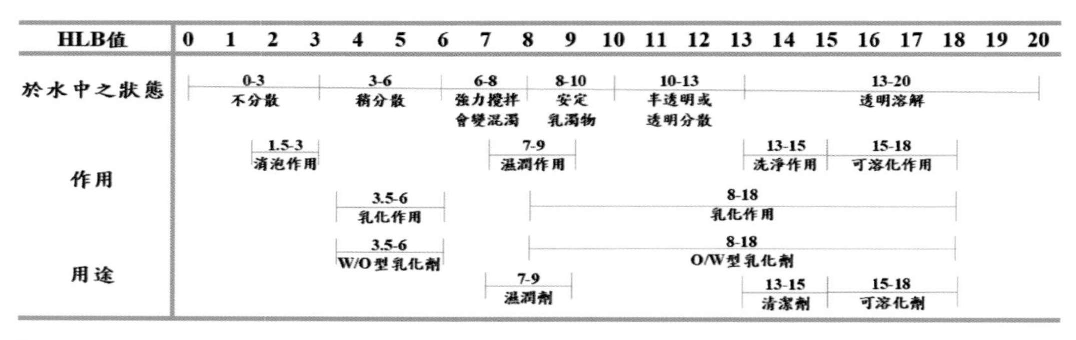

圖二　界面活性劑之 HLB 值和其溶於水之狀態、作用及用途（本文彙整資料）。

在實際操作上，通常會將界面活性劑混合使用，例如使用一種水溶性界面活性劑和一種油溶性界面活性劑。若混合數種不同 HLB 值之界面活性劑後，其 HLB 值為組成混合物的各種界面活性劑之加權平均值，即

$$HLB_{Mix} = \sum_{i=1}^{n} HLB_i \times i\%$$

式中 HLB_{Mix} 爲混合後之 HLB 值，HLB_i 爲選擇界面活性劑之 HLB 值，而 i % 代表該界面活性劑在所有添加界面活性劑中所占的重量百分比。

每一個乳化系統均有一最佳 HLB 值使其穩定性最高，且乳化效果最好。此最佳 HLB 值可用一個親水、一個親油的已知 HLB 值之乳化劑求出：將兩者按照不同比例混合，以此混合乳化劑製成一系列具有不同 HLB 值之乳化液，並獲得最穩定之配方，則此混合乳化劑之 HLB 值便是該體系最適 HLB 值（賴，2002）。

若使用者欲製備 O/W 乳化液，則測試之 HLB 值範圍多落在 8-18；若爲 W/O 乳化液，則多測試 3.5-6。現今主要以發展 O/W 乳化液爲主軸，其成本較低，且乳化液滴粒徑較小，較易被吸收而效能較佳。

二、液滴粒徑與多分散性指數

乳化後液滴粒徑大小爲評估乳化液性質之重要因素，依其液滴粒徑大小可區分爲巨乳化液（macroemulsion）、微乳化液（microemulsion）及奈米乳化液（nanoemulsion），三者液滴粒徑範圍依序爲 1-100 μm、100-500 nm、10-100 nm。多分散性指數（polydispersity index, PDI）與液滴粒徑分布息息相關，巨乳化液之 PDI 相對較微乳化液及奈米乳化液高，意即液滴粒徑分布較不集中，穩定性較差；若乳化粒徑分布越集中且粒徑越小，則此系統穩定性越佳。此外若乳化液其粒徑在長期存放後而變大，顯示液滴相互碰撞，穩定性較差（林等，2015）。乳化液呈色亦可初步辨識乳化液滴粒徑大小，當液滴粒徑較大時，容易反射光線，故多呈現乳白色之混濁狀，若其液滴粒徑較小，則光線不易反射，呈現澄清透明狀。

Gundewadi *et al.*（2018）等人將羅勒精油以不同製程製備微乳化液與奈米乳化液，粒徑分別爲 422 nm 及 93 nm，顏色呈現乳白色及透明色，Salvia-Trujillo 等人（2015）以高速均質法及高速微射流體法乳化香茅油，前者粒徑爲 1,121 nm，PDI 爲 0.49，後者爲 5.5 nm，PDI 爲 0.51，顯示以高速均質法得以製備粒徑較大之乳化液，然此二種製備方式對液滴粒徑分布影響不大，乳化液呈色上前者呈現乳白狀，後者則略爲透明；亦有學者調整界面活性劑與油之比例（surfactant to oil ratios, SOR），以 Tween 80 乳化反式肉桂醛，當 SOR 爲 1：3 時，粒徑爲 113.6 nm，呈乳白色，SOR 爲 2：1 時，粒徑爲 27.8 nm，呈透明狀（Moghimi *et al.*, 2017）。

三、界達電位

乳化液滴粒徑與膠體粒子粒徑大致相同，皆會因與水或極性溶劑接觸而產生表面電荷，且乳化液滴粒徑因顆粒較大，帶電量亦較多。帶電量多寡可反映液滴間的吸引或排斥強度，文獻指出若帶電量高於 30 mV，顆粒彼此間排斥力大，分散性相對較佳，不易因碰撞而有液滴結合變大之情形（Ribes *et al.*, 2016; Salvia-Trujillo *et al.*, 2015）。故乳化液滴之帶電量與乳化液穩定性相關。

文獻分別以高速均質法與高速微射流體法乳化檸檬草、丁香、茶樹、百里香、天竺葵、墨角蘭、玫瑰草、花梨木、鼠尾草、薄荷等十種精油，並比較乳化液滴之界達電位（Zeta potential），研究結果顯示以高速均質法製備者僅丁香油、茶樹精油及墨角蘭精油乳化液滴表面電位超過 30 mV，而以高速微射流體法乳化者僅玫瑰草精油乳化液滴表面電位未超過 30 mV，顯示製程亦為影響乳化液滴表面電位之因素，而各種油品乳化液滴表面電位不均則與油品的解離度（degree of dissociation）及可離子化化合物（ionizable compounds）多寡有關。此外所添加之界面活性劑亦影響乳化液滴表面電位，若界面活性劑屬陽離子型界面活性劑或陰離子型界面活性劑，如黃原膠、海藻酸鈉等，則乳化液滴表面電位大，若屬非離子型界面活性劑，如 Span 80 及 Tween 80 則乳化液滴表面電位小（Ribes *et al.*, 2016; Salvia-Trujillo *et al.*, 2015）。

四、穩定性

乳化液之穩定性受到液滴的排液現象和液滴的合併等兩因素影響。當此二種現象產生時，會促使乳化液分層，故可藉由阻止此現象之發生來提高穩定性。而乳化液之穩定性與否可藉由評估乳化液儲存前後其粒徑、界達電位、濁度、乳化液高度等性質是否有變化加以評量（盧，2000）。

於植物保健應用上之乳化液穩定性，亦可參考農藥管理條文 CIPAC（Collaborative International Pesticides Analytical Council）MT46.3 - Accelerated storage procedure 之規定，於 54±2℃貯放十四天後測試乳化液有無分層現象，且經上述條件貯放後測試乳化液之藥效仍保有原功效，則可判定乳化液具有良好之穩定性（高，2019）。

乳化液抗菌機制

許多文獻指出將油品乳化後對細菌、眞菌及病毒皆具有防治效果（Moghimi *et al.*, 2017），如將橙皮油乳化後可防止食物腐敗及抑制啤酒酵母菌（*Saccharomyces cerevisiae*）之生長（Sugumar *et al.*, 2016），檸檬香桃木精油乳化後對金黃色葡萄球菌（*Staphylococcus aureus*）、李斯特菌（*Listeria monocytogenes*）及大腸桿菌（*Escherichia coli*）之抗菌效果皆較直接施用精油效果更佳（Nirmal *et al.*, 2018），百里酚乳化液對大腸桿菌、糞腸球菌（*Enterococcus feacalis*）及白色念珠菌（*Candida albicans*）於反應十分鐘後，亦具有明顯之抗菌功效（Li *et al.*, 2017）。

更有文獻進一步探討液滴粒徑是否會影響抗菌效果，以鼠尾草精油及肉桂油爲例，將鼠尾草精油乳化後，其液滴粒徑大小爲 222 nm，對大腸桿菌之最小抑菌濃度（minimum inhibitory concentration, MIC）從 8.0 mg/mL 下降至 2.0 mg/mL，且可於 10 分鐘內從 10^{11} CFU/mL 下降至 1 CFU/mL（Moghimi *et al.*, 2016）；而將肉桂油製成微奈米乳化液後，其粒徑大小分別爲 94 nm 及 45.3 nm，對李斯特菌、金黃色葡萄球菌及腸道沙門氏菌（*Salmonella enterica*）之最小抑菌濃度分別從 140、100、60 μL/mL 下降至 60、60、50 μL/mL（Jiménez *et al.*, 2018），研究結果顯示乳化後液滴粒徑大小爲影響抗菌效果之主要關鍵因子。

乳化液之抗菌機制與乳化液本身結構及液滴粒徑大小息息相關，液滴受熱力學驅動和含脂質的微生物如細菌、藻類和眞菌融合，將形成乳化液過程中所儲存之能量釋出，微生物之膜雙層結構因而受到影響而不甚穩定，致使細胞裂解與死亡（El Kadri *et al.*, 2017）。此外當液滴粒徑變小後，較易通過膜上孔蛋白，將有效成分輸送至微生物體內，且其有效成分於液滴表面的局部濃度相對較高，可有助於抗菌效果之提升（Moghimi *et al.*, 2017）。

乳化液對微生物細胞所產生之影響臚列如下：

1. 油品的疏水性和微生物細胞膜產生交互作用，致使脂肪酸組成改變及細胞內物質滲漏（Jiménez *et al.*, 2018）。

2. 細胞膜、電子流、主動運輸受到影響及細胞內物質凝固（Jiménez *et al.*, 2018）。

3. 細胞膜受到破壞，導致膜內重要物質如碳水化合物、蛋白質、DNA 及鉀離子之釋出（Moghimi *et al.*, 2016; Moghimi *et al.*, 2017）。

乳化液於植物保健之應用

乳化液於農業領域多稱爲乳劑，乳化液以往多用於乳化高毒性之有效成分如陶斯松、巴拉松等，至今則發展至使用對人體及動物無副作用之植物成分如植物萃取物、植物油，除降低成本外亦對環境較爲友善。乳化液與其他農業用藥劑型相比，優點彙整如下（王，2008）：

1. 穩定性高：農業用藥因製程耗時，儲存期間較長，而乳化液屬熱力學穩定體系，較不易於儲存過程中分層且可依需求進行稀釋。此外因乳化後有效分子被包裹住，與水接觸的機率降低，亦可應用於對水不穩定之成分。

2. 傳遞效率高：乳化體系含有較高比例之界面活性劑，界面張力相對較低，故而容易形成高比表面積之小液滴，噴施時容易附著於葉片，且因液滴與葉片間的接觸角較小，較易鋪展於葉片使有效成分得以保存於葉片之上，提高噴施效果及減少施用量。

3. 易滲透入動植體內：因乳化後界面張力降低且有效分子形成極小的液滴，易附著於作物或標靶昆蟲上，相對容易穿透入動植體內，對抗性昆蟲的效果顯著。

4. 安全性高：乳化液中以水做爲連續相，有效成分被包裹且不易揮發，較不易產生氣味，亦降低對人體的經皮毒性（transdermal toxic）。此外由於主成分以水爲主，減少可能對人體有害之有效成分於植體中殘留的程度。故乳化液相對對人體毒性低且對環境友善，藥效相對較高，常被稱爲「綠色」農藥製劑。

乳化液於植物保健之應用上，其關鍵參數包括乳化液稀釋倍率、油品濃度及油品種類之抗菌效果，以下彙整各種植物油乳化後之乳化液於植物保健之施用成果，此外亦介紹本研究團隊在不同乳化液滴粒徑對防治胡瓜露菌病之抑病效能。

一、稀釋倍率

大蒜油乳化液在稀釋 50 倍及 100 倍時，可有效防治辣椒疫病、炭疽病、根腐病，若稀釋200倍以上則效果較差（范等，2008）；肉桂油乳化液稀釋1000倍時，可抑制蝴蝶蘭灰黴病菌（*Botrytis cinerea*）與十字花科蔬菜黑斑病菌（*Alternaria brassicicola*）孢子發芽，於溫室盆栽試驗該稀釋倍率可有效降低蝴蝶蘭灰黴病之發生，此外亦減輕半結球萵苣 *Alternaria* 葉斑病；進一步以水稻稻熱病進行田間試驗，該製劑亦具有預防與治療效果（謝，2014）。將葵花油乳化液運用在防治番茄白粉病，若油品濃度稀釋至 1000 倍時可降低 50% 之發生率；稀釋倍率在 200-500 倍時，則可降低 80-90% 之發生率（Ko *et al*., 2003；王等，2009）。

乳化液亦可用於線蟲防治，如將市售之肉桂油乳化液稀釋 5000 倍可有效降低南方根瘤線蟲（*Meloidogyne incognita*）之卵孵化率及提高二齡幼蟲之致死率，前者從 69.6% 降至 30.6%，後者則由 12.6% 提高至 98.0%（顏等，2017）。蟲害防治方面，稀釋 200 倍的辣木油乳化液、花生油乳化液及椰子油乳化液分別可使草莓桃蚜死亡率達 95%、65% 及 55%，而稀釋 500 倍後，則上述三種資材分別可使草莓桃蚜死亡率達 55%、35% 及 35%（陳，2015）；將甘藍噴灑稀釋 500、1000 倍之香茅油乳化液或稀釋 500 倍之大蒜油乳化液，待一天後移入田間，可使小菜蛾產卵量下降至 5.0、7.0 及 6.5 no. pot^{-1}，未經處理者則為 17.0 No. pot^{-1}，顯示具忌避作用。綜合上述結果可知稀釋倍率越低，則防治效果越佳，且除用於防治眞菌性病害及線蟲外，亦可用於防治害蟲如桃蚜及小菜蛾等。

二、油品濃度

乳化液油品濃度與前述乳化液稀釋倍率概念相似，惟評估乳化液於植物保健之應用上以乳化液稀釋倍率為標準或以稀釋後之油品濃度為標準做為區隔。於菌絲生長抑制測試實驗，研究結果顯示隨油濃度提升則抑制菌絲生長效果越佳，其中檸檬香茅油乳化液於 30% 油濃度可完全抑制眞菌之菌絲生長（Naveenkumar *et al*., 2017）；乳化液於蟲害防治上，將大豆油乳化液油濃度調整為 5、2.5、1.25、0.625 及 0.3125 mL/L 後用於防治洋香瓜棉蚜，以 5 及 2.5 mL/L 棉致死效果最佳，前者於處理後 1、3 及 7 日致死率分別為 85.6、92.7 及 95.2%，後者處理後 1 日與 5 mL/L 相差不大約 80.2%，處理後 3 日及 7 日則依序為 84.3 及 84.2%（余，2009）。

本研究團隊將肉桂油乳化液與丁香油乳化液用於防治胡瓜露菌病（*Pseudoperonospora cubensis*），當油濃度為 1 mL/L 時，施用肉桂油乳化液後胡瓜露菌病罹病率僅 3%，而丁香油乳化液則可完全防治且葉片保持翠綠，效果顯著。就上述結果可知油品濃度越高，則防治效果越佳，對所測試之眞菌病害及蟲害皆有明顯成效。

三、油品種類

不同油品亦對植物病害有不同之功效，如評估薰衣草、肉桂、丁香、鼠尾草、迷迭香、羅勒、桉樹、蘭甜墨角、香酯欖、檸檬香茅、月見草、天竺葵、依蘭、檸檬、紫蘇、橙花、檜木、洋甘菊、葡萄柚及香蜂草共二十種精油乳化後對於蕙蘭黑斑病菌（*Fusarium proliferatum*）之抑菌效果，研究結果顯示對於 5-3 菌株及 C-1 菌株之孢子發芽 50% 抑制濃度測試（concentration required for 50% inhibition, IC_{50}）上，紫蘇、天竺葵、丁香、肉桂及檜木五種精油效果最佳，依序為 300.1、555.1、629.7、676.9、655.0 μL/L 及 253.3、493.6、641.4、649.0、691.0 μL/L；在菌絲生長 50% 抑制濃度測試上，對 5-3 菌株及 C-1 菌株則為丁香、肉桂、檜木精油之效果最佳，依序為 225.7、248.2、395.2 μL/L 及 270.5、280.8、293.7 μL/L（曾等，2016）。

農試所與夏威夷大學合作，測試玉米油、芝麻油、花生油、葵花籽油、紅花子油、菜籽油、葡萄籽油和大豆油共八種市售食用油乳化後對蕃茄白粉病的抑制效果，研究結果顯示上述各種油品皆可降低感染情形，其中以乳化葵花油效果最佳，可抑制孢子發芽及菌絲生長（Ko *et al.*, 2003）。

將柚子油乳化液及檸檬桉油乳化液對小白菜炭疽病菌（*Colletotrichum higginsianum*）PA01 菌株、草莓灰黴病菌（*Botrytis cinerea*）GBS1-104 菌株及 GBS3-93 菌株、茄科疫病菌（*Phytophthora capsici* Leonian）PC 菌株、番石榴瘡痂病菌（*Pestalotiopsis* sp.）PG6-3 菌株及草莓炭疽病菌（*C. gloeosporioides* (Penzig) Penzig et Saccardo）CSG7-3 菌株、蘭花黃葉病菌（*Fusarium solani* f. sp. *phalaenopsis* (Mart.) Sacc.）CPY-01A 菌株、胡瓜炭疽病菌（*C. orbiculare* (Berk. & Mont.) Arx）CO-51 菌株及香水檸檬（*Citrus medica* L. var. *medica*）綠黴菌（*Penicilliumdigitatum* (Pers.) Sacc.）Cmep1-3 菌株共九種菌株進行測試，稀釋 100

倍之柚子精油對 PA01 菌株、GBS1-104 菌株及 GBS3-93 菌株、PC 菌株、PG6-3 菌株及 CSG7-3 菌株之菌絲生長皆有明顯抑制效果，依次爲 89.8%、81.1%、73.4%、77.9%、69.1% 及 55.8%；而稀釋 1,000 倍檸檬桉精油對 GBS1-104 菌株、GBS3-93 菌株、CSG7-3 菌株、PA01 菌株、CO-51 菌株、PC 菌株及 CPY-01A 菌株之菌絲生長抑制率可達 100%（黃，2015）。

由上述結果可知丁香、肉桂、檜木三種精油有利於抑制蕙蘭黑斑病菌孢子發芽及菌絲生長，而蕃茄白粉病以乳化葵花油防治效果較佳，相比檸檬桉精油乳化液與柚子油乳化液，稀釋 1,000 倍之檸檬桉精油乳化液仍對大多數眞菌菌株菌絲生長可達完全抑制，顯示其具有較佳抗菌效能。

四、液滴粒徑

因乳化液於環境抗菌之應用上乳化液滴粒徑亦爲主要關鍵因素，本研究團隊嘗試針對液滴粒徑對植物保健之評估。首先以肉桂油及丁香油乳化後進行防治胡瓜露菌病之測試，因二種油品之乳化液對防治胡瓜露菌病效能極佳，故肉桂油乳化液及丁香油乳化液不同液滴粒徑對防治胡瓜露菌病均優，液滴粒徑之影響不甚明顯。該實驗施用肉桂油乳化液之胡瓜露菌病罹病率從 100% 下降至 3-17%，而丁香油胡瓜露菌病罹病率則爲 0-10%。故本研究團隊進一步以不具防治胡瓜露菌效能之大豆油進行測試，確認乳化液粒徑是否爲植物保護之重要參數。

將大豆油乳化液稀釋 500 倍後施用於胡瓜露菌病，研究結果顯示當液滴粒徑大小爲 100 及 200 nm 時，並不具有明顯防治胡瓜露菌病效果，胡瓜露菌病罹病率分別爲 93% 及 100%，胡瓜葉片上覆滿病斑，液滴粒徑 300 nm 之大豆油乳化液則可降低罹病率至 70%，當液滴粒徑提升至 400 及 500 nm 時，其胡瓜露菌病罹病率僅 23%，較未經處理者（100%）大幅下降，且胡瓜葉片上病斑不明顯（圖三）。顯示液滴粒徑爲植物病害防治之重要因子，而於露菌防治方面，則在特定粒徑範圍時之防治效果佳。

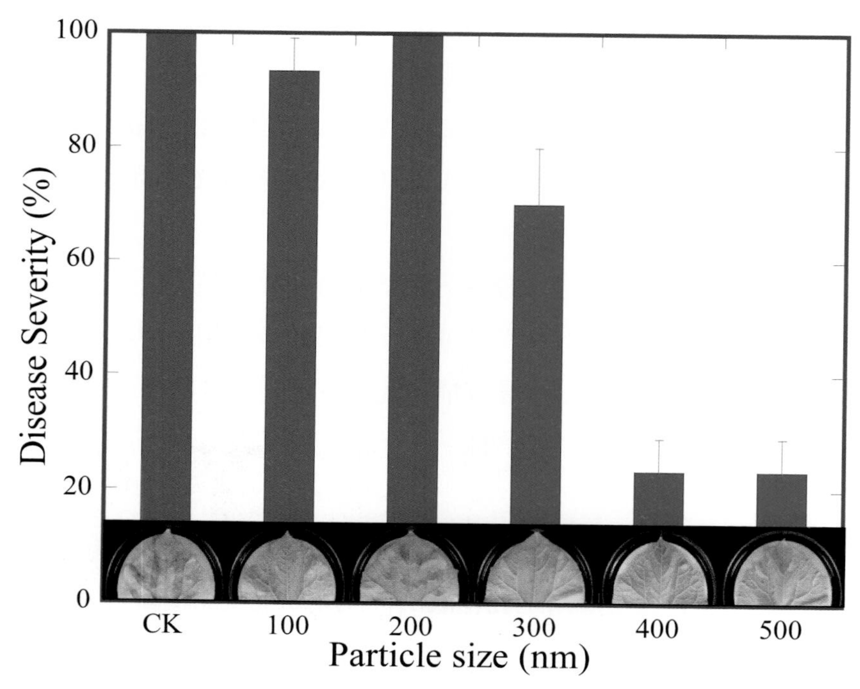

圖三　大豆油乳化液粒徑大小對胡瓜露菌病防治效果之影響。

乳化液於植物保健之防治機制

許多文獻指出乳化液於植物保健之防治機制，在於油品乳化後，經由稀釋噴灑於植體上可於植體表面形成薄膜，在不影響植體進行呼吸作用及光合作用下，減少植體水分散失，同時亦可隔絕病原菌孢子發芽與菌絲生長，其原產孢部位則因被乳化液覆蓋而使二次傳播與感染機會降低。因此，若使用環境友善之油品如食用油進行乳化，該乳化液爲安全無毒、且可用於有機生產與合乎環境友善之資材，亦可降低成本，具高度實用性（王等，2009；黃等，2018）。

本研究團隊以不具抗菌效果之大豆油製成之大豆油乳化液用於防治胡瓜露菌病之研究，大豆油乳化液防治胡瓜露菌病成效明顯，因此進一步觀察探究乳化大豆油滴對露菌孢囊釋出游走子之效能。依其影像觀察結果，未施用大豆油乳化液其孢囊有效分化並釋出游走子，然施用大豆油乳化液後其孢囊無法分化游走子，乳凸處則受油滴包裹，使游走子無法釋出（圖四）。於露菌之生活史得知當露菌孢囊成熟後會由孢囊梗脫落，在適當的溫溼度下（16-22°C，相對溼度 90%）孢囊便會成熟且釋出游走子，在植物細胞中形成吸器獲取養分，且於葉片下表皮處形成灰黑色的孢囊，造成二次感染。因此若能阻止游走子釋出，即可避免植株感染露菌。因此，就孢囊釋出游走子之影像資料佐證，大豆油乳化液防治胡瓜露菌病主要機制爲減緩孢囊釋出及分化游走子之能力受阻所致。

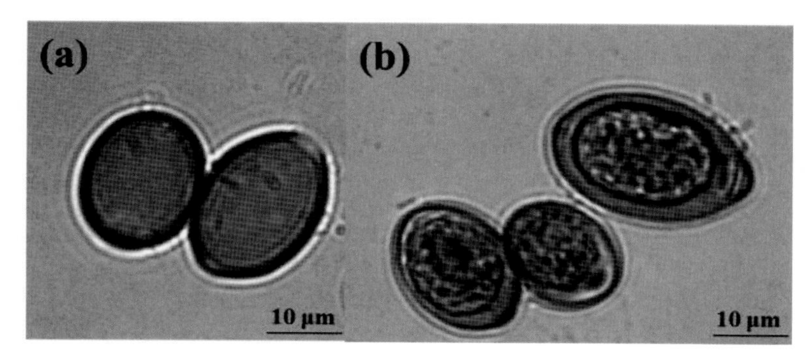

圖四　大豆油乳化液對胡瓜露菌病孢囊釋出遊走子之影響 (a) 對照組 (b) 處理組。

結語

乳化技術於農業領域之應用已由傳統高毒性之有效成分進展至使用天然無毒的植物萃取成分或植物油，除無殘留疑慮外，亦提高民眾接受度。然至今文獻僅限於探討各種油品、調整油品濃度或稀釋倍率對防治效能之影響，顯示目前乳化技術於植物保健之應用仍有很大的發展空間。藉由了解乳化基本特性如親水基和親油基的平衡值、液滴粒徑及液滴表面界達電位與抗菌能力之關聯，將可作爲突破、改良現有乳化製劑產品效能之重要關鍵因素，因此本文針對各項乳化技術與乳化性質進行基礎介紹，以利於後續發展乳化植物保健產品之參考。

爲確認乳化特性與抗菌效果之關係，本研究團隊以肉桂油、丁香油及大豆油製成不同粒徑之乳化液進行防治胡瓜露菌病之測試。然肉桂油及丁香油乳化液二者因防治胡瓜露菌病之效果佳，經測試後肉桂油乳化液罹病率僅 3-17%，丁香油乳化液則降至 0-10%，惟液滴粒徑對抑制胡瓜露菌效果均優無特別差異，故後續以大豆油乳化液進行防治胡瓜露菌病測試。

測試結果顯示液滴粒徑大小為 100 及 200 nm 時，罹病率分別為 93% 及 100%，並不具有防治胡瓜露菌病效能，粒徑提升至 300 nm 後，胡瓜露菌病罹病率為 70%，當液滴粒徑提升至 400 及 500 nm 時，胡瓜露菌罹病率僅 23% 且葉片上病斑明顯減少。觀察露菌孢囊分化及釋出游走子之能力，經施用大豆油乳化液者露菌孢囊無法分化及釋出出游走子，乳凸處也受到液滴影響而降低釋出游走子之能力，顯示液滴粒徑大小與防治胡瓜露菌病具有一定的關聯性。

主要參考文獻

1. 王李節。2008。農藥微乳劑的製備和藥效試驗。安徽大學化學化工學院碩士論文。安徽。中國。
2. 王惠亮、謝廷芳、莊益源。2009。植物病蟲害的非農藥防治。科學發展 443: 42-48。
3. 王鳳英。1988。界面活性劑的原理與應用。高立圖書有限公司。新北。臺灣。
4. 余志儒。2009。乳化大豆油對棉蚜（同翅目：常蚜科）之致死效果。臺灣農業研究 58: 265-272。
5. 呂俊博、宋云華、初廣文、陳建銘。2008。定 - 轉子反應器在乳液製備中的應用研究。塗料工業 38: 32-35。
6. 林子翔、黃奕誠、陳志展、李俊廷、賴秋君。2015。環保型界面活性劑之製備及其乳化性質之研究。華岡紡織期刊 22: 201-205。
7. 林鈺臻。2011。超音波製備奈米 / 次微米油在水中型乳化系。國立宜蘭大學食品科學系研究所碩士論文。宜蘭。臺灣。
8. 范淑英、吳才君、王靜、曲雪艷。2008。植物性殺菌劑（大蒜精油乳化液）防治辣椒病害效果試驗初報。中國果菜 34 頁。
9. 孫錦。2008。基於高速剪切原理的重油乳化技術研究。江南大學生化與食品技術裝備研究所碩士論文。江南。中國。

10. 高如沄。2019。鏈格孢菌蛋白激活子與乳化葵花油防治小白菜炭疽病的效果。中興大學植物醫學暨安全農業碩士學位學程論文。臺中。臺灣。
11. 崔政偉。1998。定 - 轉子型乳化機的關鍵結構分析及合理設計。無錫輕工大學學報 17: 86-89。
12. 陳麗仰。2015。利用植物油和蕈狀芽孢桿菌防治草莓害蟲效果評估。國立中興大學國際農學研究所碩士論文。臺中。臺灣。
13. 曾心媞、陳宏榮、謝廷芳。2016。植物精油對蕙蘭黑斑病菌之抑菌作用。植物醫學 58: 33-38。
14. 黃建睿。2015。評估柚子精油及檸檬桉精油抑制植物病原菌生長與防治植物病害之效果。國立中興大學植物病理學系研究所碩士論文。臺中。臺灣。
15. 黃振文、許晴情、沈原民。2018。友善環境的植物保健產品開發與應用。p37-49。刊於：沈原民、白桂芳、林學詩主編。107 年度有機及友善環境耕作研討會論文輯。行政院農業委員會臺中區農業改良場。臺中。臺灣。
16. 盧俊雄。2000。酸鹼度對可分割型界面活性劑所形成油水乳液界面電位和粒徑的影響。國立成功大學化學工程學系碩士論文。臺南。臺灣。
17. 賴碧玉。2002。乳液安定性控制因素。元智大學化學工程與材料科學學系碩士論文。桃園。臺灣。
18. 謝廷芳。2014。植物源保護製劑之研發趨勢。第 117-140 頁。農業生物資材產業發展研討會專刊。臺中區農業改良場特刊第 121 號。行政院農業委員會臺中區農業改良場編印。
19. 顏志恒、許晴情、謝廷芳。2017。肉桂油乳劑防治番茄南方根瘤線蟲之田間藥效試驗。植物醫學 59(4): 5-12。
20. Chang, Y., McLandsborough, L., and McClements, D. J. 2013. Physicochemical Properties and Antimicrobial Efficacy of Carvacrol Nanoemulsions Formed by Spontaneous Emulsification. J. Agric. Food Chem. 61: 8906-8913.
21. Clayton, W. 1954. The theory of emulsions and their technical treatment. 5th edition. London: J. & A. Churchill Ltd.
22. El Kadri, H., Devanthi, P. V. P., Overton, T. W., and Gkatzionis, K. 2017. Do oil-in

-water（O/W）nano-emulsions have an effect on survival and growth of bacteria? Food Res. Int. 101: 114-128.

23. Gundewadi, G., Rudra, S. G., Sarkar, D. J., and Singh, D. 2018. Nanoemulsion based alginate organic coating for shelf life extension of okra. J. Food Pack. Shelf Life 18: 1-12.
24. Hilbig, J., Ma, Q. M., Davidson, P. M., Weiss, J., and Zhong, Q. X. 2016. Physical and antimicrobial properties of cinnamon bark oil co-nanoemulsified by lauric arginate and Tween 80. Int. J. Food Microbiol. 233: 52-59.
25. Jiménez, M., Domínguez, J. A., Pascual-Pineda, L. A., Azuara, E., and Beristain, C. I. 2018. Elaboration and characterization of O/W cinnamon (*Cinnamomum zeylanicum*) and black pepper (*Piper nigrum*) emulsions. Food Hydrocoll. 77: 902-910.
26. Ko, W. H., Wang, S. Y., Hsieh, T. F., and Ann, P. J. 2003. Effects of Sunflower Oil on Tomato Powdery Mildew Caused by *Oidium neolycopersici*. J. Phytopathol. 151: 144-148.
27. Li, J., Chang, J. W., Saenger, M., and Deering, A. 2017. Thymolnanoemulsions formed via spontaneous emulsification: Physical and antimicrobial properties. Food Chem. 232: 191-197.
28. Moghimi, R., Aliahmadi, McClements, D. J., and Rafati, H. 2016. Investigations of the effectiveness of nanoemulsions from sage oil as antibacterial agents on some food borne pathogens. LWT-Food Sci. Technol. 71: 69-76.
29. Moghimi, R., Aliahmadi, A., and Rafati, H. 2017. Ultrasonic nanoemulsification of food grade trans-cinnamaldehyde: 1,8-Cineol and investigation of the mechanism of antibacterial activity. Ultrason. Sonochem. 35: 415-421.
30. Naveenkumar, R., Muthukumar, A., Sangeetha, G., and Mohanapriya, R. 2017. Developing eco-friendly biofungicide for the management of major seed borne diseases of rice and assessing their physical stability and storage life. C R Biol. 340: 214-225.

31. Nirmal, N. P., Mereddy, R., Li, L., and Sultanbawa, Y. 2018. Formulation, characterisation and antibacterial activity of lemon myrtle and anise myrtle essential oil in water nanoemulsion. Food Chem. 254: 1-7.
32. Ribes, S., Fuentes, A., Talens, P., and Barat, J. M. 2016. Use of oil-in-water emulsions to control fungal deterioration of strawberry jams. Food Chem. 211: 92-99.
33. Salvia-Trujillo, L., Rojas-Graü, A., Soliva-Fortuny, R., and Martín-Belloso, O. 2015. Physicochemical characterization and antimicrobial activity of food-grade emulsions and nanoemulsions incorporating essential oils. Food Hydrocoll. 43: 547-556.
34. Sugumar, S., Singh, S., Mukherjee, A., and Chandrasekaran, N. 2016. Nanoemulsion of orange oil with non ionic surfactant produced emulsion using ultrasonication technique: evaluating against food spoilage yeast. Appl. Nanosci. 6: 113-120.
35. Swathy, J. S., Mishra, P., Thomas, J., Mukherjee, A., and Chandrasekaran, N. 2018. Antimicrobial potency of high-energy emulsified black pepper oil nanoemulsion against aquaculture pathogen. Aquaculture 491: 210-220.
36. Varzakas, T. and Tzia, C. 2014. Food Engineering Handbook, Two Volume Set. CRC Press.

CHAPTER 12

植物油混方防治蟲害策略之研擬

余志儒[1*]、許北辰[1]

[1] 行政原農業委員會農業試驗所應用動物組

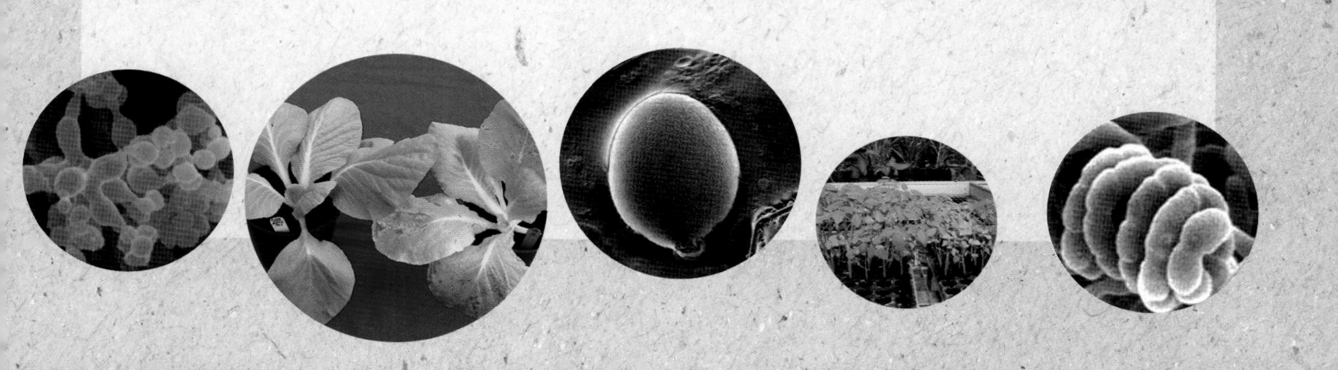

摘要

友善資材通常不及化學合成農藥的速效或長效，使用時若只是單純地取代化學合成農藥，恐有未竟全功之憾。惟有細膩靈活的運用技術與策略，才能將眞正的效果完全發揮出來。研擬防治策略時有三個重要依據，防治資材的特性、防治對象的生態與習性以及監測。前二者可以知己知彼，百戰不殆。第三個依據，監測，是能夠採行及時且合宜的防治方法、資材、施用強度與頻度的依據。監測時採重點式取樣，以目測認爲受害較嚴重的部位爲對象，才能在蟲害族群爆發之前，適時調整防治策略加以壓制。

以農試所研發的植物油混方（Plant Oils Mixture）爲例，浸苗處理屬預防策略，是健康種苗的一環，可去除苗植體上大部分的小體形害蟲，如蚜蟲、粉蝨、害蟎等。植物油混方 200～300 倍水稀釋液浸漬種苗一秒即有效果。治療策略方面，對棉蚜（*Aphis gossypii* Glover）、二點葉蟎（*Tetranychus urticae* Koch）、神澤氏葉蟎（*Tetranychus kanzawai* Kishida）、多食細蟎 [*Polyphagotarsonemus latus* (Banks)] 應每週噴施水稀釋 200 倍液二次，直至完全清除。植物油混方對銀葉粉蝨（*Bemisia argentifolii* Bellows & Perring）成蟲有 100% 致死率，但對卵與若蟲無效果，成蟲密度高時，須噴布水稀釋 500 倍液每日一次以上，並配合下位葉疏除作業。薊馬防治，噴布植物油混方、配合懸掛黃色黏紙及土面鋪放苦楝粕，三管齊下。

食安、人安、環安是我們的共同目標，而友善環境植物保護資材正是實現目標的有效手段，若能從土地開發、農業生產，到通路、消費者等，都可以積極參與執行或眞誠的間接鼓勵，便能讓食安、人安、環安更落實、更成熟。

關鍵字：植物油混方、防治策略、小體形害蟲、浸苗處理

前言

由植物源取得的油脂泛稱爲植物油，其中部分可食用的植物油（edible vegetable oil）及植物精油（essential oil），被認爲對人體、環境相對較爲友善（Moawad *et al*., 2015）。它們對蔬果上常見小體形害蟲的防治研究也時有報導，如蚜蟲（Mishra *et al*., 2006; Kassimi *et al*., 2012; Attia *et al*., 2016）、粉蝨（Butler *et al*., 1988; Puri *et al*., 1991; Fenigstein *et al*., 2001; Schuster *et al*., 2009）、薊馬（Butler & Jr. Henneberry1990; Picard *et al*., 2012）、害蟎（Miresmailli & Isman, 2006; Esmaeily *et al*., 2017）等。農業試驗所亦有相關研究，如余（2009）測得大豆油對棉蚜（*Aphis gossypii* Glover）的 LC_{90}，在處理後經 1-7 日爲 3.96-5.78 mL/L。椰子油、棕櫚油、油菜籽油對二點葉蟎（*Tetranychus urticae* Koch）的 LC_{90} 分別爲 10.62、7.53 及 17.82mL/L（余與陳，2009）。之後，更篩選多種食用植物油、精油及食品級介面活性劑，並調製成植物油混方（Plant Oils Mixture），於 2011、2012 年分別技術授權予三家業者。

友善資材通常不及化學合成農藥的速效或長效，使用時若只是單純地取代化學合成農藥，恐有未竟全功之憾。因此需要細膩靈活的應用技術與策略，才能將之眞正的效果完全發揮出來。本文以植物油混方爲例，就其性質以及蟲害的生態、習性，略述其應用技巧與策略之研擬，仍有改進空間，謹供參考。

防治策略之研擬依據

研擬防治策略時有三個重要依據，其中防治資材的特性、防治對象的生態與習性二者，即是所謂的知己知彼，百戰不殆，不論是資材的研發者，或者是實際田間使用者，都深知個中道理。但第三個依據，監測，就容易被疏忽而延誤防治時機。監測得蟲害的發生種類與數量，是調整防治策略的依據，包括調整防治方法、資材、施用強度與頻度，非常重要。

由於小體形蟲害在田間通常是不均勻分布，而且族群的增長模式多屬 r 型，若不能及時發現，容易坐大而難以收拾。所以必須採重點式取樣作爲監測的樣本。建議每塊田區（面積不設限）取五個採樣點，除中央樣點外，餘不拘位置。每個採樣點至少五株，若爲多年生果樹，則取五枝條而株數不拘（圖一），以目測認爲受害較嚴重的葉片爲取樣對象。此種取樣法，必須整個田區都巡視過，通常會高估田間蟲害的族群密度，但較能及時發現蟲害的立足初期（圖二）或尚未立足，在族群爆發之前，適時調整防治策略加以壓制，更符合預防的精神。

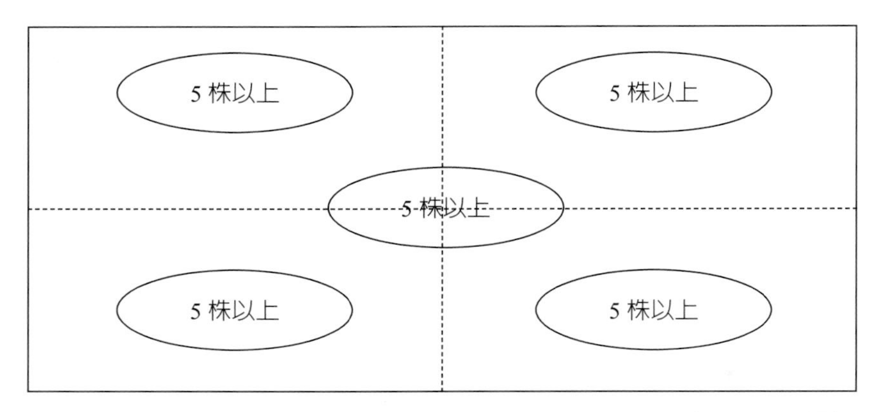

圖一　每塊田（面積不拘）取五個樣點（除中央樣點外，餘不拘位置）。每個樣點取五株，以目測認為被害嚴重或可疑者為取樣目標，會高估嚴重度。

圖二　開始產子代的棉蚜（左），開始產卵的二點葉蟎（右），皆表示已立足且準備大量增殖。

依據一，植物油混方的特性，其主要防治對象是小體形的蟲害，如蚜蟲、害蟎等。致死機制可能與礦物油的堵塞呼吸道（Stadler & Buteler, 2009）類似，但未驗證。據觀察，此類蟲體在浸漬植物油混方後，約經數小時先呈腫脹狀，約 24 小時後會呈皺縮狀（圖三）；但噴布處理，則無先期之腫脹狀，只現後期的皺縮狀。參酌余（2009）及余與陳（2009）之試驗結果，並基於成本與可能造成藥害之考量，取其中 5 mL/L 劑量做參考，大豆油噴布處理後棉蚜致死率經 24、72 小時分別爲 85.6、92.7%；椰子與棕櫚油處理二點葉蟎後經 24 小時之致死率分別爲 63.8% 與 67.1%，經 72 小時分別爲 81.8% 與 100%。

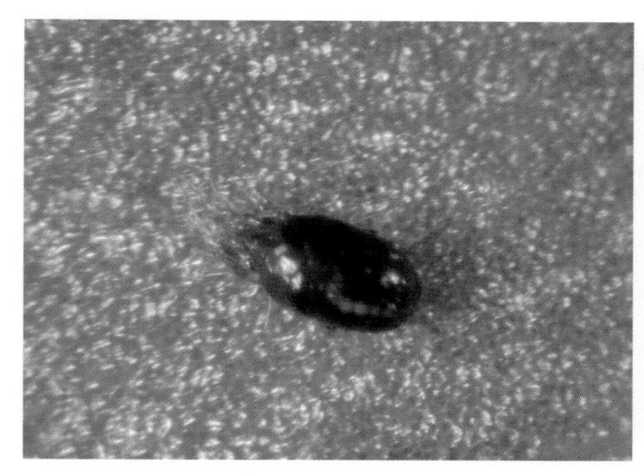
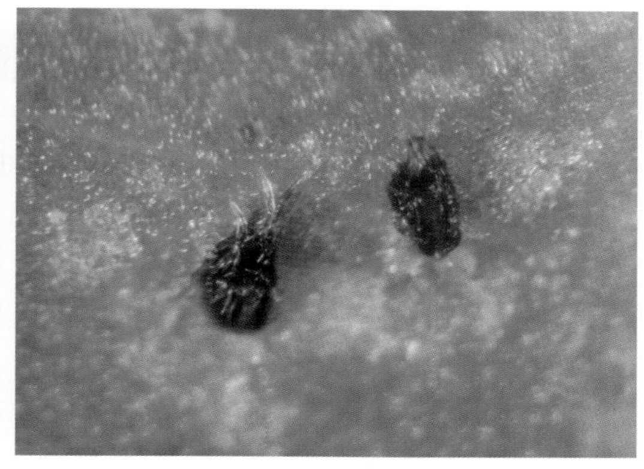

圖三　二點葉　浸漬植物油混方死亡後，初時呈腫脹狀（左），後期呈皺縮狀（右）。

當以植物油混方 200 倍水稀釋液噴布棉蚜（若蟲成蟲混合）後，經 24、72 小時之防除率分別爲 96.8、100%，而對二點葉蟎（成蟲）分別爲 61.9、63.7%（表一）。由此可知，即使完全處理到蟲體，仍有蟲體存活，更何況田間操作時，常有未處理到的漏網之魚。再加上小體形害蟲生活史短、繁殖力強，更應有異於化學合成農藥的思惟。另外，油劑之使用須在午後日照紫外線較弱時，建議下午三時以後，以免藥害。以上關於植物油混方特性，仍有待繼續開發，例如新防治對象、條件限制等。

表一　植物油混方對棉蚜、二點葉蟎之防除效果

處理	處理前 蟲數 / 葉	防除率（%）	
		處理後 24 hr	處理後 72 hr
棉蚜（若蟲成蟲混合）			
植物油混方 200 倍	21.7	96.8 ± 2.8a	100.0a
50% 派滅淨水分散性粒劑 4000 倍	27.0	40.4 ± 17.4b	95.2 ± 5.2b
對照（水）	43.7		
二點葉蟎（成蟲）			
植物油混方 200 倍	52.3	61.9 ± 9.2b	63.7 ± 9.0b
2% 阿巴汀乳劑 1000 倍	18.8	85.8 ± 1.0a	85.3 ± 3.4a
對照（水）	28.0		

依據二，害蟲的生態與習性，在下列防治策略實例中略有敘述，或有不周之處，望請同好不吝指正。

防治策略研擬實例

一、預防策略——浸苗處理

浸苗處理，乃是獲得健康種苗的一個環節，可以去除種苗植體上大部分的小體形害蟲，是有效且不可或缺的預防性的措施。如果不是種籽直播種植，而是先行育苗，再定植於本田，無論是自行育苗或購自專業育苗場，苗植體上都可能已有害蟲棲息。因此，爲避免種苗攜帶害蟲進入本田，必須進行浸苗處理。參酌余與許（2016）棕櫚油浸漬神澤氏葉蟎（*Tetranychus kanzawai* Kishida）的測試結果，得知對卵至成蟲各齡期皆有 100% 致死效果，進而設計以下植物油混方的浸苗技巧。確實執行浸苗處理，可大幅清除苗株上小體形的害蟲，如棉蚜、銀葉粉蝨（*Bemisia argentifolii* Bellows & Perring）、二點葉蟎及神澤氏葉蟎等，卵至成蟲的致死率亦達 100%（表二）。

表二　植物油混方 200 倍水稀釋液浸漬四種節肢動物之致死效果

蟲別	蟲期	處理前蟲數（隻）	處理後死亡率（%）
銀葉粉蝨	卵	495.5 ± 23.6	100
	若	54.5±6.0	100
棉蚜	若＋成	33.5±3.4	100
二點葉蟎	卵	23.5±5.0	100
	幼＋若＋成	29.3±6.7	100
神澤氏葉蟎	卵	12.0±1.4	100
	幼＋若＋成	12.3±1.4	100

註：浸漬 1 秒之效果。

浸苗處理方法及其注意事項如下：

1. 浸漬濃度：植物油混方 200-300 倍水稀釋液。

2. 浸漬時間：整株苗，可連介質、育苗盤完全浸入。1 秒即有效果，延長浸漬時間有藥害的風險。不同種作物耐受度不同，甚至同種不同品種（系）間也有差異，例如小黃瓜翠姑品種浸 1 秒即有輕微藥害，雖未影響往後發育與產值，亦不可輕忽，草莓豐香品種則可耐受 5 秒而無藥害。故正式浸苗處理前，應先行藥害測試。

3. 藥害測試：先取少量苗，以高於正式浸漬的植物油混方濃度，浸漬約 1-2 秒鐘，移出後靜置 48 小時以上，確保無藥害反應，才可大量處理。

4. 其他：(1) 爲防浸漬時苗植體自育苗盤飄浮分離，可將育苗盤略爲彎折再行浸漬（圖四）。(2) 浸苗處理應在栽培園區外進行，因種苗若有夾帶跳躍力、或飛行力強的蟲體，浸漬時可能會有部分蟲體逃離，反而促使其散布於園區。(3) 處理後盡快移入園區內，因爲對於浸漬後才來棲息的蟲，植物油混方無防除作用。設施栽培者尤須恪遵上述技巧。

作物栽培欲擺脫化學合成農藥，浸苗處理是首要關鍵技術。處理得宜，可大大減少後續栽培過程中的蟲害困擾。容或有蟲害發生，若能及時監測得蟲害於立足初期，進行適時的治療，無化學合成農藥栽培絕對可以期待，農試所已在數種農作物上有執行成果（病、蟲害整合管理），並舉辦田間觀摩會（表三）。

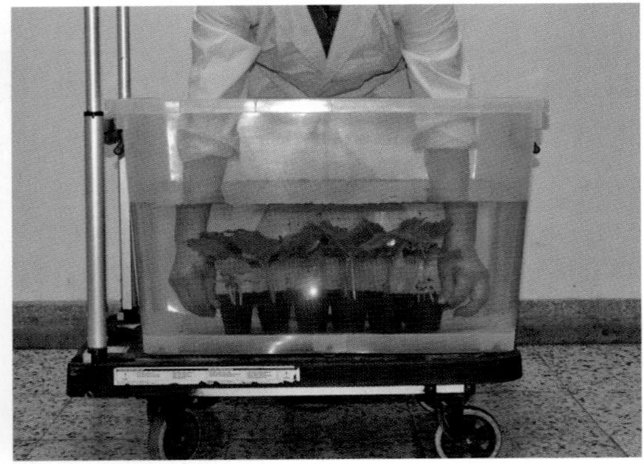

圖四　為防浸漬時苗自育苗盤飄浮分離，可將育苗盤略為彎折（左）再行浸漬，連育苗盤、介質一起完全浸沒（右）。

表三　無化學合成農藥栽培技術 1) 成果觀摩會

作物（栽培方式）	時間（西元）	地點	面積（ha）
木瓜（設施）	2011	雲林縣林內鄉	0.25
"	2016	臺中市霧峰區	0.30
草莓（開放）	2012	南投縣國姓鄉	0.30
"	2013	南投縣國姓鄉	2.12
"	2015	苗栗縣獅潭鄉	1.70
小黃瓜（設施）	2014	嘉義縣六腳鄉	0.10
"	2014	雲林縣臺西鄉	0.10
蘆筍（設施）	2016	臺南市將軍區	0.45
甜瓜（設施）	2015	雲林縣麥寮鄉	0.40
"	2017	雲林縣崙背鄉	0.25
芋頭（開放）	2016、2018	臺中市大甲區	0.40、0.40
甜椒（設施）	2017	嘉義縣六腳鄉	0.26

1）病害與蟲害研究人員共同完成。

二、治療策略

1. 蚜蟲、葉蟎、細蟎防治

棉蚜自出生至可產後代所需發育時間，以在洋香瓜上爲例，25°C 與 30°C 分別爲 6.5 與 5.2 日（余與陳，2011）。然而田間實際溫度可能更高，設施內尤其高，蚜蟲的發育時間將更短。棉蚜又是孤雌產雌胎生，不但繁殖力強，遷移力也不弱，能藉共生螞蟻搬運及有翅型飛行，若再加上防治時有漏網之魚，族群密度很可能在短時間內就就急遽上升。因此，植物油混方以噴布方式進行防治時，處理時間間隔不能長於上述發育所需時間，應每週噴施二次，直至完全清除，方能收效。

植物油混方以噴布方式防治二點葉蟎、神澤氏葉蟎、多食細蟎〔*Polyphagotarsonemus latus*（Banks）〕等常見蟎害的卵幾乎無致死作用（余，未發表資料），而且這類害蟎生活史亦短、繁殖力也強（何與羅，1979；張，2000；何，1991），故可參照防治棉蚜的方式。

2. 銀葉粉蝨防治

銀葉粉蝨於作物定植之初即可能開始入侵園區，定植後應即時放置黃色黏紙，進行監測並輔助防治（Pinto-Zevallos & Vänninen, 2013），放置數量與位置依監測目的而定。若監測得有成蟲出現時，可噴布植物油混方水稀釋 500 倍液，對成蟲有 100% 的致死率，但對卵及若蟲，即使提高到 100 倍水稀釋液亦無理想之殺傷力（余，未發表資料）。粉蝨成蟲密度高時，須改成高頻度噴施，每日一次以上亦可，但須先通過 200 倍水稀釋液的藥害測試。高頻度噴施可快速降低銀葉粉蝨成蟲密度，持續約三日後再依據監測情況調整噴施植物油混方頻度。若下位葉有發現卵或若蟲，則應行下位葉疏除作業，並將之盡速移離園區。

3. 薊馬防治

薊馬具爬行、跳躍，成蟲能飛翔的能力，通常行動快捷，植物油混方不易覆蓋蟲體，但有驚擾效果，精油或有驅避、忌避作用（Picard *et al*., 2012）。因此施用植物油混方防治薊馬時，應配合懸掛具有誘引作用的黃色黏紙（廖與廖，2002），產生推拉（push-pull）效果（Cook *et al*., 2007）。又爲害蔬果常見的薊馬種類，在進入蛹期時多有掉落或爬行至土表或落葉下化蛹的習性（王 2002；王與徐 2007），所以又可加上土面鋪放苦楝粕（Verghese & Giraddi, 2005; Giraddi & Verghese, 2007; Moorthy *et al*., 2014），三管齊下的策略應用來進行防治。

黏紙可用黏蟲膠取代，因目的在防治，放置數量與位處理和銀葉粉蝨不同。放置位置須靠近嫩梢，並隨植株長高而移動放置高度；數量則依監測得的薊馬密度而定，薊馬密度高時不排除每公尺放 1-2 個。若生物天敵同時加入害物整合管理（Integrated pests management, IPM）系統中，須考量天敵是否也被黏紙誘引而影響其功用，如有衝突則只得有所取捨。

農作栽培所面臨的害物問題，至少包括病、蟲、草及鼠鳥等其他動物。要利用友善環境的資材來解決這些問題實屬不易，整體性的策略與技巧，資材研發者責無旁貸。

結語

使用友善植保資材是必然的趨勢，可以從三方面來思考，食安、人安、環安。食安，一般著重在安全殘留容許量，比較容易理解。人安，這裡是指實際田間操作者，無論是在配製防治資材的當下，或是在使用後繼續在田間工作，都是暴露在接觸或吸入防治資材的高風險之下，友善植保資材相對比較能接受。而環安，可以理解爲生態環境的安全與永續，也是核心訴求。有機農法、自然農法、友善環境耕作等，也都將維護生態的永續與平衡納爲根本精神。所以，在農作生產的同時，也應該兼顧生態，沒有生態的呈現，前述的農法就顯得不夠完整。

生態的呈現，較常見的有生物多樣性、生態平衡、綠色保育（農委會林務局與慈心基金會合作推動綠色保育計畫，http://toaf.org.tw/conservation）等。另外，天敵保育是生態的一環，也是天敵應用方式之一。保育天敵應用於農作物生產操作中，可兼顧生態保護與蟲害防治，利用綠籬植物，草生栽培、間作等方式（曾等，2017）以及設置天敵保育特區（余，2019），期許天敵與害蟲平衡而達防治效果，且與生態的呈現項目並行不悖。然而，在自然發生的天敵發揮防治效果之前，有一段因蟲害造成經濟損失的過度期，短者一年，長者可能五年～十年以上。這段過度期間可運用田間管理、友善植保資材及其應用策略技巧等，進行害物整合管理（IPM）以消弭損失，不影響生產。生態的永續是我們的共同目標，而利用友善環境植物保護資材是實現目標的手段，人們從土地開發、農業生產，到通路、消費者，可以積極的參與執行，也可以眞誠的間接鼓勵，讓食安、人安、環安都能夠更落實、更成熟。

主要參考文獻

1. 王清玲。2002。臺灣薊馬生態與種類。纓翅目、錐尾亞目。農業試驗所特刊第 99 號，328 頁。行政院農業委員會農業試驗所。
2. 王清玲、徐孟愉。2007。農園植物重要薊馬。農業試驗所特刊第 131 號，155 頁。行政院農業委員會農業試驗所。
3. 余志儒。2009。乳化大豆油對棉蚜（同翅目：常蚜科）之致死效果。臺灣農業研究 58: 265-272。
4. 余志儒。2019。生物防治的理想——天敵保育。農業世界 426: 16-21。
5. 余志儒、陳炳輝。2009。三種植物油對二點葉蟎之致死效果。臺灣農業研究 58: 136-145。
6. 余志儒、陳炳輝。2011。棉蚜在不同溫下取食甜瓜之族群介量。臺灣農業研究 60: 1-10。
7. 余志儒、許北辰。2016。種苗浸漬乳化棕櫚油對神澤氏葉蟎的防除效果。臺灣農業研究 65: 439-443。
8. 何琦琛。1991。茶細蟎在檸檬、茶及辣椒上之生活史。中華農業研究 40: 439-444。
9. 何琦琛、羅幹成。1979。溫度對二點葉蟎 *Tetranychus urticae* 生活史及繁殖力之影響。中華農業研究 28: 261-271。
10. 張國安。2000。神澤葉蟎（*Tetranychus kanzawai* Kishida）在四種茶樹品種上之生活史、內在增殖率及田間族群消長。國立中興大學昆蟲學系碩士論文。臺中。
11. 曾竫萌、劉興榮、黃安葳。2017。行政院農業委員會花蓮區農業改良場特刊第 155 號，94 頁。
12. 廖信昌、廖蔚章。2002。顏色黏板、塑膠布及氣味化合物配合植物萃取物對茄園南黃薊馬之防治效果。高雄區農業改良場研究彙報 13: 1-12。
13. Attia, S., G. Lognay, S. Heuskin, and T. Hance. 2016. Insecticidal activity of *Lavandula angustifolia* Mill against the pea aphid *Acyrthosiphon pisum.* J. Entomol.

and Zool. Stud. 4: 118-122.

14. Butler, G.D. Jr., Coudriet, D.L., Henneberry, T.J. 1988. Toxicity and repellency of soybean and cottonseed oils to the sweetpotato whitefly and the cotton aphid in greenhouse studies. Southwest. Entomol. 13: 81-86.
15. Butler, G.D. Jr. and Henneberry, T.J. 1990. Pest control on vegetable and cotton with household cooking oils and liquid detergents. Southwestern Entomologist 15: 123-131.
16. Cook, S. M., Khan, Z. R. and Pickett, J. A. 2007. The use of push-pull strategies in integrated pest management. Annu. Rev. Entomol. 52: 375-400.
17. Esmaeily, M., Bandani, A., Zibaee, I., Sharifian, I., and Zare, S. 2017. Sublethal effects of *Artemisia annua* L. and *Rosmarinus officinalis* L. essential oils on life table parameters of *Tetranychus urticae* (Acari: Tetranychidae). Persian J. Acarol. 6: 39-52.
18. Fenigstein, A., Eliyahu, M., Gan-mor, S., and Veierov, D. 2001.Effects of five vegetable oils on the sweetpotato whitefly *Bemisiatabaci*. Phytoparasitica 29: 197-206.
19. Giraddi, R. S. and Verghese, T. S. 2007. Effect of different levels of neem cake, vermicompost and green manure on sucking pests of chilli. Pest Manage. Horticul. Ecosys. 13: 108-114.
20. Kassimi, A., El Watik, L., and Moumni, M. 2012. Study of the insecticidal effect of Oregano and Thyme essential oils and Neem carrier oil on the alfalfa aphid. J. Environ. Sol. 1: 1-5.
21. Miresmailli, S. and Isman, M. B. 2006. Efficacy and persistence of rosemary oil as an acaricide against twospotted spider mite (Acari: Tetranychidae) on greenhouse tomato. J. Econ Entomol. 99: 2015-2023.
22. Mishra, D., Shukla, A. K., Dubey, A. K., and Dixit, A. K. 2006. Insecticidal activity of vegetable oils against mustard aphid, *Lipaphis erysimi* Kalt., under field condition. J. Oleo Sci. 55: 227-231.

23. Moawad, S. S., Sharaby, A., Ebadah, I. M., and El-Behery, H. 2015. Efficiency of zinc sulfate and some volatile oils on some insect pests of the tomato crop. Glo. Adv. Res. J. Agri. Sci., 4: 182-187.
24. Moorthy, P. N. K., Saroja, S., Ranganath, H. R., Shivaramu, K. and Paripoorna, K. A. 2014. Controlled release formulation of oiled neem cake for insect pest management. Pest Manage Horticul. Ecosys. 20: 133-136.
25. Picard, I., Hollingsworth, R. G., Salmieri, S., and Lacroix M. 2012. Repellency of essential oils to Frankliniella occidentalis (Thysanoptera: Thripidae) as affected by type of oil and polymer release. J. Econ. Entomol. 105: 1238-47.
26. Pinto-Zevallos, D. M. and Vänninen, I. 2013. Crop protection, whitefly management: What has been achieved? Crop protection 47: 74-84.
27. Puri, S. N., Butler, G.D. Jr., and Henneberry, T. J. 1991. Plant-derived oils and soap solutions as control agents for the whitefly on cotton. J. Appl. Zool. Res. 2: 1-5.
28. Schuster, D. J., Thompson, S., Ortega, L. D., and Polston, J. E. 2009.Laboratory Evaluation of Products to Reduce Settling of Sweetpotato Whitefly Adults. J. Econ. Entomol. 102: 1482-1489.
29. Stadler, T. and Buteler, M. 2009.Modes of entry of petroleum distilled spray-oils into insects: a review. Bull. Insectolo. 62: 169-177.
30. Verghese, T. S. and Giraddi, R. S. 2005. Integration of neem cake in plant protection schedule for thrips and mite management in chilli (cv. Byadagi). Karnataka J. Agricul. Sci.18: 154-156.

CHAPTER 13

乳化葵花油植醫保健產品

柯文雄[1*]、謝廷芳[2]、安寶貞[2]、蔡志濃[2]

[1] 國立中興大學植物病理學系

[2] 行政院農業委員會農業試驗所植物病理組

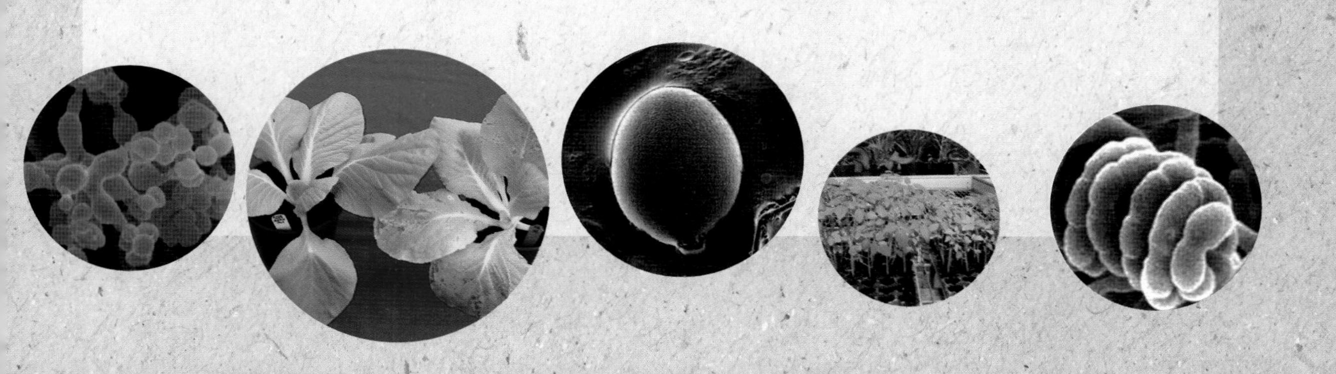

摘要

當番茄葉片噴布多種的 0.1%（v/v）乳化食用油均可顯著地降低由 *Oidium neolycopersici* 引起的番茄白粉病，這些植物油包括芥花油、葡萄子油、花生油、紅花油、大豆油及葵花油，其中以乳化葵花油的防治白粉病效果最佳。當乳化葵花油的濃度提高至 0.5%（v/v）時，白粉病幾乎不會發生。番茄葉面的半邊噴布葵花油時，再接種白粉病菌，僅有噴布的半邊可以防治病害，另外未噴布的半邊病害仍可發生，顯示葵花油防病沒有移轉的功能。

同樣的，葵花油噴布在葉片上表面時，亦無防治葉片下表面白粉病的功能，即無誘導抗病性之效果。經由掃描電子顯微鏡觀察，乳化葵花油防治病害主要是因爲抑制病菌孢子發芽與阻礙菌絲生長。目前經乳化的 0.2-0.5%（v/v）食用葵花由已經商品化，商品名「葵無露」，可以推廣用於有機農業，防治白粉病及多種葉部病害。此外，葵花油亦可與其他植物源保護製劑混合使用，防治植物病害的範圍更廣泛。

關鍵字：葵花油、乳化、葵無露、白粉病、防治

前言

Erysiphales 引起的白粉病是全球重要的植物病害之一。在西歐，大量的農藥用於白粉病的防治（Hewitt, 1998）。由於農藥的負面影響，開發其他有效又安全的防治方法有其必要。早在 1930 年代，Martin 與 Salmon 發現碳酸鈉（洗滌鹼）可以成功地用於白粉病的防治。可是這個方法，直到 1980 年代 Homma 等人公布碳酸鈉可以用於胡瓜白粉病的防治才廣爲人知。近年來則有多人（包括 Horst 等人，及 Ziv 與 Zitte）利用近似的肥皂產品來防治白粉病。在 1930 年初期，Martin 與 Salmon 發現將一些植物油以軟肥皂乳化後可以抑制白粉病的發生。這個方法也是到 1990 年代 Northover 與 Schneider，及 Pasini 的發表，才受到世人注目。

本報告則是發表食用油用於白粉病的防治研究。利用番茄與白粉病菌 *Oidium neolycopersici* 來探討它的防病功效及防病機制。

植物油對白粉病的防治效果

試驗使用的植物油包括玉米油、胡麻油、花生油、葵花油、紅花油、芥花油、葡萄子油、及大豆油等共七種油類。這七種植物油在濃度 0.1%（v/v）時都可以有效地降低人工接種的番茄白粉病之發生，發病率僅有 13-37%，而且沒有任何副作用；而對照組則發生嚴重的白粉病，有 80% 葉面發病。進一步實驗時，選擇防病較佳的的玉米油、胡麻油、花生油、葵花油供試，並與碳酸氫鈉比較，結果防病效果以葵花油最佳，發病率僅有 19%，其次爲玉米油與碳酸氫鈉。

對照處理與噴布展著劑 Tween 80 相同，發病率均在 60% 以上。因而接下來的試驗均以葵花油爲供試油品。當番茄幼苗噴布乳化葵花油（以 Tween 80 乳化）濃度從 0 提高到 0.5%（v/v）時，白粉病的發生程度從 90% 降低至 5%（圖一），幾乎可以忽略。由於 0.5%（v/v）葵花油防病效果最佳且無藥害，因此以該濃度的葵花油用來探討該油類防治白粉病之機制。

圖一　經乳化的葵花油 200 倍稀釋液可有效抑白粉病的發生（圖左為對照組，圖右為處理組）。

當乳化葵化油（葵無露）稀釋 1000 倍時，約可降低 50% 番茄白粉病的發生，使用 200-500 倍稀釋液時，可使發病率降低至 10-20%。田間試驗，每週噴施一次，連續三次，對番茄、瓜類（圖二）、枸杞等作物的白粉病均有良好的預防效果。此外，它對銹病、露菌病亦有相當的抑制功效，尤其在設施內施行預防性防治使用時，效果最佳。此外，葵花油價格便宜，配製容易，對環境友善，且對人類健康無害，可以廣為應用於有機農業之病害防治。

圖二　田間噴施葵花油防治甜瓜白粉病的情形（圖左為對照組，圖右為處理組）。

葵花油誘導番茄寄主抗白粉病之效果測試

當番茄葉片上表面的半邊噴布葵花油時，再接種白粉病菌，僅有噴布葵花油的上表面半邊保持健康無病，另外未噴布油類的半邊仍可發生白粉病，發病率平均54%，顯示葵花油防病沒有誘導鄰近組織產生抗病的效果。同樣的，葵花油噴布在葉片下表面時，僅噴布葵花油的下表皮保持健康，葉片上表面白粉病的發病率平均27%，亦無誘導抗病性之效果。

葵花油抑制白粉病原菌之機制

利用掃描式電子顯微鏡來觀察乳化葵花油抑制白粉病菌之功效，未噴布葵花油的番茄葉表面十分光滑有光澤（圖三 A）；噴布葵花油後之葉表面粗糙不透明（圖三 B）。接種白粉病菌後，對照處理的白粉病菌孢子發芽（圖四 A）；而噴布葵花油的處理，白粉菌孢子不會發芽（圖四 B）。對照組噴水處理在接種四天時，菌絲繼續生長，形成孢子梗與產生新分生孢子（圖五 A）；而噴布葵花油的處理，原著生植體表面之白粉菌孢子被葵花油覆蓋（圖五 B）。Ohtsuka 與 Nakazawa（1991）報導，當番茄噴布機械油（machine oil）再接種白粉病菌，孢子不會發芽，且變形。機械油抑制白粉病的效果與本試驗葵花油的抑病效果相同。

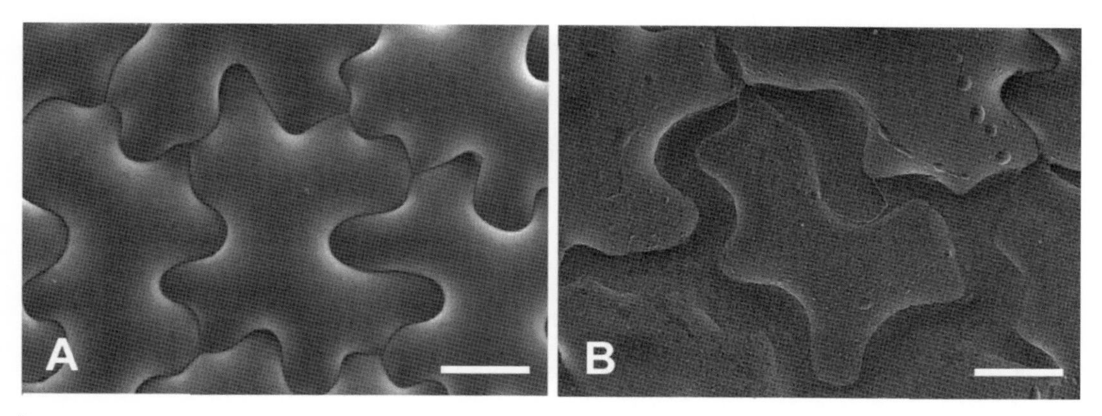

圖三　番茄葉片表面光滑 (A)，噴布葵花油後葉表覆蓋一層油脂薄膜 (B)。

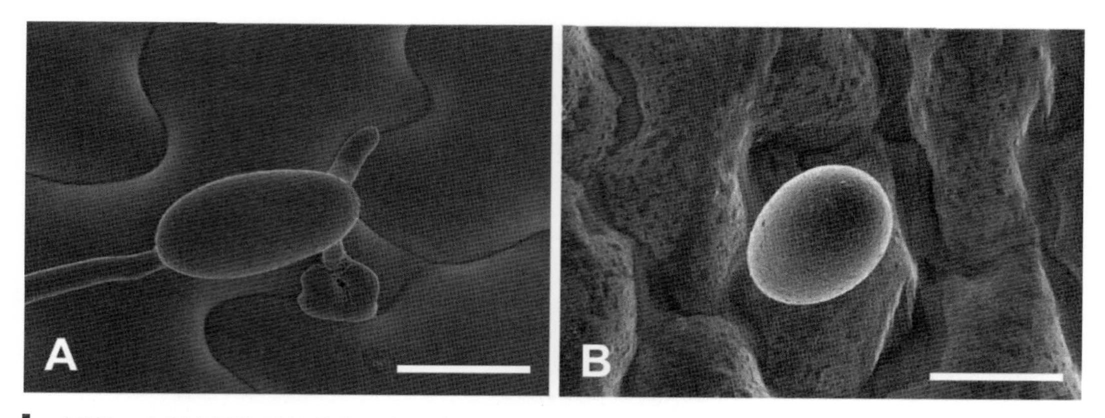

圖四　未經處理的番茄葉表，白粉病菌發芽並形成附著器入侵植體 (A)，葉表處理葵花油後，白粉病菌胞子附著但無法發芽 (B)。

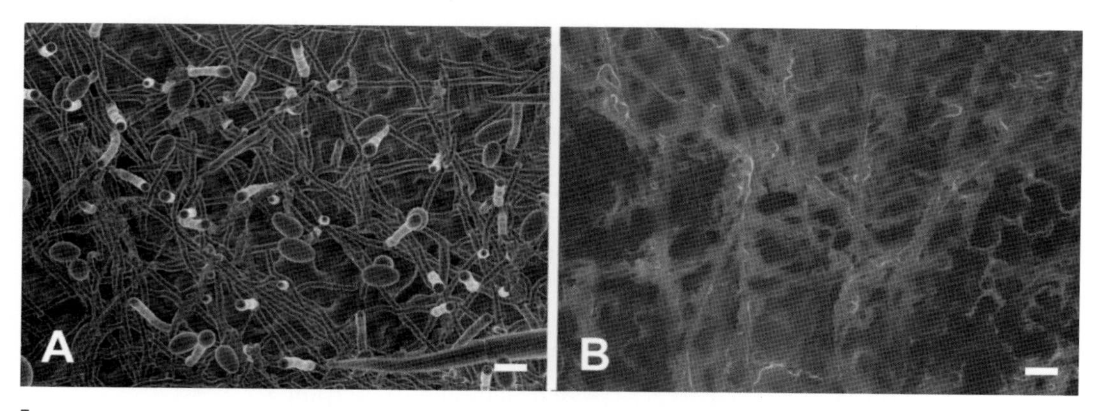

圖五　番茄白粉病菌在未處理葉表的產胞情形 (A)，罹病葉表噴布葵花油可覆蓋菌體，使孢子無法進一步飛散傳播 (B)。

因而經乳化的葵化油噴布於番茄植株上時，可以在植物體表面形成一層薄膜，能阻隔病原菌孢子發芽與菌絲生長，更可覆蓋原先產胞的部位，降低二次傳播與感染的機會；而且在不影響植物的呼吸作用與光合作用下，有減少植物水分散失的功效。

結語

國際上有許多植物病理學者利用植物或礦物油來防治作物病害，如橄欖油（olive oil）、菜籽油（rapeseed oil）、苦楝油、Stylet-Oil 可防治白粉病；1% 乳化礦物油可防治胡瓜白粉病，但過高的濃度則易引起藥害。施用的方式多半將油脂以展著劑乳化後噴施於葉部，而每週施用一次是最普遍的方式。截至目前爲止，利用植物油如苦楝油、大蒜油、荷荷芭油、棉子油、玉米油、芝麻油、百里香精油、迷迭香精油、丁香精油等針對植物病害開發而成的商品化植物油製劑已不下 10 種（Cao *et al*., 2010）。

本文說明乳化葵花油稀釋液噴布於植株上時，會在植物體表面形成一種拒水性薄膜，使葉片上的露水或雨滴不易留存，保持葉表乾爽，使病原菌孢子在無游離水的情況下不易發芽，或阻隔病原菌孢子發芽與菌絲生長，且有減少植物水分散失的功效，但它不會影響植物的呼吸作用及光合作用。因此，經適度乳化之食用油不但兼具病害防治與增強光合作用效能的雙重功效，而且對環境無毒無害，符合有機生產需求及環保概念，生產成本極低的一種實用性的防病技術。

主要參考文獻

1. Cao, C., Park, S., and McSpadden Gardener, B. B. 2010. Biopesticide controls of plant diseases: Resources and products for organic farmers in Ohio. Fact Sheet of Agriculture and Natural Resources, The Ohio State University. SAG-18-10. http://ohioline.osu.edu/sag-fact/pdf/0018.pdf
2. Hewitt, H. G. 1998. Fungicides in Crop Protection. CAB International, Wallingford, Oxon, UK.
3. Homma, Y., Arimoto, Y., and Misato,T. 1981. Effects of emulsifiersand surfactants on the protective values of sodium bicarbonate. J. Pesticide Sci. 6: 145-153.
4. Horst, R. K., Kawamoto, S. O., and Porter, L. L. 1992. Effects of sodium bicarbonate and oils on the control of powdery mildew and black spot of roses. Plant Dis. 76: 247-251.
5. Kiss, L., Cook, R. T. A., Saenz, G. S.,Cunnington, J. H., Takematsu, S., Pascoe, I., Bardin, M., Nicot, P. C., Sato, Y., and Rossman, A. Y. 2001. Identification of two powdery mildew fungi *Oidium neolycopersici* sp. nov. and *O. lycopersici*, infecting

tomato in different parts of the world. Mycol. Res. 105: 684-697.

6. Ko, W. H., Wang, S. T., Hsieh, T. F., and Ann, P. J. 2003. Effect of sunflower oil on tomato powdery mildew caused by *Oidium neolycopersici*. J. Phytopathol. 151: 144-148.
7. Martin, H. and Salmon, E. S. 1930. Vegetable oils as fungicides. Nature126: 58.
8. Martin, H. and Salmon, E. S. 1931. The fungicidal properties of certainspray-fluids, VIII. The fungicidal properties of mineral, tar and vegetable oils. J. Agric. Sci. 23: 228-251.
9. Martin, H. and Salmon, E. S. 1933. The fungicidal properties of certainspray-fluids, X. Glyceride oils. J. Agric. Sci. 23: 228-251.
10. Northover, J. and Schneider, K. E. 1993. Activity of plant oils on diseases caused by *Podosphaera leucotricha, Venturia inaequalis*, and *Albugo occidentalis*. Plant Dis. 77: 152-157.
11. Northover, J. and Schneider, K. E. 1996. Physical modes of action ofpetroleum and plant oils on powdery mildews of grapevines. Plant Dis. 80: 544-550.
12. Ohtsuka, N. and Nakazawa,Y. 1991. Influence of machine oil on conidia and hyphae of cucumber powdery mildew fungus, *Sphaerotheca fuliginea*. Ann. Phytopathol. Soc. Jpn. 57: 598-602.
13. Ohtsuka, N., Nakazawa, Y., and Horino, O. 1991. The influence of machine oil on morphology of cucumber powdery mildew fungus(II). Electron microscopic observations on hyphae and haustoria of *Sphaerotheca fuliginea*. Ann. Phytopathol. Soc. Jpn. 57: 711-715.
14. Pasini, C. 1997. Effectiveness of antifungal compounds against rose powdery mildew (*Sphaerotheca pannosa* var. *rosea*) in greenhouse. Crop Prot. 16: 251-256.
15. Ziv, O. and Zitter, T. A. 1992. Effects of bicarbonates and film-forming polymers on cucurbit foliar diseases. Plant Dis. 76: 516-517.

（本文大部分內容摘錄於 Ko, *et al.,* 2003. J. Phytopathol. 151: 144-148.）

CHAPTER 14

肉桂油微乳劑之商品化開發與應用

謝廷芳[1*]、顏志恆[2]

[1] 行政院農業委員會農業試驗所植物病理組

[2] 國立中興大學農業暨自然資源學院農業推廣中心

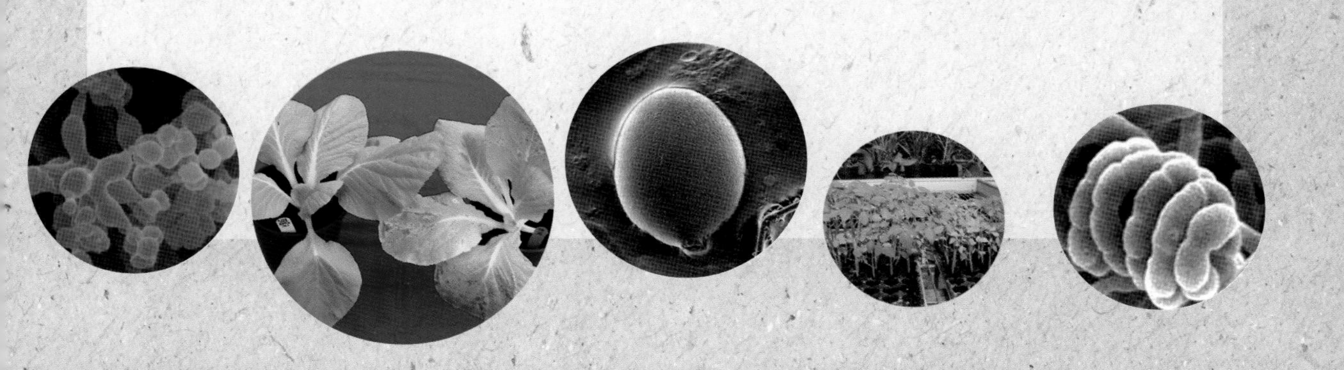

摘要

臺灣多種作物如番茄、瓜類、番石榴、洋桔梗等在栽培過程中常遭受根瘤線蟲的危害，農民慣以化學農藥灌注防治，然因受土壤環境因子影響，使多數化學農藥之防治效果不彰，因此尋求另類安全的防治方法確有其必要性。植物精油（essential oils）乃是由植物體中萃取純化之物質，富含多量的萜類（terpinoids）與揮發油類（volatile oil）化合物，據諸多文獻報導其在線蟲防治上頗具潛力。

肉桂精油具有廣譜的抑菌功效，多數研究均聚焦於其抑制植物病原眞菌的效果，由文獻蒐集發現未有報告指出其殺線蟲的活力。因此，藉由微乳化技術將肉桂精油與天然植物皀素調配成天然植物保護製劑──肉桂油微乳劑（商品名爲「黑修羅」，含 36% 肉桂醛），於實驗室測定其殺線蟲的活性，發現以 5,000 倍稀釋液處理南方根瘤線蟲（*Meloidogyne incognita*）的卵塊及二齡幼蟲時，可使卵孵化率由對照組的 69.6% 降爲 30.6%，並且尙可引起二齡幼蟲致死率由對照組的 12.6% 提高至 98%；盆栽試驗時以相同濃度稀釋液灌注番茄根基部時，亦可顯著降低根部的根瘤指數（由 2.8 降至 1.2）。

透過農業藥物毒物試驗所執行的「天然植物保護資材商品化研發及有效運用」計畫，進行肉桂油微乳劑之理化及毒理分析，並完成三場田間藥效試驗，以完備我國農藥管理法規範之登記要件。另外，本項肉桂油微乳劑之調配技術已授權給良農現代化農業科技股份有限公司製造生產，並農藥登記申請中，未來將推廣應用於作物的根瘤線蟲防治。

關鍵字：番茄、南方根瘤線蟲、二齡幼蟲、肉桂油微乳劑、肉桂醛、防治

前言

有鑑於臺灣多種作物如番茄、瓜類、番石榴、洋桔梗等在栽培過程中常遭受根瘤線蟲的危害，農民慣行以化學農藥灌注防治，然因受土壤環境因子影響，使多數化學農藥之防治效果不彰，且對環境生態造成莫大傷害，更有農產品殘留農藥過量之虞（蔡，1996）。據估計未來幾年內已商品化之化學殺線蟲劑將被大量禁用，非農藥防治將是唯一可行之道（蔡，1999；2006）。

近年來國外已推出 Sincocin 與 DiTera 兩種天然殺線蟲劑，Sincocin 爲四種植物（仙人掌 *Opuntia engelmannii* Salm-Dyck ex Engelm., prickly pear cactus；大果櫟 *Quercus falcate* Michex., southern red oak；香葉鹽膚木 *Rhus aromatica* Ait., fragrant sumac；紅樹林 *Rhizophora mangle* L., red mangrove）組織之抽出混合水溶液（Chitwood, 2002），而 DiTera 則是線蟲寄生眞菌 *Myrothecium verrucaria* D. R. Whitaker 菌體發酵之產物 ABG-9008，商品名爲 DiTera™（Marin *et al*., 2000; Warrior *et al*., 1995），經試驗證實兩者在防治植物線蟲病害方面具良好的效果（Farahat *et al*., 1993; Grau *et al*., 1996）。

但是臺灣氣候高溫多溼，經測試結果顯示 Sincocin 及 DiTera 在稀釋倍數 100 倍以下防治南方根瘤線蟲（*M. incogita*）的效果較爲顯著，高倍數稀釋下則無防治效果（顏等，2005）。植物精油（essential oils）及其成分可開發作爲殺線蟲劑，在線蟲防治上頗具潛力（Ozdemir & Gozel, 2017），然而至今尚未有相關殺線蟲的植物精油製劑產品完成商品化（Andres *et al*., 2012）。

筆者等依據植物根瘤線蟲侵染植物組織之前的二齡幼蟲有一段時間游離於根圈周圍再侵入之特性，開發殺滅該類線蟲二齡幼蟲之肉桂油微乳劑（含 36% 肉桂醛），用於防治作物根瘤線蟲病之發生（顏等，2008）。本項調配技術開發出來的肉桂油微乳劑穩定度相當高，在一般環境條件下可貯存二年以上而不變性，具有很長的櫥架壽命。本文目的在於闡述肉桂油微乳劑（含 36% 肉桂醛）的開發過程，以及對番茄根瘤線蟲之防治效果，並介紹農藥登記相關資料，以期有助於本製劑產品的推廣工作。

研發過程

植物寄生性線蟲是世界上最具破壞性的植物病原體之一，防治上極具挑戰性（Bird *et al*., 2009）。許多研究證實植物精油及其成分可開發作爲殺線蟲劑，在線蟲防治上頗具潛力（Andres *et al*., 2012; Ozdemir & Gozel, 2017）。因此，開發植物精油製劑產品之前先大量蒐集相關文獻，整理截至目前爲止的研發現況，據以研擬具創新性之製劑產品，開發製劑商品化流程如圖一。並於以下章節分別詳述。

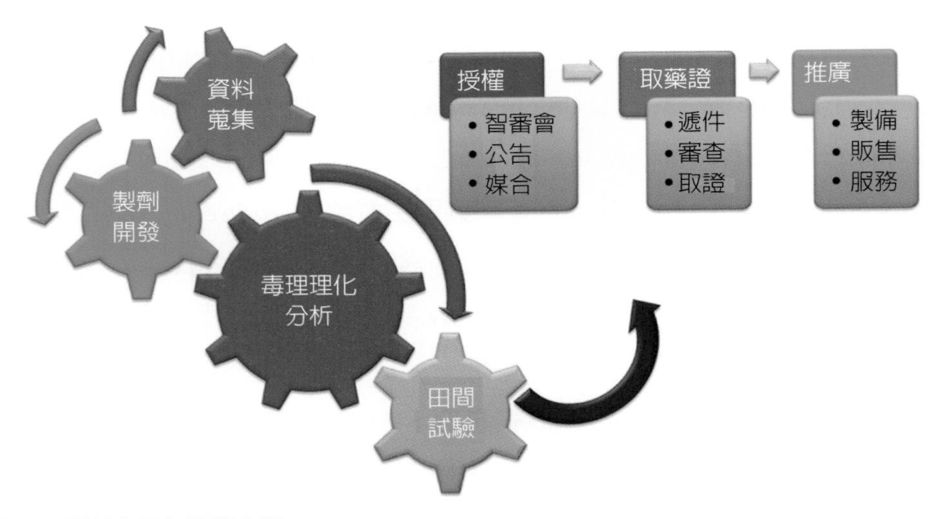

圖一　製劑商品化開發流程。

資料蒐集

一、植物精油對線蟲的殺蟲效果

植物精油在線蟲防治上頗具潛力（Andres *et al*., 2012; Ozdemir & Gozel, 2017）。在殺線蟲活性方面，評估二十七種香料和芳香植物精油在 1,000 μl/L 濃度下抑制爪哇根瘤線蟲（*Meloidogyne javanica*）的活性，有十二種精油可顯著抑制線蟲二齡幼蟲活動及卵孵化率，其中葛縷子（*Carum carvi* L.）、茴香

（*Foeniculum vulgare* Mill.）、圓葉薄荷（*Mentha rotundifolia* Huds.）和留蘭香（*Mentha spicata*L.）等精油具有最佳的殺線蟲活性（Oka *et al*., 2000）；茼蒿花（*Chrysanthemum coronarium* L.）精油在 16 μl/mL 濃度下顯著地降低 *Meloidogyne artiellia* 的卵孵化率及二齡幼蟲存活率（Perez *et al*., 2003）；薰衣草（*Lavandula officinalis*）、艾蒿（*Artemisia absinthium*）、黑胡椒（*Piper nigrum*）、枸杞（*Citrus bergamia*）和薄荷（*Mentha arvensis*）等精油在 1, 3 及 5% 下處理不同時間（12, 24, 48 和 72 h），對根瘤線蟲 *M. incognita* 的二齡幼蟲均具有最高的殺線蟲活性（Ozdemir & Gozel, 2017）。

由檸檬桉（*Corymbia citriodora* Hook. f.）和赤桉（*Eucalyptus camaldulensis* Dehnh.）的新鮮葉中提取精油，於實驗室中測試其對南方根瘤線蟲 *M. incognita* 的殺線蟲活性，檸檬桉精油在抑制卵孵化率和二齡幼蟲存活力方面比赤桉精油更爲有效，半數抑制濃度（IC_{50}）值分別爲 412.7 和 615.9 mg/L，半數致死濃度（LC_{50}）分別爲 235.9 和 327.7 mg/L（El-Bahal *et al*., 2017）。野薄荷（*Origanum vulgare* L.）、巖愛草（*Origanum dictamnus* L.）、薄荷（*Mentha pulegium* L.）和蜜蜂花（*Melissa officinalis* L.）精油對 *M. incognita* 具有高殺線蟲活性，其 EC_{50}（處理 96 小時）分別爲 1.55、1.73、3.15 和 6.15 μl/mL（Ntalli *et al*., 2010）。

Gupta 等人（2011）評估六種植物精油對 *M. incognita* 的致死率，發現尤加利（eucalyptus, *E. globulus*）精油效果最佳，濃度 1000 μl/L 時處理 6h 及 125 μl/L 處理 30h 均可達 100% 致死率，其次是印度藏茴香〔ajwain, *Carum copticum*(L.) Benth. & Hook. f.〕（Gupta *et al*., 2011）。

二、植物精油防治線蟲病害效果

植物精油在盆栽試驗中的防病效果亦被證實，葛縷子、茴香、圓葉薄荷、留蘭香、野薄荷（*Origanum vulgare*L.）、牛膝草（*O. syriacum* L.）和奧勒岡（*Coridothymus capitatus* Reichb.）等精油在 100 和 200 mg/kg 濃度下混入砂質土中可降低盆栽試驗下的黃瓜幼苗根瘤數（Oka *et al*., 2000）。在鷹嘴豆（chickpea cv. PV 61）盆栽試驗中亦發現土壤處理 10-40 μl/500 cm^3 濃度的茼蒿花精油時，也顯著降低了線蟲的繁殖率（Perez *et al*., 2003）。

尤加利（*Eucalyptus globulus* Labill）和天竺葵（*Pelargonium asperum* Bourbon）精油的盆栽試驗中測定其燻蒸殺蟲效果，結果顯示在 50 μL/kg soil 濃度下即可顯著地降低番茄根瘤線蟲的繁殖速率和根瘤形成（Laquale *et al*., 2015）。苦楝（*Azadirachta indica* A. Juss.）精油可明顯降低 *M. incognita* 在土壤中的蟲口數及番茄的根瘤指數（Abo-Elyousr *et al*., 2009）。

另外，田間試驗評估迷迭香，百里香，薄荷，大蒜和芝麻等五種植物精油對番茄南方根瘤線蟲（*M. incognita* race 2）的殺線蟲活性，結果每株植株使用 50 μL 的百里香或大蒜精油可有效地降低根瘤指數及卵塊的數量，可作爲線蟲防治的替代性方法。截至目前爲止，尚未見任何文獻進行肉桂精油對南方根瘤線蟲病害的田間防治試驗（Cetintas & Yarbs, 2010）。

三、植物精油的殺蟲活性成分

植物精油富含多量的萜類（terpinoids）與揮發油類（volatile oil）化合物，幾乎存在於自然界的各種植物體中，種類繁多且多數具有多樣的生物活性，在殺線蟲活性方面的研究不少。植物精油之主成分對根瘤線蟲的殺線蟲活性亦被廣泛地研究，Andres 等人（2012）回顧植物精油對對松材線蟲（*Bursaphelenchus xylophilus*）和根瘤線蟲（*Meloidogyne* spp.）的毒性作用及作爲殺線蟲劑的可行性評估，並描述了幾種來自西班牙芳香植物的精油及其組分對爪哇根瘤線蟲（*M. javanica*）的殺線蟲活性。

Oka 等人（2000）指出精油中的主成分香芹酚（carvacrol）、t- 茴香腦（t-anethole）、百里酚（thymol）和香芹酮〔（+）-carvone〕爲殺線蟲的主要活性成分，濃度超過 125 μl/L 即可抑制二齡幼蟲活力及降低卵孵化率化；在盆栽試驗時加入砂質土中的濃度爲 75 和 150 mg/kg 時，這些主成分大部分都可以減少黃瓜幼苗的根瘤數，證明精油及其主成分可用於發展殺線蟲劑。

Oka 氏（2001）指出反式肉桂醛（trans-cinnamaldehyde）對降低 *M. javanica* 二齡幼蟲活力及卵孵化率的 EC_{50} 分別爲 15 and 11.3 μl/L，而反式肉桂醛（trans-cinnamaldehyde）、2- 糠醛（2-furaldehyde）、苯甲醛（benzaldehyde）和香芹酚（carvacrol）在盆栽試驗中以 100 mg/kg 施用濃度即可降低番茄根瘤線蟲 *M.*

javanica 的根瘤數。測定天竺葵（*Pelargonium graveolens* L. cv. Algerian）精油及其主要成分香茅醇（citronellol）、香葉醇（geraniol）和芳樟醇（linalool）對根瘤線蟲（*M. incognita*）的殺線蟲活性，發現香葉醇是最有效的成分，其次是香茅醇和芳樟醇（Leela *et al*., 1992）。

千年健〔*Homalomenaocculta* (Lour.) Schott〕塊根精油對 *M. incognita* 具有強烈的殺線蟲活性，LC_{50} 爲 156.43 μg/ml；其主成分 α- 萜品醇（α-terpineol）和 4- 萜品醇（4-terpineol）對 *M. incognita* 的 LC_{50} 值分別爲 103.41 μg/ml 和 115.17 μg/ml，而芳樟醇（linalool）的 LC_{50} 值爲 180.36 μg/ml（Liu *et al*., 2014）。試驗發現萜烯（terpenes）對 *M. incognita* 的殺線蟲活性依次爲 1- 丁酮（l-carvone）、長葉薄荷酮（pulegone）、反式茴香醚（trans-anethole）、香葉醇（geraniol）、丁香酚（eugenol）、香芹酚（carvacrol）、百里酚（thymol）、萜品烯 -4- 醇（terpinen-4-ol），EC_{50}（處理 24 小時）的範圍介於 115-392 μg/mL（Ntalli *et al*., 2010）。

土荊芥（*Chenopodium ambrosioides* L.）精油具有對 *M. incognita* 的殺線蟲活性，精油及其主成分 (Z)-ascaridole 展現強殺線蟲活性，LC_{50} 分別爲 49.55 μg/mL 和 32.79 μg/mL（Bai *et al*., 2011）。藿香〔*Agastache rugosa*（Fisch. & Mey.）Kuntze〕精油對 *M. incognita* 亦表現出強烈的殺線蟲活性，LC_{50} 爲 47.3μg/mL，其主成分丁香酚的 LC_{50} 爲 66.6 μg/mL，甲基丁烯醇的 LC_{50} 爲 89.4 μg/mL，說明藿香花器精油及其主成分化合物亦具有發展成天然殺線蟲劑的潛力（Li *et al*., 2013）。

肉桂油微乳劑之開發

植物精油即爲從植物中萃取純化之物質，內含抗菌因子能用以抑制病菌的生長擴散或誘導植物體產生抗病反應（Cowan, 1999; Das *et al*., 2010; Isman, 2000）。肉桂精油具有廣譜的抑菌功效，多數研究均聚焦於其抑制植物病原眞菌的效果（Maqbool *et al*., 2011; Ranasinghe *et al*., 2002; Yulia *et al*., 2006），由文獻蒐集發現未有報告指出其殺線蟲的活力。1996 年花蓮區農業改良場陳哲民君曾測試多種植物油對植物病原眞菌的抑菌作用，發現稀釋 1,250 倍的丁香精油及肉桂精油之抑菌效果最佳（陳，1996），然而對於精油的乳化技術未能到位，促使筆者著手研發二種精油的乳化技術。

在考量精油的價格頗高，若能降低精油的使用量，又能兼顧以天然資材型態配製，則製劑未來才能在有機農業上使用。因此，筆者以乳化技術，將萃取自植物的肉桂精油與天然植物皀素調配成天然植物保護製劑——肉桂油微乳劑（商品名爲「黑修羅」，含 36% 肉桂醛），並於實驗室測定其抑菌殺蟲的效果，發現肉桂油微乳劑 1,000 倍稀釋液具有抑制蝴蝶蘭灰黴病菌（*Botrytis cinerea*）及十字花科蔬菜黑斑病菌（*Alternaria brassicicola*）孢子發芽的功效；以 5,000 倍稀釋液處理南方根瘤線蟲（*Meloidogyne incognita*）的卵塊及二齡幼蟲，結果顯示，卵孵化率由對照組的 69.6% 降爲 30.6%，而二齡幼蟲致死率由對照組的 12.6% 提高至 98%（顏等，2008）。

於溫室盆栽試驗測試其防治作物病害及線蟲的效果，結果顯示肉桂油微乳劑 1,000 倍稀釋液具有效降低蝴蝶蘭灰黴病（圖二）與減輕半結球萵苣 Alternaria 葉斑病（圖三）之效果；以 5,000 倍稀釋液灌注番茄根基部，可顯著降低根瘤線蟲引起根部結瘤指數（由 2.8 降至 1.2）（顏等，2008），而在洋桔梗上也同樣獲得良好的防治效果（圖四）。另外，田間試驗測試肉桂油微乳劑預防及治療水稻稻熱病之效果亦獲得證實。考量製劑的貯架壽命，經耐貯藏性試驗發現，肉桂油微乳劑穩定性高，經 54±2℃貯放十四天後，仍保有良好之製劑穩定度。

圖二　肉桂油微乳劑防治蝴蝶蘭灰黴病（圖左為處理組）。

圖三　肉桂油微乳劑防治萵苣 Alternaria 葉斑病（圖左為處理組）。

圖四　肉桂油微乳劑防治洋桔梗根瘤線蟲（圖左為處理組）。

製劑理化與毒理分析

透過農業藥物毒物試驗所執行的「天然植物保護資材商品化研發及有效運用」計畫，進行肉桂油微乳劑之理化及毒理 GLP 分析，以符合我國農藥管理法之規範，盡速將本產品推廣應用於田間作物根瘤線蟲的防治工作上。

一、貯存安定性併包材腐蝕性測試

依據 CIPACMT 46.3 及 OPPTS 830.6230 標準之測定結果，肉桂油微乳劑於 54℃十四天處理前後之有效成分顯示安定，分解率爲 0.36%；對包裝材料 HDPE（High Density Polyethylene）瓶亦不具腐蝕性，無穿孔、變色及接縫無裂痕。

二、肉桂油微乳劑之理化性試驗

（顏色、物理狀態、氣味、酸鹼度、密度、黏性、燃燒性、爆炸性）

依據美國環保署（US EPA）OCSPP 830.6302、830.6303 及 830.6304 指引，測試肉桂油微乳劑之顏色、物理狀態及氣味，結果顯示試驗物爲黑褐色（10YR 2/1）液體，具有肉桂味。依據國際農藥分析協作會 CIPACMT 75.3、MT 3 及 MT 192 進行酸鹼度、液體密度及黏度測試，肉桂油微乳劑平均酸鹼值爲 pH 4.47、液體密度爲 1.0401 g/mL、黏度平均值爲 18.495 cP。而燃燒性及爆炸性試驗結果，肉桂油微乳劑屬易燃燒液體，但不具潛在爆炸危險性。

三、口服急毒性試驗

參考美國環保署（US EPA）OCSPP 870.1100 與經濟合作發展組織（OECD）Guideline 425 等試驗指引，以胃管強迫灌食方法測定肉桂油微乳劑對八週齡雌大鼠（Wistar 品系）之口服急毒性；結果肉桂油微乳劑對雌性大鼠之口服急毒性 LD_{50} 值爲 > 5,000 mg/kg body weight。

四、呼吸急毒性試驗

參考美國環保署（US EPA）OCSPP 870.1300 與經濟合作發展組織（OECD）

Guideline 403 等試驗指引，測試 Sprague-Dawley（SD）品系大鼠對肉桂油微乳劑經頭鼻式呼吸暴露四小時後觀察其十四天的急性致死毒性；結果顯示肉桂油微乳劑對大鼠經呼吸的急性半數致死濃度（LC_{50}）為＞ 2.246 mg/L。

五、眼刺激性試驗

參考美國環保署（US EPA）OCSPP 870.2400 與經濟合作發展組織（OECD）Guideline 405 等試驗指引，測試肉桂油微乳劑對紐西蘭白兔之眼刺激性；結果投藥後二十四小時所有兔隻之角膜均呈現明顯渾濁症狀，虹膜無法辨識且對光照無反應等嚴重眼刺激症狀，結膜明顯水腫使眼瞼呈現半閉狀態，並出現瀰漫性、深紅色、個別血管無法辨識等潮紅現象。顯示肉桂油微乳劑對兔隻眼睛在十四天內具有嚴重眼刺激性。

六、皮膚刺激性試驗

參考美國環保署（US EPA）OCSPP 870.2500 與經濟合作發展組織（OECD）Guideline 404 等試驗指引，測試肉桂油微乳劑對紐西蘭白兔之皮膚刺激性；結果顯示覆蓋皮膚區在除去貼布後第一小時出現明顯紅斑及輕微浮腫，後浮腫症狀有日漸減輕，第七天時已無浮腫現象，但直至第十四天時皮膚仍有輕微紅斑。因此，肉桂油微乳劑對兔隻皮膚在十四天內具刺激性。

七、皮膚過敏性試驗

參考經濟合作發展組織（OECD）Guideline 442B 指引，測試肉桂油微乳劑對小鼠皮膚過敏性；結果顯示肉桂油微乳劑塗抹小鼠耳朵後各處理組（5%、10% 及 25%）之 SI 值分別為 1.11、1.89 及 3.28，其中 10% 及 25% 處理組之淋巴結細胞增生比值均達 1.6 倍以上，顯示肉桂油微乳劑對小鼠具潛在皮膚過敏性。

田間試驗

一、田間試驗設計書之擬定與審核

依據農藥田間試驗規範擬定田間試驗設計書，並送請主辦機關依程序審核確定，再據以施行田間藥效試驗。

二、田間試驗之規劃與施行

依據試驗設計書規劃內容執行肉桂油微乳劑防治番茄根瘤線蟲之田間藥效、藥害及殘留量分析等試驗。為評估肉桂油微乳劑於田間防治番茄根瘤線蟲（*Meloidogyne incogita*）的效果，於雲林縣斗六地區選定三個番茄田區，分別為長平里潘秉宏 (A) 及溝壩里許源誠 (B) 及許仁碩 (C) 三位農友之各約一分地，於 2015 年 9 月至 2016 年 6 月期間進行試驗。試驗進行之前，於 104 年 4 月 14 日進行田間根瘤線蟲密度測試，作物為輪作之洋香瓜田，平均根瘤線蟲密度分別為每 100 公克土壤有 33.9、19.6 及 27.5 隻根瘤線蟲二齡幼蟲。

本試驗為單因子試驗，採逢機完全區集設計（Randomized complete block design, RCBD），共設置供試藥劑肉桂油微乳劑稀釋 1,500、3,000 及 5,000 倍、參考藥劑歐殺滅稀釋 200 倍及對照不施藥等五處理，每處理五重複。於番茄定植後一個月開始施藥，每隔十四天施用一次，每株灌注 40 ml 藥液，連續五次，定植後約每個月調查每小區每 100 公克土壤中根瘤線蟲二齡幼蟲的數量及根瘤指數，並換算成罹病度（Disease severity）。

三、田間試驗之藥效（顏等，2017）

三處試驗田開始種植溫室小番茄（玉女品種及小果 154 品種）時間分別為 104 年 9 月 10 日、9 月 11 日及 10 月 5 日。第一次施藥前潘秉宏 (A)、許源誠 (B) 及許仁碩 (C) 等各試區土壤之二齡幼蟲蟲口數分別為每 100 克土含 0-0.8、9.8-11.8 及 0.4-3.4，處理間呈不顯著差異；而各試區之番茄根部根瘤線蟲罹病度均為 0。

潘秉宏試驗區第五次調查結果顯示，供試藥劑肉桂油乳劑三種濃度（1,500

倍、3,000 倍、5,000 倍）對土壤中根瘤線蟲二齡幼蟲蟲口數的抑制效果均與參考藥劑歐殺滅 200 倍處理者無顯著性差異，但均與未施藥處理組（Control）呈顯著性差異（$P<0.05$）；供試藥劑不同濃度處理下對於番茄根瘤線蟲的罹病度無顯著性差異，但在降低罹病度上均優於參考藥劑及未施藥對照組，且呈顯著性差異（$P<0.05$）。

第九次調查結果顯示，供試藥劑三種濃度對根瘤線蟲二齡幼蟲蟲口數的抑制作用均優於參考藥劑歐殺滅 200 倍及未施藥處理組（Control），且顯著性差異（$P<0.05$）；同樣地，供試藥劑三種濃度處理的罹病度間無顯著性差異，但均優於參考藥劑及未施藥對照組，且呈顯著性差異（$P<0.05$）。

許源誠試驗區第五次調查結果顯示，供試藥劑三種濃度（1,500 倍、3,000 倍、5,000 倍）對土壤中根瘤線蟲二齡幼蟲蟲口數的抑制效果均與參考藥劑歐殺滅 200 倍處理者無顯著性差異，但均與未施藥處理組（Control）呈顯著性差異（$P<0.05$）；供試藥劑不同濃度處理下對於番茄根瘤線蟲的罹病度無顯著性差異，但在降低罹病度上均優於參考藥劑及未施藥對照組，且呈顯著性差異（$P<0.05$）。

第九次調查結果顯示，供試藥劑三種濃度對根瘤線蟲二齡幼蟲蟲口數的抑制作用均優於參考藥劑歐殺滅 200 倍及未施藥處理組（Control），且呈顯著性差異（$P<0.05$），其中供試藥劑 5,000 倍處理者抑制效果最佳；同樣地，供試藥劑三種濃度處理的罹病度間無顯著性差異，但均優於未施藥對照組，且呈顯著性差異（$P<0.05$），其中供試藥劑 5,000 倍與參考藥劑歐殺滅處理間呈不顯著差異。

許仁碩試驗區第五次調查結果顯示，供試藥劑三種濃度（1500 倍、3000 倍、5000 倍）與參考藥劑歐殺滅 200 倍處理對土壤中根瘤線蟲二齡幼蟲蟲口數的抑制效果無顯著性差異，但均與未施藥處理組（Control）呈顯著性差異（$P<0.05$）；供試藥劑不同濃度處理下對於番茄根瘤線蟲的罹病度的抑制效果，稀釋 5000 倍處理者劣於另二種濃度，而與參考藥劑無顯著性差異，但無論是供試藥劑或參考藥劑在降低罹病度上均優於未施藥對照組，且呈顯著性差異（$p<0.05$）。

第九次調查結果顯示，供試藥劑三種濃度對根瘤線蟲二齡幼蟲蟲口數的抑制作用均優於參考藥劑歐殺滅 200 倍及未施藥處理組（Control），且呈顯著性差異（$P<0.05$）；同樣地，供試藥劑三種濃度處理的罹病度間無顯著性差異，但均優於

未施藥對照組，且呈顯著性差異（P<0.05），其中供試藥劑 5,000 倍與參考藥劑歐殺滅處理間呈不顯著差異。

綜合三場試驗結果顯示，供試藥劑可明顯且有效地降低番茄根圜土壤中根瘤線蟲的二齡幼蟲蟲口數，並降低罹病度。由表一及表二之三場次田間試驗結果之數據顯示，三種不同稀釋濃度之供試藥劑在降低番茄根圈土壤中之根瘤線蟲二齡幼蟲蟲口數上，優於參考藥劑與未施藥對照組；而在降低罹病度上，供試藥劑除稀釋 5,000 倍與參考藥劑相當之外，其餘均優於參考藥劑與未施藥對照組。

三場試驗之藥效評估結果顯示，供試藥劑可顯著抑制番茄南方根瘤線蟲的爲害，且稀釋 5,000 倍、3,000 倍、1,500 倍三種不同使用濃度間無明顯差異，其中除 5,000 倍處理者與參考藥劑歐殺滅處理無顯著性差異之外，均與參考藥劑、未施藥對照組之間呈顯著性（P<0.05）差異，因此推薦肉桂油微乳劑稀釋 5,000 倍用以防治番茄根瘤線蟲的發生。

三場次之藥效試驗進行期間每隔十四天澆灌一次，至採收後期對於番茄測試品種均無藥害產生。據此，建議推薦肉桂油微乳劑（36% 肉桂醛）稀釋 5,000 倍，於番茄定植一個月後，每隔十四天行根部灌注一次，直至採收期。每次每公頃藥液用量爲 1,000 公升，藥劑用量 0.2 公升。

技術授權

授權廠商的商業營運模式與推廣理念是天然植物保護製劑能否成功地推展至市場上的重要指標。以產品屬性而言，本項製劑屬天然資材，若廠商開發的系列產品屬於天然資材，在行銷體系上較易於說服農民使用；以行銷策略而言，廠商的產品可以用包裹的方式，針對每一種作物的病蟲害管理提供完全解決方案，則可增加農民的信賴度。本項製劑產品之調配技術已順利授權良農現代化農業科技股份有限公司，並進行農藥登記申請中，預計三年內可上市銷售。

結語

大多數的植物精油售價頗高，使得國際上尚未有利用植物精油製劑作爲殺線蟲劑者，並通過農藥登記而行銷於市場，然而若針對高價作物之植物寄生線蟲問題，吾輩開發精油製劑新產品顯然確有其必要性。使用精油製劑產品的主要優點是對人畜低毒性且具環境持久性，於植物體上短暫的殘留性使其易於與生物防治製劑一同施用，具高的相容性（Isman *et al*., 2011）。目前待解的問題是如何維持植物精油的長效性，並確保能與線蟲蟲體接觸，以提升防治線蟲病害的有效性。應用微膠囊化技術製備植物精油製劑產品，可以提高其於土壤中之持久性和緩解對植物具潛在毒性的缺點。

截至目前爲止，已有多項研究使用可生物降解之聚合物作爲載體材料，以製備穩定性高的精油膠囊，並且透過超臨界流體工藝提升高效率的微膠囊化技術（Martin *et al*., 2010; Varona *et al*., 2009, 2010）。未來若要減少土壤環境因子對植物精油在線蟲病害防治功效的沖擊，應積極導入先端技術於製劑製備上的研究，以強化植物精油製劑的殺線蟲活性。

（本文部分內容已刊登於「106 年天然植物保護資材商品化研發成果及應用研討會專刊」第 59-69 頁，特致謝忱。）

主要參考文獻

1. 陳哲民。1996。植物油抑制植物病原眞菌胞子發芽之效果。花蓮區農業改良場研究彙報 12: 71-90。
2. 蔡東纂。1996。臺灣作物線蟲病連作障害之發生及對策。植病會刊 5: 113-128。
3. 蔡東纂。1999。植物寄生性線蟲病害之化學防治。植病會刊 8: 41-50。
4. 蔡東纂。2006。*Streptomyces saraceticus* 與 LTM 在防治作物線蟲病害之永續性作爲。符合安全農業之病害防治新技術研討會專刊，第 171-178 頁。謝廷芳、張清安、安寶貞、林俊義編。行政院農委會農業試驗所、中華民國植物病理學會出版。臺中。

5. 顏志恆、王心瑜、陳殿義、蔡淑珍、蔡東纂。2005。天然殺線蟲劑 Sincocin 與 DiTera 對南方根瘤線蟲之防治效果。植病會刊 14: 275-278。
6. 顏志恆、陳殿義、鍾文全、蔡東纂、謝廷芳。2008。天然植物保護製劑防治植物線蟲病害之效果評估。植病會刊 17: 169-176。
7. 顏志恆、許晴情、謝廷芳。2017。肉桂油乳劑防治番茄南方根瘤線蟲之田間藥效試驗。植物醫學 59(4): 5-12。
8. Abo-Elyousr, K. A. M., El-Morsi Awad, M., and Abdel Gaid, M. A. 2009. Management of tomato root-knot nematode *Meloidogyne incognita* by plant extracts and essential oils. Plant Pathol. J. 25(2): 189-192.
9. Andrés, M. F., Gonzálea-Coloma, A., Sanz, J., Burillo, J., and Sainz, P. 2012. Nematicidal activity of essential oils: a review. Phytochem. Rev. 11(4): 371-390.
10. Bai, C. Q., Liu, Z. L., and Liu, Q. Z. 2011. Nematicidal constituents from the essential oil of *Chenopodium ambrosioides* aerial parts. E-Journal of Chemistry 8 (S1): S143-S148.
11. Bird, D. M., Williamson, V. M., Abad, P., McCarter. J., Danchin, E.G., Castagnone-Sereno, P., and Opperman, C. H. 2009. The genome of root-knot nematodes. Annu. Rev. Phytopathol. 47: 333-351.
12. Cetintas, R. and Yarbs, M. M. 2010. Nematicidal effects of five plant essential oils on the southern root-knot nematode, *Meloidogyne incognita* race 2. J. Anim. Vet. Adv. 9(2): 222-225.
13. Chitwood, D. J. 2002. Phytochemical based strategies for nematode control. Annu. Rev. Phytopathol. 40: 221-249.
14. Cowan, M. M. 1999. Plant products as antimicrobial agents. Clinical Microbiol. Rev. 12: 564-582.
15. Das, K., Tiwariand, R. K. S., and Shrivastava, D. K. 2010. Techniques for evaluation of medicinal plant products as antimicrobial agent: Current methods and future

trends. J. Med. Plants Res. 4: 104-111.

16. El-Bahal, A. M., El-Sherbiny, A. A., Salem1, M. Z. M., Sharrawy, N. M. M., and Mohamed, N. H. 2017. Toxicity of essential oils extracted from *Corymbia citriodora* and *Eucalyptus camaldulensis* leaves against *Meloidogyne incognita* under laboratory conditions. Pakistan Nematol. 35 (1): 93-104.
17. Farahat, A. A., Osman, A. A., El-Nagar, H. I., and Hendy, H. H. 1993. Evaluation of Margosan and Sincocin as biocides of the reinform nematode infecting sunflower. Bull. Fac. Agric. Univ. Cairo. 44: 191-204.
18. Grau, P. A., Hopkins, R., Radewald, J. D., Warrior, P. 1996. Efficacy of DiTera biological nematicide for root-knot nematode suppression on carrot. Nematropica 26: 268. (Abstract)
19. Gupta, A., Sharma, S., and Naik, S.N. 2011. Biopesticidal value of selected essential oils against pathogenic fungus, termites, and nematodes. Int. Biodeterior. Biodegradation 65: 703-707.
20. Isman, M. B. 2000. Plant essential oils for pest and disease management. Crop Prot. 19: 603-608.
21. Isman, M. B., Miresmailli, S., and Machial, C. 2011. Commercial opportunities for pesticides based on plant EOs in agriculture, industry and consumer products. Phytochem. Rev. 10: 197-204.
22. Laquale, S., Candido, V., Avato, P., Argentieri, M. P., and D'Addabbo, T. 2015. Essential oils as soil biofumigants for the control of the root-knot nematode *Meloidogyne incognita* on tomato. Ann. Appl. Biol. 167: 217-224.
23. Leela, N. K., Khan, R. M., Reddy, P. P., and Nidiry, E. S. J. 1992. Nematicidal activity of essential oil of *Pelargonium graveolens* against the root-knot nematode *Meloidogyne incognita*. Nematol. Medit. 20: 57-58.
24. Li, H. Q., Liu, Q. Z., Liu, Z. L., Du, S. S., and Deng Z. W. 2013. Chemical composition and nematicidal activity of essential oil of *Agastache rugosa* against *Meloidogyne incognita*. Molecules 18(4): 4170-4180.

25. Liu, X. C., Bai, C. Q., Liu, Q. Z., and Liu, Z. L. 2014. Evaluation of nematicidal activity of the essential oil of *Homalomena occulta* (Lour.) Schott rhizome and its major constituents against *Meloidogyne incognita* (Kofoid and White) Chitwood. J. Entomol. Zool. Stud. 2(4): 182-186.
26. Maqbool, M., Ali, A., Alderson, P. G., Mohamed, M. T. M., Siddiqui, Y. and Zahida, N. 2011. Postharvest application of gum arabic and essential oils for controlling anthracnose and quality of banana and papaya during cold storage. Postharvest Biol. Technol. 62: 71-76.
27. Marin, D. H., Barker, K. R., and Sutton, T. B. 2000. Efficacy of ABG-9008 on burrowing nematode (*Radopholis similis*) on bananas. Nematropica 30: 1-8.
28. Martı n, A., Varona, S., Navarrete, A., and Cocero, M. J. 2010. Encapsulation and coprecipitation processes with supercritical fluids: applications with essential oils. Open Chem. Eng. J. 4: 31-41.
29. Ntalli, N. G., Ferrari, F., Giannakou, I., and Menkissoglu-Spiroudi, U. 2010. Phytochemistry and nematicidal activity of the essential oils from 8 Greek Lamiaceae aromatic plants and 13 terpene components. J. Agric. Food Chem. 58(13): 7856-7863.
30. Oka, Y. 2001. Nematicidal activity of essential oil components against the root-knot nematode *Meloidogyne javanica*. Nematology 3(2): 159-164.
31. Oka, Y., Nacar, S., Putievsky, E., Ravid, U., Yaniv, Z., and Spiegel, Y. 2000. Nematicidal activity of essential oils and their components against the root-knot nematode. Phytopathology 90(7): 710-715.
32. Ozdemir, E. and Gozel, U. 2017. Efficiency of some plant essential oils on root-knot nematode *Meloidogyne incognita*. J. Agri. Sci. Technol. A 7: 178-183.
33. Pérez, M. P., Navas-Cortés, J. A., Pascual-Villalobos, M. J., and Castillo, P. 2003. Nematicidal activity of essential oils and organic amendments from *Asteraceae against* root-knot nematodes. Plant Pathology. 52: 395-401.
34. Ranasinghe, L., Jayawardena, B., and Abeywickrama, K. 2002. Fungicidal activity

of essential oils of *Cinnamomum zeylanicum* (L.) and *Syzygium aromaticum* (L.) Merr et L. M. Perry against crown rot and anthracnose pathogens isolated from banana. Lett. Appl. Microbiol. 35: 208-211.

35. Varona, S., Martin, A., and Cocero, J. M. 2009. Formulation of a natural biocide based on lavandin essential oil by emulsification using modified starches. Chem. Eng. Proc. 48: 1121-1128.
36. Varona, S., Kareth, S., Martin, A., and Cocero, M. J. 2010. Formulation of lavandin essential oil with biopolymers by PGSS for application as biocide in ecological agriculture. J. Supercrit. Fluids 54: 369-377.
37. Warrior, P., Rehberger, L. A., and Grau, P. A. 1995. ABG-9008- a new biological nematicideal composition. J. Nematol. 27: 524-525.
38. Yulia, E., Shipton, W. A., and Coventry, R. J. 2006. Activity of some plant oils and extracts against *Colletotrichum gloeosporioides*. Plant Pathol. J. 5: 253-257.

CHAPTER 15

植物源除草劑之研發與應用

袁秋英

行政院農業委員會農業藥物毒物試驗所

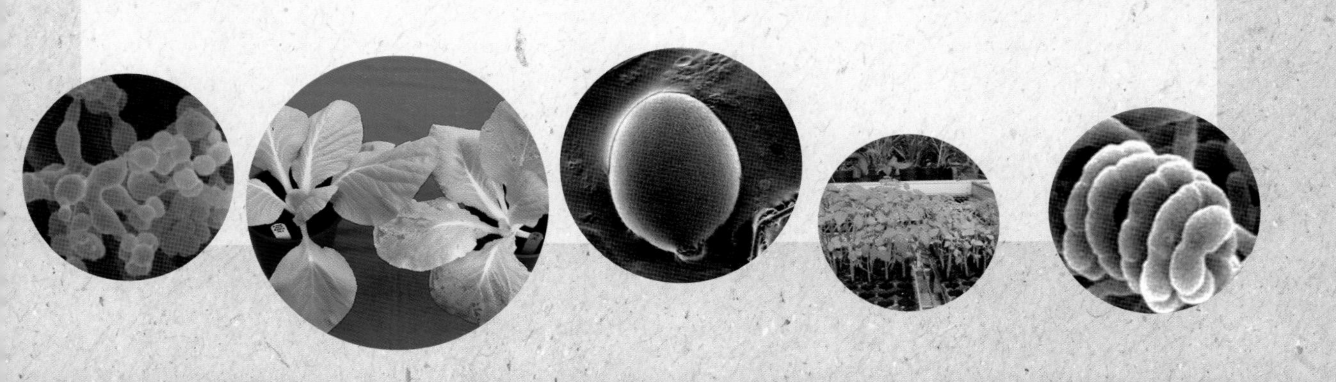

摘要

全球植物體內約有四十萬種化合物具有相剋現象，但其中只有約 3% 被鑑定具有除草活性。此等植物源抑草成分包括植物次階代謝的萃取物、油脂類及農業副產品等來源。大多數研究以植物萃取液及農業副產品測試對雜草萌芽及幼苗生長的影響，評估開發爲萌前除草劑的潛力，由於在田間需施用相當大量的原物料（20lb/ft^2），才可發揮抑草效果，所以目前僅有農業副產品——玉米麩質粉的 WeedBAN TM 等萌前使用的相關商品。

具萌後除草潛力的油脂類化合物，如植物精油和脂肪酸，主要破壞植物葉片蠟質、角質層與細胞膜系，導致組織脫水及死亡，適於萌後施用，且爲非選擇性的傷害，符合防除作物園區內複合草相的需求，因此國外已開發爲 Matratec®、Avenger® 及 Scythe® 等除草劑，然而因可稀釋的倍數低，僅適於家庭小面積使用。

目前植物源除草劑仍無法普遍適用於農作物防除雜草，主要因爲植物源化合物的結構較複雜、需使用的活性成分較多、功效較弱、生產成本高、以及易快速降解等問題，成爲植物源除草資材商品化的瓶頸。然而，有機栽培與友善耕作制度持續推動下，如何塡補高安全性天然除草劑的缺口，仍爲全球關注的重要研發議題。

關鍵字：植物源除草劑、雜草、防除、作用機制

前言

雜草控制是農業生產於作物保護體系的重要環節，雜草與作物競爭養分、水分和光線，造成作物產質的影響，可使作物生產力降低約 34%（Oerke, 2006）。美國及中國每年因雜草爲害，造成經濟的損失分別高達 1,300 億美元及 900 億人民幣（Liu *et al.*, 2007）。化學除草劑自上市以來，由於藥效迅速、省工及經濟等優點，廣泛使用於農地的雜草防除。

臺灣每年使用的化學除草劑約有 15,000 公噸，農民於 2013 年的生產成本中，共有 17 億臺幣是用於防除雜草（方，2014）。經常大量使用化學藥劑，不僅造成抗藥雜草種群的明顯增加，全球登錄於「國際抗除草劑雜草調查組織」（International survey of herbicide resistant weeds）的抗除草劑雜草已超過四百九十九種生物型（biotype）（Heap, 2019），也造成土壤中農藥殘留及水域汙染等問題，破壞環境生態的安全，影響了農業的永續發展。

近年來，環保意識高漲，全球於「雜草防除」的理念，已漸轉變爲「雜草管理」，即是經由調控雜草的生長環境，降低或抑制雜草的萌芽與競爭力，將雜草的負面影響降低至最低，不致於爲害作物的經濟產值。因此對人畜安全及環境友善的生物性除草資材日漸受到重視（Duke *et al.*, 2002）。臺灣東部地區的作物生產模式，已大幅趨於有機栽培的管理系統，且非農地禁止使用化學除草劑。因此開發低毒、易降解及對環境友善的天然除草資材，爲未來臺灣農民用藥習慣及雜草防除觀念調適的新契機。

生物除草劑（bio-herbicide）主要是指利用植物、微生物，或是具有殺草活性的次生代謝產物研發出來的藥劑（Bailey, 2014），先期以微生物除草劑開發較多，但因防治對象多爲特定雜草，市場規模小，因此大部分商品已不再生產。其次爲植物源除草劑，資材來源包括植物萃取物、農業副產品及油脂類成分等。然而此等資材的成分通常結構較複雜、生產成本高、功效較弱，以及易快速降解等問題，因此實際使用時宜配合其他栽培管理、機械除草或化學藥劑等方法，進行綜合雜草管理（Integrated Weed Management，簡稱 IWM），較易互補其缺點。本文以植物源爲資材的除草相關資訊，綜合論述如下。

植物源具除草潛力之舉證

一、植物源抑草現象——相剋作用（化感作用）的緣起

1930 年代發現胡桃樹（*Juglansregia* L.）會分泌一種化學物質——胡桃醌（Juglone），抑制鄰近雜草的生長，因此解開胡桃樹下不長草的原因。Schreiner 和 Reed 兩位學者發表論文（1907-1909），另舉證了作物連作障礙，主要爲是因爲作物產生的毒素積累於土壤中，造成自毒作用。Molisch 於 1937 年首度提出，廣泛定義爲「所有植物（包含微生物）之間其生化物質的相互作用」，涵蓋了促進或抑制作用兩方面，屬於自然界生物之間相生相剋的現象。

Rice 通過對美國中南部草原中廢棄地植物的研究，證明先鋒雜草產生毒素引起自毒和抑制它種植物的生長，在植物演化中存在著重要的生態意義。Rice 將此 Allelopathy 作用定義爲「植物（或微生物）經由釋出化學物質，而對其他植物產生直接或間接的有害影響」（Rice, 1984），並於 1974 年出版《Allelopathy》專著，極力推動相關作用的研究。

中研院院士周昌弘博士自 1972 年起曾深入系統性的研究熱帶及亞熱帶農業生態系的化感作用，針對作物自毒作用，探討作物連作後減產的原因，也揭示自毒作用是影響水稻和甘蔗產量的重要因素，並將 Allelopathy 譯爲「相剋作用」，具有相剋作用的化學物質，稱之爲相剋化合物（Allelochemical）。其他研究也開始詮釋及注重相關議題，國際相剋作用學會（International Allelopathy Society，簡稱 IAS）亦定義爲「相剋作用是指涉及通過影響農業和生物系統的生長和發育的植物、微生物和病毒產生的次級代謝產物的任何方法」，由植物根部滲出的各種代謝產物，包括碳水化合物、蛋白質、維生素、氨基酸和其他有機化合物（Kong *et al.*,2008; Kruidhof, 2008）。自 1990 年代起，中國才正式開展 Allelopathy 的相關研究，稱此現象爲「化感作用」，之後相關的研究開始迅速推展，近年已舉證相當多植物的化感潛力，以及開發爲植物源除草劑的評估（孔，2003）。

二、抑草化合物的類別

自然界存在有相當豐富的植物及微生物，各種植物次生代謝產物超過二千四百萬種有機化合物，常具有對抗逆境、抗病蟲的效果，此等物種間相生相剋的現象及活性化合物，逐漸被開發爲作物保護的資材，包括利用植物次階代謝物研發爲植物源除草劑，目前全球三十科屬植物中約有四十萬種化合物具有相剋作用，但其中只有 3% 被鑑定具有除草活性（Einhelligand Leather, 1988）。

此類物質普遍分布於植物根、莖、葉、花、果實或種子各部位，主要爲乙酸途徑、莽草酸途徑或兩途徑結合產生的代謝產物（圖一），根據其結構特性和生物合成途，至少可分爲十三類別，包括酚酸類（phenolic acids）、生物鹼類（alkaloids）、三酮類（triketones）、萜類（terpenoids）、萜烯（terpenes）、苯醌（benzoquinones）、香豆素類（coumaric acid）、二苯醚類（diphenyl ethers）、黃酮類（flavonids）、硫化物（sulfide）、噻吩類（thiophenes）、脂肪酸（fatty acids）和非蛋白氨基酸（nonprotein amino acids）等化合物，其中以低分子有機酸、酚類和萜類最常見（Zhao et al. 2010）。

此等物質的釋放方式，取決於其化學成分的性質，主要的釋出途徑有四種：根系分泌、莖葉揮發、雨水淋洗與植物殘體腐解等（張與潘，2006）。因此，相剋化合物是普遍存在於自然界中，對促進農業永續發展和生態環境的維繫具有重大意義。

酚類化合物被證實是相剋活性較強的一類物質，其中對羥基苯甲酸（4-hydroxybenzoic acid）、香草酸（vanillic acid）、丁香酸（syringic acid）、香豆酸（coumarin）和阿魏酸（ferulic acid）是重要的物質，以香豆酸對苜蓿幼苗的抑制最顯著（Chon *et al.*, 2002）。萜類化合物種類繁多且分布廣泛，是植物次生代謝產物中最多的類別。常見的揮發性萜類例如檸檬烯（dipentene）、香茅醇（citronellol）、羅勒烯（ocimene）、樟腦（camphor）等。

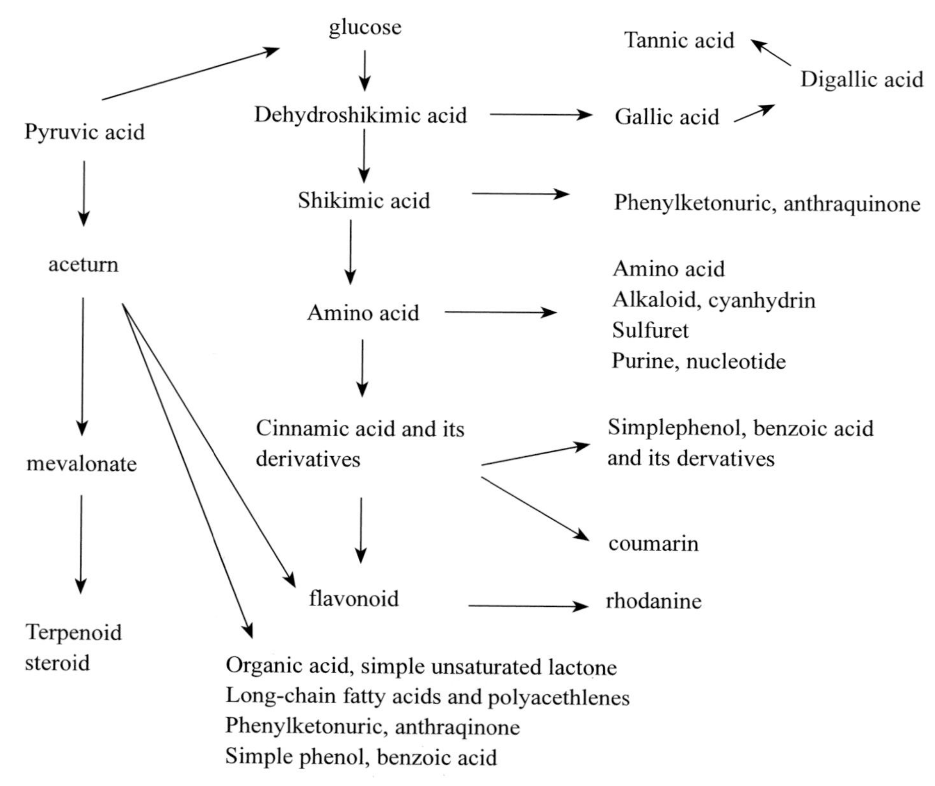

圖一　植物主要相剋物質的生合成路徑（Zhao *et al*., 2010）

三、具萌前及萌後施用的潛力植物資材

1. 萌前除草的潛力資材

大部分研究以植株萃取液進行雜草種子萌芽試驗，若萃取物質可被根部吸收、抑制根系發育或生理作用，嚴重者造成幼苗死亡，即初步顯示具萌前施用的除草潛力。已被證實的植物種類及活性成分，分別列於表一及圖三（A）。

(1) 木本植物

- 橡膠（*Fluorocarbon Rubber* L.）葉片萃取液對馬唐根系生長有強抑制作用（顏等，2006）。
- 核桃（*Juglansregia* L.）枝葉水萃液抑制綠豆種子萌芽（翟等，2006）。
- 蓖麻（*Ricinus communis*）抑制田旋花（*Convolvulus arvensis* L.）與反枝莧

（*Amaranthus retroflexus* L.）種子萌芽（Nekonam et al. 2013; Nekonam et al., 2014）。

· 苦木科植物的苦木素（quassinoids）抑制狗尾草的萌芽與生長。

表一　植物源資材、活性成分及抑草類別

植物源資材	活性成分	抑草對象
高粱	高粱醌（sorgoleone）	馬唐、稗草、反枝莧
水稻	稻殼酮 A （momilactone A）	單子葉雜草
玉米	二胜肽（dipeptide）	闊葉型雜草
裸麥	苯並惡唑啉酮（benzoxazolinones）	一年生雜草
香茅	香茅精油（essential oil）	一年生雜草
禾本科、豆科植物	香豆素（coumarin）	白茅、野薺菜
黃花蒿	青蒿素（artemisinin）	單子葉雜草
向日葵、銀膠菊	倍半萜內酯（heliannuol A,D）	馬齒莧、藜
萬壽菊	α- 三噻吩（α-terthienyl）	一年生雜草
艾屬植物	1,8- 桉葉素（1,8-cineole）	單子葉雜草
紫花藿香薊	豆甾醇（stigmasterol）	一年生雜草
鼠尾草、迷迭香	1,4- 桉葉素（1,4-cineole）	闊葉型雜草
棉花	獨腳金萌素（strigolactones）	獨腳金
芸香科植物	檸檬烯（limonene）	一年生雜草
紅千層	纖精酮（leptospermone）	闊葉類雜草
苦木科植物	苦木素（quassinoids）	狗尾草
苜蓿	美迪紫檀素（medicarpin）	白茅、莧屬植物
核桃	核桃醌（juglone）	一年生雜草
尤加利	尤加利油（eucalyptus oil）	一年生雜草
松樹	松樹油（pine oil）	一年生雜草
牻牛兒苗科植物	壬酸（nonanoic acid）	一年生雜草
長胡椒	假蒟亭鹼（sarmentine）	一年生雜草
曼陀羅	曼陀羅鹼（hyoscyamine）	反枝莧

- 美國檜（*Chamaecyparis lawsoniana*）、北美香柏（*Thuja occidentalis*）和桉樹的精油可強烈抑制莧科雜草、馬齒莧和矢車菊（*Acroptilon repens*）的萌芽（Ramezani *et al*., 2008）。
- 麥盧卡油（leptospermone）是從麥盧卡樹（*Leptospermum scoparium*）的主要活性成分，可抑制馬唐草（*Digitaria* spp.）的生長（Dayan et al., 2012）。
- 黑胡桃（*Juglans nigra*）對其他植物具有相剋作用，其萃取物在商業上已登記成生物除草劑（NatureCur，Redox Chemicals，LLC，Burley，ID，USA）。此商品以 42.9% 的濃度施用於土壤，可完全抑制加拿大蓬〔*Conyzacanadensis*（L.）Cronq. var. *Canadensis* ］和美洲甲蓬〔*C. bonariensis*（L.）Cronq. ］的生長（Shrestha, 2009）。

(2) 草本植物

- 藜科植物土荊芥（*Chenopodium ambrosioides* L.）高濃度萃取液會導致植物根部死亡（Jimenz-Osornio et al., 1996）。
- 紅花三葉草（*Trifolium pratense* L）可抑制野生芥菜胚根的生長，作者認爲此植材具有開發爲天然除草劑的潛力（Ohno, 2000）。
- 香澤蘭（別名飛機草，*Chromolaena odorata* L.）乙醇萃取物對稗草具有抑制生長作用（何與何，2002）。
- 紫花苜蓿（*Medicago sativa* L.）葉片萃取物具有自毒現象，也可抑制雜草的生長（Chon, 2002）。
- 扁穗牛鞭草 [*Hemarthriac ompressa*（L. f.）R. Br.] 的根、莖、葉水浸液對白花三葉草及紅花三葉草的種子萌芽，都有延遲和抑制的作用（楊等，2008）。
- 美洲假蓬（別名香絲草）莖葉萃取液皆會抑制裂葉牽牛、馬唐和早熟禾種子的萌芽及幼苗生長（劉等，2008）。
- 向日葵（*Helianthus annuus* L.）的倍半萜內酯（heliannuol A）可抑制藜和馬齒莧。
- 假高粱和曼陀羅的曼陀羅鹼（hyoscyamine）抑制反枝莧的生長。
- 香根草油是從香根草（*Vetiveria zizanioides* Lynn Nas）的根部蒸餾出來的精油，可抑制反枝莧、三裂葉豬草等雜草種子的萌發（Mao *et al*. 2004）。

・薰衣草（Lavandula）和薄荷（Mentha x piperita）提取的精油對莧科雜草、野芥菜（*Sinapis arvensis*）和黑麥草種子，具有抑制萌芽作用（Campiglia et al., 2007）。

(3) 農作物

・高粱屬植物（*Sorghum*）在印度地區可抑制雜草種子的萌發（Cheema and Khaliq, 2000）。高粱提取物含有苯甲酸（benzoic acid）、對羥基苯甲酸（p-hydroxybenozoic acid）、香草酸（vanillic acid）、香豆酸（coumaric acid）和對香豆酸（p-coumaric acid）（Czarnota *et al*., 2001）。高粱根分泌的高粱醌可抑制馬唐、稗草與反枝莧萌芽。

・花椒和高粱地上部萃取物顯著抑制田旋花種子的萌發和生長（Nekonam et al., 2013）。

・四十四種水稻品種對稗草的抑制程度不同（Chunga and Ahna, 2001）。

・小麥秸稈和種植過小麥的土壤的萃取液明顯抑制小麥的發芽和幼苗生長（Kimber, 1973），並且已從小麥莖稈中分離出香豆酸、對 - 羥基苯甲酸、丁香酸、香草酸、阿魏酸等相剋物質（Young *et al*., 1989）。兩種小麥葉子的萃取液對降低雜草發芽率最強（Oueslati, 2003）。

・分解的稻米殘渣水萃取物含香豆酸、阿魏酸（ferulic acid）和對羥基苯甲酸（Ma *et al*., 2006）。

・辣椒全株、根、莖、葉的水萃液，以葉片的相剋作用最強（王等，2008）。

・從苜蓿的根系分泌物和殘質中分離出香豆酸、對 - 羥基苯甲酸、咖啡酸、綠原酸、異綠原酸、阿魏酸等抑制物質（Abdul-Rahman & Habib, 1989）。

・十字花科芸苔屬植物的芥子油苷（mustard oil glycoside）可抑制一年生雜草。

(4) 農業副產品

農業副產品如玉米麩質粉（corn gluten meal, CGM）和酒糟粕等資材，已被舉證直接混拌於土壤中可降低雜草的萌芽率與生物量。

CGM 是玉米粒的蛋白質組分，具有除草特性，可以抑制植物的幼苗根系形成和造成死亡（Liu *et al*., 1994）。CGM 成分已鑑定，且申請爲萌前除草劑之專利（Bingaman and Christians, 1995），施用 300-1000 g m^{-2} CGM 於土壤可降低雜草存活率和根系發育，例如藜（*Chenopodium album* L.）、皺葉酸模（*Rumex crispus* L.）、馬齒莧（*Portulaca oleracea* L.）、黑茄（*Solanum nigrum* L.）、匍匐性小糠草（*Agrostis palustris* Huds）和反枝莧（*Amaranthus retroflexus* L.）等。另在種植前以 100-400 g m^{-2} 的 CGM 混入土壤中，雜草覆蓋率可降低 50-84%，但對直播的蔬菜也具毒性，例如洋蔥、甜菜、蘿蔔、菜豆、胡蘿蔔、豌豆、萵苣和甜玉米（McDade and Christians, 2000）。

由於玉米麩質粉需在田土中分解後才具抑草作用，無法立即呈現效果，同時施用量不足時，土壤中雜草仍可萌芽及正常生長。WeedBAN TM 為玉米麩質粉的萌前除草劑，每平方英尺施用量為 20 磅，可有效抑制馬唐、蒲公英、馬齒莧、反枝莧、稗草及狗牙根等雜草的幼苗生長（Dayan *et al*., 2009）。

玉米酒糟粕（Dried distillers' grains, DDGS）是牛的飼料，也是生產乙醇的副產品。Boydston 氏等（2008）發現施用 800-1600 g m-2 DDGS 在土壤中，可顯著降低 40-57% 早熟禾（*Poa annua* L.）和 33-58% 繁縷〔*Stellaria media*（L）Vill ］的植株數量，且對觀賞植物沒有傷害。

2. 萌後除草的潛力資材

一般被舉證可萌後噴施的植物源資材種類較少，多屬於油脂類化合物，例如植物精油和脂肪酸等成分，主要破壞植物葉片蠟質、角質層與細胞膜系，導致組織脫水及死亡。因此為非選擇性的傷害，對苗期的一年生雜草效果較佳。

(1) 植物精油

植物精油是揮發性化合物，大部分為萜類化合物（terpenoids），如單萜（monoterpenes）和倍半萜類（sesquiterpenes），芸香科植物的 D- 檸檬烯（D-limonene）、丁香的丁香油（clove oil）等，依精油種類及組成比率的差異決定對雜草的傷害程度（Weston and Duke, 2003）。冬香薄荷（*Satureja hortensis*），錫蘭肉桂（*Cinnamomum verum*）和丁香（*Syzygium aromaticum* L.）的精油對美洲豬草（*Ambrosia artemisiifolia*），阿拉伯高粱（*Sorghum halepense*）和蒲公英（*Taraxacum officinale* L.），造成細胞電解質快速滲漏的植物毒性作用（Tworkoski, 2002）。

(2) 脂肪酸

在動植物體內存在的短鏈脂肪酸（C8-C9），例如辛酸（caprylic acid）、壬酸（nonanoic acid）和葵酸（capric acid）都會破壞植物角質層，導致細胞膜受損，然後迅速乾燥，最終導致組織死亡（Lederer *et al*., 2004）。

壬酸主要存在天竺葵屬植物的油脂中，也可經化學反應合成。30% 壬酸 EW 施藥後一小時雜草就出現水漬狀，凡接觸到藥液的部位都枯黃死亡，屬典型的觸殺性除草劑。因此在施藥時應均勻噴霧，務必使雜草各部位都接觸到藥液，特別是在雜草密度、葉齡和高度均較大時，應增加藥量，已增加藥效（錢等，2008）。

30% 壬酸施藥後二十四小時，對部分雜草的防效可達 90-100%；藥後七天，禾本科雜草開始長出新的心葉，多年生植物也開始長出新芽（錢等，2010）。30% 壬酸 EW 有效成分 25-40 kg/hm^2（製劑用量 83.4- 133.3 L/hm^2）對各類雜草均有良好的防治效果。施藥後七天覆蓋度防效及鮮重防效均超過 85%，與對照藥劑 20% 巴拉刈有效成分 0.45 kg/hm^2（使用劑量 2.25 L/hm^2）差異不明顯（劉等，2012）。

洋蔥田噴施 5% 壬酸對雜草防治，相當於噴施 10% 丁香油或 14% 檸檬烯的效果（Wiley andDavis, 2014）。由於壬酸的分解快速，無作物殘留疑慮，於土壤中無積累現象，且對環境中鳥類、魚類和蜜蜂毒性低，在歐美已開發爲除草劑。

抑草化合物的作用機制

植物體內的抑草化合物有三項特性：(1) 參與植物對逆境的防禦機制和生長調節系統，(2) 對植物的作用機制都與參與反應的濃度有關，常呈現低濃度爲促進作用、高濃度爲抑制作用，(3) 物質之間存在加成性、協同性或拮抗性的作用效果（Rose et al., 1983）。因此抑草化合物的活性強度依其濃度、分子結構及相互作用方式而異（李等，2009）。例如，冬小麥中檢測到對羥基苯甲酸、阿魏酸、香草酸三種相剋物質，此三種化合物對棉花種子萌發和幼苗生長均有不同程度的影響。當以相同濃度的對羥基苯甲酸、阿魏酸、香草酸混合液處理棉花種子和幼苗時，以混合液較單一物質對棉花種子和幼苗的抑制作用更爲顯著。

細胞膜是相剋物質作用的起始作用點，經由膜系於結構及功能的改變，進而影

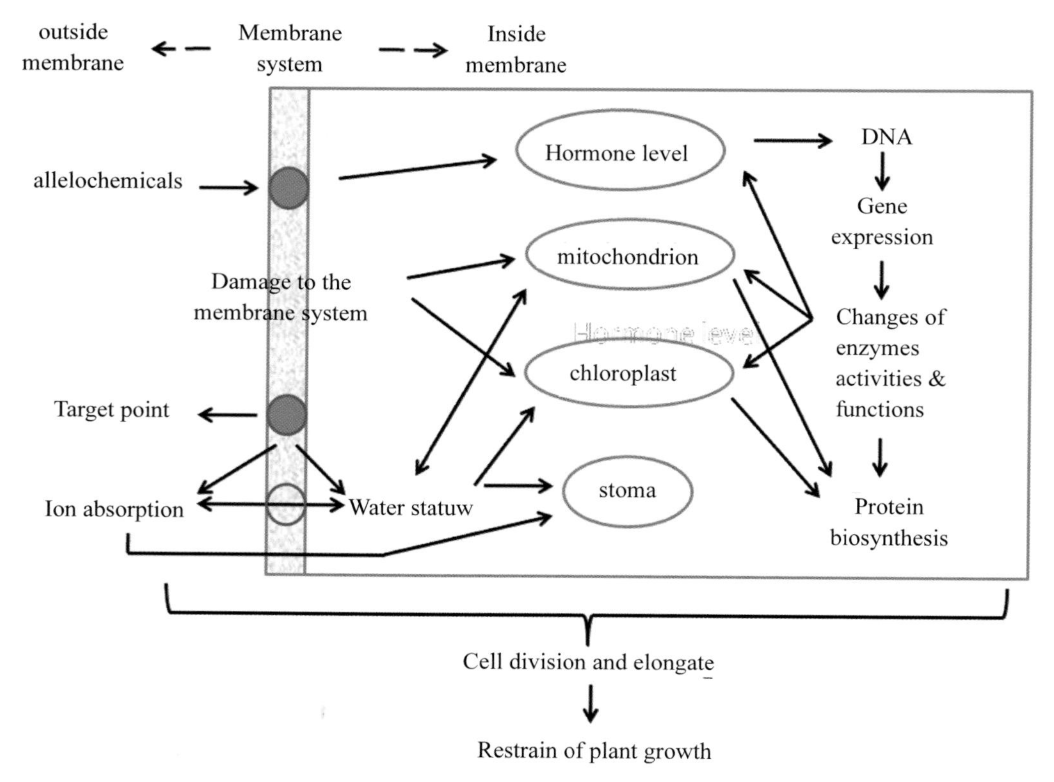

圖二　相剋化合物之作用機制（Zhao *et al*., 2010）

響各種生理、生化的代謝反應；抑制線粒體的電子傳遞或氧吸收，從而影響植物的呼吸作用，降低受體植物的光合速率或減少葉綠素合成，降低酶的活性和功能，促進或抑制受體的激素代謝。相剋物質與受體 DNA 緊密結合在一起，阻止 DNA 翻譯、轉錄及蛋白質的合成（圖二）（Zhao *et al*., 2010）。例舉相關研究如下：

一、對細胞膜系功能的影響

相剋物質對細胞膜的影響，主要經由改變細胞膜的電位及通透性、抑制膜 ATPase 活性等作用，進而造成植物對離子吸收量的變化。1 mmole L^{-1} 香草酸、香豆酸和阿魏酸會降低銀膠菊（*Parthenium hysterophorus* L.）葉片中碳及磷的含量。主要原因爲相剋物質降低了細胞膜中羥基的含量，從而破壞了細胞膜的完整性，導致植物根細胞對養分吸收下降，同時細胞內物質大量外滲（Bazivamakenga *et al*, 1995）。

銀膠菊葉片萃取物亦能破壞布袋蓮（*Eichhornia crassipes* Mart.）根部細胞膜的完整性，其相剋物質羥基苯甲酸會造成植物的根細胞膜損傷，溶解物滲漏現象（Pandey, 1994）。三裂葉蟛蜞菊（*Wedelia trilobata* L.）萃取液在水稻種子萌發時，因降低了過氧化酶等保護酶的活性，無法有效清除活性氧及阻止膜脂的過氧化，致使細胞膜遭受破壞（聶等，2004）。

二、對水分吸收的影響

一般而言，作物長期處於相剋物質的環境中，會降低植物吸收及利用水分的能力。如蠟菊（*Helichrysum bracteatum* Vent.）組織中的咖啡酸（caffeic acid）會抑制大戟（*Euphorbia pekinensis* L.）種子發芽、胚根伸長和愈傷組織的生長，其作用原理即爲水分吸收受阻之故（Barkosky *et al*., 2000）。阿魏酸會因水分及礦物質的吸收被抑制而影響植物的生長。如阿魏酸處理黃瓜幼苗，造成 NO_3^- 的吸收被抑制，反而促進 K^+ 從根部溢出，且水分吸收受阻後，葉面水勢和膨壓即明顯下降（Booker et al., 1992）。

三、對光合作用的影響

相剋物質對光合作用的影響較爲複雜，可經由調節生理代謝直接或間接影響光合作用。肉桂酸（benzalacetic acid）、苯甲酸、水楊酸等 10 種化合物於 100 -1,000μmol · L^{-1} 濃度範圍內，不僅導致大豆葉片的光合速率、氣孔傳導等生理代謝活動受抑制，且乾物重、葉面積及株高皆明顯降低，其中以水楊酸的毒性最強（Barkoskyet al., 2000）。另如 10μmol · L^{-1} 的高粱醌（sorgoleone）和胡桃酮可使大豆葉片氧氣釋放量下降 50%（Einhellig *et al*., 1988）；相剋物質也可以通過改變葉綠素的合成，間接影響光合作用。香草酸、阿魏酸及 P- 香豆酸處理可降低大豆葉綠素含量，但不影響高粱的光合作用（Einhelling1993）。紫花藿香薊（別名勝紅薊，*Ageratum houstonianum* L.）的相剋物質能顯著抑制受體植物葉綠素的含量，或葉綠素合成的酶系統。

四、對呼吸作用的影響

相剋物質主要經由抑制線粒體的電子傳遞和氧化磷酸化作用，影響植物的呼吸作用（Penuelas *et al*., 1996）。高粱醌和胡桃酮具有極強的生物活性，在濃度極低的情況下即可抑制線粒體的作用，影響受體的呼吸作用，進而影響植物的生長發育（Ortega et al., 1988）。

五、對酵素及蛋白質合成的影響

相剋物質常會改變酶的活性，間接影響其相關的生理反應。

- 苯甲酸、肉桂酸（cinnamic acid）因抑制過氧化氫酶（catalase）活性，造成對大豆根細胞的破壞（Bazivamakenga *et al*., 1995）。
- 三裂葉蟛蜞菊水萃液會降低水稻穀氨醯胺合成酶（glutamine synthetase）、氧化酶（oxidase）的活性，使細胞遭受破壞（聶等 2004）。
- 1μmol · L^{-1} 肉桂酸及其衍生物通過抑制苯丙氨酸氨裂解酶（phenylalanine ammonia lyase, PAL）的活性，控制苯丙氨的代謝，進而抑制黃瓜種子發芽和幼苗生長。
- 阿魏酸的抑制作用最強，使蛋白質、亮氨酸的合成量減少 50% 以上（Memieand Singh,1993）。
- 甲基磺草酮（mesotrione），為紅瓶刷子（*Callistemon* spp.）樹類的 Callistemone 衍生而來，主要抑制 4- 羥苯丙酮酸雙氧酶（4-hydroxyphenylpyruvate dioxygenase，簡稱 HPPD）的活性。

六、對荷爾蒙代謝的影響

許多相剋物質會降低受體植物中的赤黴素和生長素的水準，從而抑制受體植物的生長，酚酸類相剋物質對植物激素荷爾蒙的研究較多。阿魏酸能誘導小麥內生的生長素（Indole-3-acetic acid, IAA）、勃激素（gibberellic acid）和細胞分裂素（cytokinin）大量積累，同時造成脫落酸（Abscisic acid, ABA）含量的升高（劉與胡，2001）。

商品化的植物源除草劑

一、以植物除草活性成分，修飾結構後開發爲新穎除草劑

雖然植物中的多種相剋物質具有抑制雜草的特性，但由於植材資源取得的難易、相剋化合物含量的多寡，以及化合物於環境的穩定性等問題，皆會造成田間抑草效果的差異。因此部分國外農藥廠商開始針對具潛力的相剋化合物，進行結構的修飾，以化學合成方式生產，進而開發爲新穎性除草劑（表二），然而大部分有抑草活性的相剋化合物因結構複雜，化學合成困難或生產成本過高等問題，並無法開發爲除草劑。分別列舉成功案例：

表二　相剋化合物及其衍生的商品與抑草機制

相剋化合物	商品名	抑草機制
纖精酮（leptospermone）	Callisto	抑制 HPPD
桉葉素（cineole）	Argold	抑制 asparagine synthetase
	Cinch	及呼吸作用
壬酸（nonanoic acid）	Scythe, Thinex	破壞細胞膜結構
水解蛋白（peptide）	WeedBan	影響細胞壁形成、細胞膜結構
獨腳金醇（Strigol）	strigolactones	誘使不適時期萌芽

* HPPD: 4-hydroxyphenylpyruvate dioxygenase

1. Callisto™

爲先正達公司（Syngenta）於 2007 年研發的玉米田選擇性除草劑，其活性成分爲甲基磺草酮（mesotrione）（圖三 (B)），爲紅千層（*Callistemon citrinus*）樹類的纖精酮（leptospermone）衍生而來，可抑制 4- 羥苯丙酮酸雙氧酶，可有效防治闊葉型雜草（Mitehell and Baden, 2001）。

2. Argold™ 及 Cinch™

主成分爲環庚草醚（Cinmethylin）（圖三 (B)），是 1,4- 桉葉素（1,4-cineole）的衍生物，需經代謝後才轉變爲活性物質。其作用機制是阻礙植物分生細胞的有絲分裂，影響新陳代謝。登記於大豆、棉花及水稻田，防除稗草、馬唐及鴨舌草等雜草（El-Deekand Hess, 1986; Grayson et al., 1987）。

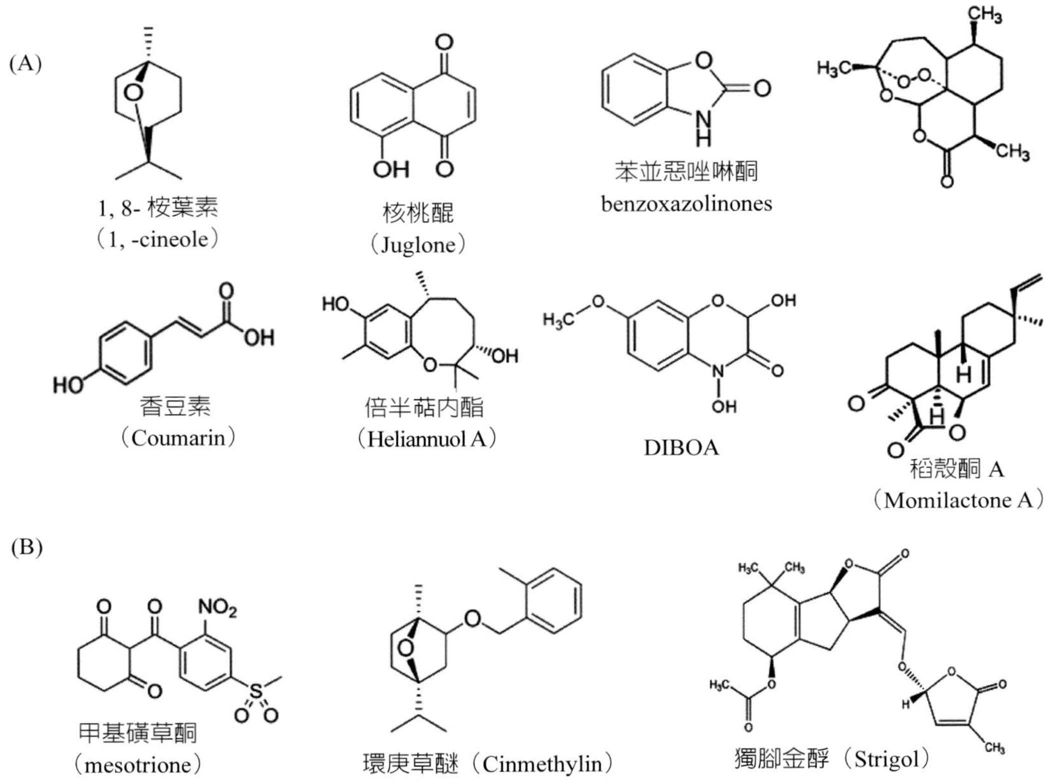

(A)

1, 8- 桉葉素
(1, -cineole)

核桃醌
(Juglone)

苯並惡唑啉酮
benzoxazolinones

香豆素
(Coumarin)

倍半萜內酯
(Heliannuol A)

DIBOA

稻殼酮 A
(Momilactone A)

(B)

甲基磺草酮
(mesotrione)

環庚草醚（Cinmethylin）

獨腳金醇（Strigol）

圖三　具抑制雜草生長潛力的植物相剋化合物。
(A) 未商品化為除草劑、(B) 商品化除草劑之主成分。
DIBOA: 2,4-dihydroxy-2H-1,4- benzoxazin -3（4H）- one。

3. 獨角金萌發素內酯（strigolactones）

棉花根部釋出的獨腳金醇（Strigol）（圖三 (B)），可使寄生性雜草獨角金（*Striga asiatica* L.）萌芽，但因缺乏寄主的營養而死亡，有效防除寄生於玉米、高粱和甘蔗的獨角金（Hooper and Tsanuo, 2010）。

二、家用型植物源除草劑

國外已有利用植物的油脂類成分，開發爲不須稀釋可立即噴施的除草劑，例如，Matratec®，Matran®EC 和 Matran® 是以丁香油爲主要活性成分的除草劑，Avenger® 是以芸香科植物的油脂爲主要活性成分的除草劑，通常活性成分的濃度超過 10 或 20% 以上，才可呈現抑制雜草的效果，同時須配合適當佐劑與噴頭，田間施用的效果較理想）。

用於防治一年生闊葉雜草爲主，其防治效果會隨著雜草成熟度的增加而降低，對於禾本科雜草及多年生草的致死效果較差，欲增強藥效可能需要重複噴施。另有 Scythe® 商品以脂肪酸爲主成分，以稀釋 4 倍後使用，可非選擇性的快速殺死一年生雜草幼苗。ScytheTM 及 ThinexTM 爲美國 Mycogen 公司研發之產品，爲聲牛兒苗科（Geraniaceace）植物的脂肪酸類化合物，可破壞細胞膜，影響離子的通透性，可抑制一年生單子葉及雙子葉雜草（Dayan *et al*., 2012）。WeedPharm® 是以醋酸爲主要活性成分的接觸型除草劑，也是以防治一年生闊葉雜草的效果較佳，隨著醋酸濃度增加，可增強殺草效果，但醋酸濃度超過 10% 以上，則會造成眼睛損傷的問題，此藥劑目前已喪失市場競爭力。

藥毒所於生物除草劑之研發近況

藥毒所近年也致力於生物除草劑的研發，已針對臺灣低海拔地區危害嚴重的平原菟絲子（*Cuscuta campestris* Yunck），分離出高度專一性的炭疽病原菌（*Colletotrichum*. spp.），開發爲孢子型製劑，田間施用後可達 95% 以上之防治率，協助北及中部多個縣市政府，有效防除安全島植栽及行道樹上纏繞的平原菟絲子（袁與謝，2012）。

近年針對六十七種植物源資材進行萌期及萌後使用的潛力測試，已篩選出菊科、禾本科、芸香科、牻牛兒苗科等六種植物爲候選資材。其中以壬酸最具除草效果，但仍須配合適當的佐劑組成，以決定是否具有商品化的競爭力。目前對 8-10 葉齡的一年生禾草及闊葉型雜草皆有良好防治效果，抑制率介於 80-100% 之間（袁，2016；圖四）。如何運用此六種植物資材於有效降低製劑成本、增強花期防效及擴大抑草對象，爲持續努力的目標。

圖四　壬酸製劑噴施大花咸豐草及馬唐 1 及 3 日之藥效

結語

植物源的抑草物質是生態系統中生存競爭的天然產物，此等化合物與化學除草劑相比具有環境相容性高、降解快、半衰期短、對非標的生物安全高等特質。然而欲直接應用植物殘質除草，則會因抑草物質含量過少，需使用大量資材才可達到預期之防治效果。未來如何克服植物源除草資材商品化的瓶頸、以具有活性的抑草物質的適當製劑，或是以此等物質爲先導化合物，經修飾結構爲活性更優質的相似物，則成爲應用雜草防治的新穎途徑，期許新開發的植物源除草劑不僅可協助有機栽培、友善耕作的雜草管理，亦可適用於慣行農法整地後的早期萌後除草，減少化學藥劑的使用量，降低雜草族群，維繫農業生態系的安全以及作物的經濟產值。

主要參考文獻

1. 王廣印、孫曉娜、謝玉會。2008。辣椒植株水浸液對四種蔬菜種子萌發的化感效應。農業現代化研究 29(6)：761-764。
2. 方麗萍。2014。2004-2013 年臺灣農藥市場。農藥一路發網站。ttp://www.ag168.com/
3. 孔垂華。2003。新千年的挑戰：第三屆植物化感作用大會綜述。應用生態學報 14(5)：837-838.
4. 李雪利、李正、李彥濤、張文平、曾憲立、鄭文冉、劉國順、葉協鋒。2009。植物化感作用研究進展。中國農學通報 25(23)：142-146。
5. 何衍彪、何庭玉。2002。飛機草化感作用的初步研究。華南農業大學學報 23(3)：60-62。
6. 袁秋英。2016。植物相剋化合物於雜草管理之應用。藥毒所專題報導。第 259 號 1-20 頁。
7. 袁秋英、謝玉貞。2012。生物除草劑之研發與應用。農政與農情。480 期：88-94。
8. 錢振官、沈國輝、李濤、柴曉玲。2008。植物源除草劑 3O% 壬酸 EW 防除非耕地雜草試驗研究。上海農業科技 6:125。
9. 錢振官、沈國輝、李濤、柴曉玲、溫廣月。2010。植物源除草劑壬酸除草活性及其應用技術的研究。上海農業學報 26(2): 1-4。
10. 劉婕，李良德，薑春來，鐘國華。2012。生物源除草劑壬酸對非耕地雜草的防治作用。中國農業通報 28(27): 246-249。

11. 劉秀芬、胡曉軍。2001。化感物質阿魏酸對小麥幼苗內源激素水準的影響。中國農業生態學報 9(1)：86-88。
12. 楊菲、黃乾明、楊春華。2008。扁穗牛鞭草水浸液化感作用及化學成分分析。四川農業大學學報 26(3)：232-236。
13. 聶呈榮、曾任森、駱世明、黎華壽、洪明祺、程莉瓊。2004。三裂葉蟛蜞菊對水稻化感作用的初步研究。作物學報 30：942-946。
14. Abdul-Rahman, A. A. and Habib, S. A. 1989. Allclopathic effect of alfalfa (*Medicago sativa* L.) on bladygrass (*Imperata cylindrical*). J. Chem. Ecol. 15: 2289-2300.
15. Bailey, K. L. 2014. In: Abrol, Dharam P. (Ed.), The Bioherbicide Approach to Weed Control Using Plant Pathogens, Integrated Pest Management: Current Concepts and Ecological Perspective. Elsevier (Academic Press), pp. 245-266.
16. Barkosky, R. R., Einhellig, F. A., and Butler, J. L. 2000. Caffeic acid induced changes in plant · water relationships and photosynthesis in leaf spurge *Euphorbia esula*. Chem. Ecol. 26: 2095-2109.
17. Bazivamakenga, R. R., Leroux, G. D., and Simard, R. R. 1995. Effects of benzonic and cinnamic on membrane permeability of soybean roots. Chem Ecol. 21: 1271-1285.
18. Bingaman, B.R. and Christians, N. E. 1995. Greenhouse screening of corn gluten meal as a natural control product for broadleaf and grass weeds. HortScience 30: 1256-1259.
19. Booker, F. L., Blum, U., and Fiscus, E. L. 1992. Short-term effects of ferulic acid on ion uptake and water relations in cucumber seedling. J. Exp. Bot. 43: 649-655.
20. Boydston, R. A., Collins, H. P. and Vaughn, S. F. 2008. Response of weeds and ornamental plants to potting soil amended with dried distillers grains. HortScience 43: 191-195.
21. Campiglia, E., Mancinelli, R., Cavalieri, A., Caporali, F. Use of essential oils of cinnamon, lavender and peppermint for weed control. Ital. J. Agron. 2007, 2, 171-

178

22. Cheema, Z. A and Khaliq, A. 2000 Use of sorghum allelopathic properties to control weeds in irrigated wheat in a semi arid region of Punjab. Agric.Ecosys. Environ. 79: 105-112.
23. Chon, S. U., Choib, D. K., and Jung, S. 2002. Effects of alfalfa leaf extracts and phenolic allelochemicals on early seedling growth and root morphology of alfalfa and barnyard grass. Crop Prot. 21(10): 1077-1082.
24. Chunga, I. M. and Ahna, J. K. 2001. Assessment of allelopathic potential of barnyard grass (*Echinochloa crus-galli*) on rice (*Oryza sativa*L.) cultivars. Crop Prot. 20: 921-928.
25. Czarnota, M. A., Paul, R. N., Dayan, F.E., Nimbal, C.I., Weston, L.A. Mode of action, localization of production, chemical nature, and activity of sorgoleone: A potent psii inhibitor in *sorghum* spp. Root exudates. Weed Technol. 2001, 15, 813-825.
26. Dayan, F. E., Cantrell, C. L., and Duke, S. O. 2009. Natural products in crop production. Bioorg. Med. Chem. 17: 4022-4034.
27. Dayan, F. E., Owens, D. K., and Duke, S. O. 2012. Rationale for a natural products approach to herbicide discovery. Pest. Manag. Sci. 68: 519-528.
28. Duke, S. O., Rimando, A. M., Bearson, S. R., Scheffler, B. E., Ota, E., and Belz, R. G. 2002. Strategies for the use of natural products for weed management. Pest. Sci. 27: 298-306.
29. El-Deek, M. H. and Hess, F. D. 1986. Inhibited Mitotic Entry Is the Cause of Growth Inhibition by Cinmethylin. Weed Sci. 34: 684-688.
30. Einhellig, F. A. and Leather, G. R. 1988. Potentials for exploiting allelopathy to enhance crop production. J. Chem. Ecol. 14: 1829-1844.
31. Einhellig, F. A, Rasmussen, J. A., and Heji, A. M. 1993. Effects of roots excudatesorgoleone on photosynthesis. Chem. Ecol. 19: 369-375.
32. Grayson, B. T., Williams, K. S. and Freehauf, P. A. 1987. The physical and chemical

properties of the herbicide cinmethylin. Pest. Sci. 21: 143-153.

33. Heap, I. 2019. International survey of herbicide resistant weeds. http://weedscience.org/. Apl. 20. 2019.
34. Hooper, A. M. and Tsanuo, M. K. 2010. Isoschaftoside, a C-glycosyl flavonoid from *Desmodium uncinatum* root exudate, is an allelochemical against the development of Striga.Phytochem. 71: 904-908.
35. Jimenez-Osornio FMVZJ, Kumamoto, J., and Wasser, C. 1996. Allelopathy Acticity of *Chenopodium ambrosioides* L. Biochem. System. Ecol. 24(3): 195-205.
36. Kimber, R. W. L. 1973. Phytotoxicity from plant residues II. The effects of time of rotting of straw from grasses and legumes on the growth of wheat seedlings. Plant Soil 38: 347-361.
37. Kong, C. H., Wang, P., Zhao, H., Xu, X. H. and Zhu, Y. D. 2008. Impact of allelochemical exuded from allelopathic rice on soil microbial community. Soil Biol. Biochem. 40: 1862-1869.
38. Kruidhof, H. M. 2008. Cover crop-based ecological weed management: exploration and optimization. PhD Thesis, Wageningen University, Wageningen, The Netherlands. pp.156.
39. Lederer, B., Fujimori, T., Yusuko, T., Wakabayashi, K., and Boger, P. 2004. Phytotoxic activity of middle-chain fatty acids II: peroxidation and membrane effects. Pest. Biochem. Physiol. 80:151-156.
40. Liu, D. L and Christians, N. E. 1994. Isolation and identification of root-inhibiting compounds from corn gluten hydrolysate. J. Plant Growth Regul. 13: 227-230.
41. Liu, D. L. Y., Christians, N. E., and Garbutt, J. T. 1994. Herbicidal activity of hydrolyzed corn gluten meal onthree grass species under controlled environments. J. Plant Growth Regul. 13: 221-226.
42. Liu, Y., Zhang, C. X., and Wei, S. H. 2007. An overview: Herbicide resistant in China. //Proceedings of the International Workshop Weed Science and Agricultural Production Safety. Nanjing, China 178

43. Ma, H. J., Shin, D. H., Lee, I. J., Koh, J. C., Park, S. K., and Kim, K. U. 2006. Allelopathic potential of k21, selected as a promising allelopathic rice. Weed Biol. Manag. 6: 189-196.

44. Mao, L., G. Henderson and Laine, R. A. 2004.Germination of various weed species in response to vetiver oil and nootkatone. Weed Technol. 18, 263-267.

45. McDade, M.C. and Christians, N. E. 2000. Corn gluten meal-a natural preemergence herbicide: Effect on vegetable seedling survival and weed cover. Am. J. Altern, Agric. 15: 189-191.

46. Memie, W. and Singh, M. 1993. Phenolic acid affect photosynthesis and protein synthesis by isolated leaf cells of volvet-leaf. Chem. Ecol. 19: 1293-1301.

47. Mitehell, G. and Baden, D. W. 2001.Mesotione: a new selective herbicide for use in maize. Pest. Manag. Sci. 57: 120-128.

48. Nekonam, M.S., Razmjoo, J., Sharifnabi, B., and Karimmojeni, H. 2013. Assessment of allelopathic plants for their herbicidal potential against field bindweed ('convolvulus arvensis'). Aust J. Crop Sci. 7: 1654.

49. Nekonam, M.S., Razmjoo, J., Kraimmojeni, H., Sharifnabi, B., Amini, H., and Bahrami, F. 2014. Assessment of some medicinal plants for their allelopathic potential against redroot pigweed (*Amaranthus retroflexus*). J. Plant Prot Res 54: 90-95.

50. Oerke, E.C. 2006. Crop losses to pests. J. Agric. Sci. 144: 31-43.

51. Ohno, T., Doolan, K., Zibilske, L. M., Liebman, M., Gallandt, E. R., and Tsutomu, C. 2000 Phytotoxic effects of red clover amended soils on wild mustard seedling growth. Agric. Ecosys. Environ. 78: 187-192.

52. Ortega, R. C., Auaya, A. A., and Ramos, L. 1988. Effects of allelopathic compounds of corn pollen on respiration and cell division of watermelon. Chem. Ecol. 14: 71-86.

53. Oueslati, O. 2003. Allelopathy in two durum wheat (*Triticum durum* L.) varieties. Agric. Ecosys. Environ. 96: 161-163.

54. Pandey, D. K. 1994. Inhibition of salvinia (*Salvinia molesta* Mitchell) by parthenium (*Parthenium hysterophorus* L.). II. Effect of leaf residue and allelochemicals. Chem. Ecol. 20: 3111-3122.
55. Penuelas, J., Carbo, R. M., and Giles, L. 1996. Effects of allelochemicals on plant respiration and oxygen isotope fractionation by the alternative oxidase. Chem. Ecol. 22: 801-805.
55. Ramezani, S., Saharkhiz, M. J., Ramezani F., and Fotokian, M. H. 2008. Use of essential oils as bioherbicides. J. Essent Oil Bear Pl, 11: 319-327.
56. Rice, E. L. 1984. Alelopathy. NewYork: Academic Press Inc, 1-5, 309-315.
57. Rose, S. L., Perry, D. A. and Schoeneberger, M. M. 1983. Allelopathic effects of litter on the growth and colonization of mycorrhizal fungi. Chem. Ecol. 8: 1153-1162.
58. Shrestha, A. 2009. Potential of a black walnut (*juglans nigra*) extract product (naturecur®) as a pre-and post- emergence bioherbicide. J Sustain Agr 33: 810-822.
59. Tworkoski, T. 2002. Herbicide effects of essential oils. Weed Sci. 50: 425-431.
60. Weston, L. A. and Duke, S. O. 2003. Weed and crop allelopathy. Crit Rev Plant Sci. 22: 367-389.
61. Wiley, C. J. and Davis, J. W. 2014. Pelargonic Acid for Weed Control in Organic Vidalia® Sweet Onion Production. HortTech. 24(6):696-701.
62. Young, C. C., Thorne, R. Z., and Waller, G. R. 1989. Phytotoxic potential of soils and wheat straw in rice rotation cropping systems of subtropical Taiwan. Plant Soil 120: 95-101.
63. Zhao, H. L., Wang, Q., Ruan, X., Pan, C. D. and Jiang, D. A. 2010.Phenolics and Plant Allelopathy. Molecules 15: 8933-8952.

PART IV

生化源與礦物源植醫資材與產品

CHAPTER 16

昆蟲性費洛蒙誘引劑

洪巧珍*、王文龍、張志弘、吳昭儀、張慕瑋

行政院農業委員會農業藥物毒物試驗所生物藥劑組

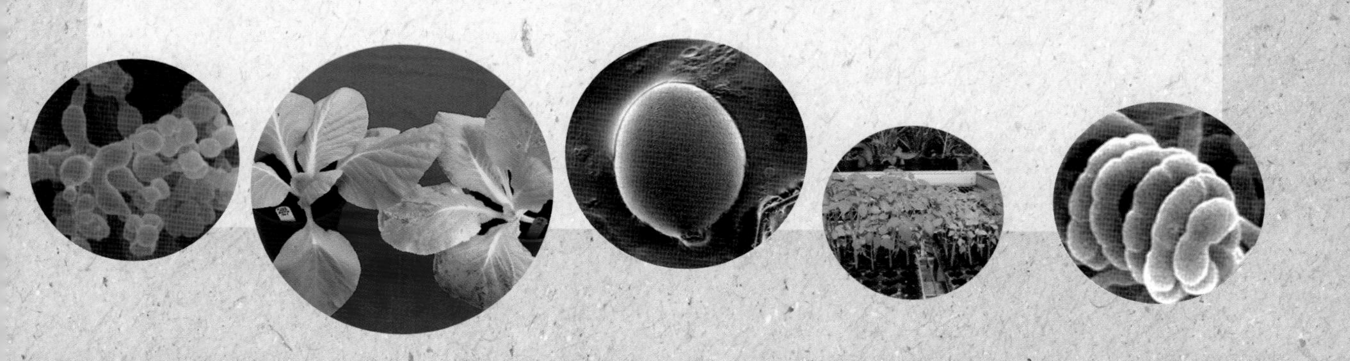

摘要

昆蟲的化學語言之一「昆蟲性費洛蒙」，爲昆蟲爲了繁衍子代而分泌的氣味，誘引異性前來交尾。利用昆蟲性費洛蒙管理、防治害蟲具安全、有效的特性，爲屬非化學殺蟲劑之防治方法。昆蟲性費洛蒙誘引劑爲仿「昆蟲性費洛蒙的化學語言」，具微量、種別專一性之特性，田間使用針對害蟲進行偵測、監測及大量誘殺。

因此，利用昆蟲性費洛蒙誘引劑可了解：(1) 害蟲在田間的有無，尤其是檢疫害蟲；(2) 害蟲在田間的發生情形，提供適時的防治害蟲時機；以及 (3) 大量誘殺來降低害蟲的數量而減少其危害。農業藥物毒物試驗所經多年的研究，已開發二十多種害蟲性費洛蒙誘餌與多種誘蟲器，並建立相關的應用技術，可供農政單位與農友應用與防治害蟲參考。

關鍵字：昆蟲性費洛蒙、誘引劑、監測、大量誘殺

前言

昆蟲性費洛蒙的發現，在十八世紀時，科學家注意到家蠶的處女雌蛾能誘引雄蛾；十九世紀時，科學家進一步證實此是由於處女雌蛾所分泌的味道所致。至1959年德國化學家 Butenandt 等人歷經三十餘年的研究，自五十萬隻雌性家蠶腹末首次分離並純化 12 mg 家蠶醇（Bombykol, *E,Z*-10,12-hexadecadienol）；同時，Karlson 及 Butenandt 兩位德國化學家將此類物質命名統稱爲費洛蒙（pheromone）。

昆蟲性費洛蒙爲昆蟲爲了繁衍子代而分泌的氣味，誘引異性前來交尾；其一般結構爲具 1-2 個不飽合鍵之長碳（C8-C20），分子量介於 200-300 之醇（-OH）、醛（-CHO）及酯（-COOR）類化合物。昆蟲性費洛蒙有兩類產品，昆蟲性費洛蒙誘餌與昆蟲性費洛蒙交配干擾劑。昆蟲性費洛蒙誘餌具種別專一性、微量、有效的特性；其氣味與昆蟲交尾時所分泌的味道相同，可用來監測特定害蟲的發生情形，以及利用大量誘殺來降低特定害蟲的數量。昆蟲性費洛蒙交配干擾劑使用於交配干擾防治法，不具專一性，若生物中具有共通的費洛蒙成分，均會受到影響。

黃（2011）整理性費洛與傳統農藥的毒性，顯示性費洛蒙較傳統的殺蟲劑低毒，依動物毒理分類可屬 GRAS 無毒性，即正常使用下一般公認的安全物質。另昆蟲性費洛蒙與其他蟲害防治措施如化學殺蟲劑、生物防治等相容性大；其人工合成容易，一般實驗室即可產製；因此，世界各國諸多學者專家極力倡導性費洛蒙生物製劑，來協助解決蟲害問題，以促進殺蟲劑更合理的使用。

由於使用昆蟲性費洛蒙防治害蟲，爲利用害蟲的生物特性，微量、有效，屬安全有效的害蟲管理法。政府早期即有推廣利用性費洛蒙大量誘殺綜合防治害蟲，包括斜紋夜蛾（*Spodoptera litura*）、甜菜夜蛾（*S. exigua*）、甘藷蟻象（*Cylas formicarius*）、花姬捲葉蛾（*Cydia notanthes*）、茶姬捲葉蛾（*Adoxophyes* sp.）、果實蠅（*Bactrocera dorsalis*）、瓜實蠅（*B. cucurbitae*）等。農委會農業藥物毒物試驗所（以下簡稱藥毒所）經多年的研究，已開發昆蟲費洛蒙多種產品，包括昆蟲性費洛蒙誘引劑、性費洛蒙交配干擾劑、數種型式誘蟲器、薊馬警戒費洛蒙等（表一）；其中以昆蟲性費洛蒙誘引劑種類較多。因此，本文以昆蟲性費洛蒙誘引劑爲主，一一介紹其研發情形與其田間之應用評估，供農民、農政單位參考與應用。

表一　藥毒所研發之昆蟲費洛蒙相關產品

Product name		Product name	
Insect sex pheromone lures			
Scientific name	**Chinese name**	**Scientific name**	**Chinese name**
Plutella xylostella	小菜蛾	*Etiella behrii*	豆莢斑螟
Cylas formicarius	甘藷蟻象	*Sesamia inferens*	甘蔗紫螟
Spodoptera litura	斜紋夜蛾	*Chilo suppressalis*	水稻二化螟
Spodoptera exigua	甜菜夜蛾	*Plodia interpunctella*	印度穀蛾
Adoxophyes sp.	茶姬捲葉蛾	*Trichoplusia ni*	擬尺蠖
Grapholita molesta	桃折心蟲	*Lymantria xylina*	黑角舞蛾
Cydia notanthes	花姬捲葉蛾	*Planococcus citri*	柑橘粉介殼蟲
Ostrinia furnacalis	亞洲玉米螟	*Planococcus minor*	番石榴粉介殼蟲
Cadra cautella	粉斑螟蛾	*Chilo sacchariphagus*	甘蔗條螟
Helicoverpa armigera	番茄夜蛾	*Orgyia postica*	小白紋毒蛾
Mating disruptants of insect sex pheromone			
Scientific name	**Chinese name**	**Bioactivity on species**	
CFB mating disruptants	花姬捲葉蛾交配干擾劑	*Cydia notanthes*, *Grapholita molesta*, *Cryptophlebia ombrodelta*	
Alarm pheromone			
English name	**Chinese name**	**Bioactivity on thrip species**	
Thrip alarm pheromone	薊馬警戒費洛蒙	花薊馬（*Thrips hawaiiensis*） 臺灣花薊馬（*Frankliniella intonsa*） 菊花薊馬（*Microcephalothrips abdominalis*） 管尾薊馬科（Phlaeothripidae） 小黃薊馬（*Scirtothrips dorsalis*）	
Traps			
English name	**Chinese name**	**Suitable to trap insect species with sex pheromone**	
SPW-trap	甘藷蟻象誘蟲器	*Cylas formicarius*	
CFB-trap	花姬捲葉蛾誘蟲器	*Cydia notanthes*, *Grapholita molesta*, *Cryptophlebia ombrodelta*	
CTM-trap	黑角舞蛾誘蟲器	*Lymantria xylina*	
No. 1 of 2-up trap	1 號鱗翅目昆蟲上衝型誘捕器	*Ostrinia furnacalis*, *Orgyia postica*, *Chilo sacchariphagus*, *Trichoplusia ni*	
No. 2 of 2-up trap	2 號鱗翅目昆蟲上衝型誘捕器	*Adoxophyes* sp.	
No. 3 of 2-up trap	3 號鱗翅目昆蟲上衝型誘捕器	*Plutellaxylostella xylostella*	

昆蟲性費洛蒙誘引劑（誘餌）之使用技術與使用量

昆蟲性費洛蒙在害蟲管理與防治上的應用，有監測及偵測（Monitoring/detection）、大量誘殺（Mass trapping）及交配干擾防治法（Mating disruption）等三種技術。

主要有兩種產品：昆蟲性費洛蒙誘餌與昆蟲性費洛蒙交配干擾劑。昆蟲性費洛蒙誘餌主要使用於監測／偵測與大量誘殺技術，使用時將誘餌置放於誘蟲器中，再懸掛於田間誘捕害蟲；交配干擾防治法僅使用昆蟲性費洛蒙交配干擾劑，每公頃需懸掛 1000-1200 個。兩者產品費洛蒙在田間揮發情形如表二，以五種昆蟲性費洛蒙誘餌產品爲例，其揮發量概在 0.23-6.9 μg/dispenser/hr；以二種性費洛蒙交配干擾劑產品爲例，其揮發量較性費洛蒙誘餌爲多，概在 12.3-34.7 μg/dispenser/hr（表二）。

表二　昆蟲性費洛蒙誘餌及交配干擾劑在田間之揮發速率

Product name		Dosage of a dispenser (mg)	Periods in fields (month)	Evaporation rate (μg/hr/dispenser)	
Scientific name	Chinese name				
Insect sex pheromone lures					
Cydia notanthes	花姬捲葉蛾	1.0 mg	6	0.23 μg	
Grapholita molesta	桃折心蟲	1.0 mg	6	0.23 μg	
Plutella xylostella	小菜蛾	0.1-0.5 mg	1-3	1.4-2.3 μg	
Spodoptera litura	斜紋夜蛾	1-5 mg	1	1.4-6.9 μg	
Spodoptera exigua	甜菜夜蛾	1-5 mg	1	1.4-6.9 μg	
Mating disruptants of insect sex pheromone					
Cydia notanthes/ *Grapholita molesta*	花姬捲葉蛾／桃折心蟲	44.4 mg	5	12.3 μg	1200 dispensers/ha
Grapholita molesta	桃折心蟲	75 mg	3	34.7 μg	1000 dispensers/ha

若以費洛蒙在田間的使用量，監測、偵測與大量誘殺之用量少，爲屬毫克（mg）之用量；交配干擾防治之用量較多，爲屬公克（g）的用量（表三）。以花姬捲葉蛾、茶姬捲葉蛾及桃折心蟲爲例，在監測與偵測害蟲技術之使用量，分別爲 0.5-0.8、0.7-1.3 及 0.3-0.7 mg/ha/month；在大量誘殺防治技術之使用量，分別爲 6.7、3.3-26.7 及 6.7 mg/ha/month；在交配干擾防治法之使用量，分別爲 10、90 及 75 g/ha/month（表三）。因此，田間使用昆蟲性費洛蒙誘引劑管理特定害蟲，具微量、經濟、安全、有效之特性。

表三　利用監測、大量誘殺及交配干擾法防治害蟲之昆蟲性費洛蒙使用量

Species	Amount of insect sex pheromone /ha/ month in		
	Monitoring	Mass trapping	Mating disruption
Cydia notanthes	0.5-0.8 mg	6.7 mg	10 g
Cylas formicarius	3-5 mg	20-40 mg	
Spodoptera litura	3-25 mg	5-50 mg	
Plutella xylostella	0.1-0.8 mg	4-33.3 mg	
Adoxophyes sp.	0.7-1.3 mg	3.3-26.7 mg	90 g
Grapholita molesta	0.3-0.7 mg	6.7 mg	75 g

昆蟲性費洛蒙誘引劑在田間使用須配合誘蟲器，針對害蟲進行偵測、監測及大量誘殺。因此，利用昆蟲性費洛蒙誘引劑可了解：(1) 害蟲在田間的有無，尤其是檢疫害蟲；(2) 害蟲在田間的發生情形，提供適時的防治害蟲；以及 (3) 大量誘殺來降低害蟲的數量而減少其危害。

據研究顯示以費洛蒙調查害蟲的發生趨勢與燈光誘集調查法者趨勢一致。由於性費洛蒙具專一性，適用於監測特定害蟲之發生狀況，其結果可作爲田間決定採行何種防治方法之依據與參考。因此，以性費洛蒙建立之監視系統已應用於害蟲偵測、適時防治處理及風險評估與族群密度估算上之利用。

一、偵測害蟲的存在性

在害蟲偵測上之利用如害蟲發生的早期預警、害蟲疫區之界定及非疫區之害蟲檢疫等。如 1940 年美國農業部（USDA）利用雌蛾覆末浸液作爲誘引劑，來偵測

外來入侵害蟲吉普賽蛾（gypsy moth, *Lymantria dispar*）在美國的發生情形。利用性誘引劑偵測，於非感染區誘得則使用藥劑驅除，此對於該蟲的蔓延防治成效顯著（Kydonieus *et al*., 1982）。

我國行政院農委會動植物防疫檢疫局自 1998 年成立以來即加強檢疫害蟲的入侵防範，包括將地中海果實蠅、蘋果蠹蛾、西方花薊馬、李痘瘡病毒及重要檢疫線蟲等約 36 種重要檢疫有害生物列爲偵測對象。目前採用之偵測資材包括性費洛蒙、化學誘引劑、黃色黏板、藍色黏板及誘蟲器等五種誘引器材。經多年來的防堵，偵測點由最初的 64 點增至 2005 年全面性 1014 點，成功防堵外來檢疫害蟲之入侵（顏等，2005）。

二、監測害蟲發生情形

在適時防治處理之利用，如適時施藥處理及適時輔助其他取樣的方法等；在風險評估及族群密度估算之利用如風險評估、族群發生趨勢、監視系統與族群密度的相關性及監視系統對防治決策的影響等之應用。

如於甘藍菜田以合成性費洛蒙誘蟲器來監測斜紋夜蛾的發生爲害，每公頃設置一個誘蟲器，在移植期每週誘蟲器累積誘蟲數達 68 隻，或於葉片肥大期及結球期每週誘蟲器累積誘蟲數分別達 113 及 157 隻，即達經濟防治基準，應於二週內施藥防治（石與朱，1995）。

三、大量誘殺法防治害蟲

在田間設置較多的性費洛蒙誘蟲器，使害蟲受性費洛蒙刺激後，自遠處飛入誘蟲器中，誘殺田間大多數的雄蟲，導致田間雌、雄性比嚴重失調，減少雌蟲交配的機會，進而減少害蟲產卵量及下一代蟲口密度大幅度降低，以達防治目的。

世界各地利用大量誘殺法成功的例子，如棉鈴象鼻蟲（*Anthonomus grandis*）、日本金龜（*Popillia japonica*）、spruce bark beetle（*Ips typographus*）、Ambrosia beetle（*Gnathotrichus sulcatus*）、G. retusus、*Trypodendron lineatum*、歐洲榆樹甲蟲（*Scolytus multistriatus*）、甘藷蟻象及花姬捲葉蛾等（黃與洪，1992；Kydonieus *et al*., 1982）。

昆蟲性費洛蒙誘引劑之研發

一、甘藷蟻象、亞洲玉米螟、甘蔗條螟

黃等人（1989, 1990）開發甘藷蟻象性費洛蒙誘餌及雙層漏斗式誘蟲器，其再捕率可達 82-97%，田間試驗結果顯示每分地設置四個誘蟲器，可減少甘藷被害率達 65%，若與藥劑配合防治甘藷蟻象，經評估可降低藥劑防治一至三次，每公頃防治成本約可節省新臺幣 7,000 元。

臺灣於 1989 -1992 年間鑑定亞洲玉米螟（*Ostrinia furnacalis*）性費洛蒙組成分、研發其性費洛蒙配方（Yeh *et al*., 1989；黃等，1990；Kou *et al*., 1992）。於 2000 至 2014 年陸續開發其乾式誘蟲器「二層上衝式誘蟲器」及其田間應用技術。每公頃設置四十個性費洛蒙大量誘殺，降低亞洲玉米螟族群密度在 10 insects/ trap/ month 以下，並降低玉米植株的危害率（洪等，2015；陳等，2016）。

甘蔗條螟（*Chilo sacchariphagus*）爲甘蔗的主要害蟲之一，王等人（2012）於甘蔗田比較四種配方對甘蔗條螟的誘引性，研發甘蔗條螟性費洛蒙誘餌。並於 2010-2011 年間監測嘉義縣義竹鄉新庄農場、彰化縣二林鎭大排沙農場甘蔗條螟族群密度。每公頃設置四十個誘蟲器大量誘殺甘蔗條螟，甘蔗危害率由對照區 76.3%，降爲 36.5%（洪等，未發表資料）。

二、黑角舞蛾、荔枝細蛾、松斑天牛、小白紋毒蛾

黃等人（1996）曾利用可可細蛾（*Conopomorpha cramerella*）的性費洛蒙組成分，搭配黏膠誘蟲盒，對荔枝細蛾具有生物活性。洪等人（2006）進一步改進荔枝細蛾（*Conopomorpha sinensis*）性誘引劑配方，由五個成分減爲三個成分，劑量由 2 mg 降爲 0.1 mg，誘引活性穩定，可監測荔枝與龍眼果園內荔枝細蛾發生狀況。於 2003 年至 2010 年進行利用性誘引劑大量誘殺綜合防治荔枝細蛾，於荔枝採收前一個月每分地懸掛十個荔枝細蛾性誘引劑誘蟲器誘殺荔枝細蛾，採收時，果實危害率由 3.42% 降爲 0.93%，顯示荔枝果園懸掛荔枝細蛾性誘引劑誘蟲器發揮保護作用（洪等，未發表資料）。

黃等人（2000）研發松樹萎凋病主要媒介昆蟲——松斑天牛（*Monochamus alternatus*）的誘引劑，搭配黏膠誘蟲盒，可偵測誘殺松斑天牛雌、雄成蟲。於 2016-2018 年間，洪等執行金門國家公園管理處委辦計畫，研發松斑天牛複合式誘引劑（食物誘引劑 + 聚集費洛蒙）及乾式誘蟲器，可提供誘捕松斑天牛用（洪等，未發表資料）。

臺灣中部黑角舞蛾（*Lymantria xylina*）於 2001 年大量發生，洪等人（2005）初步評估多種性費洛誘蟲器對黑角舞蛾之誘捕效果，以上衝式誘蟲器適合捕抓黑角舞蛾，且優於單瓶式寶特瓶誘蟲器。黃等人（2006）報告黑角舞蛾性費洛蒙製劑，以 2,000 ml 單瓶式寶特瓶誘蟲器，可偵測或大量誘殺黑角舞蛾。洪等人（2007）開發黑角舞蛾性費洛蒙誘捕系統，以一張長方形塑膠袋及一個五公升寶特瓶，再黏貼一條性費洛蒙誘餌，即可組合成黑角舞蛾性費洛蒙誘蟲器，成本低廉，方便組裝。曾於 2006 至 2008 年透過農委會動植物防疫檢疫局推廣農民使用，進行黑角舞蛾之大量誘殺，獲致農民的肯定，大幅降低黑角舞蛾數量。中興大學研究生於 2007 年以性費洛蒙於北八卦山大量誘殺黑角舞蛾，於當年 6 月底調查結果未發現卵塊，獲致良好的效果。

2004-2006 年探討小白紋毒蛾（*Orgyia postica*）性費洛蒙成分不同比例、不同劑量、載體、抗氧化劑及不同型式誘蟲器等，開發其性費洛蒙誘捕系統，將其性費洛蒙誘餌置於翼型黏膠式誘蟲器於田間可持效二個月（洪等，2012）。

三、桃折心蟲、楊桃花姬捲葉蛾

洪等人（2001）曾分離鑑定楊桃花姬捲葉蛾的性費洛蒙組成分為 (Z)-8-dodecenyl acetate (*Z*8-12:Ac) 及 (Z)-8-dodecenyl alcohol (*Z*8-12:OH)。早期黃和洪（1994、2001）曾研發花姬捲葉蛾的性費洛蒙製劑，搭配三層式有十六個 0.8 cm^2 開口的寶特瓶誘蟲器，其持效性可達五個月，可用來監測花姬捲葉蛾族群密度時，當每週每個誘蟲器誘獲 3-10 隻成蟲，則果實被害率約 0.2-4%，與一般無施藥果園的果實被害率相當，應可不施藥；如每週每個誘蟲器誘獲 15 隻以上成蟲，則果實被害率約 32.4-41.5%，果園即需施藥。

用在大量誘殺時，每公頃設置四十個性費洛蒙誘蟲器，可降低花姬捲葉蛾族群密度爲每週每個誘蟲器誘蟲數爲 1.0-4.5 隻（無誘殺者 3.2-20.1 隻），果實被害率僅爲 1.9%。「利用性費洛蒙大量誘殺防治楊桃花姬捲葉蛾」應用技術，效果評估顯示可降低一至六次施藥次數。2003 年度研發花姬捲葉蛾誘蟲器，組合容易且便宜，使得每公頃大量誘殺防治成本由 4,800 元降爲 1,600 元。

洪等人（2009）研發桃折心蟲（*Grapholita molesta*）性費洛蒙誘餌，並比較不同型式誘蟲器對桃折心蟲之誘捕效率，以花姬捲葉蛾誘蟲器較佳，開發了桃折心蟲性費洛蒙誘捕系統。

四、斜紋夜蛾、甜菜夜蛾、番茄夜蛾

石與朱（1995）報告於甘藍菜田以合成性費洛蒙誘蟲器來偵測斜紋夜蛾的發生爲害，每公頃設置一個誘蟲器，在移植期每週誘蟲器累積誘蟲數達 68 隻，或於葉片肥大期及結球期每週誘蟲器累積誘蟲數分別達 113 及 157 隻，即達經濟防治基準，應於二週內施藥防治。李氏（1985、1989）曾於十公頃以上的大豆田，每公頃設置五至十個誘蟲器大量誘殺斜紋夜蛾，結果處理區的被害葉率可減少 53%，每公頃防治成本可節省新臺幣 1,500 元。

顏等人（1991）曾試驗於落花生播種後，每公頃放置四、五個斜紋夜蛾性費洛蒙誘蟲器，八、九個甜菜夜蛾性費洛蒙誘蟲器，及十三至十八個番茄夜蛾（*Helicoverpa armigera*）性費洛蒙誘蟲器，綜合防治三種夜蛾科害蟲，結果顯示落花生生育期間可減少 60% 之幼蟲數，被害葉率則較未誘殺區減少 40.7%。於 2017-2018 年間，洪等建立田間小面積實施大量誘殺，誘蟲器以同心圓設置方式，有效降低胡麻田、長豇豆田斜紋夜蛾族群密度。鄭等人（1991）報告於 500 公頃青蔥田，每公頃放置三十個甜菜夜蛾性費洛蒙誘殺器，可減少 20% 幼蟲數，青蔥生產量提高 24%。

洪等人（2011）比較不同配方甜菜夜蛾性費洛蒙誘餌誘引有效性，研發甜菜夜蛾性費洛蒙誘餌。2005-2014 年進行番茄夜蛾性費洛蒙誘引劑研發，曾依文獻配製八種性費洛蒙配方，分別進行轉盤生物檢定及田間誘蟲試驗，結果篩選出 A、B、C 三種配方，金門地區以 C 配方、臺灣雲林地區以 B 配方對番茄夜蛾較具有誘引性，顯示害蟲性費洛蒙組成分具有地理差異（洪等，未發表資料）。

五、小菜蛾

小菜蛾（*Plutella xylostella*）爲十字花科重要害蟲，洪等人（2011）報導小菜蛾性費洛蒙誘餌以橡皮帽爲載體者優於塑膠微管。2016 年報導不同型式性費洛蒙誘蟲器對小菜蛾之誘捕效果評估，初步開發較具誘捕潛力的乾式誘蟲器；2017 年報導適合誘捕小菜蛾的乾式誘蟲器「3 號鱗翅目昆蟲上衝型誘捕器」。

於 2004 至 2007 年分別於臺中市霧峰區、彰化縣埔鹽鄉、田尾鄉等花椰菜田，探討小菜蛾性費洛蒙誘蟲有效距離，以及評估利用性費洛蒙大量誘殺防治小菜蛾之效果。有效距離約 4-5 m，每公頃設置一百二十個誘蟲器之處理，小菜蛾族群密度降低的幅度較大。每 8 m 設置一個性費洛蒙誘蟲器大量誘殺小菜蛾，花椰菜葉、花的危害率由藥劑慣行防治之對照區 6.1 與 29.3%，分別降爲 3.7 與 20.6%（洪等，2016；2017a,b）。另於 2004 年冬季，彰化縣埔鹽鄉花椰菜農民於田間每分地設置十二個誘蟲器大量誘殺綜合防治小菜蛾，經評估於六十至七十五日花椰菜生長期間施藥次數減少爲二至四次，最後一次噴藥至採收期拉長爲二十一至二十五日，防治成本每分地減少約 5,000 元。

六、番石榴粉介殼蟲、柑桔粉介殼蟲

柑桔粉介殼蟲（*Planococcus citri*）與番石榴粉介殼蟲（*P. minor*，又名太平洋臂紋粉介殼蟲），兩者生態、外部型態相似，於 1988 年以前曾被認爲是同一種。柑桔粉介殼蟲性費洛蒙於 1976-1982 鑑定（Rotundo & Tremblay 1976; Rotundo & Tremblay, 1982; Bierl-Leonhardt *et al*., 1981）；而直到 2007 年番石榴粉介殼蟲性費洛蒙才被鑑定出來（Ho *et al*., 2007）。

多年來經以性費洛蒙監測，多種果樹包括柑橘、番石榴、甜柿、楊桃、番荔枝等均含此兩種粉介殼蟲（黃、洪，1988；王等，2013）。2010 年「利用性費洛蒙大量誘殺臺東太麻里番荔枝果園粉介殼蟲」，每分地分別懸掛十、二十、四十個柑桔粉介殼蟲及番石榴粉介殼蟲圓筒黏膠式誘蟲器，以未懸掛誘蟲器果園當對照。番荔枝果實粉介殼蟲危害率由對照區 32.5%，降爲大量誘殺區 8.9、9.2、4.0%，顯示大量誘殺粉介殼蟲可降低番荔枝果實粉介殼蟲之危害率（洪等，2017）。

七、水稻二化螟、豆莢斑螟

於 2004 至 2005 年在臺中縣霧峰鄉水稻田，進行水稻二化螟（*Chilo suppressalis*）性費洛蒙誘蟲試驗，顯示水稻二化螟性費洛蒙誘餌以塑膠微管爲載體之配方，其在田間的誘引效果可持效五週（洪等，未發表資料）。2015 年間於水稻藥劑慣行防治區每公頃設置不同數量 20、40、60 個誘蟲器大量誘殺水稻二化螟，顯示均能有效降低水稻二化螟的族群密度（洪等，未發表資料）。

日本水產株式會社於 2009 年 7 月 14 日提供藥毒所「有關冷凍毛豆的客訴蟲種類」資料，顯示我方冷凍毛豆豆莢內含的螟蛾幼蟲有八隻，經鑑定白緣螟蛾（*Etiella zinckenella*）一隻、其餘七隻爲屬白緣螟蛾的近親種，此報告進一步指出白緣螟蛾的近親種應爲豆莢斑螟（*Etiella behrii*）。藥毒所經多方收集 *Etiella* 屬蟲源，包括由亞蔬肉豆田採集、冷凍毛豆莢、費洛蒙誘捕等；以外部形態、基因分析及生殖骨片形態鑑定，顯示以豆莢斑螟爲主（吳等，2015）。於 2009-2012 年洪等人（2013）於臺灣毛豆專區、甘蔗田比較白緣螟蛾及豆莢斑螟性費洛蒙多種配方，研發豆莢斑螟性費洛蒙誘餌，可提供毛豆田適時防治蛀食毛豆莢的害蟲豆莢斑螟。

八、粉斑螟蛾、印度穀蛾

粉斑螟蛾（*Cadra cautella*）、印度穀蛾（*Plodia interpunctella*）爲重要的積穀害蟲，危害貯藏穀物、藥材、堅果等乾料。

粉斑螟蛾性費洛蒙組成分經鑑定爲 Z9*E*12-14:Ac、*Z*9-14:Ac（Kuwahara *et al.*,1971; Takahashi *et al.*,1971; Brady, 1973），兩者混合比例有多種報導（Brady, 1973; Read & Beevor, 1976; Coffelt *et al.*, 1978; Barrer *et al.*, 1987）。藥毒所利用六角型轉盤裝置及風洞檢測不同混合比例、載體、劑量等，研發粉斑螟蛾性費洛蒙誘餌，以橡皮帽爲載體者可持效達十六週（王等，2010）。

印度穀蛾其性費洛蒙經鑑定含 Z9,E12-14:Ac、Z9,E12-14:Ald、Z9,E12-14:OH、及 Z9-14: Ac 等四種成分（Zhu *et al.*, 1999）。經在穀倉試驗顯示，含四種成分的誘餌對雄蛾誘引力較含一種者爲佳。商品化的誘蟲器在倉庫中對雄蛾的誘捕效率佳，誘蟲器置放位置影響誘蟲數，靠近倉庫牆壁的誘蟲器可捕到較多的雄蛾（Mullen *et al*., 1998; Weston & Barney, 1998）。藥毒所以六角型木質網箱轉盤比較不同配方、劑量、載體、不同持效性對雄蟲之誘引性，研發印度穀蛾性費洛蒙誘餌，其持效期可達四週（洪等，2013 未發表資料）。

示範推廣之昆蟲性費洛蒙誘引劑種類與使用方法

臺灣之昆蟲性費洛蒙研究，從 1970 年至今約有三十至四十種害蟲經多位學者專家研究。早期，於 1983 年起前臺灣省農林廳爲加強非農藥防治技術之應用，推廣五種性費洛蒙監測及誘殺防治斜紋夜蛾、甜菜夜蛾、甘藷蟻象、楊桃花姬捲葉蛾、及茶姬捲葉蛾等害蟲；惟以化學殺蟲劑防治爲主的年代，費洛蒙難以推廣。

近年來，環保、安全意識抬頭，昆蟲性費洛蒙的使用需求與時俱進，以下一一說明目前可資推廣應用之性費洛蒙誘餌種類，與其應用時所須搭配的誘蟲器型式及田間設置方法。

一、誘蟲器

各式誘蟲器如圖一、圖二。

誘蟲器依抓蟲方式分爲溼式、乾式及黏膠式誘蟲器；誘蟲器可自行製作或使用商品化者（表四）；誘殺每一種害蟲，需使用專屬的誘蟲器具。一般，商品化的水盤式及黏膠式誘蟲器適合於各種蟲種之捕抓。唯二者於田間使用，水盤式誘蟲器常因需加水及懸掛致使用不方便；黏膠式誘蟲器則因一至二週即需更換致成本高，較不合適長期應用。商品化乾式誘蟲器如中改式誘蟲器，適用於斜紋夜蛾及甜菜葉蛾等之誘捕；甘藷蟻象誘蟲器宜於誘抓地上爬行跳飛的害蟲如甘藷蟻象等；花姬捲葉蛾誘蟲器適用花姬捲葉蛾、桃折心蟲、粗腳姬捲葉蛾等害蟲之誘殺。

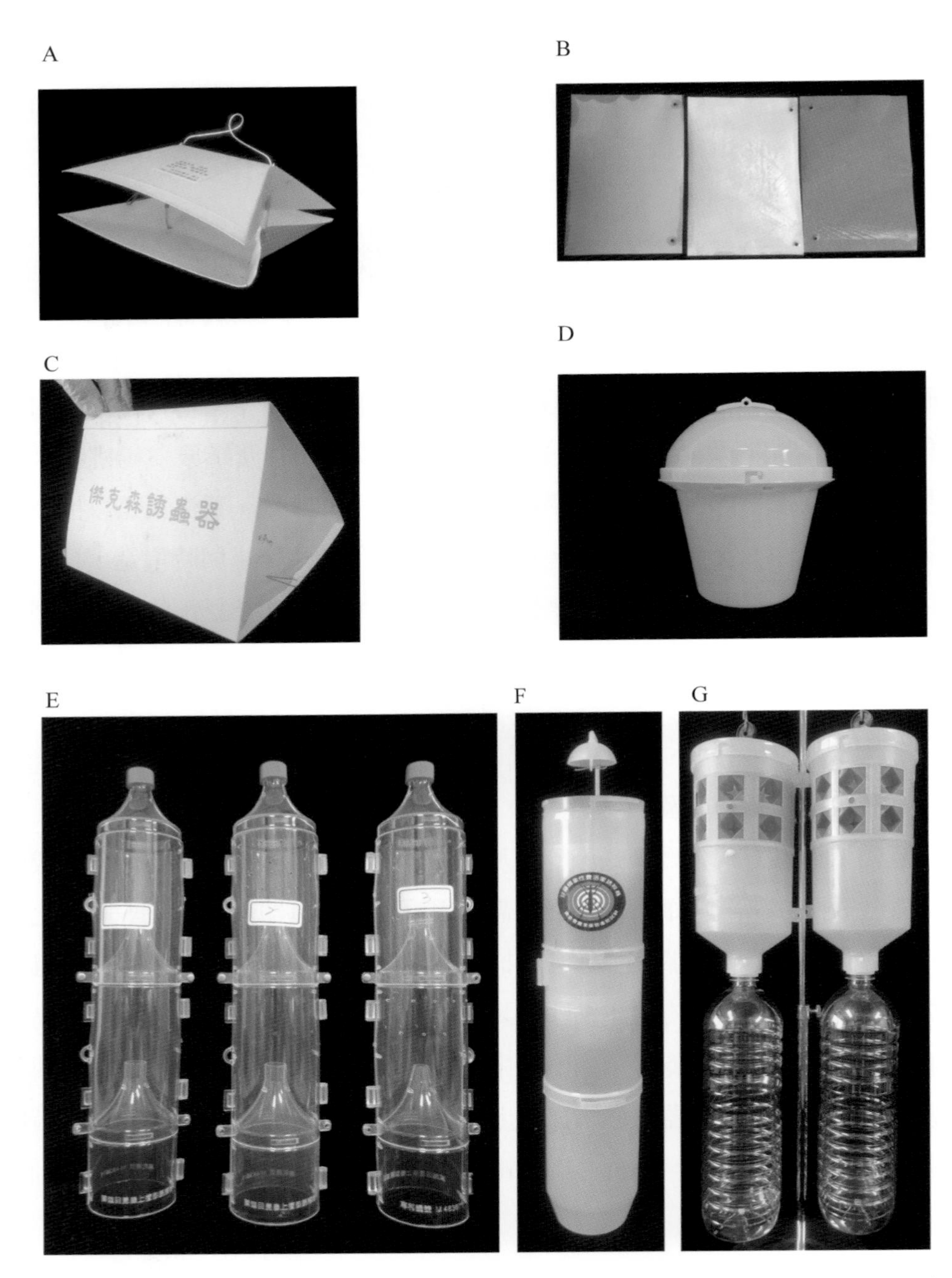

圖一　商品化誘蟲器。A：翼型黏膠式誘蟲器。B：各色黏紙。C：傑克森誘蟲器。D：果實蠅長效型誘蟲器。E：鱗翅目昆蟲上衝型誘捕器。F：甘藷蟻象誘蟲器。G：中改式誘蟲器。

圖二　可自行製作之誘蟲器。A：水式誘蟲器。B：花姬捲葉蛾誘蟲器。C：甘藷蟻象誘蟲器。D：雙層寶特瓶誘蟲器。E：黑角舞蛾誘蟲器。F：圓筒型黏膠式誘蟲器。

另可利用寶特瓶自行製作誘蟲器，包括楊桃花姬捲葉蛾三層式寶特瓶誘蟲器、斜紋夜蛾及甜菜夜蛾寶特瓶誘蟲器及甘藷蟻象漏斗型誘蟲器；製作方法請洽有關農業試驗單位。水盤式誘蟲器應注意更換用水及添加肥皂粉，並使盤內水量保持約八分滿；使用自製寶特瓶誘蟲器，應隨時調整開口（即害蟲進入口）的大小，誘蟲器開口內陷口徑過大或太小，均會減低誘蟲效果。

表四　昆蟲性費洛蒙誘引劑使用之誘蟲器種類與型式

誘蟲器	型式	適用蟲種	參考廠商 / 洽詢單位
商品化誘蟲器			
中改式	乾式	斜紋夜蛾、甜菜夜蛾	金煌塑膠股份有限公司 04-23373867
甘藷蟻象誘蟲器	乾式	甘藷蟻象	
1 號鱗翅目昆蟲上衝型誘捕器	乾式	亞洲玉米螟、水稻二化螟、小白紋毒蛾	
2 號鱗翅目昆蟲上衝型誘捕器	乾式	茶姬捲葉蛾	
3 號鱗翅目昆蟲上衝型誘捕器	乾式	小菜蛾	
翼型黏膠式誘蟲器	黏膠式	各種蟲種	振詠興業有限公司 04-22786448
傑克森誘蟲器	黏膠式	各種蟲種	
各色黏紙	黏膠式	瓜、果實蠅、薊馬	高冠 04-22017550 嘉和 05-3622888 百泰 037-586333
自行製作之誘蟲器			
雙層漏斗型 三層漏斗型	乾式	甘藷蟻象	農業藥物毒物試驗所（藥毒所） 04-23302101
圓筒型誘蟲器	黏膠式	粉介殼蟲 黃條葉蚤	
花姬捲葉蛾誘蟲器 （袋型組合式誘蟲器）	乾式	花姬捲葉蛾 桃折心蟲 粗腳姬捲葉蛾	
雙層寶特瓶式 單層寶特瓶式	乾式	斜紋夜蛾 甜菜夜蛾 瓜、果實蠅	
黑角舞蛾誘蟲器	乾式	黑角舞蛾	
水盤式	水式	各種蟲種	

二、昆蟲性費洛蒙誘餌

1. 甘藷蟻象性費洛蒙誘餌

本誘餌之防治對象爲甘藷蟻象，使用於甘藷田。誘蟲器使用商品化的「甘藷蟻象誘蟲器」或寶特瓶製作的雙層漏斗型誘蟲器。於甘藷種植時，開始使用。田間設置時，將誘蟲器底部埋入畦土中固定，或將誘蟲器固定於竹竿上，並使誘蟲器瓶口高度離開藷蔓約 10 公分以上。每 15 公尺設置一個，每分地（0.1 ha）設四個誘蟲器，每一個月加置一個新誘餌，直至甘藷採收，執行甘藷種植全期大量誘殺防治甘藷蟻象。另採收的甘藷堆或貯藏甘藷的地方亦可放置甘藷蟻象性費洛蒙誘蟲器誘捕甘藷蟻象，以防止甘藷再度受害。

2. 花姬捲葉蛾性費洛蒙誘餌

本誘餌之防治對象爲花姬捲葉蛾，主要使用於楊桃果園防治花姬捲葉蛾；其他寄主如荔枝、龍眼、番荔枝等可監測其發生情形。監測與誘殺時，使用專屬之「花姬捲葉蛾誘蟲器」或「翼型黏膠式誘蟲盒」，誘蟲器宜直接繫掛於離地約 1.5 公尺高處的楊桃樹上。監測時，每園（區）設置二至四個誘蟲器，當每週平均密度不超過五隻時，建議無須施藥。大量誘殺時，每年於楊桃大剪後，每公頃每次設置四十個誘蟲器，其誘引效果可持續六至八個月，每年約懸掛一次即可。

3. 桃折心蟲／粗腳姬捲葉蛾性費洛蒙誘餌

本誘餌之防治對象爲桃折心蟲、粗腳姬捲葉蛾，使用於其寄主上如薔薇科果園（桃、李、蘋果）以及豆科作物等。監測與誘殺時，使用「花姬捲葉蛾誘蟲器」或「翼型黏膠式誘蟲盒」，誘蟲器宜直接繫掛於離地約 1.5 公尺高處的桃樹及其他薔薇科果樹上。監測時，每園（區）設置二至四個誘蟲器。大量誘殺時，每公頃每次設置四十個誘蟲器，其誘引效果可持續六至八個月，每年約懸掛一次即可。

4. 斜紋夜蛾性費洛蒙誘餌

本誘餌之防治對象爲斜紋夜蛾，使用於其寄主上如蔬菜、雜糧、花卉、特作等。誘蟲器可使用中改式（紅色入口）、水盤式或寶特瓶式誘蟲器，寶特瓶式誘蟲器開口內陷口徑斜紋夜蛾以 0.5-0.8 公分最適宜。監測時，將竹桿插立土中，再將誘蟲器繫掛於離地約 1-1.5 公尺處，每區設置二個性費洛蒙誘蟲器。大量誘殺時，每公頃設置五至十個誘蟲器，誘餌每四至六週加置一個。小面積時（小於 1 ha），誘蟲器在田間以同心圓方法設置，能有效降低斜紋夜蛾族群密度。

5. 甜菜夜蛾性費洛蒙誘餌

本誘餌之防治對象為甜菜夜蛾，使用於其寄主上如青蔥、蔬菜、雜糧、花卉、特作等。誘蟲器可使用中改式（藍色入口）、水盤式或寶特瓶式或「翼型黏膠式誘蟲盒」，寶特瓶式誘蟲器開口內陷口徑以 0.3-0.5 公分最適宜。監測時，將竹桿插立土中，再將誘蟲器繫掛於離地約 1-1.5 公尺處，每區設置二個性費洛蒙誘蟲器。大量誘殺時，每公頃設置二十至三十個誘蟲器。在蔥田防治甜菜夜蛾則每分地設置三個，誘餌每一個月加置一個。

6. 小菜蛾性費洛蒙誘餌

本誘餌之防治對象為小菜蛾，使用於十字花科蔬菜田。使用「3 號鱗翅目昆蟲上衝型誘捕器」或「翼型黏膠式誘蟲盒」。田間設置時，將性費洛蒙誘餌裝於誘蟲器中，取一根竹桿插立土中，再將誘蟲器懸掛於作物生長點上方 30 至 50 公分處。大量誘殺時，每 8-10 公尺設置一個性費洛蒙誘蟲器，約每分地設置十二至十六個誘蟲器，誘餌每二至三個月加置一個。使用翼型黏膠式誘蟲器時，當黏板黏滿小菜蛾蟲體時需及時更換，做到短期間誘殺大部分田間的雄蟲；並注重早期及田間周邊小菜蛾之誘殺。

7. 水稻二化螟性費洛蒙誘餌

本誘餌之防治對象為水稻二化螟，使用於水稻、筊白筍田等；使用「1 號鱗翅目昆蟲上衝型誘捕器」或「翼型黏膠式誘蟲器」。田間設置時，取一根竹桿插立土中，再將誘蟲器懸掛於水稻生長點上方 30 至 50 公分處。監測時，每區設置二個性費洛蒙誘蟲器。大量誘殺時，每公頃設置四十至六十個誘蟲器，約每一個月加置誘餌一個。

8. 亞洲玉米螟性費洛蒙誘餌

本誘餌之防治對象為亞洲玉米螟，使用於玉米、薑田等。誘蟲器使用「1 號鱗翅目昆蟲上衝型誘捕器」或「翼型黏膠式誘蟲盒」。田間設置時，取一根竹桿插立土中，再將誘蟲器懸掛於高度約 100 至 150 公分之通風處。監測時，每區設置二個性費洛蒙誘蟲器。大量誘殺時，每公頃設置四十個誘蟲器，約每一個月加置誘餌一個。

9. 茶姬捲葉蛾性費洛蒙誘餌

本誘餌之防治對象爲茶姬捲葉蛾，使用於茶區。誘蟲器使用「2 號鱗翅目昆蟲上衝型誘捕器」或「翼型黏膠式誘蟲盒」。田間設置時，將竹桿插立土中，再將誘蟲器繫掛於離地約 1 至 1.5 公尺處。監測時，每區設置二個性費洛蒙誘蟲器。大量誘殺時，每公頃設置四十個性費洛蒙誘蟲器，每三個月加置一個誘餌。

10. 番茄夜蛾性費洛蒙誘餌

本誘餌之防治對象爲番茄誘餌，使用於蔬菜、雜糧、花卉等作物上。誘殺時，將誘餌置於「翼型黏膠式誘蟲盒」中，懸掛於約 1 至 1.5 公尺處，每公頃懸掛約五至十個誘蟲器，每一個月加置一個誘餌。

11. 黑角舞蛾性費洛蒙誘餌

本誘餌之防治對象爲黑角舞蛾，使用黑角舞蛾誘蟲器。本蟲每年一代。約於每年 4 月底至 6 月 10 日執行性費洛蒙大量誘殺雄蛾，以降低黑角舞蛾之族群密度。性費洛蒙誘蟲器懸掛於通風、陰涼處，高度約離地面 120-150 公分。每公頃懸掛約五至二十個誘蟲器。每個誘蟲器使用一條性費洛蒙誘餌，黑角舞蛾性費洛蒙誘餌在田間誘蟲效果約可維持二個月。

12. 小白紋毒蛾性費洛蒙誘餌

本誘餌之防治對象爲小白紋毒蛾，使用「1 號鱗翅目昆蟲上衝型誘捕器」或「翼型黏膠式誘蟲盒」。誘殺時，將誘蟲器懸掛於高度約 150 公分之通風處，每公頃設置十至二十個誘蟲器，約每二個月加置誘餌一個。

昆蟲性費洛蒙誘引劑使用注意事項

費洛蒙與殺蟲劑在許多特性上是不同的，如毒性、分解性、選擇性、抗藥性、揮發性之控制、施用時間、施用地點、費用及廣用性等。因此，費洛蒙的使用方法及注意事項，與農藥使用方法不同。使用性費洛蒙誘引劑時一般注意事項如下：

1. 害蟲種類之確認

性費洛蒙使用前，需先確認田間害蟲的種類，以使用正確的性費洛蒙誘餌。

2. 誘殺期間

自作物種植後立即設置性費洛蒙誘蟲器至收穫爲止，實施全期誘殺防治，甚至在休耕田的附近雜草也設置誘蟲器，同時鼓勵附近農友，大家一齊來進行長期的誘殺工作，更能提升防治效果。

3. 費洛蒙誘餌

剛領取到的性費洛蒙誘餌，以鋁箔紙包裹好，貯存於冰箱上層的冷凍室內備用。每個誘蟲器只能繫掛單一種害蟲的誘餌一條／個，如果將二種害蟲的性費洛蒙誘餌同時繫掛在一個誘蟲器內，常因互相干擾而捉不到蟲隻。另依每一種害蟲誘餌的有效期，定期加置一個新誘餌；舊誘餌可不必移除而加以保留，若移除時不要任意棄置田間而引誘害蟲。

4. 誘蟲器型式

誘殺每一種害蟲，需使用專屬的誘蟲器具。

5. 誘蟲器設置方法

可依害蟲活動高度設置。一般，誘蟲器需設置於陰涼、通風、無障礙物之田間，且誘蟲器設置高度基本上應高於作物頂端約 30-50 公分。

6. 誘蟲器設置數量

大量誘殺害蟲時，依不同性費洛蒙誘餌之誘引距離來決定單位面積使用性費洛蒙誘蟲器之數量。如大量誘殺斜紋夜蛾每公頃使用五至十個性費洛蒙誘蟲器，約 50 公尺設置一個誘蟲器。甜菜夜蛾二十至三十個性費洛蒙誘蟲器，亞洲玉米螟四十個性費洛蒙誘蟲器，小菜蛾一百二十至一百六十個性費洛蒙誘蟲器。若一個田區使用二種以上的性費洛蒙誘蟲器，二個誘蟲器不可靠太近，須約離 2-5 公尺，否則會因干擾作用而捉不到蟲隻。而在偵測、監視害蟲發生時，則於某作物區設置三至五個誘蟲器即可。誘蟲器內誘集到的蟲體需定期記錄清除。

7. 配合其他防治措施行綜合防治

性費洛蒙誘蟲器雖然有很強的誘殺效果，但有時仍有漏網的害蟲，因此，可依誘蟲器誘集害蟲數目的多寡，決定噴藥時間及噴藥次數，並多採用其他耕作方法及生物防治實行綜合防治，將能增強害蟲防治成效。

結語

世界上，昆蟲種類占動物界約 75%，其數量也最多，與人類息息相關。如瓢蟲、寄生蜂等天敵之有益昆蟲，蜜蜂之有用昆蟲，蚯形蟲之休閒昆蟲，蚊子、蒼蠅等之衛生害蟲，其中植食性昆蟲成爲農業害蟲。據估計，全世界農作物的生產，每年因病、蟲、草等有害生物的侵害，造成約 68% 產量損失，僅蟲害一項的產量損失約達 18%。

一般使用化學殺蟲劑防治害蟲，化學殺蟲劑具廣效性，對環境衝擊大。而昆蟲性費洛蒙誘引劑在害蟲防治上的利用具無毒性、種別專一性，微量即有效之特性，使其在害蟲防治上具安全、經濟有效、不汙染環境之優點。其除了是防治害蟲的技術，如大量誘殺法及交配干擾防治法；亦能扮演協助害蟲綜合防治根基的建立，如害蟲族群動態的了解等；及協助評估其他防治技術的效果，如調查天敵的建立狀況等。

近年來，由於微量分析化學之進步，昆蟲性費洛蒙之研發與應用正積極的展開。已鑑定性費洛蒙組成分的昆蟲種類正急速增加中，唯提供應用技術的種類相對的少；歸納一般利用性費洛蒙防治害蟲失敗的原因，諸如害蟲費洛蒙成分鑑定錯誤、生物活性檢定結果不足而導致使用錯誤的化合物、合成的費洛蒙純度不夠、試驗中忽略費洛蒙組成分比例與使用劑量問題、誘蟲器的設計及使用技術不受重視、及對害蟲生理、生態等基本資料了解不夠等。

藥毒所經三十餘年的研究，已陸續開發二十餘種昆蟲性費洛蒙誘引劑；而環保安全意識抬頭的今日，對昆蟲性費洛蒙誘引劑的需求也越來越多。害蟲種類繁多，近年來新興的害蟲如番石榴的節角捲葉蛾（*Strepsicrates rhothia*）、荔枝及龍眼上的荔枝椿象（*Tessaratoma papillosa*）、茉莉花的蕾螟等，另許多小型害蟲如葉蟎、蕈蠅、斑潛蠅、薊馬等猖獗危害，均亟待有安全有效的防治方法。期望未來有有更多的學者，包括昆蟲、生態、分析及合成學者投入本項研究中，期使更多的認識「化學傳訊素」的作用，提供更安全有效之害蟲管理方法供生產者應用與參考。期望藉著費洛蒙的研究與應用，協助農民建立一個好的害蟲管理體系，天敵發揮作用、農藥合理使用、經濟有效防治害蟲及生產安全衛生的農產品，並維護我們的生態環境。

主要參考文獻

1. 王文龍、洪巧珍、王順成。2010。粉斑螟蛾（*Cadra cautella* (Walker)）（鱗翅目：螟蛾科）性費洛蒙誘餌誘引性之改進。臺灣昆蟲 30: 129-143。
2. 王文龍、張志弘、吳昭儀、洪巧珍。2013。利用性費洛蒙監測柑橘粉介殼蟲與番石榴粉介殼蟲在番石榴果園中之發生情形。植保學會 102 年年會論文宣讀摘要。
3. 王文龍、陳立祥、張志弘、吳昭儀、李慧玉、陳清玉、洪巧珍。2012。甘蔗條螟（*Chilo sacchariphagus*）性費洛蒙誘餌與誘蟲器之研發與其監測。臺灣昆蟲學會 101 年年會論文宣讀摘要。臺灣昆蟲 32: 422。
4. 杜家緯。1988。昆蟲信息素及其應用。中國林業出版社。221 頁。
5. 吳昭儀、王文龍、張志弘、陳嬿后、路光暉、林梅瑛、蘇富正、施瑞霖、洪巧珍。2015。豆莢內蛀食性害蟲 *Etiella* spp. 在臺灣之調查與鑑定。臺灣昆蟲 35: 35-47。
6. 洪巧珍、王文龍、李木川、蔡恕仁、林信宏。2007。黑角舞蛾性費洛蒙誘捕系統之開發。植保會刊 49: 267-281。
7. 洪巧珍、王文龍、吳昭儀、張志弘。2013。毛豆豆莢害蟲 *Etiella* spp. 性費洛蒙誘餌與誘蟲器之研究。臺灣昆蟲 33: 121-136。
8. 洪巧珍、王文龍、吳昭儀、張志弘。2016。不同型式性費洛蒙誘蟲器對小菜蛾（*Plutella xylostella*）之誘捕效果評估。臺灣農藥科學 1: 91-106。
9. 洪巧珍、王文龍、吳昭儀、張志弘、張慕瑋。2017。小菜蛾（*Plutella xylostella*）性費洛蒙乾式誘蟲器之開發。臺灣農藥科學 3: 53-67。
10. 洪巧珍、王文龍、吳昭儀、張志弘、張慕瑋。2017。利用性費洛蒙大量誘殺綜合防治花椰菜小菜蛾效果評估。臺灣昆蟲 37: 23-32。
11. 洪巧珍、王文龍、吳昭儀、張志弘、李慧玉、賀孝雍、J. G. Millar、顏耀平。2012。番石榴粉介殼蟲（*Planococcus minor*）合成性費洛蒙之誘引性探討。臺灣昆蟲學會 101 年年會論文宣讀摘要。臺灣昆蟲 32: 421。
12. 洪巧珍、王文龍、吳昭儀、張志弘、張慕瑋、蘇俞丞、黃郁容。2017。昆蟲性費洛蒙產品商品化之開發與應用。在 106 年「天然植物保護資材商品化研發成果及應用研討會專刊」。張敬宜、黃郁容、蔡韙任、謝奉家、何明勳、費雯綺主編，農委會農業藥物毒物試驗所編印。85-98 頁。

13. 洪巧珍、王文龍、吳昭儀、張志弘、顏耀平、黃振聲。2017。粉介殼蟲性費洛蒙之研發與應用推廣。農政與農情 295: 70-75。
14. 洪巧珍、王文龍、張志弘、黃永吉、陳立祥。2010。甘蔗螟蟲性費洛蒙之研發概況。2010 年中華民國蔗糖技術學會論文發表會。臺糖公司研究所編印。1-21 頁。
15. 洪巧珍、侯豐男、黃振聲。2001。利用性費洛蒙防治楊桃花姬捲葉蛾之效果評估。植保會刊 43: 57-68。
16. 洪巧珍、王文龍、吳昭儀、林信宏。2009。桃折心蟲（*Grapholita molesta* (Busck)）性費洛蒙誘捕系統及交配干擾防治試驗。植保會刊 51: 53-68。
17. 洪巧珍、王文龍、吳昭儀、張志弘。2013。毛豆豆莢害蟲 *Etiella* spp. 性費洛蒙誘餌與誘蟲器之研究。臺灣昆蟲 33: 121-136。
18. 洪巧珍、王文龍、吳昭儀、賀孝雍。2012。小白紋毒蛾（*Orgyia postica* Walker）之性費洛蒙配方與不同型式誘蟲器之誘捕效果研究。植保會刊 54: 1-11。
19. 洪巧珍、洪銘德、王文龍。2006。荔枝細蛾（*Conopomorpha sinensis* Bradley）性誘引劑配方之研發。植保會刊 48: 189-202。
20. 陳裕儒、王文龍、吳昭儀、張志弘、謝光照、洪巧珍。2016。以性費洛蒙大量誘殺防治田間亞洲玉米螟之效果評估。作物、環境與生物資訊 13: 97-104。
21. 黃振聲、洪巧珍、羅致逑、康淑媛、邱太源。1990。亞洲玉米螟性費洛蒙配方之誘蟲效能。中華昆蟲 10: 109-117。
22. 顏辰鳳、鄒慧娟、黃德昌。2005。重大植物檢疫有害生物偵測執行績效。農政與農情 154: 37-42。
23. 顏耀平、黃振聲、洪巧珍、陳浩祺、賴貞秀。1988。甜菜夜蛾性費洛蒙之合成及其誘蟲效果。植保會刊 30: 303-309。
24. Hwang, J. S. and Hung, C. C. 1991. Evaluation of the effect of integrated control

of sweetpotato weevil, *Cylas formicarius* Fabricius, with sex pheromone and insecticide.Chinese. J. Entomol. 11: 140-146.

25. Ho, H. Y., Hung, C. C., Chuang, T. H., and Wang, W. L. 2007. Identification and synthesis of the sex pheromone of the passion vine mealybug, *Planococcus minor* (Maskell). J. Chem. Ecol. 33: 1986-1996.
26. Karlson, P. and Butenandt, A. 1959. Pheromones (Ectohormones) in insects. Ann. Rev. Entomol. 4: 39-58.
27. Mitchell, E. K. 1981. Management of insect pests with semiochemicals-Concepts and practice. Plenum press, NewYork and London, 514pp.
28. Prestwich, G. D. and Blomquist, G. J. 1987. Pheromone biochemistry. Academic Press, London. 565 pp.
29. Ridgway, R. L., Silverstein, R. M., and Inscoe, M. N. 1990. Behavior-modifying chemicals for insect management. Marcel Dekker, Inc. New York. 761pp.

CHAPTER 17

薊馬警戒費洛蒙在害蟲防治上之推廣與應用

洪巧珍[1*]、王文龍[1]、許俊凱[2]、
吳昭儀[1]、張志弘[1]、張慕瑋[1]

[1] 行政院農業委員會農業藥物毒物試驗所生物藥劑組
[2] 行政院農業委員會林業試驗所蓮華池研究中心

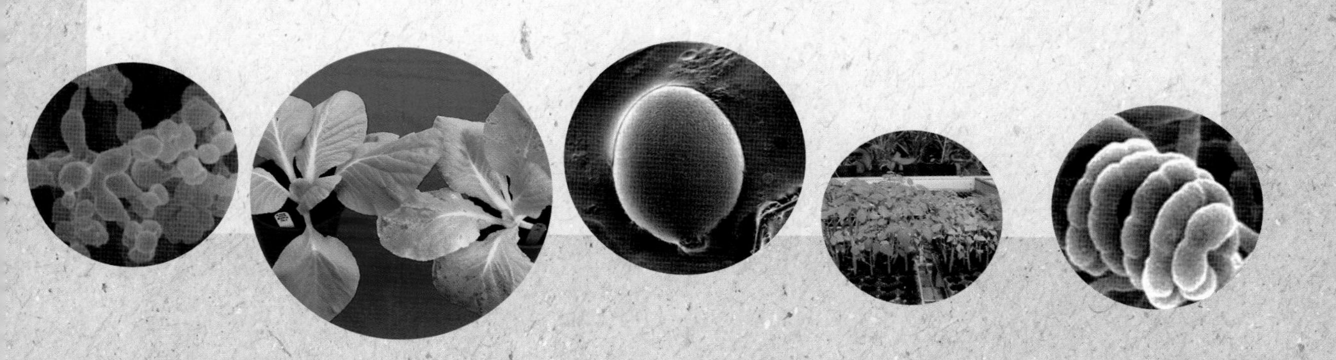

摘要

薊馬體型細小，卻是栽種農作物時經常遇到的棘手問題；在防治上，其藥劑抗藥性普遍發生。農委會農業藥物毒物試驗所開發薊馬警戒費洛蒙，協助田間綜合防治薊馬用。薊馬警戒費洛蒙對多種薊馬具警戒生物活性，不具種別專一性；於田間使用，能降低薊馬在各種作物的危害率，提升農產品品質。薊馬警戒費洛蒙有二種劑型：微管型、橡皮帽型，其防治機制爲影響薊馬生殖力，降低薊馬子代數目，因而降低薊馬危害情形，提升產量與果實品質。

利用警戒費洛蒙綜合防治薊馬試驗，分別於葡萄、番石榴、番荔枝、油茶、長豇豆、茄子等，建立田間應用方法：須早期、全期懸掛，懸掛於新梢之上方；懸掛橡皮帽型薊馬警戒費洛蒙需注意帽口須朝下。另本技術可配合黏板使用，亦可單獨使用薊馬警戒費洛蒙；使用時，可影響其周邊田區的薊馬族群密度，降低薊馬的危害率。於 2017 年至 2018 年於不同作物推廣利用薊馬警戒費洛蒙綜合防治薊馬，顯示懸掛薊馬警戒費洛蒙之田區，其薊馬危害率均低於無懸掛薊馬警戒費洛蒙之田區。

屏東縣里港鄉有機轉型檸檬薊馬危害率，2017 年由 61.3% 降爲 52%；2018 年由 76% 降爲 48.8%。臺中市東勢區藥劑慣行防治茂谷柑果園，2018 年薊馬危害率由 92% 降爲 79.2%。雲林縣斗六鎮有機文旦薊馬危害率，2017 年由 80.6% 降爲 70.4%。2018 年苗栗縣大湖鄉藥劑慣行防治草莓園，薊馬危害率由 4% 降爲 0.13%。2017 年臺南市佳里區有機蘆筍園，薊馬危害率由 57.1% 降爲 43.3%。2017 屏東縣萬丹鄉藥劑慣行防治紅豆田，薊馬危害率由 69.4% 降爲 49.1%；2018 年臺中市大里區有機紅豆田，薊馬危害率由 33.4% 降爲 25.5%。2017 年屏東縣萬丹鄉藥劑慣行防治之千代蘭網室，薊馬危害率由 75.6% 降爲 49.2%，腎藥蘭網室薊馬危害率由 35.3% 降爲 12.3%。2018 年彰化縣花壇鄉有機茉莉花田，薊馬危害率由 62.2% 降爲 15.8 及 31.6%。

關鍵字：薊馬、警戒費洛蒙、綜合防治、葡萄、長豇豆、茄子、油茶、番石榴、草莓、檸檬、茂谷柑、蘆筍、腎藥蘭、千代蘭、茉莉花

前言

薊馬（Thrip）體型細小，卻是農民栽種農作物時，經常遇到的棘手問題。薊馬種類繁多，查在臺灣植食性的纓翅目（Thysanoptera）錐尾亞目之紋薊馬科、食孢薊馬科、薊馬科等共四十七屬一百餘種；且於不同作物上，薊馬種類也不同（王，2002）。薊馬的卵產於幼嫩組織內，因幼蟲及成蟲的取食危害導致葉子及果實變形及花掉落。目前，許多作物均有薊馬危害，其危害狀如圖一。據調查薊馬危害率在番石榴 90%、葡萄 50%、番荔枝 72%、茄子 63% 等，試驗資料顯示因薊馬的危害而降低小果油茶與紅豆產量（洪等，2013，2015a，2017）。

圖一　薊馬在不同作物上之危害狀。

重要薊馬種類，如臺灣花薊馬（*Frankliniella intonsa* Trybom）、小黃薊馬（*Scirtothrips dorsalis* Hood）等，除取食危害外，兩者均為 Tospoviruses 的媒介昆蟲，對產業影響重大（林等，2011；Brunt *et al.*, 1996；Loebenstein *et al.*, 1996；Rileyetal., 2011）。臺灣花薊馬廣泛分布於亞洲及歐洲，其食性雜，Miyazaki 與 Kudo（1988）報告其寄主有一百四十六種，發生在寄主的花期及果實期，引起果實提早落果、果實畸形、取食果皮部位有食痕、果皮脫色等現象。

臺灣花薊馬生活史包括卵、幼蟲期有二齡、前蛹、蛹、成蟲等時期，其成蟲有翅。臺灣花薊馬一年 22 代，一代 7 至 16 日，雌成蟲壽命 17.7 至 76 日，最適產卵溫度為 28℃。小黃薊馬其食性雜，其寄主達四十科一百一十二種以上，包括辣椒、豆類、蔥、瓜類、玉米、花生、葡萄、芒果、香蕉、柑橘、草莓、番茄、馬鈴薯、茶、花卉、棉花、菸草等重要經濟作物（王，2002；Mound & Palmer, 1981；Umeyaet *al.*, 1988）。近幾年來陸續嚴重危害臺灣的番荔枝、芒果、蓮霧、楊桃、印度棗及番石榴等果樹，成為臺灣經濟作物之重要害蟲（Chiu *et al.*, 2010）。

小黃薊馬發生於寄主全期，包括花期、果實期、苗期、及營養生長期等均可發現。在臺灣於 5-7 月間，溫度為 23-30℃情況下，以茶嫩葉飼育，其卵發育需 5-6 日，幼蟲期為 4 日，蛹期則是 3 日，成蟲壽命約 30 日，每隻雌蟲平均可產下 45 粒卵。在印度，小黃薊馬每雌產卵數 40 至 68 粒，一代 15-20 日，雌雄性比為 6:1，每隻雌蟲每天產 2-4 粒卵，持續約 32 日。

一般，防治薊馬主要使用化學殺蟲劑，如防治臺灣花薊馬，有效的藥劑有畢芬寧、賽洛寧、賽滅淨、第滅寧、芬化利、馬拉松及裕必松（Kourmadas *et al.*, 1982; Wang, 1982; Chang & Chen, 1993; Fang, 1996）。2010 年間，檬果小黃薊馬發生嚴重，為害率高達 90% 以上。Lin 氏等（2010）報導以黃色黏板監測檬果園中小黃薊馬發生情形，設立防治基準為每週每黏板平均誘集四十隻。邱氏等（2012）以了解檬果小黃薊馬田間用藥情形及其抗藥情形，以及配合監測及農民用藥習慣等來制定藥劑輪用方法，可有效防治檬果小黃薊馬。

另學者於 2011-2012 年在高雄縣鳳山熱帶園藝試驗分所芒果園，以八種推薦於芒果上防治薊馬藥劑進行田間試驗，結果以益達胺、滅賜克、脫芬瑞、克凡派等防治效果達 90% 以上（郝，2017）。惟薊馬生活史短，繁殖力強，國內、外均有其對藥劑產生抗藥性之報導（蔡，2009；黃，2011；Morse & Brawner,1986；Contreas *et al*., 2008；Foster *et al*., 2010）。

農業藥物毒物試驗所（以下簡稱藥毒所）為了解防治薊馬常用藥劑對臺灣花薊馬、小黃薊馬的藥效，曾進行十一種藥劑，包括亞滅培、益達胺、賜諾殺、芬殺松、納乃得、馬拉松、畢芬寧、第滅寧、丁基加保扶、克凡派、賽洛寧等對薊馬之藥效試驗，僅賜諾殺、芬殺松顯示對來自田尾康乃馨的臺灣花薊馬具防治效果；賜諾殺、丁基加保扶、克凡派對來自臺南芒果園的小黃薊馬的防治效果較佳（洪等，2015a）。且經調查慣行番石榴果園薊馬危害率高達 90%（洪等，2013），顯示薊馬為農民難以防治的害蟲。

薊馬警戒費洛蒙之研發

薊馬為喜香味的害蟲，可藉由薊馬對於氣味的反應，用於防治薊馬。目前已開發出一些化學物質對薊馬有反應，在田間可增加對薊馬的誘捕效果。這些化學物質包括聚集費洛蒙（Aggregating pheromone）、開洛蒙（Kairomone pheromone）及警戒費洛蒙（Alarm pheromone）（Milne *et al*., 2002; Kirk *et al*., 2004）。臺灣花薊馬、小黃薊馬等兩種薊馬危害多種作物，亦為目前臺灣普遍發生的種類。

薊馬的相關化學通訊系統有別於一般的鱗翅目害蟲，花香、聚集費洛蒙對其有誘引效果；警戒費洛蒙促使薊馬外出躲避天敵，而警戒費洛蒙對天敵為屬開洛蒙的誘引劑（呂等，2012；Imai *et al*., 2001；Murai *et al*., 2000；Halmiltan *et al*., 2005；Teerling *et al*., 1993）。

藥毒所自 2007 年起開始研究薊馬警戒費洛蒙以及其在田間的應用技術，建立了薊馬大量飼養技術、薊馬警戒費洛蒙生物檢定方法等，開發了二種薊馬警戒費洛蒙劑型：微管型、橡皮帽型（圖二）；兩者田間持效期及有效距離分別為一個月及 0.5 公尺、六個月及 1 公尺（洪等，2010）。由生物檢定結果顯示薊馬警戒費洛蒙對花薊馬（*Thrips hawaiiensis*）、臺灣花薊馬、菊花薊馬（*Microcephalothrips abdominalis*）、管尾薊馬科（Phlaeothripidae）、小黃薊馬、南黃薊馬（*Thrips palmi*）、豆花薊馬（*Megalurothrips usitatus*）等具有警戒生物活性（洪等，2008）。

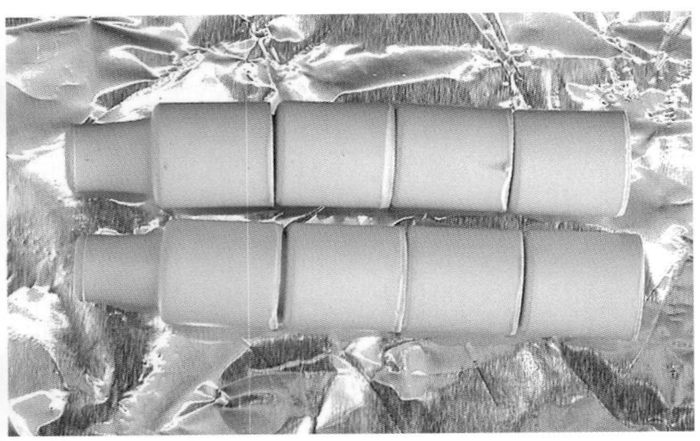

圖二　二種薊馬警戒費洛蒙劑型：微管劑型（左）、橡皮帽型（右）。
微管劑型薊馬警戒費洛蒙田間持效一個月，每 1 公尺懸掛 1 條。橡皮帽型薊馬警戒費洛蒙田間持效六個月，每 2 公尺懸掛 1 條。

薊馬對警戒費洛蒙的行為反應，針對在花內的臺灣花薊馬會促使其外出遊走；針對遊走性薊馬如小黃薊馬，因無法測出其是否走得更快？所以，以生殖力來反應警戒費洛蒙對小黃薊馬的影響，警戒費洛蒙置放於含小黃薊馬蟲體的花豆子葉，經 1、2、6、12、24 hr 等不同時間，均降低其子代數目，產子代抑制率達 72-100%（洪等，2015b）。

薊馬警戒費洛蒙田間應用技術探討

一、薊馬警戒費洛蒙在田間懸掛期間

薊馬警戒費洛蒙在田間之應用技術探討，於 2006 年 9 月起使用微管劑型之薊馬警戒費洛蒙及黏紙，分別於苗栗縣卓蘭鎮、彰化縣大村鄉、及南投縣埔里鎮葡萄果園進行田間效果評估試驗，比較葡萄園有、無處理薊馬警戒費洛蒙之薊馬危害情形。

結果顯示 2006 年苗栗縣卓蘭鎮藥劑慣行防治葡萄，薊馬危害率由 49.7% 降為 34.2%；2007 年彰化縣大村鄉有機葡萄，薊馬危害率由 33.9% 降為 24.9%；2007 年南投縣埔里鎮有機葡萄，薊馬危害率由 57.9% 降為 35.9%。顯示葡萄果園處理薊馬警戒費洛蒙，可降低葡萄危害率；其危害率平均由 47.2% 降為 31.7%，平均降

低 15.5%（圖三）。另考量薊馬警戒費洛蒙在田間的懸掛期間，以接入 100-150 隻薊馬於不同大小的葡萄，經 7 日後，顯示葡萄從幼果期、中果期至成熟果均會受薊馬危害（圖四），因此，薊馬警戒費洛蒙的懸掛期間須從新梢起至成熟果爲止（洪等，2013）。

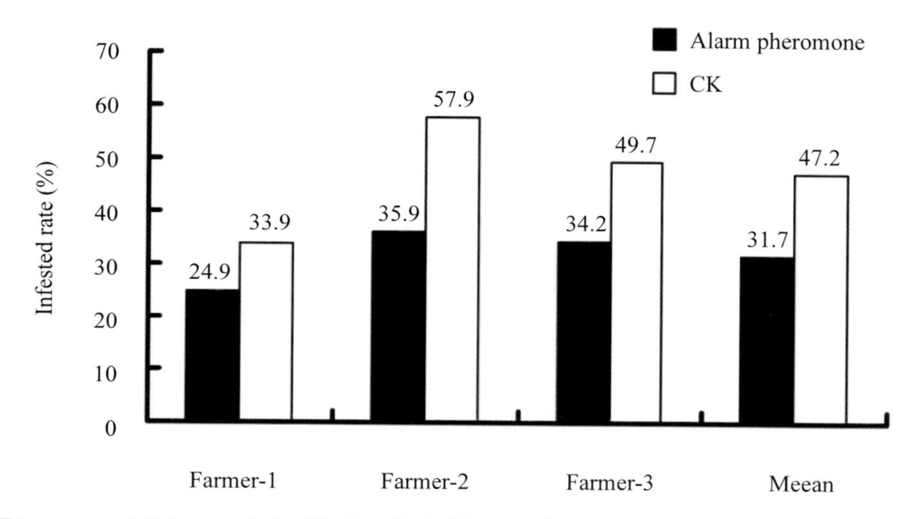

圖三　2006 年至 2007 年分別於苗栗縣卓蘭鎮、彰化縣大村鄉，及南投縣埔里鎮葡萄園利用薊馬警戒費洛蒙綜合防治薊馬之效果。

圖四　薊馬在葡萄之危害狀及其幼果、中果受薊馬之危害狀。

二、使用薊馬警戒費洛蒙防治薊馬是否須配合黏板？

1. 番石榴

使用警戒費洛蒙可增加薊馬的外出比率，因此配合黏板黏捕空中飛的薊馬蟲體。惟黏板的使用，操作困難、耗時、耗經費，將成爲「利用薊馬警戒費洛蒙綜合防治薊馬」技術之瓶頸。因此，於 2012 年 8 月至 2015 年 6 月在彰化縣社頭鄉一處約 1 ha 藥劑慣行防治番石榴果園（圖五），分別探討警戒費洛蒙綜合防治薊馬效果、對鄰園的影響、黏板的需要性及持續使用之影響。

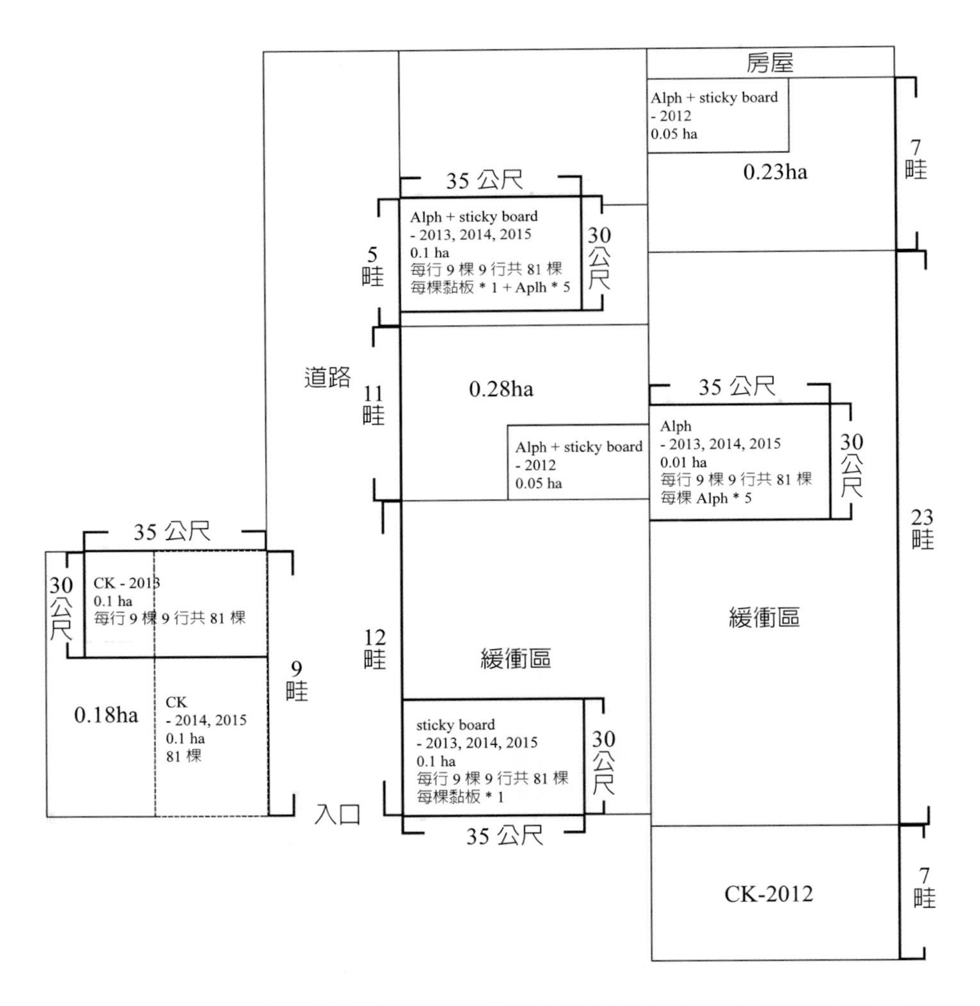

圖五　2012 年至 2015 年於彰化縣社頭鄉番石榴果園進行利用薊馬警戒費洛蒙綜合防治薊馬評估試驗之田區圖。

於 2012、2013 年使用微管型薊馬警戒費洛蒙，每 1 公尺懸掛 1 條，每個月加置 1 條，且約 3-5 公尺懸掛一片白色黏板。於 2012 年比較薊馬警戒費洛蒙 + 黏板（兩區，Alph+ 黏板）、無處理薊馬警戒費洛蒙之對照區（CK）等處理，番石榴薊馬危害率由 92.8% 降爲 69.3% 及 50%。兩區 Alph+ 黏板處理區的相鄰區其番石榴薊馬危害率分別爲 79%、72%。由此顯示使用警戒費洛蒙防治薊馬，可影響鄰區薊馬危害情形，減少薊馬的危害。於 2013 年比較 Alph+ 黏板、黏板、無處理薊馬警戒費洛蒙區之對照區（CK）等處理，番石榴薊馬危害率分別爲 36.4、50、71%，顯示使用薊馬警戒費洛蒙能降低薊馬在番石榴果實上的危害情形（洪等，2013，2015a，2017）。

於 2014、2015 年使用橡皮帽型薊馬警戒費洛蒙，每 2 公尺懸掛一個，可持續懸掛六個月；比較 Alph+ 黏板、警戒費洛蒙（Alph）、黏板、無懸掛薊馬警戒費洛蒙區之對照區（CK）等處理。2014 年各處理區的番石榴果實危害率，分別爲 45.8、26.9、36.5、46.7%。本次在 Alph+ 黏板處理區之番石榴果實危害率 45.8%，顯示無防治效果，此應是橡皮帽型薊馬警戒費洛蒙懸掛方式錯誤所致，即將橡皮帽口朝上，致橡皮帽口內盛裝露水、雨水、或灰塵，使得氣味無法發散之故。2015 年各處理區的番石榴果實危害率，分別爲 8.6%、12.7、22.5、36.8%（洪等，2015a, 2017）。由此試驗結果顯示可單獨使用薊馬警戒費洛蒙，亦可配合黏板，另橡皮帽型薊馬警戒費洛蒙，其帽口須朝下，才能有效使用薊馬警戒費洛蒙防治薊馬。

本試驗從 2012 年至 2015 在彰化縣社頭鄉藥劑慣行防治番石榴果園連續四年評估薊馬警戒費洛蒙防治效果（圖六）。含薊馬警戒費洛蒙處理區，其果實危害率逐年下降；由 2012 年的 50-69.3% 降爲 2015 年 8.6-12.7%，顯示薊馬警戒費洛蒙對薊馬的防治效果。而無處理薊馬警戒費洛蒙之對照區，其果實危害率亦逐年下降；由 2012 年的 92.8% 降爲 2015 年 36.8%，顯示因使用薊馬警戒費洛蒙，逐年調降本園區薊馬的族群密度。

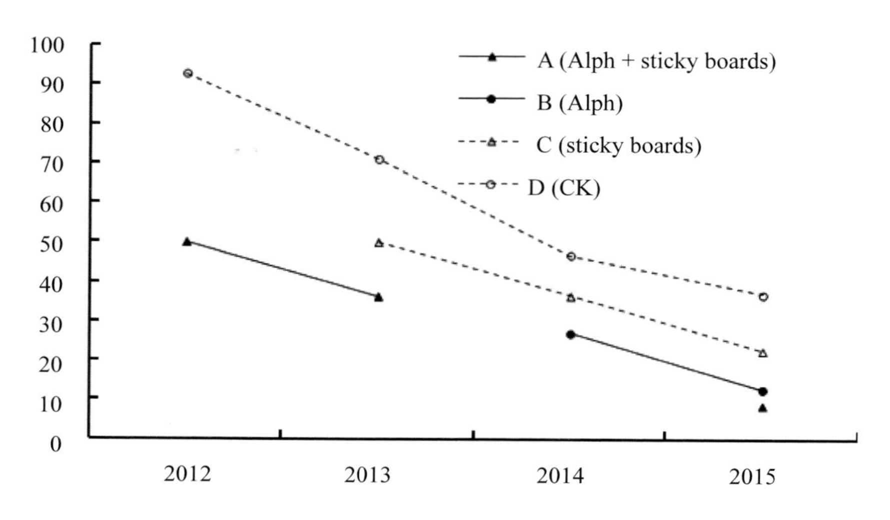

圖六　2012 年至 2015 年於彰化縣社頭鄉番石榴果園連續四年評估薊馬警戒費洛蒙防治薊馬之效果。

2. 番荔枝

利用薊馬警戒費洛蒙綜合防治番荔枝上薊馬之效果評估試驗，從 2014 年 4 月起於臺東太麻里一處約 0.5 ha 藥劑慣行防治番荔枝果園（圖七）進行，分別於：(1) 2014 年 4 月 23 日至 7 月 29 日、(2) 2014 年 8 月 19 日至 2015 年 1 月 6 日、(3) 2015 年 3 月 5 日至 7 月 21 日、(4) 2015 年 8 月 11 日至 12 月 11 日、(5) 2017 年 3 月 9 日至 8 月 10 日等，共進行五次試驗。

於第一、二次試驗比較懸掛橡皮帽型薊馬警戒費洛蒙及黏板之處理區（Alph+ 黏板），與未懸掛警戒費洛蒙及黏板之對照區（CK）之果實薊馬危害情形。每處理面積約為 0.1 ha，PH+ 黏板處理區，每棵番荔枝果樹的東、西、南、北、中，各綁一個橡皮帽型薊馬警戒費洛蒙；每棵番荔枝果樹懸掛一片白色黏膠板，每個月加掛一次。於第三、四、五次試驗比較懸掛橡皮帽型薊馬警戒費洛蒙及黏板之處理區（Alph+ 黏板）、懸掛橡皮帽型薊馬警戒費洛蒙之處理區（Alph），與未懸掛警戒費洛蒙及黏板之對照區（CK）之果實薊馬危害情形。

採收時，每處理區每棵果樹隨機採一個果實，每區共採一百個，寄回實驗室後，將套袋解開，檢視薊馬危害情形。結果顯示本區番荔枝果園之果實有薊馬、番荔枝斑螟蛾、介殼蟲、病害、撞傷、藥害、裂果、焚風與日燒之危害狀。2014

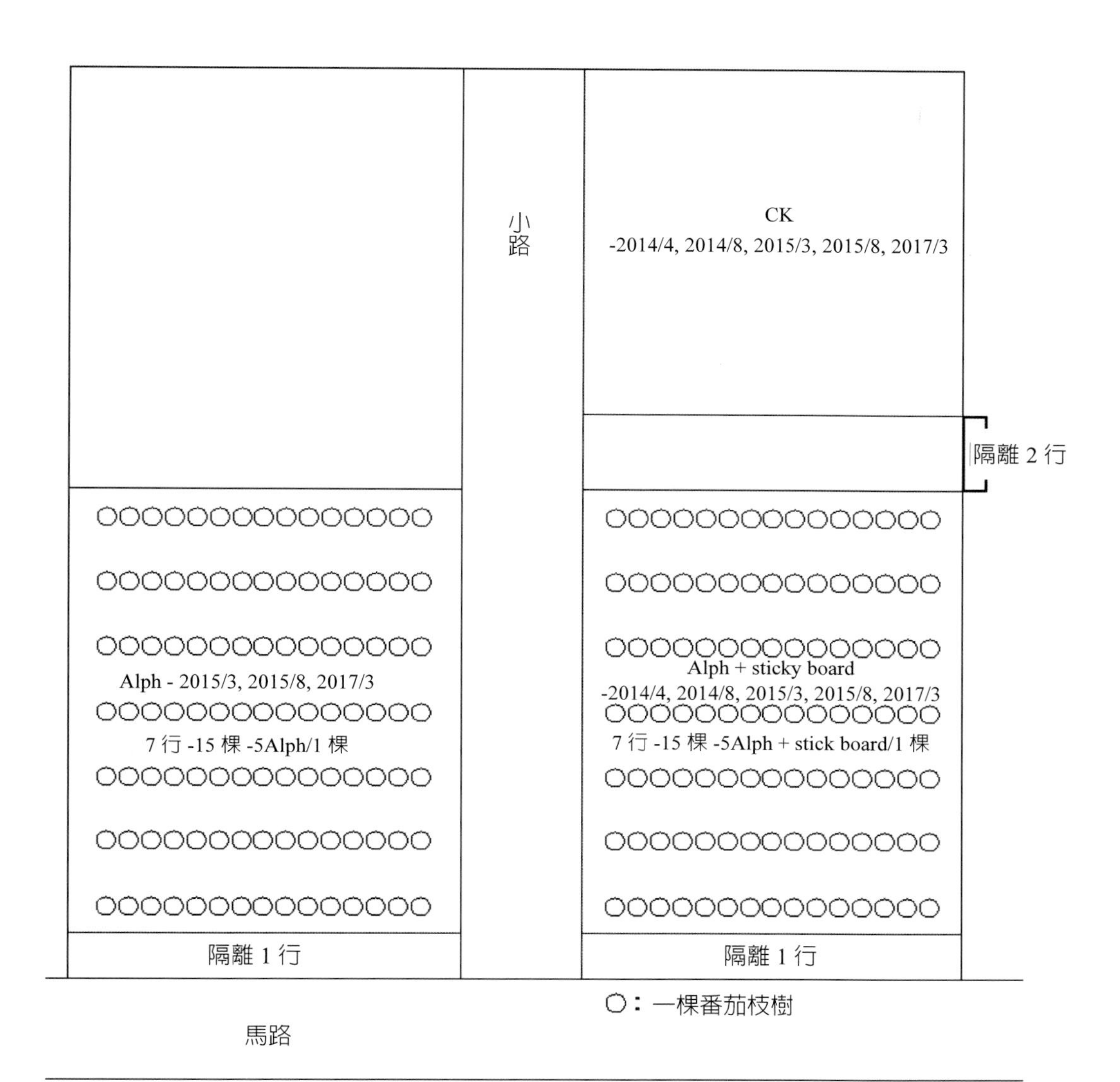

圖七　2014 年至 2017 年於臺東縣太麻里番荔枝果園進行利用薊馬警戒費洛蒙綜合防治薊馬評估試驗之田區圖。

年至 2017 年以擦傷、薊馬等危害嚴重，危害率分別爲 70.5-93.3%、53-87%；2014 年有藥害、焚風與日燒、裂果情形，危害率分別爲 34、18、19%；2015 年有番荔枝班螟蛾危害果（1.3%）；2016 年因氣候關係，無法進行調查；2017 年有介殼蟲（60.7%）及病害果（10%）等。番荔枝果園經處理薊馬警戒費洛蒙，其結果如表一。

表一 從 2014 至 2017 年於臺東縣太麻里藥劑慣行防治之番荔枝果園評估薊馬警戒費洛蒙之防治效果

Treatment	% of sugar apple fruits infested by thrips[2]					Mean
	1st trial	2nd trial	3rd trial	4th trial	5th trial	
T1: Alph[1]			37	56	37	43.3±11.0
T2: Alph+sticky board	67	36	29	44	42	43.6±14.3
CK	87	77	61	84.4	53	72.5±14.9
Comparison						
T2-CK	-20	-41	-32	-40.4	-11	-28.9±13.1
T1-CK			-24	-28.4	-16	-22.8± 6.3

1)Alph: Alarm pheromone.

2)1st trial: 2014/4/23-2014/7/29; 2nd trial: 2014/8/19-2015/1/6; 3rd trial: 2015/3/5-2015/7/21; 4th trial: 2015/8/11-2015/12/11; 5th trial: 2017/3/9-2017/8/10

薊馬警戒費洛蒙處理區 Alph、Alph+ 黏板，其薊馬危害率均較對照區爲低。Alph、Alph+ 黏板、對照區等處理區之薊馬危害率，分別爲 43.3±11.0、43.6±14.3、72.5±14.9%。薊馬警戒費洛蒙處理區懸掛黏板與否，由試驗顯示使用薊馬警戒費洛蒙即可降低薊馬在番荔枝果實上之危害率（-22.8± 6.3%），再配合黏板對降低薊馬危害率有幫助（-28.9±13.1%），由此顯示田間使用薊馬警戒費洛蒙可再提升番荔枝果品 29%（未發表資料）。

三、薊馬警戒費洛蒙使用於油茶，如何評估其效果？

油茶（oil tea）爲我國食用油來源之一，具機能性功能。目前臺灣種植油茶面積約爲 1,222.8 公頃。油茶一般栽培粗曠，鮮少進行修剪、施藥防治。本試驗由農委會林業試驗所之蓮華池研究中心提供試驗場所與協助產量調查。經調查油茶果實薊馬危害嚴重，危害率高達 89.7%。於蓮華池油茶花採集的薊馬經鑑定爲花薊馬（*Thrips hawaiiensis*）、花色薊馬（*Thrips coloratus*）。

爲了解薊馬警戒費洛蒙在油茶上的防治效果，因油茶果實是用來榨油用，外觀影響不大。所以，本試驗以產量來評估，於 2014 年 12 月至 2016 年 12 月持續兩年於蓮華池油茶園（小果）設置警戒費洛蒙處理區（Alph）與對照區（CK）（圖八），進行以警戒費洛蒙綜合防治效果評估試驗。

圖八　於 2014 年至 2016 年持續兩年於蓮華池油茶園（小果）評估利用薊馬警戒費洛蒙防治薊馬試驗之田區圖。

於警戒費洛蒙處理區每棵油茶樹的東、西、南、北、中，各綁一個橡皮帽型薊馬警戒費洛蒙，每六個月更新一次。於採收期，比較兩處理的產量。結果顯示 2015、2016 年警戒費洛蒙處理區的每棵油茶的平均產量均高於對照區（圖九）。警戒費洛蒙處理區有五十三棵油茶樹，2015 年的產量共 48415.3 g，平均 913.5±966.4 g/plant。對照區有八十一棵油茶樹，2015 年的產量共 41405.1 g，平均 511.2±597.3 g/plant。2016 警戒費洛蒙處理區產量共 8059.4 g，平均 155.0±145.3 g/plant。對照區產量共 6969.5 g，平均 86.0±127.3 g/plant。由連續兩年結果顯示，懸掛薊馬警戒費洛蒙提升油茶產量爲對照區的兩倍（洪等，2017）。

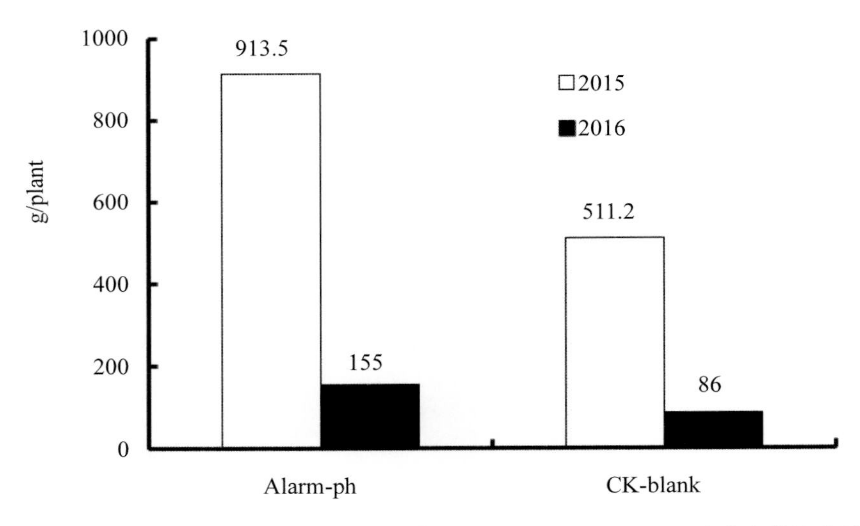

圖九　2015 年至 2016 年於南投縣魚池鄉蓮華池研究中心利用薊馬警戒費洛蒙綜合防治油茶上薊馬之效果（產量）。

四、薊馬警戒費洛蒙應用於連續採收作物長豇豆與茄子

1. 長豇豆

「利用薊馬警戒費洛蒙綜合防治長豇豆上之薊馬效果評估試驗」分別於 2016 年 4 月 1 日至 6 月 6 日、2017 年 3 月 23 日至 6 月 13 日，在彰化縣埤頭鄉藥劑慣行防治長豇豆田進行。試驗時，2016 年設置警戒費洛蒙處理區（Alph）與對照區（CK），面積各約 0.05-0.1 ha；對照區與警戒費洛蒙處理區相隔 1 公里以上；2017 年也調查警戒費洛蒙處理區之隔壁區（Alph-neighbor）。於薊馬警戒費洛蒙處理區每 2 m 各綁一個橡皮帽型薊馬警戒費洛蒙，其田間持效爲六個月。

於採收期時，每區選 5 個點，分別爲東、西、南、北、中等處，每點隨機各採摘 40-50 條長豇豆莢，攜回實驗室，再檢視長豇豆莢上薊馬危害情形。2016 年薊馬警戒費洛蒙處理區與對照區，各處理採集 255 及 226 條長豇豆莢，檢視薊馬爲害長豇豆情形；薊馬危害率分別爲 30.2 與 42.5%。2017 年 Alph、Alph-neighbor 與 CK 等處理分別採集 247、235 與 250 條長豇豆莢；薊馬危害率分別爲 22.7、27.7、48.8%（圖十），顯示懸掛薊馬警戒費洛蒙可降低薊馬在長豇豆的危害，同時也可降低鄰區長豇豆薊馬危害情形（洪等，2017）。

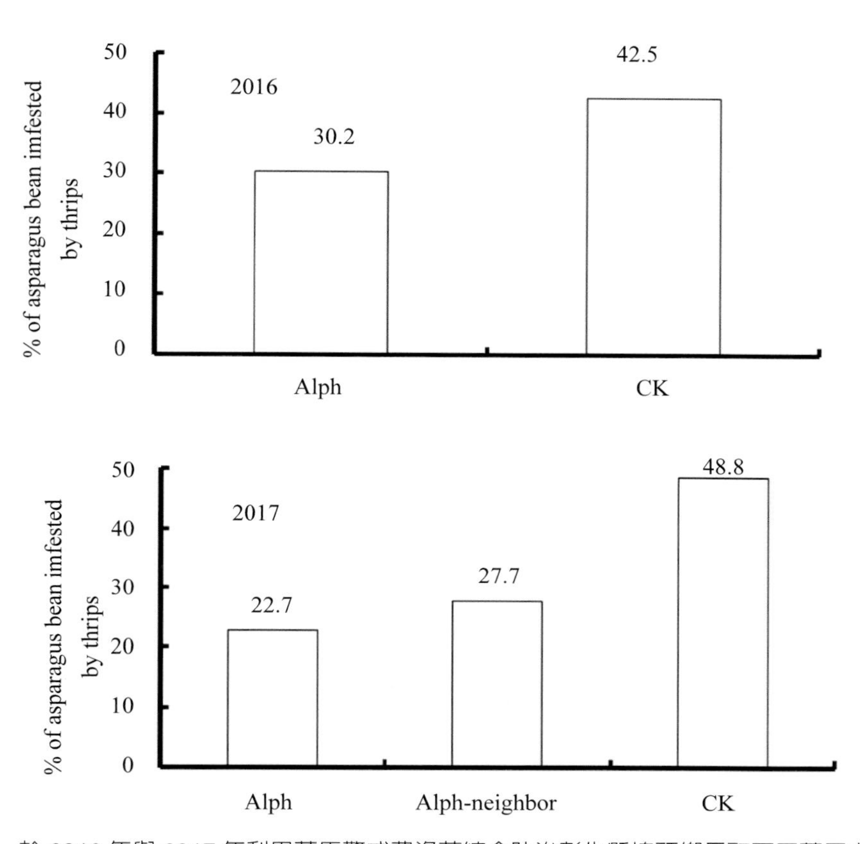

圖十　於 2016 年與 2017 年利用薊馬警戒費洛蒙綜合防治彰化縣埤頭鄉長豇豆田薊馬之效果。

2. 茄子

於 2016 年 6 月 14 日在彰化縣埤頭鄉一處約 0.25 ha 之藥劑慣行防治茄子園（X: 120° 27'304；Y: 23° 54'845）進行薊馬警戒費洛蒙綜合防治薊馬效果評估試驗。其田區爲長條型，分成兩區，一區懸掛 407 個橡皮帽型薊馬警戒費洛蒙，每 2 m 懸掛一個；一區爲對照區無懸掛薊馬警戒費洛蒙。

於 2016 年 9 月 6 日調查薊馬危害情形，對照區茄子薊馬危害率 63.4%，薊馬警戒費洛蒙處理區 38.7%；由此結果顯示施藥防治薊馬的效果不佳，薊馬的爲害率偏高（63.4%），而再增加薊馬警戒費洛蒙處理可降低薊馬在茄子的危害情形（洪等，2017）。

薊馬警戒費洛蒙推廣在不同作物之防治效果評估

由於薊馬危害多種作物，藥毒所於 2017 至 2018 年間，推廣薊馬警戒費洛蒙使用在不同作物上，並進行效果評估。不同作物包括番荔枝、有機轉型期檸檬、茂谷柑、有機文旦、草莓、蘆筍、紅豆、千代蘭、肾藥蘭、食用茉莉花等。薊馬警戒費洛蒙處理區除二區紅豆田、一區茉莉花田使用微管型薊馬警戒費洛蒙，每隔 1 m 拉 1 條微管，每個月加拉一次（圖十一）；其餘使用橡皮帽型薊馬警戒費洛蒙，每 2 m 懸掛一個，橡皮帽之帽口朝下，於田間可持效六個月。

圖十一　2017 年於屏東縣萬丹鄉與 2018 年於臺中市大里區紅豆田使用微管型薊馬警戒費洛蒙進行薊馬防治試驗。

由藥毒所提供薊馬警戒費洛蒙，農友懸掛，至採收期時，將薊馬警戒費洛蒙處理區（Alph）、無處理薊馬警戒費洛蒙對照區（CK）等兩處理區各分爲五小區，由農友進行隨機採樣再郵寄至藥毒所，進行薊馬危害率調查。以下分述於不同作物上之試驗情形及結果（表二）。

表二　2017 年至 2018 年於不同作物推廣利用警戒費洛蒙綜合防治薊馬之效果評估（橡皮帽型薊馬警戒費洛蒙）

作物別	年度	地區	警戒費洛蒙處理		對照區		比較
			採樣數	危害率（%）	採樣數	危害率（%）	
檸檬	2017	屏東縣里港鄉	125 粒	52.0	125 粒	61.3	-9.3
檸檬	2018	屏東縣里港鄉	125 粒	48.8	125 粒	76.0	-27.2
茂谷柑	2017	臺中市東勢區	125 粒	79.2	125 粒	92.0	-12.8
文旦	2017	雲林縣斗六市	125 粒	70.4	98 粒	80.6	-10.2
草莓	2018	苗栗縣大湖鄉	768 粒	0.1	852 粒	4.0	-3.9
蘆筍	2017	臺南市佳里區	568 支	43.3	198 支	57.1	-13.8
紅豆	2017	屏東縣萬丹鄉	250 棵	49.1[1)]	250 棵	69.4	-20.3
紅豆	2018	臺中市大里區	250 棵	25.5[1)]	250 棵	33.4	-7.9
千代蘭	2017	屏東縣萬丹鄉	130 支	49.2	90 支	75.6	-26.4
腎藥蘭	2017	屏東縣萬丹鄉	106 支	12.3	116 支	35.3	-23.0
茉莉花	2018	彰化縣花壇鄉	583 朵	15.8[1)]	847 朵	62.2	-46.4
茉莉花	2018	彰化縣花壇鄉	294 朵	31.6	847 朵	62.2	-30.6

1)使用微管型薊馬警戒費洛蒙。

一、檸檬

從 2016 年 11 月 23 日起懸掛橡皮帽型薊馬警戒費洛蒙於屏東縣里港鄉有機轉型期檸檬果園，比較有懸掛（薊馬警戒費洛蒙處理區，Alph）及無懸掛（對照區，CK）橡皮帽型薊馬警戒費洛蒙檸檬果園之薊馬危害情形。於採收時，Alph 處理區和 CK 區果園，分別於東、西、南、北、中等處，隨機選一點，共五點，每點五棵樹。於每棵樹之東、西、南、北、中位置隨機採一個果實，每棵樹採五個果實，共採 125 粒果實。

本試驗分別於 2017 年 7 月 21 日與 2018 年 4 月 11 日採果，結果顯示本區果園以薊馬危害嚴重，危害率 61.3-76%；其次依序爲瘡痂病（31.2-40%）、介殼蟲（5.6-8.8%）、日燒（1.6-10.4）。有機轉型期檸檬果園經處理薊馬警戒費洛蒙，薊馬在果實上的危害率，2017 年由對照區 61.3% 降爲薊馬警戒費洛蒙處理區 52%；2018 年由 76% 降爲 48.8%（表二）。

二、茂谷柑

於 2017 年 2 月 24 日在臺中市東勢區一處藥劑慣行防治茂谷柑果園，持續懸掛橡皮帽型薊馬警戒費洛蒙。本果園面積約 0.1 ha，種植 40 -60 棵茂谷柑。於 2018 年 2 月 8 日採收時，分別於 Alph 與 CK 處理果園之東、西、南、北、中等各取一點，每點選五棵樹，每棵樹隨機採五個果實。薊馬警戒費洛蒙處理區與無懸掛薊馬警戒費洛蒙之對照區分別都採了 125 個茂谷柑。

經觀察結果顯示本區果園之果實，以薊馬危害嚴重，危害率高達 92%；經處理薊馬警戒費洛蒙後，其危害率降為 79.2%（表二）。

三、文旦

於 2017 年 2 月 8 日在雲林縣斗六市一處面積約 0.2 ha 有機文旦果園，懸掛橡皮帽型薊馬警戒費洛蒙，本果園約有 70 -80 棵文旦樹，橡皮帽型薊馬警戒費洛蒙懸掛於新梢處，每棵樹懸掛 5 個。無懸掛橡皮帽型薊馬警戒費洛蒙之對照區設置於距離處理區約 10 m 處。

於 2017 年 8 月 21 日採收時，分別於果園之東、西、南、北、中等處各取一點，每點選五棵樹，每棵樹隨機採五個果實。處理區與對照區分別採了 125 與 98 個果實。經觀察結果顯示本區文旦果園之果實以薊馬危害嚴重（80.6%），其次依序為介殼蟲（32.8-65.3%）、銹蜱（7.1-12.8%）、日燒（5.1-6.4%）等。在薊馬費洛蒙處理區，其薊馬危害率為 70.4% 較低於對照區（80.6%）（表二）。

四、草莓

於 2018 年 11 月 16 日在苗栗縣大湖鄉藥劑慣行防治草莓園，進行「利用警戒費洛蒙綜合防治草莓上的薊馬之效果評估」。兩處理：橡皮帽型薊馬警戒費洛蒙處理區（Alph）與未懸掛薊馬警戒費洛蒙之對照區（CK）；Alph 處理區的草莓品種為香水，CK 區為豐香。

於 2018 年 3 月 28 日進行採樣調查，每區隨機採十點，每點採約 1 kg 的成熟草莓。結果顯示薊馬危害率在 Alph 處理區 0.13%，低於 CK 區 4%（表二）。

五、蘆筍

於 2017 年 8 月 18 日至 2018 年 3 月 20 日，臺南市佳里區有機蘆荀進行「利用警戒費洛蒙綜合防治薊馬效果評估」；橡皮帽型薊馬警戒費洛蒙處理區爲 0.1 ha，在無懸掛薊馬警戒費洛蒙之對照區爲 0.05 ha。

於 2018 年 3 月 20 日採集蘆荀，橡皮帽型薊馬警戒費洛蒙處理區與對照區分別採 568 與 198 支蘆筍；經調查薊馬危害率分別爲 43.3% 與 57.1%，顯示蘆筍田懸掛薊馬警戒費洛蒙可降低薊馬危害率（表二）。

六、紅豆

2017年10月18日於屏東縣萬丹鄉一處面積約0.1 ha、種植十五天之紅豆田（苗期）（X:120.497163；Y:22.556203），約每一畦拉一條微管型薊馬警戒費洛蒙，約間隔 1 m，共拉了七畦；每經四周再加拉一條，至採收期爲止，共拉了三次微管型薊馬警戒費洛蒙。對照區約設置於離薊馬警戒費洛蒙處理田約 500 m 處，其種植條件與管理方法同薊馬警戒費洛蒙處理區，均爲藥劑慣行防治紅豆田。

於 2018 年 1 月 3 日採收時，薊馬警戒費洛蒙處理區與對照區分別於田之東、西、南、北、中各取一點，共五個調查點。每個調查點隨機採 50 棵紅豆植株，共採 250 棵紅豆植株。攜回實驗室經陰乾後，觀察紅豆豆莢薊馬危害情形，並比較百粒紅豆之重量。結果顯示薊馬警戒費洛蒙處理區薊馬危害率 49.1%，較低於無處理薊馬警戒費洛蒙之對照區 69.4%（表二）。百粒紅豆之重量在薊馬警戒費洛蒙處理區、對照區分別爲 17.5±2.3、11.3±3.8 g。顯示於紅豆田使用薊馬警戒費洛蒙可降低薊馬危害情形，並提升產量。

另於 2018 年 1 月 9 日在臺中市大里區一處有機紅豆田（X:120.497163；Y:22.556203）進行薊馬警戒費洛蒙效果評估。試驗設置與採收調查同上，亦是使用微管型薊馬警戒費洛蒙。本區約於 2017 年 11 月中旬種植，2018 年 1 月 9 日設置薊馬警戒費洛蒙時，爲紅豆開花期。於 2018 年 3 月 15 日調查薊馬危害情形，其紅豆豆莢薊馬危害率由對照區 33.4% 降爲薊馬警戒費洛蒙處理區 25.5%（表二）；惟百粒紅豆之重量分別爲 17.6±0.7、16.7±0.7 g，薊馬警戒費洛蒙處理區稍低於對照區，經詢問農民其對照區有增加施肥處理。

由兩區紅豆田之試驗結果，於較早期懸掛薊馬警戒費洛蒙有較佳的防治效果，於紅豆苗期開始設置薊馬警戒費洛蒙約可再降低薊馬危害率 20%；而於花期懸掛僅能再降低薊馬危害率 7.9%。另試驗結果顯示增加薊馬警戒費洛蒙之綜合防治，可提升紅豆產量。

七、千代蘭、腎藥蘭

於 2017 年 1 月 24 日起在屏東縣萬丹鄉，藥劑慣行防治之千代蘭與腎藥蘭兩間網室，分別進行警戒費洛蒙綜合防治薊馬之效果評估。試驗時，以網室中間走道為分隔，一邊懸掛橡皮帽型薊馬警戒費洛蒙，另一邊無懸掛。據農友闡述約於紅豆種植期，其網室周邊均為紅豆田，其網室內薊馬危害情形嚴重。

於 2017 年 12 月 4 日分別採集千代蘭網室薊馬警戒費洛蒙處理區 130 支切花，無懸掛薊馬警戒費洛蒙之對照區 90 支切花。腎藥蘭網室薊馬警戒費洛蒙處理區 106 支切花，無懸掛薊馬警戒費洛蒙之對照區 116 支切花。經調查結果薊馬警戒費洛蒙處理區、無懸掛薊馬警戒費洛蒙之對照區之薊馬危害率，在千代蘭分別為 49.2、75.6%；在腎藥蘭分別為 12.3、35.3%。顯示於花卉網室使用薊馬警戒費洛蒙可降低薊馬危害率（表二）。

八、茉莉花

在彰化縣花壇鄉於 2018 年 4 月 10 日有機茉莉花田大剪完畢，分別設置微管型薊馬警戒費洛蒙處理區、橡皮帽型警戒費洛蒙處理區、未懸掛薊馬警戒費洛蒙之對照區（X: 120.560546；Y: 24.019160）。兩區警戒費洛蒙處理區位於同一田區（X: 120.566540；Y: 24.014588），微管型薊馬警戒費洛蒙懸掛於茉莉花植株上方，高度約 100-120 cm；橡皮帽型警戒費洛蒙懸掛於茉莉花的主幹部分，高度約 50-60 cm。

於 2018 年 7 月 24 日採集各處理區茉莉花，微管型薊馬警戒費洛蒙處理區、橡皮帽型警戒費洛蒙處理區、未懸掛薊馬警戒費洛蒙之對照區分別採了 583、294、847 朵。經調查結果顯示薊馬在三處理的為害率，分別為 15.8、31.6、62.2%；有機茉莉花經處理薊馬警戒費洛蒙，危害率由 62.2% 降為 15.8 及 31.6%（表二）。

薊馬危害率在橡皮帽型警戒費洛蒙處理（31.6%）較微管型薊馬警戒費洛蒙處理（15.8%）為高，應係懸掛高度影響所致，橡皮帽型警戒費洛蒙懸掛於茉莉花的主幹部分，經三個月已沒入花、葉中，影響薊馬警戒費洛蒙揮發情形。另觀察中發現蕾螟取食茉莉花，其危害率約 14.2-32%，值得注意。

結語

一般薊馬類昆蟲體型細小，發育期短、約一至二週，產卵期長、約一至二個月。因此，以藥劑防治為主的方法，很容易產生抗藥性。經我們於田間調查結果，薊馬在各種作物上的危害情形嚴重；薊馬在藥劑慣行防治之不同作物的危害率，番石榴 90%、葡萄 49.7%、番荔枝 72.5%、茂谷柑 92%、長豇豆 42.5-48.8%、茄子 63.4%、紅豆 69.4%、千代蘭 75.6%、腎藥蘭 35.3% 等，顯示薊馬已成為藥劑難以防治的害蟲。

本研究之薊馬警戒費洛蒙為薊馬的化學語言之一，意指告訴同伴「敵人來了，趕快逃啊！」。田間長期懸掛薊馬警戒費洛蒙，導致薊馬長期處於不安狀況，降低生殖能力，族群密度下降，減少危害情形。經試驗顯示薊馬警戒費洛蒙可導入藥劑慣行防治、有機轉型期、有機農業、友善農業、溫網室中使用，進行綜合防治，降低薊馬危害情形。當薊馬數量很少時，有些是屬訪花昆蟲、有些為葉上的小昆蟲，不會造成危害；而今，其數量很高，而成為害蟲，期望藉由導入薊馬警戒費洛蒙於薊馬防治中，提升薊馬防治之效果，降低農藥對環境的衝擊，使農業生態更健康。

致謝

本研究承 99 農科 -9.2.2- 藥 -P1、NSC 102-3111-Y-225-004、MOST 104-3111 -Y-225-006、Most 107-3111-Y- 067F-009 計畫經費支助，試驗期間承卓蘭鎮、員林鎮、國姓鄉、社頭鄉、太麻里、福興鄉、花壇鄉等農會協助試驗場地之提供，農友：卓蘭黃榮墩、大湖吳瑞常、東勢呂俊緯、埔里劉秀宜、社頭劉寬宏、彰化吳龍寅、陳憲忠，大里林佑俊、斗六楊素珠、翁鐵城，臺南佳里區劉欣翰、臺東太麻里郭瑞麟，以及屏東林韋宏、陳輝雄及陳俊熙等農友協助試驗，謹此一併致謝。

主要參考文獻

1. 王清玲。2002。臺灣薊馬生態與種類。農業試驗所特刊第 99 號。行政院農委會農業試驗所編印。328 頁。
2. 呂要斌、祝顯雲、張蓬軍。2012。花薊馬雄蟲釋放聚集信息素的活性測定、分離和鑒定。臺灣昆蟲特刊第 15 號。15-31 頁。
3. 林鳳琪、王清玲、邱一中、鄭櫻慧。2011。傳播番茄斑萎凋病毒屬病毒之薊馬及其防治研究。123-146 頁。在「石憲宗、張宗仁、李啓揚、張淑貞編著，農作物害蟲及其媒介病害整合防治技術研討會專刊」。行政院農業委員會農業試驗所。臺中。220 頁。
4. 洪巧珍、王文龍、吳昭儀、王清玲、顏辰鳳。2008。薊馬警戒費洛蒙對切花中薊馬之生物活性。植保學會九十六年年會論文宣讀摘要。
5. 洪巧珍、王文龍、吳昭儀、張志弘、李慧玉。2013。利用薊馬警戒費洛蒙於葡萄園及番石榴果園綜合防治之效果評估。臺灣昆蟲學會 102 年年會論文宣讀摘要。
6. 洪巧珍、王文龍、吳昭儀、張志弘、張慕瑋。2017。薊馬警戒費洛蒙在不同作物之應用情形。2017 年海峽兩岸植物保護學術交流研討會。
7. 洪巧珍、吳昭儀、王文龍、張志弘、張慕瑋、李慧玉。2015a。薊馬警戒費洛蒙及殺蟲劑綜合應用之室內防治效果評估與田間持續應用之防治效果。臺灣昆蟲學會 104 年年會論文宣讀摘要。
8. 洪巧珍、張志弘、吳昭儀、王文龍、張慕瑋、李慧玉。2015b。薊馬警戒費洛蒙生物檢定條件與其對小黃薊馬（*Scirtothrips dorsalis*）的警戒效果。臺灣昆蟲學會 104 年年會論文宣讀摘要。
9. 邱一中、林鳳琪、石憲宗、王清玲。2012。檬果小黃薊馬抗藥性及其防治管理。臺灣昆蟲特刊第 15 號。221-232 頁。
10. 郝秀花。2017。芒果小黃薊馬之田間族群變動及其藥劑防治。臺灣農業研究

66: 326-332。

11. 黃莉欣。2011。薊馬之抗藥性。129-15 頁。在「王順成、何琦琛、徐玲明主編，有害生物抗藥性研討會專刊」。朝陽科技大學。臺中。214 頁。
12. Brunt, A. A., Crabtree, K., Dallwitz, M. J., Gibbs, A. J., Watson, L. (eds.) 1996. Viruses of plants. Descriptions and lists from the VIDE database. Wallingford, UK: CAB International, 1484pp.
13. Chiu, Y. C., Lin, F. C., Shih, H. T., and Wang, C. L. 2010. Ecology and Control of Thrips on Mango. p. 71-86. in: Taiwan Agric. Res. Inst., Spec. Publ. No. 146. TARI/COA Press. Taichung, Taiwan. (in Chinese)
14. Halmiltan, J. G. C., David, R. H., and D. William, J. K. 2005. Identification of a male-produced aggregation pheromone in the western flower thrips, *Frankliniella occidentalis*. J. Chem. Ecol. 31: 1369-1379.
15. Imai, T., Maekawa, M., and Murai, T. 2001. Attractiveness of methyl anthranilate and its related compounds to the flower thrips, *Thrips hawaiiensis*, *T. coloratus*, *T. flavus*, and *Megalurothrips distalis*. Appl. Entomol. Zool. 36: 475-478.
16. Kirk, W. D. J. and Hamilton, J. G. C. 2004. Evidence for a male-produced sex pheromone in the western flower thrips *Frankliniella occidentalis*. Chem, J. Ecol. 30: 167-174.
17. Lin, F. C., Chiu, Y. C., Shih, H. T. and Wang, C. L. 2010. Monitoring and integrated management of small insect on mango. P99-107. in: Taiwan Agric. Res. Inst., Spec. Publ. No. 146. Tari/COA press. Taichung, Taiwan. (In Chinese)
18. Loebenstein, G., Lawson, R. H., and Brunt, A. A. (eds.) 1996. Virus and virus-like diseases of bulb and flower crops. Chichester, UK: John Wiley and Sons. 556pp.
19. Milne, M., Walter, G. H., and Milne, J. R. 2002. Mating aggregations and mating success in the flower thrips, *Frankliniella schultzei* (Thysanoptera: Thripidae), and a possible role for pheromones. J. Insect Behav. 15: 351-368.
20. Miyazaki, M. and Kudo, I. 1988. Bibliography and host plant catalogue of Thysanoptera of Japan. Miscellaneous Publication of the National Institute of Agro-

Environmental Sciences, No. 3., 246 pp.

21. Mound, L. A. and Palmer, J. M. 1981. Indentification distribution and host plants of the pest species of *Scirtothrips dorsalis* (Thysanoptera: Thripidae). Bull. Entomol. Res. 71: 467-479.
22. Contreras, J., Espinosa, P. J., Quinto, V., Grávalos, C., Fernández, E., and Bielza, P. 2008. Stability of insecticide resistance in *Frankliniella occidentalis* to acrinathrin, formetanate and methiocarb. Agr. Forest Entomol. 10: 273-278.
23. Foster, S. P., Gorman, K., and Denholm, I. 2010. English field samples of T*hrips tabaci* show strong and ubiquitous resistance to deltamethrin. Pest Manag. Sci. 66: 861-864.
24. Morse, J. G. and Brawner, O. L. 1986. Toxicity of pesticides to *Scirtothrips citri* (Thysanoptera: Thripidae) and implications to resistance management. J. Econ. Entomol. 79: 565-570.
25. Murai, T., Imai, T., and Maekawa, M. 2000. Methyl anthranilate as attractant for two thrips species and the thrips parasitoid, *Ceranisus menes*. J. Chem. Ecol. 2: 2557-2565.
26. Riley, D. G., Shimat, V. J., Rajagopalbabu, S., and Stanley, D. 2011. Thrips vectors of Tospoviruses. J. Integ. Pest Mngmt. 1: 1-10.
27. Tsai, P. T. 2009. The toxicity of the insecticides and the mechanism associated with deltamethrin resistance in melon thrips (*Thrips palmi* Karny) collected from Kaohsiung and Pingtung area. [thesis]. Pingtung: National Pingtung University of Science and Technology. 57 pp.
28. Teerling, C. R., Gillespie, D. R., and Borden, J. H. 1993. Utilization of west flower thrips alarm pheromone as a prey-finding kairomone by predators. Can. Entomol. 125: 431- 437.
29. Umeya, K., Kudo, I., and Miyazaki, M. 1988. Pest Thrips in Japan. Zenkoku Noson Kyoiku Kyokai. Tokyo, Japan. 422 pp. (in Japanese)

CHAPTER 18

研發微生物蛋白製劑防治蔬菜病害

林宗俊[1]、林秋琍[2]、鍾文全[3]、黃振文[2*]

[1] 行政院農業委員會農業試驗所植物病理組

[2] 國立中興大學植物病理學系

[3] 行政院農業委員會種苗改良繁殖場

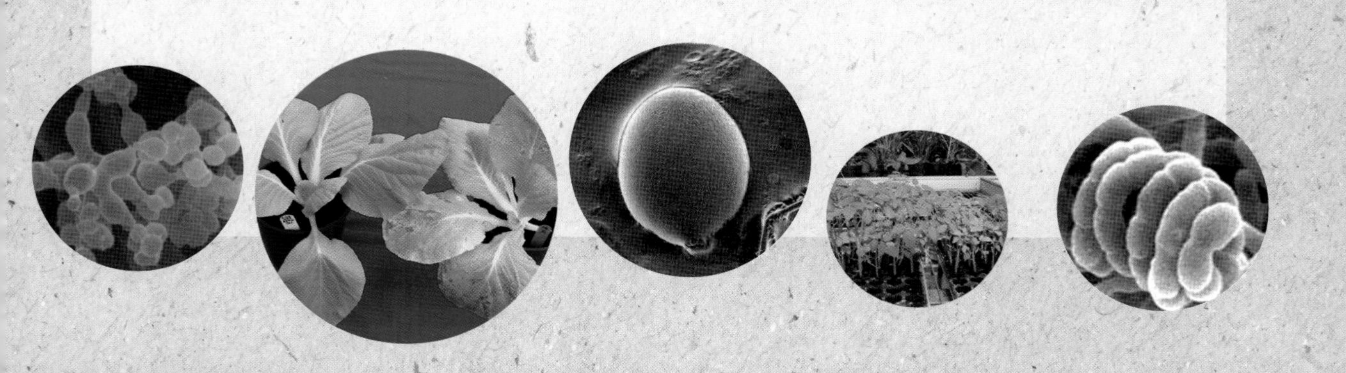

摘要

植物的防禦系統可以透過生物和非生物因子誘發產生。本文主要內容在於彙整國內外利用不同眞菌蛋白質防治植物病害的相關研究果。從植物病原微生物純化獲得的總蛋白質雖不會抑制眞菌的生長，也不會引發受測試植物的過敏反應，但卻可促進植物生長及降低病害發生的嚴重度，這種現象會隨供試蛋白質和植物對象而有所差異。

根據測試微生物蛋白質的不同，結果顯示施用外源眞菌蛋白可以減少甘藍黑斑病、白菜炭疽病、胡瓜炭疽病、胡瓜白粉病及甜椒和白菜猝倒病等病害的罹病度。將兩種鏈格孢屬（*Alternaria* spp.）蛋白激活子（Ape1）的基因轉殖至大腸桿菌大量表現，其所表達的重組蛋白 Ape1 可顯著降低胡瓜炭疽病的發生，顯示 Ape1 是總蛋白質萃取物中減少作物病害發生的主要因子。在白菜幼苗上施用鏈格孢菌蛋白可使處理之幼苗的苯丙氨酸解氨酶（PAL）和過氧化物酶（POD）活性增加，這些現象是誘導植物產生抗病過程的重要反應。

關鍵字：誘導抗病、鏈格孢菌蛋白、病害防治

前言

全世界大量施用化學農藥，導致人類賴以生存的生態環境遭到嚴重的破壞，環境汙染亦日趨嚴重，又人畜中毒事件頻傳，使得人們對安全優質的農產品需求有了更高的渴望。因此，利用生物性植物保護製劑防治作物病害已成為生產安全農產品與對環境友善的關鍵技術之一，它不僅對於現代農業達成優質、高產能及永續性發展均具有相當重要的意義，同時也是確保農產品安全生產的重要技術。

植物與病原菌共同進化過程中，形成一套複雜防禦系統，除已存在的物理或化學屏障外，還可被一些病原菌誘導產生防禦反應（Agrios, 2005）。植物遭受病原菌攻擊時，會出現一系列的防禦反應，例如植體會出現過敏反應（hypersensitive response）、產生激活態氧（Lamb & Dixon, 1997）、生合成並累積與致病過程相關之蛋白質（pathogenesis-related protein, PR）（Palva *et al.*, 1993）及植物防禦素（phytoalexin）（Osbourn, 1996）等。雖然這種誘導抗病因子不能遺傳，但由於其具有廣效性與系統性等特點，已普遍引起學者濃厚的興趣，也是目前生物防治的重要研究方向。

我國在植物保護生物製劑方面相關研究起步並不晚，然而卻少有正式商業化之產品，故嘗試利用微生物的蛋白質研製植物保護製劑是植病專家努力的目標。本文主要的目的在於彙整國內外利用微生物蛋白質防治植物病害的相關研究果，祈有助於蔬菜病害綜合管理體系中，能有效利用微生物蛋白製劑防治蔬菜病害。

微生物蛋白誘導作物抗病的應用

一般微生物之誘導因子可分為細菌、真菌、類真菌及病毒等四大類。細菌可作為誘導因子（elicitor）的種類包括死體、活體的病原細菌和非病原細菌及菌體之脂多醣（lipopolysaccharide, LPS）、胞外多醣（exopolysaccharide, EPS）等；真菌及類真菌作為誘導因子的種類包括病原菌、非病原菌、菌絲體、細胞壁片段及其培養液；病毒則使用低毒性或病毒輔助因子作為誘導因子。目前微生物蛋白較具有代表性是細菌源過敏蛋白（harpin）及卵菌（類真菌）源引利蛋白（elicitin）和真菌源激活蛋白（activator protein）等三類。

一、細菌源之過敏蛋白

1992 年，美國《Science》雜誌封面文章報導了美國康乃爾大學韋忠民博士等人研究的植物病原菌梨火傷病菌（*Erwinia amylovora*）之過敏蛋白（harpin）的序列及其基因，首次提出 harpin 誘導植物產生過敏反應與植物抗病性的關係，並證明 Harpin 具有誘導抗病的生物活性（Wei *et al*., 1992），進而引發國際重視新型微生物蛋白作爲生物農藥的研究。過敏蛋白係由植物病原細菌產生的一種引起植物過敏反應的蛋白質，harpin 大多由 300～400 個氨基酸組成，分子質量約爲 40kDa ，可誘導植物體內一系列基因的表現，誘導植物自身的生長系統和抗性防禦反應，進而誘導植物抵抗多種病害的侵染和抗拒逆境，並促進植株生育與提高產量等生物功能的表現。

2001 年美國康乃爾大學和伊甸園生物科技公司（Eden Bioscience）以過敏蛋白的研究基礎，共同研發成功一種無公害微生物蛋白農藥 Messenger®，具有抗病防蟲的廣效性功能，是美國農藥登記的新一代生物農藥。該產品是 2001 年生物農藥中最具代表性的新產品之一，也是當前國際上利用高科技技術開發生物農藥最成功的案例。Messenger® 產品應用在多種大面積栽培的田間作物或經濟作物後，抗病增產效果十分顯著，對多種病蟲害防治效果高達 50～80% ，增產效果達 10～20% 。這類農藥對環境友善，作用機制獨特，功能廣泛，其相關研究成果被美國環境保護委員會認爲是爲農藥研究工作的重大突破，並榮獲 2001 年的總統綠色化學挑戰獎。

二、卵菌源之引利蛋白

Cryptogein 是一種由疫病菌（*Phytophthora cryptogea*）分泌的蛋白類激發子，自 1977 年觀察到 *P. cryptogea* 的菌體萃取物和培養濾液可引起菸草葉片的壞死反應之後，科學家從 *P. cryptogea*、*P. cinnamomi* 及 *P . capsici* 中也純化出分子量約爲 10kDa 的數種蛋白類激活子（Ricci , 1997; Yu, 1995），Huet 氏等（1992）將這類活性蛋白命名爲引利蛋白（elicitin）。

引利蛋白是一類特殊的外泌小分子耐熱蛋白，由 98 個氨基酸組成，等電點爲 9.8，在培養液中含量很豐富（Yu, 1995; Kamoun *et al*., 1993）；可誘導茄科的菸草、十字花科的蘿蔔及油菜產生過敏性壞死和誘導抗性等防禦反應（Ricci, 1997；Kamoun *et al.* ,1993）。由於引利蛋白在極低濃度（100 pmol/mL）就能誘導菸草產生過敏反應（hypersensitive response, HR），使植株獲得廣泛抗病性，並產生防禦反應相關的物質，如乙烯、植物防禦素、PR 蛋白（pathogenesis related protein）等（Milat *et al*., 1991）。

研究證明，引利蛋白是透過水楊酸誘導植株產生抗病，其激發植物獲得對眞菌、細菌等病原菌的系統性抗性（SAR），並產生活性氧自由基、脂過氧化物、PR 蛋白、植物防禦素等防禦反應相關物質。目前已發現十七種疫病菌中存在有 Elicitin 活性蛋白，其氨基酸序列之同源性達到 60% 以上，但根據等電點和對菸草的激活反應可分為 α-Elicitin（酸性）和 β-Elicitin（鹼性）兩個種類（Nespoulous *et al*., 1992）。Tepfer 氏等人（1998）首次將引利蛋白基因成功轉殖於菸草，使基因轉殖植株具有抵抗疫病菌侵染的特性。

三、眞菌源之激活蛋白

中國學者從鏈格孢菌（*Alternaria*）、黃麴黴菌（*Aspergillus*）、灰黴病菌（*Botrytis*）、鐮孢菌（*Fusarium*）、青黴菌（*Penicillium*）、稻熱病菌（*Pyricularia*）、立枯絲核菌（*Rhizoctonia solani*）及木黴菌（*Trichoderma*）等多種眞菌中純化出的另一類的新型蛋白。這類蛋白不會誘發菸草的植株產生過敏反應，故其特性異於過敏蛋白及引利蛋白。且其氨基酸和核酸序列不同於過敏蛋白和引利蛋白，因此將該蛋白命名為眞菌激活蛋白。

處理過眞菌激活蛋白的農作物對於菸草嵌紋病毒病（TMV）、胡瓜嵌紋病毒病（CMV）等多種病毒病害和蚜蟲的防治功效可達 75% 以上，同時也可促進植株生長及產量增加（邱，2002）。利用激活蛋白處理種子可促進胡瓜種子萌芽及根系發育。這種蛋白主要可激活植物體內分子免疫系統，提高植物自體免疫力；透過活化植物體內的系列代謝調控，進而促進植物根、莖、葉生長及提高葉綠素含量，並增進作物的產量。

臺灣研發微生物蛋白製劑防治蔬菜病害的現況

國立中興大學植物病理學系黃振文教授的研究團隊從 *Alternaria brassicicola* 及 *Sclerotium rolfsii* 菌絲體中抽取的蛋白質（Bridge et al. 2004），具有促進甘藍、番茄及甜椒等蔬菜幼苗生長的效果，但對於西瓜及胡瓜幼苗之生長則較無明顯的作用（圖一）。此外在病害防治方面，則以 *A. alternata* 之蛋白質防治甘藍黑斑病及白菜炭疽病的效果最爲顯著（圖二），至於 *A. brassicicola* 及 *Colletotrichum higginsianum* 兩者之蛋白質則具有防治胡瓜白粉病之效果（圖二）。進一步測試蛋白質之稀釋液對病原眞菌之菌絲生長是否具有拮抗作用，結果顯示測試的眞菌蛋白質皆不具有抑菌之功效，因此研判眞菌總蛋白可以防治蔬菜病害的原理，可能與其誘導植體抗病有關。

圖一　處理不同真菌蛋白質對植株幼苗生長的影響。
右圖、左上圖為 *Alternaria brassicicola* 之 ABA 蛋白質促進番茄及甘藍幼苗生長；左下圖為 *Sclerotium rolfsii* 之 SLR 蛋白質促進甜椒幼苗生長的情形。

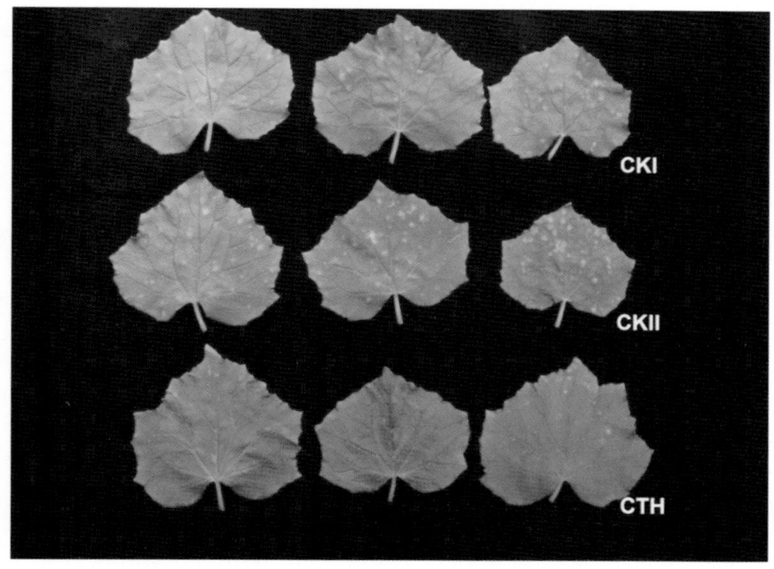

圖二　施用不同真菌蛋白對白菜炭疽病及胡瓜白粉病發生的影響。
上圖為接種前處理 *Alternaria alternata* 之 ALA 蛋白質有效防治白菜炭疽病；
下圖為施用 *Colletotrichum higginsianum* 之 CTH 蛋白質有效防治胡瓜白粉病。

評估 *Alternaria brassicicola*（ABA）及 *A. alternata*（ALA）真菌蛋白質誘導植物抗病功效，結果顯示甜椒幼苗處理 ABA 之總蛋白質 1,000 倍稀釋液可降低立枯病發生達 12%，白菜幼苗處理 ABA 之總蛋白質 1,000 倍稀釋液亦可顯著降低立枯病發生達 60%；白菜葉片處理 ABA 及 ALA 之總蛋白質 1,000 倍稀釋液分別可減少白菜炭疽病發生達 25% 與 30%，胡瓜葉片處理 ABA 及 ALA 之總蛋白質 1000 倍稀釋液則分別減少胡瓜炭疽病發生達 60% 與 52%。

前述試驗，皆以總蛋白質稀釋 1000 倍施用。進一步測試不同濃度之蛋白質稀釋液對於胡瓜炭疽病發生的影響，結果顯示相同濃度之 ABA 及 ALA 蛋白質稀釋液對於減輕胡瓜炭疽病之發生率，以 ALA 蛋白質稀釋液的效果較佳。因此，進一步將不同濃度之 ALA 蛋白質稀釋液處理胡瓜葉片並接種胡瓜炭疽病菌，結果顯示處理 2μg/ml 濃度之蛋白質稀釋液的效果最佳，可減少胡瓜炭疽病發生達 70% 左右。胡瓜葉片處理 ALA 蛋白質 1000 倍稀釋液（2μg/ mL）經過 0 小時及 24 小時後，接種胡瓜炭疽病菌之分生孢子懸浮液（2×10^4spores/ mL），結果顯示蛋白質稀釋液不管是處理後 0 小時或 24 小時，皆有減少病害發生的功效。

測試眞菌蛋白質對白菜抗病相關酵素活性的影響，將白菜葉片處理植物病原菌之總蛋白質後接種立枯絲核之菌絲塊，並觀察白菜葉片上病斑擴展的情形，藉以篩選具有生物活性之蛋白質（圖三），結果顯示施用 *A. tenuissima*（APR01）之總蛋白質稀釋液（2μg/ mL）可有效減緩立枯絲核菌在白菜葉片上擴展（圖四），亦可有效降低白菜幼苗立枯病的發生。白菜的葉片處理過植物病原眞菌的總蛋白體後，分析白菜的抗病相關酵素如 PAL（phenylalanine ammonia lyase）與 POD（peroxidase）的活性，結果發現處理植物病原眞菌的總蛋白質並接種立枯絲核菌（*Rhizoctonia solani* AG-4 RST-04）的白菜，其 PAL 及 POD 等酵素的活性均明顯的增加，顯示植物病原眞菌蛋白質中含有可誘導白菜抗病的因子。

利用 SDS-PAGE（sodium dodecyl sulfate-polyacryl amide gel electrophoresis）電泳分析植物病原眞菌的總蛋白質，並以 Coomassie Brilliant BlueR-250（CBR）染色後，在電泳膠片上可呈現條帶。若將其以 50 ℃熱處理時，即會喪失防病的功效，顯示其活性成分，屬於一種蛋白質。進一步，利用不同的分子篩過濾，發現分子量在 10 KDa 以下的組成分，不具有防病的功效，推測該有效成分物的分子量大於 10 KDa。

隨後將該蛋白基因轉殖於大腸桿菌進行大量表現重組蛋白，並評估其誘導胡瓜抗炭疽病的效果，分別將未轉殖之 *E. coli* BL21（blank）、轉殖 pET-28a 載體之 *E.*

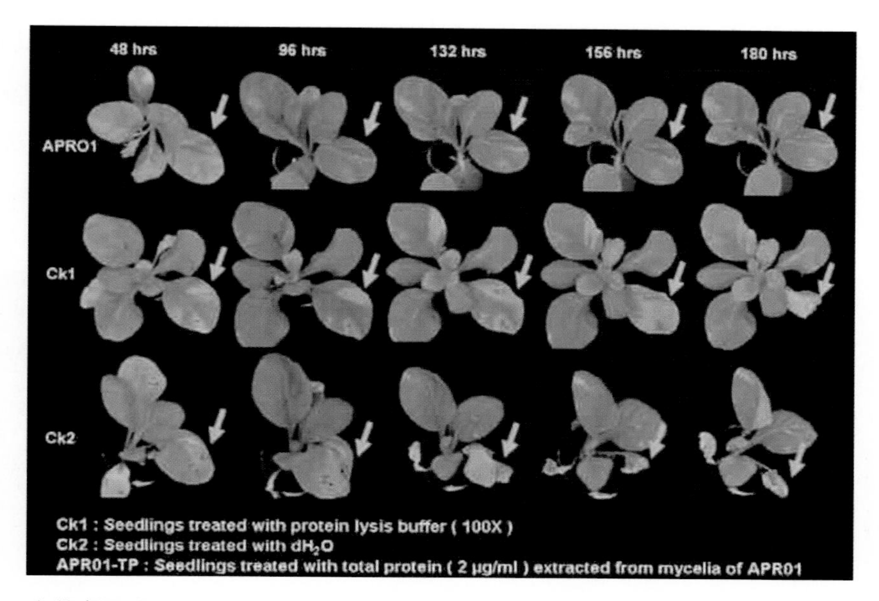

圖三　白菜處理過 *Alternaria tenuissima*APR01 總蛋白質萃取液後 12 小時，於葉片表面接種 *Rhizoctonia solani* AG-4 RST-04 經過 48-180 小時，其病斑擴展的現象。（CKI:water treatment；CKII:100X buffer treatment）。

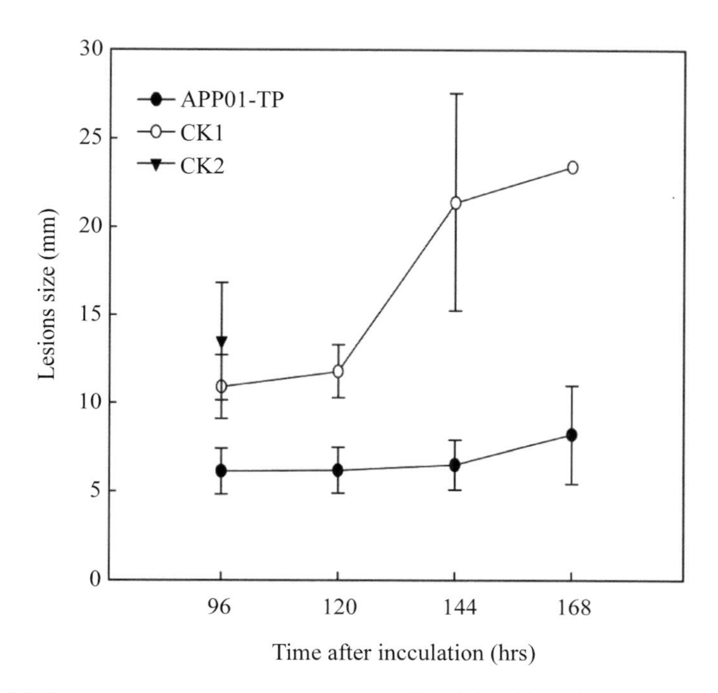

圖四　白菜處理過 *Alternaria tenuissima* APR01 總蛋白質萃取液後 12 小時，於葉片表面接種 *Rhizoctonia solani* AG-4 RST-04 經過 96-168 小時，其病斑擴展的趨勢。

coli BL21（check）、轉殖 ALA 片段的 ALA-01、轉殖含有 APR 片段的 APR-09 及 APR-16 等重組蛋白的粗萃取液（2 μg/mL），分別噴布胡瓜葉片上，觀察各蛋白之粗萃液對炭疽病發生的影響。結果發現 APR-09 及 APR-16 之重組蛋白粗萃液可分別減少胡瓜炭疽病發生達 73% 與 72%（圖五）。

圖五　重組蛋白（APR-RP09）之粗萃取液誘導胡瓜抗炭疽病的效果。

然而，ALA 之蛋白粗萃液並無法有效地減少胡瓜炭疽病發生，其原因有可能歸因於大腸桿菌細胞內易形成內含體（inclusion body），致無法獲得有活性的重組蛋白，抑或是超音波粉碎細胞的條件未能充分地將 ALA-01 的重組蛋白釋出或破壞其結構，使其喪失誘導抗病的功能。進一步以 SDS-PAGE 分析蛋白質時，透過蛋白質誘導表現試驗，ALA-01 可出現 34kDa-42kDa 的條帶，若以 His-trap™column 純化蛋白粗萃液並濃縮目標蛋白，即可得到純度 90% 以上的蛋白質（圖六）；再利用 2μg/mL ALA 及 APR-09 蛋白質分別施用於胡瓜葉片上，可誘導胡瓜抗炭疽病的效果分別可達 55% 及 34%（圖七）。

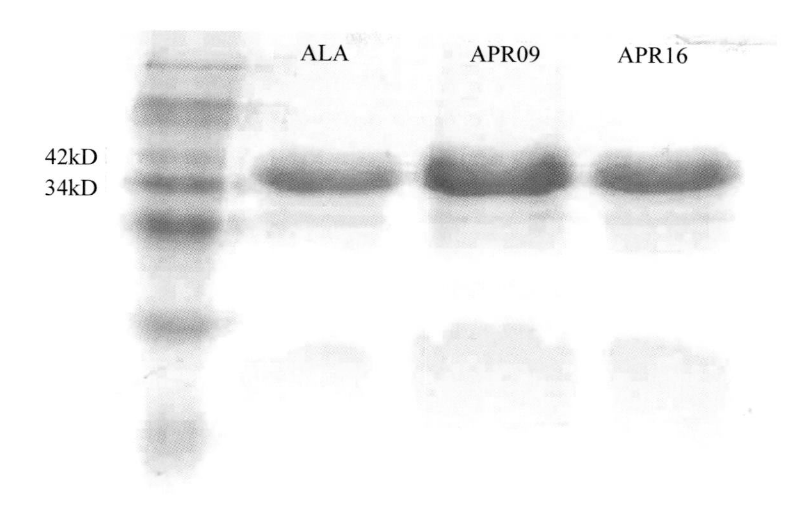

圖六　轉殖之 ALA 及 APR01 重組蛋白粗萃液經 His-trap™ affinity column 親和純化後之電泳分析圖。

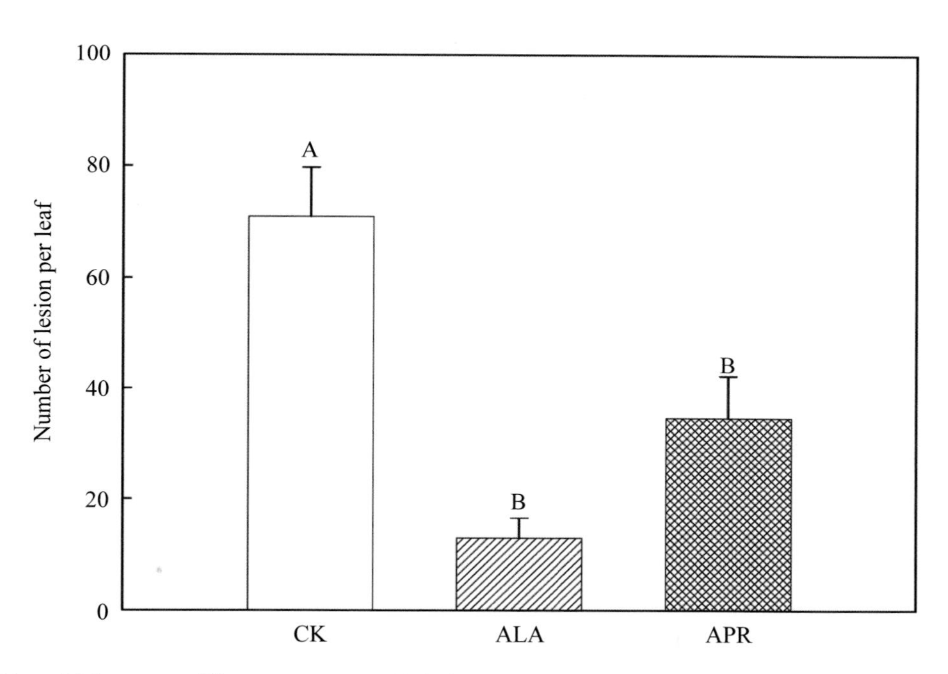

圖七　經由 His-trap™ affinity column 純化後的 ALA 及 APR 轉殖蛋白（2 μg/ml）誘導胡瓜抗炭疽病的效果。

結語

臺灣林氏等（2017）發現 *Alternaria alternata* 及 *A. tenuissima* 之蛋白激發子基因，其產生之蛋白可誘導作物產生抗病的效果；該基因與國外 Mao *et al.*（2010）等學者發現之序列比較，證實多了三個 base，是一種新發現蛋白激發子基因。鏈格孢菌的蛋白激發子具有促進作物生長，並誘導胡瓜抗炭疽病菌與白菜抗立枯絲核菌的效果。植物處理鏈格孢菌蛋白後，其 PAL 及 POD 等酵素的活性明顯的增加。

此外，我們亦成功地將具有誘導植物抗病能力的鏈格孢菌蛋白基因轉殖至大腸桿菌中，大量表現該蛋白質，並證實重組蛋白的粗萃取液可有效減少胡瓜炭疽病的發生。該種創新技術頗值得授權給生技公司進行量產，並研製成新穎的植物保護製劑，進而推廣給農友實際應用於田間作物病害的防治。

（本文內容已部分刊登於 Journal of Plant Medicine 1: 1-8 (2016) 與 The Journal of Agricultural Science 155: 1069-1081(2017)，特致謝忱。）

主要參考文獻

1. 邱德文。2002。植物用多功能真菌蛋白質。中國專利 CN1344727A。
2. Agrios, G. N. 2005. Plant Pathology (5th ed.), Elsevier Academic Press, London.
3. Bridge, P. D., Kokubun, T., and Simmonds, M. S. 2004. Protein extraction from fungi. Methods Mol. Biol. 244: 37-46.
4. Hsieh, T. Y., Lin, T. C., Lin, C. L., Chung, K.R., and Huang, J.W. 2016. Reduction of Rhizoctonia damping-off in Chinese cabbage seedlings by fungal protein activators. J. Plant Med. 58: 1-8.
5. HuetJ. C., Nespoulous C., Pernollet, J. C. 1992. Structure of elicitin isoforms secreted by *Phytophthora dreschleri*. Phytochemistry 31: 1471-1476.
6. Kamoun S., Young M., Glascock, C. B., et al. 1993. Extracellular protein elicitors from *Phytophthora*: Host's specificity and induction of resistance to bacterial and

fungal phytopathogens. Mol. Plant-Microbe Interact 6: 15-25.

7. Lamb, C. and Dixon, R. A. 1997. The oxidative burst in plant disease resistance. Annu. Rev. Plant Physiol. Plant Mol. Biol. 48: 251-275.
8. Lin T. C., Lin, C. L., Chung, W. C., Chung, K. R., and Huang, J. W. 2017. Pathogenic fungal proteins-induced resistance and its effect on vegetable diseases. J. Agric. Sci. 155: 1069-1081.
9. Mao, J., Liu, Q., Yang, X., Long, C., Zhao, M., Zeng, H., Liu, H., Yuan, J., and Qiu, D. 2010. Purification and expression of a protein elicitor from *Alternaria tenuissima* and elicitor-mediated defence responses in tobacco. Ann. Appl. Biol. 156: 411-420.
10. Milat, M. L., Ricci, P., Blein, J. P. , et al. 1991. Capsidiol and ethylene production by tobacco cells in response to cryptogein. Phytochemistry 30 : 2171-2173.
11. Nespoulous, C., Huet, J. C., Pernollet, J. C. 1992. Structure-function relationships of α and β elicitins, signal proteins involved in the plant-Phytophthora interaction. Planta 186: 551-557.
12. Osbourn, A. E. 1996. Preformed antimicrobial compounds and plant defence against fungal attack. Plant Cell 8: 1821-1831.
13. Palva, T. K., Holmström, K. O., Heino, P., and Palva, E. T. 1993. Induction of plant defense response by exoenzymes of *Erwinia carotovora* ssp. *carotovora*. Mol. Plant-Microbe Interact 6: 190-196.
14. Ricci, P. 1997. Induction of the hypersensitive response and systemic acquired resistance by fungal proteins: the case of elicitins. In: Stacey G, Keen N T. Plant-Microbe Interactions. New York: Chapman and Hall. 53-75.
15. Tepfer, D., Boutteaux, C., Vigon, C., et al. 1998. *Phytophthora* resistance through production of a fungal protein elicitor (β-cryptogein) in tobacco. Mol. Plant-Microbe Interact 11: 64-67.
16. Wei, Z. M., Laby, R. J., Zumoff, C. H., et al. 1992. Harpin, elicitor of the hypersensitive response produced by the plant pathogen *Erwinia amylovora*. Science 257: 85-88.

17. Yu, L. M. 1995. Elicitins from *Phytophthora* and basic resistance in tobacco. Proc. Natl. Acad. Sci. USA, 92: 4088-4094.

CHAPTER 19

環境友善之多功能礦物源植物保護資材——以 20% TK99 水懸劑為例

石憲宗[1*]、李啓陽[1]、何明勳[2]、
黃維廷[3]、高靜華[1]、陳祈男[4]

[1] 行政院農委會農業試驗所應用動物組
[2] 行政院農委會農業藥物毒物試驗所
[3] 行政院農委會農業試驗所農業化學組
[4] 行政院農委會農業試驗所嘉義農業試驗分所園藝系

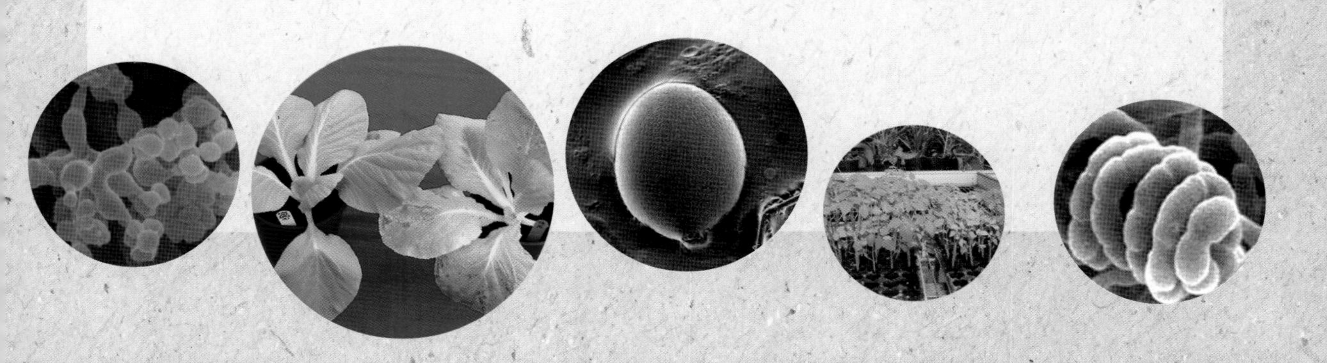

摘要

臺灣地處熱帶及亞熱帶氣候環境，地形及氣候環境複雜，可耕農地面積雖小，作物種類卻多，歷年來從力求高產量到高質量，栽培品種與栽培管理技術推陳出新，加以貿易交流頻繁等，使得各類作物重要有害生物種類，產生不同程度的變化。為因應上述複雜因素，擬定環境友善的有害生物整合管理策略，是政府實現農藥減量與食品安全的重要根基。

為有效解決上述複雜因素所產生的有害生物整合管理問題，農業委員會農業試驗所組成跨機關研究團隊，自 2000 年開始研發既可阻隔刺吸式口器有害動物對作物的取食為害，也能緩和雨水淋洗的高嶺石水懸劑（kaolin suspension concentrates）（成品代號為 20% TK99 SC），使之可在連續天雨、豪大雨或颱風等極端天氣事件下，持續發揮防治害蟲的藥效。

20% TK99 SC 為我國首件自主開發兼顧環境友善與緩和極端天氣事件影響的多功能礦物源植物保護製劑，未來商品化後，可望逐步取代部分防治刺吸式口器有害生物的化學殺蟲劑或殺蟎劑，具體實現我國建立環境友善、農藥減量與食品安全特色的農業政策。

關鍵字：礦物源農藥、高嶺石、水懸劑、阻隔取食、刺吸式口器害蟲（蟎）、極端天氣事件、環境友善、食品安全

前言

有害生物整合管理（integrated pest management, IPM）的議題，在 1962 年美國 Rachel Carson 出版《Silent Spring（寂靜的春天）》後，逐漸成爲全球潮流（石等，2017），爲當今環境友善的先趨概念，其核心價值在於維護環境生態安全，透過對有害生物施以適當監測，同時整合有效的防治技術（或方法），達到既可有效管理有害生物，又能降低環境負面影響，進而創造人類健康的最終目標。

上開所稱之有效防治技術（或方法），主要包括化學、物理、生物與耕作防治，其中對有害生物最具防治效果者，莫過於化學防治法，然過度依賴或不當使用化學藥劑，除了會對環境、生物與食品安全帶來高風險的負面衝擊，也促使有害生物對化學藥劑產生不同程度的抗藥性（Metcalf *et al*., 1962）。再者，全球作物總產量受到雜草、蟲害與病害爲害所造成的損失，分別爲 34%, 18% 與 16%，儘管過去四十年農藥使用量明顯增加，但作物損失並未顯著減少（Oerke, 2006），此顯示除了農藥之外，尙需導入對環境與生物均友善的肥培管理與其他有效的非化學防治技術（如物理、生物與耕作防治法），降低對化學農藥的依賴，建立兼顧產量與品質的可持續性農業。

本文將簡述礦物源植物保護資材定義，並以 20% TK99 SC 爲例，說明成品開發背景與緣由、田間驗證、功能特性概述及國外礦物源農藥商品概述，提供我國產官學研界參考，期待未來可帶動國內相關產官學研界集中資源，進行跨機關與跨領域合作，加速自主開發多功能礦物源農藥或植物保護資材，兼顧防治有害生物與降低極端天氣事件對藥效表現的影響，爲我國開創具環境友善與保障食品安全特色的農藥新產業。

礦物源農藥或礦物源植物保護資材定義

以天然礦物來源的無機化合物或礦物油爲主成分，根據施用劑型，添加其他副料，經特定加工製程，製成可預防或防除農林牧業有害生物的藥劑，統稱爲礦物源農藥（mineral-based pescticides），或稱爲礦物源植物保護資材，此類農藥依其主成分概可歸類爲砷化物、硫化物、氟化物、磷化物、銅製劑、黏土礦物與礦物油等。

20% TK99 水懸劑成品開發背景、田間驗證與功能特性概述

一、開發背景

人類使用礦物源農藥的時間已超過二千年，其中如砷製劑等，因其藥效表現較化學農藥差，且施用過程會對環境、作物與人體健康產生負面影響，幾乎已被各國公告禁用，其餘仍被使用的礦物源農藥，有些藥劑是其藥效表現與化學農藥無顯著差異，有些藥劑雖其藥效表現不及化學農藥，卻因符合有機農業需求，仍被推薦使用。但如果要同時考量對環境低度汙染或無汙染、藥效表現不亞於化學農藥、同時也能緩和極端天氣事件（如豪大雨及颱風所帶來的雨水淋洗）或陽光裂解降低其藥效表現的礦物源農藥，就所剩無幾了。

薊馬、蚜蟲、粉蝨、介殼蟲、木蝨、葉蟬、飛蝨、葉蟎、細蟎、銹蜱等刺吸式口器有害動物之世代短、繁殖潛能強與隱蔽性高，田間一旦發現其蹤跡，常已全園分布，早已錯失最佳防治時機。除此，此類有害動物在高溫環境下族群增長快速，臺灣的高溫季節恰值連續天雨、豪大雨與颱風等極端天氣事件的好發期，這對依賴化學施藥的農友而言，無異雪上加霜，例如，農友在天雨期間，常無法掌握何時才是適當的施藥時機，這也是爲何此類有害動物經常成爲農友難以防除對象的原因。

爲此，農業試驗所應用動物組於 2010 - 2015 年期間，針對上述刺吸式口器有害動物及緩和雨水淋洗藥劑問題，與農業藥物毒物試驗所組成研發團隊，開發以高嶺石爲主成分的 20%TK99 SC 製劑，以達到可有效阻隔刺吸式口器有害動物取食並緩和雨水淋洗的目標。

二、田間驗證

爲達預期目標，在農業試驗所試驗田、臺南、嘉義、雲林、臺中、苗栗、新竹等地，針對十餘種果蔬作物，進行藥害與藥效試驗，結果顯示不同作物需在適當

生育時期，施以不同的施用方法（含施用時機、施用濃度、施用次數等），始能達到最佳保護效果，且無藥害。例如，在敏豆與檬果的花期與結果期，施用相同濃度（稀釋倍數）的 20% TK99 SC，對敏豆植株會造成明顯矮化與葉片硬化等藥害，但對檬果花器與葉片卻未造成藥害，且可明顯阻隔檬果褐葉蟬、檬果綠葉蟬與小黃薊馬的取食爲害；在敏豆部分，經調降施用濃度後，對敏豆並未產生藥害，可有效阻隔葉蟬、粉蝨與蚜蟲類害蟲取食，但無法有效阻隔斑潛蠅類、蛾類與金龜子類等昆蟲的取食或產卵。

三、功能特性

所有作物在適當時期與施用適當 20% TK99 SC 濃度的條件下，以該作物之目標害蟲化學推薦藥劑，作爲參考化學藥劑，在施用後一個月之內的不同時間調查，發現 20% TK99 SC 與參考化學藥劑，對薊馬、木蝨、葉蟬、飛蝨、葉蟎與銹蜱等有害動物的防治藥效，兩者之間並無顯著差異。

除此，石等（2017）指出影響果實表面 20% TK99 SC 粉層脫落的重要因素，與降雨程度以及果實增長（表面積增加）有關，以 2015 年 3 - 7 月於臺中東勢區的試驗爲例，各處理組果實發育程度一致，在第 2 次施藥後至第 3 次施藥前（105 年 5 月 1 日至 6 月 3 日）之田區總降雨量累計 538.5 mm，但期間的降雨時間卻集中在 5 月 20 日至 6 月 2 日之間（亦即連續天雨（即霪雨）達 14 日），累計雨量達 528 mm，由各處理組的藥效表現顯示 20% TK99 SC 三種濃度與參考化學藥劑藥效，優於不施藥對照組，且稀釋 4 倍與參考藥劑的藥效，優於稀釋 20 倍，顯示稀釋 20 倍者，因粉層被雨水淋洗程度最高，致使幼果受薊馬危害程度大幅提升。

以上，顯示 20% TK99 SC 雖然不具殺蟲效果，但均勻噴施於作物後所形成的粉層薄膜，可阻隔薊馬等刺吸式口器害蟲（蟎）的取食（圖一）、薄膜也可保護烈日或寒害分別造成的日燒或凍傷；另不同作物有不同的適當施用濃度與使用方法，透過正確的使用方法並無明顯降低光合作用與呼吸作用，也未影響開花授粉及果實轉色；田間試驗和田間完全試驗結果皆顯示本產品可明顯緩和雨水對粉層的淋洗程度，此爲化學藥劑無法達到的目標，故 20% TK99 SC 可應用在熱帶及亞熱帶等高溫多雨的氣候環境，此特點爲國內外同級商品沒有具備的功能。

圖一　小黃薊馬在茂谷幼果吸食後的危害狀。

國外礦物源農藥商品概述

從二十世紀中葉，學者便開始嘗試尋找可防治農業害蟲且對環境生物毒害低的各種礦物源主成分（Ebeling, 1971）。以矽藻土（diatomaceous earth）爲主成分的商品，早已成功應用在倉儲的害蟲防治，但使用前需注意其結晶二氧化矽所含比例是否會影響使用者健康（Korunić, 2013）；以色列學者曾嘗試使用高嶺石、蒙脫石或混合此兩種礦物的礦物農藥，防治柑橘的 *Aphis citricola* 蚜蟲（Bar-Joseph and Frenkel, 1983），但此成品未見商品販賣。

至於已成功應用在田間防除農作物有害生物的礦物源農藥商品，僅有美國農部學者研發以高嶺石爲主成分的產品（Glenn *et al.*, 1999; Glenn and Puterka, 2005），其產品經技轉廠商向美國 EPA（Environmental Protection Agency）申請農藥登記成功之後，以 Surround® WP Crop Protectant 爲農藥商品名進行販售，劑型爲可溼性粉劑（圖二），此商品同時也獲美國 OMRI 推薦爲有機資材，其主要作用機制與防治對象，可有效阻隔梨木蝨、梨癭蚊、切根蟲類與蛞蝓等 6 目 16 科有害動物對作物的取食為害。

圖二　第一作者於 2014 年 8 月 4 日在美國加州 Fresno 郡美國農部短期研究期間，發現附近的石榴園，使用 Surround 保護果實日燒，洽詢農友了解此產品效果，農友回覆在加州這種少雨的地中海型氣候區域，此產品非常適合在果園施用，但在多雨地區較不適合。

結論

經農業藥物毒物試驗所分析，20% TK99 SC 並未含重金屬成分，矽含量亦低於 1%；90% 的礦物粒徑在 20 - 40 μm，具良好懸浮效果，保存期限可達二年（石等，2017），植物施用 20% TK99 SC 後，在表面形成的薄膜可阻隔刺吸式口器有害動物（昆蟲與蟎類）取食作物汁液，並可緩和雨水淋洗粉層程度，不同作物有不同的適當施用濃度，施用後並未明顯影響光合作用與呼吸作用，也不影響開花授粉，若施用在果實亦可預防高溫烈日及低溫寒害分別造成的日燒及凍傷。

透過田間驗證與田間完全試驗，顯示 20% TK99 SC 對薊馬等刺吸式口器有害生物所表現的防治藥效，並不亞於化學藥劑（石等，2017）（圖三），且能降低高溫、多雨以及颱風等極端天氣事件對藥效表現的影響，再以免作藥劑殘留量分析來說，說明以高嶺石為主成分的國內外任何產品，皆屬環境友善的植物保護資材。因此，任何以高嶺石爲主成分的國內外產品，在運用於田間之前，僅需考量該產品劑型，是否適用於臺灣每年發生的極端天氣事件。

圖三　在東勢茂谷園第 2 次施用 TK99 SC（4 倍）後第 42 日之茂谷果實，即便果實表面高嶺石粉層脫落，已不受薊馬為害，顯示 TK99 SC 具有阻隔薊馬等刺吸式口器有害動物吸食的功能。

期盼 20% TK99 SC 礦物源植物保護資材未來商品化之後，可融入適用作物的有害生物整合管理體系，其長效型藥效與非化學農藥特性，可大幅降低化學農藥的使用量，同時也可降低因極端天氣事件所引發的農業災損，進一步降低政府每年所需投入的巨額農業災損補助，支持政府推行兼具作物健康管理、環境友善、食品安全特色與新創產業的新農業政策。

主要參考文獻

1. 石憲宗、李啓陽、何明勳、楊舜臣、謝再添、黃維廷、蔡偉皇、陳保良、陳祈男、周桃美、高靜華、徐孟豪、姚銘輝、林宗俊、黃來輝。2017。TK99 水懸劑商品化開發與應用。第 37-42 頁。106 年天然植物保護資材商品化研發成果及應用研討會專刊。行政院農業委員會農業藥物毒物試驗所編印。臺中。臺灣。

2. Bar-Joseph, M. and Frenkel, H. 1983. Spraying citrus plants with kaolin suspensions reduces colonization by the spiraea aphid (*Aphis citricola* van der Goot). Crop Protection 2: 371-374.
3. Ebeling, W. 1971. Sorptive dusts for pest control. Annu. Rev. Entomol. 16: 123-158.
4. Glenn, D.M., Puterka, G.J., Vanderzwet, T., Byers, R.E., and Feldhake, C. 1999. Hydrophobic particle films: A new paradigm for suppression of arthropod pests and plant diseases. J. Econ. Entomol. 92: 759-771.
5. Glenn, D. M. and Puterka, G. J. 2005. Particle films: A new technology for agriculture. Hortic. Rev. 31: 1-44.
6. Korunić, Z. 2013. Diatomaceous earths - Natural insecticides. Pestic. Phytomed. (Belgrade) 28: 77-95.
7. Metcalf, R. L. 1994. Insecticides in pest management. pp. 245-314. *In* Metcalf, R. L. and Luckmann, W. H. (eds.). Introduction to insect pest management. 3rd edition. John Wiley, N.Y. USA. 661pp.
8. Oerke, E. C. 2006. Crop losses to pests. Journal of Agricultural Science 144: 31-43.

PART V

其他類植醫保健資材與產品

CHAPTER 20

運用農業廢棄資源研發植物保護製劑產品

黃振文[1*]、鍾文全[2]、謝廷芳[3]

[1] 國立中興大學植病系

[2] 行政院農業委員會種苗改良繁殖場

[3] 行政院農業委員會農業試驗所植物病理組

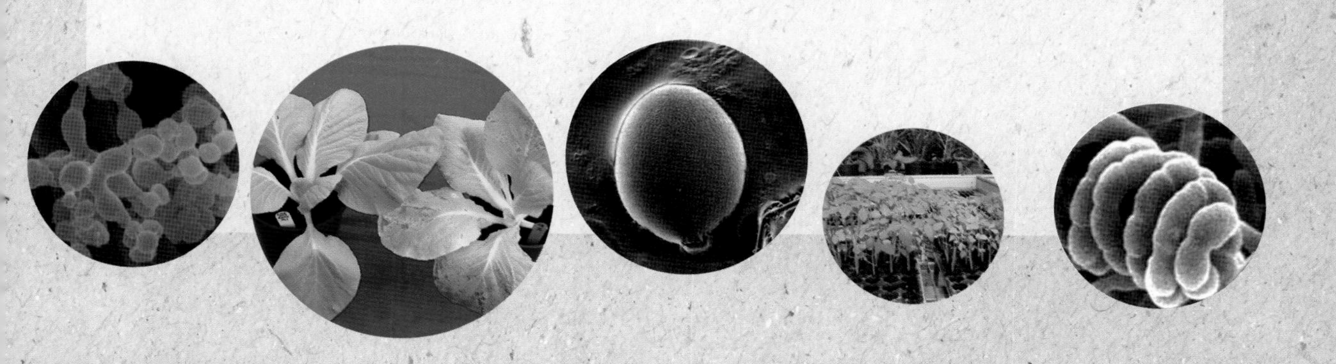

摘要

農業廢棄物來源可歸納成植物性、動物性及非生物性之農業廢棄物，臺灣每年約產生 504.2 萬噸農業廢棄物，其中含農產廢棄物 218.9 萬噸、畜產廢棄物 237.1 萬噸。農業廢棄物蘊含有豐富的微生物與有機成分。將它們妥善的堆肥化處理，不但可降低環境汙染的衝擊外，尚可研製優良的植物保護產品，創造農業資源的永續利用。

筆者依據植物病害綜合管理的共存與永續理念，成功利用農業廢棄物調配的植物保護產品計有 S-H、SF-21，AR-3-2、CH100、SSC-06、CF-5、FBN-5A、THC-23 及 PGBB 等九種，它們均具有促進農作物生育與減少作物病害發生的效果。整合一系列的研究證實這些植物保護產品的防病原理，主要與其組成資材的化學成分及其原棲居或新導入之微生物間存在有密切的關連性，顯然這類植物保護產品是一種「綜合防治管理」理念的驗證與實現。

關鍵字：農業廢棄物、共存、植物保護產品、微生物、綜合防治

前言

臺灣自光復以來，農友普遍採行集約栽培，偏用化學肥料，忽略有機質的補充，導致超過60%的耕地土壤偏酸，作物根部病害逐年遽增，致使農作物生產力急速下降。爲維繫農作物的生產潛能，防止農田的生態平衡繼續惡化，吾輩必須設法降低農田的酸化、毒傷及沖刷問題，並且經常補充作物生長所需的各種營養與有機質。

自二十世紀初葉，Sanford氏（1926）利用綠肥添加物防治馬鈴薯瘡痂病（*Streptomyces scabies* (Thaxt.) Waks & Henrici）的報導後，給予國內外土壤傳播性病害防治的研究者一個啓示：「適當的經營與管理土壤，可有效控制土壤的環境，亦可抑制作物根部病害的發生」。隨後，許多植物病理學者爭相研究作物殘渣、樹皮、堆肥、汙泥、綠肥及大豆粉等添加物，用於防治土壤傳播性病害（Papavizas, 1975; Mark & Gartner, 1975; Kuhlman, 1980; Hoitink & Fahy, 1986）。1986年，Fryer氏提議大量應用有機質、腐質酸、海草粉及植物營養液等可有效建立病蟲害有機防治的系統，並獲得環保人士的重視與共鳴。有鑑於此，多年來筆者在行政院國科會與農委會的經費補助下，積極致力於利用農、漁、牧與工業廢棄物之研究，

系列開發的產品計有S-H、SF-21，AR-3-2、CH100、SSC-06、CF-5、FBN-5A、THC-23及PGBB等九種植物保護產品，藉以增強農作物的發育與減少病害的發生。本文主要目的在於綜合報導利用農業廢棄物研製植物保護產品防治植物病害的動機、功效及防病原理，祈有助於農業廢棄物的再生利用與農業的永續經營。

研究動機與思想脈絡

一、抑病土壤特性的啓示

Knudson氏於1922年在瓜地馬拉研究香蕉黃葉病，首先觸及鐮胞菌（*Fusarium*）抑病土的問題，其後世界各地植物病理學者投注相當大的心力在抑病土的研究。Baker與Cook（1974）將抑病土定義爲：(1) 病原菌不能在土壤中建立

族群，(2) 病原菌可建立族群，但不能致病，(3) 病原菌建立族群，初期可致病，但不能進一步感染。

1981 年，筆者在彰化縣溪湖鎮陳耀南先生的農田也發現西瓜蔓割病及蘿蔔黃葉病的抑病土，在這種抑病土中加入西瓜蔓割病菌或蘿蔔黃葉病菌 $1\text{-}5x10^3$ propagules/g soil時，無法使西瓜或蘿蔔發病；即使菌量增至10^5 propagules/g soil時，發病率亦僅 14.2%。隨後，筆者針對該抑病土進行系列的分析研究，發現抑病土中除蘊含相當豐富的微生物相外，尚擁有高量的有效磷、鈣與有機質等成分。這種奇妙的自然抑病現象，成爲筆者嘗試研究土壤添加物作爲改良土壤成爲人造抑病土的主要靈感來源。

二、作物病害綜合管理理念的指引

「作物病害管理」是以「共存」爲執行策略之準則，認定植物病原菌與農作物是農業生態體系中固有的成員。是故作物病害的管理模式必須有經濟損失基準的設定，並在該作物經濟損失基準下，設法減少作物受害及損失的程度。此外，由於農業生態環境常有人、地、物的更動，是以病害管理的策略須持續不斷地修正與調整，才能有效控制作物病害的發生與提高作物的生產潛能。

經由這些理論基礎的指引，嘗試利用植物保護製劑作爲作物病害管理的方法時，各種製劑配方的設計，均須優先考慮提昇作物的生產潛力與有益微生物的活力，才能有效防治植物病原菌的感染與危害。

三、農業永續經營的落實

臺灣地處亞熱帶與熱帶地區，氣候高溫多溼，耕作高度集約化，長期施用化學肥料與農藥外，農田普遍缺乏施用有機質，致使農地生態環境逐漸失衡。近年來，政府與民間團體大力倡導盡量少用化學肥料與農藥，並推行有機農法，藉以維護地力，追求農業永續經營。

爲解決大量農業廢棄物汙染環境的問題，激發筆者嘗試分析各種廢棄資材的特有抑菌因子或殺菌成分，進而結合它們擁有的微生物資源與相容的營養源，用於研製具有防治作物病原功效的植物保護產品。

開發植物保護產品的設計流程與考量

一、植物保護產品配方的設計原則

配製良好的植物保護產品猶如中醫師調配中藥材一樣，必須兼顧主劑與藥引子的搭配。因此，開發植物保護製劑應遵循的研究流程與設計原則如下：(1) 選定目標，進行文獻蒐集與專家諮商；(2) 擬定主配方資材的種類與數量，找尋無副作用之資材；(3) 針對標的病原篩選與決定主配方資材的濃度；(4) 篩選與添加副方資材，用以提昇製劑的功效；(5) 執行一系列溫室與田間試驗評估製劑的效果，並逐一修正配方。

二、研發植物保護產品的考量

一般言之，植物保護產品具防治病害的功效，有部分實際案例是其組成分中的氮肥經硝化作用後，產生有害氣體，直接殺滅病原菌爲主；此外，以有機質提供土壤微生物之營養源，大量誘發有益微生物增殖並產生競生，或分解有機質產生毒害物質以降低病原菌之族群，並強化作物對病原菌之抗性。因此，在材料取得方面必須考量下列幾點：

1. 有機質與無機化合物的特性

依有機質的碳氮比可將資材略分爲二類：(1) 含高量碳源之木屑、穀殼、稻草、蔗渣及花生殼等，可增加土壤之物理性；(2) 含高量氮源之雞糞、豬糞、牛糞、米糠、豆粕、魚粉、血粉及骨粉等，可提供微生物作用之需。有機物在土壤添加物中的角色以增加土壤物理結構及促進微生物增殖爲主。至於無機化合物中之氮、磷、鉀、鈣肥則是提供植物生長的必要元素。

其中氮肥可促進植物的生長，但過量使用氮肥會使植物組織結構鬆散，致易遭受病原菌的爲害；然而，有些氮肥如尿素在分解過程中，會產生氨氣，具有毒殺病原菌的作用。磷肥在生物代謝過程中的地位非常重要，尤其對促進作物根部生長之效果明顯。鈣肥除可增加作物對病原菌的抗病性外，並可降低病原菌的爲害。選擇無機化合物時，應考慮各種元素所扮演的角色，適度調整其在添加物中之比例。

2. 對標的植物及根圈病原菌生長的影響

土壤添加物中含有氮、磷、鉀、鈣肥料成分。其中氮肥可改變寄主抗病性及病原菌的致病性，並間接促進土壤微生物的作用，因而降低病害的發生。氮的型態可影響病原菌在土壤中的存活、發芽及生長，尤其是氨（ammonia）具殺菌功效，常被應用病害防治。鉀可直接抑制病原侵入作物，並可阻止病原菌在作物組織內繁殖、蔓延及纏聚等作用。

一般而言，施用腐熟的有機質對植物生長有利，但是在組合土壤添加物時，不能只取經腐熟的資材，因其抑菌能力有限。在篩選有機質對病原菌生長的影響時，應一併考慮其抑菌特性及增加土壤微生物族群數量等方面的效果，才能精準地選出所需的有機質。

3. 對土壤理化及生物性的影響

對大部分土壤病原菌而言，土壤 pH 值可左右其活性，土壤 pH 值高於 7.0，則多數鐮胞病菌、立枯絲核菌等植物病原菌之活力會顯著降低；此外，若土壤中含有有機態氮時，高土壤 pH 值可加速氨化作用的產生，促使氮肥分解進而釋出氨氣，直接殺滅存於土壤中之病原菌，達到病害防治之效果。

此外，土壤中施用硝酸態氮後，可促進土壤中拮抗菌族群的增加，進而抑制多種病害的發生。

植物保護產品的開發與應用

一、開發合成土壤添加物作爲植物保護產品的目的

在農田中常有兩種或兩種以上的土壤傳播性病原菌共存一處，導致時有複合感染的病害問題。因此，許多的研究工作者經常發現單獨一種或兩種的添加物或作物殘渣無法有效的防治作物的根部病害。一般言之，每公頃的農田，至少須施用 14-28 公噸的有機添加物，才能有效防治根部病害，然而這種用量並不合乎經濟原則，也無法爲農民所接受。

此外，在陰溼、寒冷的氣候條件下，鉅量施用有機添加物，偶有毒傷作物根部

之虞。相反的，利用無機添加物，除可直接促進作物的生長與抑制植物病原菌外，它在農田的施用量亦遠少於有機質的添加。然而，連續大量施用化學肥料（無機添加物），會導致土壤有機質的耗損及造成有毒物質的累積。為了避免有機質與無機添加物彼此間對於農田及作物的不良影響，並且考慮採取兩者彼此間的優點，故嘗試結合有機與無機添加物研發「合成土壤添加物（formulated soil amendment）」。

二、植物保護產品的種類與成分

近三十餘年來，筆者利用農業廢棄資源研製的主要植物保護產品計有九種，茲分別說明它們的成分如后：

1. S-H 混合物

係由農業及工業副產物，再加三種肥料混合而成，其組成分包含甘蔗渣 4,40%、稻穀 8.40%、蚵殼粉 4.25%、尿素 8.25%、硝酸鉀 1.04%、過磷酸鈣 13.16% 及礦灰（矽酸爐渣）60.5%。將甘蔗渣、稻穀，蚵粉及礦灰等磨成細粉後，再加入尿素、過磷酸鈣及硝酸鉀均勻混合，即是 S-H 混合物（Sun & Huang, 1985；孫，1989）。矽酸爐渣為中國鋼鐵公司之廢棄副產品，其成分為二氧化矽 31%、氧化鈣 44%、氧化鎂 1.7%、氧化鋁 1% 與氧化鐵 1%（Sun & Huang, 1985；孫，1989）。（圖一、二）

2. SF-21 混合物

係由松樹皮 750 公斤，硫酸銨 35 公斤，過磷酸鈣 10 公斤，氯化鈣 30 公斤，氯化鉀 25 公斤，硫酸鋁 150 公斤及 10%（v/v）甘油 750 公升等混合而成（Huang & Kuhlman, 1991）。

3. AR-3-2 系列混合物

係由牛糞堆肥、米糠、蝦蟹殼粉、尿素、過磷酸鈣和礦灰為主，依據各類作物之施肥推薦量調製而成，用於防治各種作物白絹病。如以 AR-3-2 防治球根花卉作物白絹病，以 AR-3-2-S 防治菜豆白絹病，以 AR-3-2-C 防治胡蘿蔔白絹病（謝與杜，1995；謝等，1999）。

4. CH100 植物健素

係由 44 公斤甘藍下位葉殘體，10 公斤菸葉渣，5 公斤氯化鈣，1 公斤牛肉煎汁

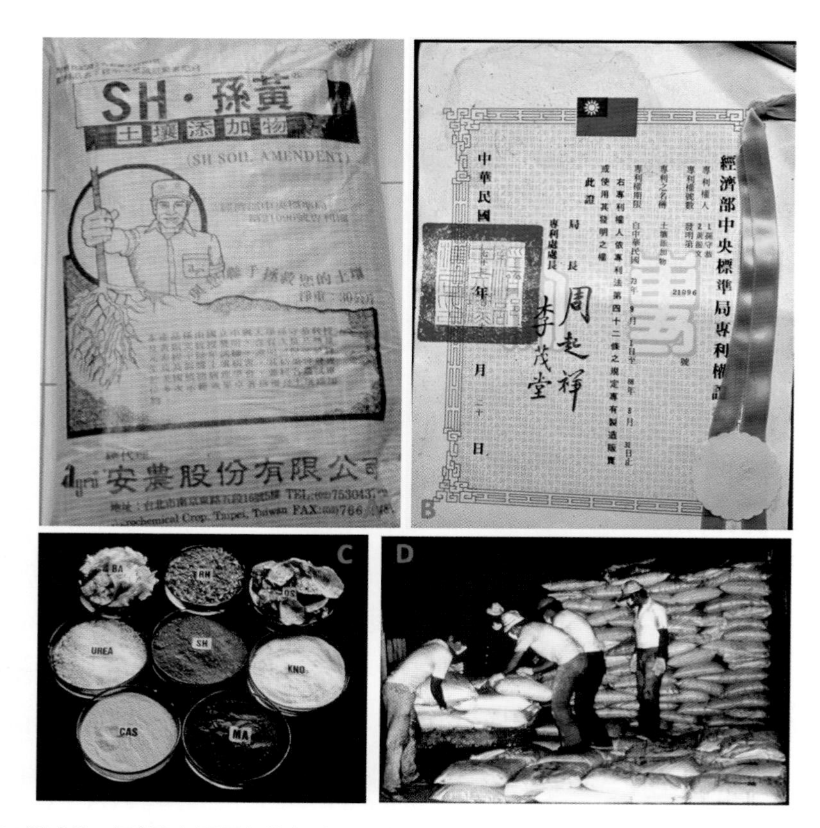

圖一　S-H 混合物（孫黃土壤添加物）之 (A) 商品，(B) 專利證書，(C) 組成原料，及 (D) 工廠生產情形。

與 30 公斤 S-H 混合物均勻混合後，徐徐放入含有 200 公升 Hoagland 水溶液的塑膠容器中，在常溫（25-30C）下，每隔二天攪拌一次，經過發酵作用後，以海綿過濾所獲得之濾液，再和 05%（V/V）酒精混合，即合成植物健素，稱之爲「中興一百（CHl00）」（黃，1992；Huang, 1994）。

5. SSC-06 混合物

係由腐熟香菇太空包堆肥、炭化稻穀、蝦蟹殼粉及血粉調製而成（黃，1993）。

6. CF-5 添加劑

係由香菇太空包堆肥、魚粉、氧化鈣及丙烯醇等配製而成（黃，1996）。

圖二　S-H 混合物防治蘿蔔黃葉病的效果
(A) 右側每分地施用 120 公斤 S-H 混合物有效減少病害的發生；左側為對照未處理組病害發生嚴重。(B) 右側處理組提高蘿蔔產量；左側對照未處理組蘿蔔產量明顯減少。

7. FBN-5A 生物增長素

係由香菇太空包廢棄基質、魚粉、骨粉、血粉、菜仔粕、硝酸氨與丙烯醇組合而成（Huang *et al.*, 1997）。（圖三）

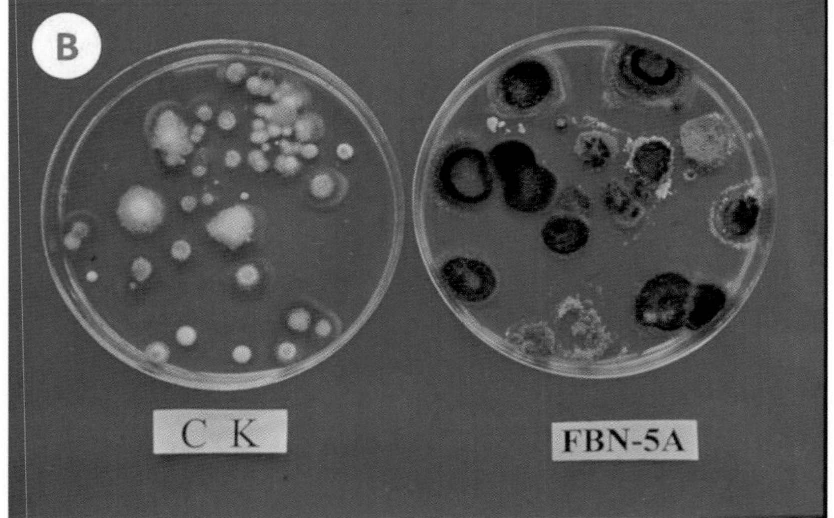

圖三 FBN-5A 生物增長素防治甘藍立枯病的功效
(A) 右邊每 1,000 公升施用 1 公升 FBN-5A 有效抑制 *R. solani* 感染甘藍幼苗，左邊為對照未處理組。(B)FBN-5A 處理過的栽培介質可誘發大量的木黴菌增殖進而抑制病原菌感染植株。

8. TH-23 微生物堆肥

係由滅過菌之金針菇堆肥接種 *Trichoderma harzianum* T23 調製而成（黃等，1996；黃與胡，1996）。

9. PGBB 生物性燻蒸粒劑

以十字花科菜仔粕作爲基質，加入藻酸鈉及可產生硫配醣體酵素的有益菌（*Pseudomonas boreopolis*）調製而成（Chung *et al*., 2005）。（圖四）

圖四　PGBB 生物性燻蒸粒劑於田間防治白菜立枯病的效果
（A、B）不同造粒的形態；(C) 對照未處理組；(D) 處理組。

三、植物保護產品的運用

1980 年，國立中興大學孫守恭教授與黃振文教授首先成功的研發出一種合成土壤添加物，命名爲 S-H 混合物（Sun & Huang, 1985）。S-H 混合物在中興大學研究室與溫室證明效果穩定後，隨即於臺灣各地從事田間試驗，結果顯示其對十字花科蔬菜如芥菜、蘿蔔之黃葉病（見圖二），青江白菜、芥菜根瘤病，西瓜蔓割病，扁蒲嫁接西瓜的苗期猝倒病，芹菜黃葉病，菜豆立枯病，甜椒白絹病及薑軟腐病等作物根部病害均具有防治和增產的效果（Sun & Huang, 1985；孫氏，1989），同時尚可促進草莓、小白菜、甘藍菜及菊花的生長。此外，S-H 混合物亦曾被應用於防治碗豆萎凋病，胡瓜猝倒病與疫病及番茄青枯病等，效果均相當顯著。

1987 年至 1999 年間，黃振文教授獲國科會與中興大學補助赴美進修時，也成功開發另一種合成土壤添加物，名曰 SF-21 混合物。在溼地松的苗床施用 SF-21 後，發現它可同時防治 *P. aphanidermatum*（Edson）Fitz、*R. solani* Kuhn（AG-4）及 *F. moniliforme* Sheld var. *subglutinans* Wollenw & Reink 三者所引起的松苗猝倒病（Huang & Kuhlman, 1991）。此外，SF-21 混合物亦可保護苗床經由溴化甲烷燻蒸過後的微生物眞空化，進而扼止 *Pythium* spp. 再汙染所構成的威脅。

1992 年至 1995 年間，農委會農業試驗所謝廷芳博士經過溫室與田間的評估試驗，採用有機質與肥料三要素合成 AR-3-2 系列土壤添加物，用於防治作物白絹病（謝與杜，1995；謝等，1999），印證土壤添加物防治土壤傳播性病害的可行性。

土壤有機添加物雖然可以促進作物的生長與減少作物根部之病害，但其效果常受限於土壤之質地與使用之方法，同時它的搬運輸送過程頗爲粗重，因此在西元 1980 年，黃振文教授嘗試利用 S-H 混合物與甘藍下位葉殘體均勻拌合於水溶液中印行發酵，開發出可以強壯蔬菜種苗及防治病害的液態「植物健素」，稱曰「中興一百（CHl00）」（黃，1992）。

在培養基中加入 CH100 後，測試其抑菌效果，發現 CH100 稀釋 100 倍後，可顯著的抑制瓜類蔓枯病菌（*Didymella bryoniae*），番石榴瘡痂病菌（*Pestalotipsis psidii*）及果實黑黴軟腐病菌（*Rhizopus stolonifer*）的菌絲生長；並可抑制韭菜銹病菌（*Puccinia allii*）及菜豆銹病菌（*Uromyces vignae*）的夏孢子發芽。在混有植物病原細菌（10^6 cfu/ml）的營養培養基（nutrient agar）中，浸過 CHl00 原液的濾紙圓盤可部分抑制 *Pseudomonas solanacearum*、*Erwinia campestris* pv. *campestris* 的生長。在網室中，CHl00 的 300 倍稀釋液可促進甜椒、甘藍、番茄、及胡瓜等蔬菜幼苗的生長與發育。在溫室與田間，CH100 具有防治韭菜銹病、胡瓜白粉病

（*Erysiphe cichoracearum*）及馬鈴薯軟腐病（*Erwinia carotovora* subsp. *carotovora*）發生的效果（黃，1992；Huang, 1994）。

此外，SSC-06 混合物具有抑制甘藍立枯病（*R. solani* AG-4）及抑制 *Pythium myriotylum* 爲害番茄與甜椒幼苗的功效。CF-5 添加劑不但可以紓解草脫淨、拉草及丁基拉草等除草劑毒傷豌豆根系的效果外，尚可有效減輕碗豆立枯病（*R. solani* AG-4）的發生百分率。FBN-5A 生物增長素具有防治甘藍立枯病（*R. solani* AG-4）（見圖三）、蔬菜菌核病（*Sclerotinia sclerotiorum*）或降低蘿蔔黃葉病（*F. oxysporum* f. sp. *raphani*）及萵苣萎凋病（*F. oxysporum* f. sp. *lactucum*）的發生率；此外，1%（w/w）FBN-5A 尚可完全抑制田間雜草如馬齒莧、龍葵、鱧腸、尖瓣花等種子的發芽（黃振文與黃鴻章兩氏未發表資料）。THC-23 微生物堆肥可快速有效減輕拉草殺草劑對豌豆根系的毒害（黃與胡，1996；黃等，1996）。

植物保護產品的防病原理

一、合成土壤添加物

合成土壤添加物含有兩種以上的有機物及無機物，因此其防病與抑菌的原理常隨添加物與病原菌種類的不同而有所差異。S-H 混合物防治西瓜蔓割病的機制是下列數種因子綜合表現的結果：即 (1) 無機鹽類可直接抑制病原菌，並可中和土壤酸鹼度，提高土壤 pH 值；(2) 增加土壤中有益微生物的密度，進而抑制或瓦解病原菌；(3) 含豐富的營養及多種微量元素，可補充作物生長所需，增加作物根系的發育，增強作物抗病力（Sun & Huang, 1985；孫，1989；杜等，1992）。

至於 S-H 混合物防治其他土壤傳播性病害的有效因子有：(1) 配方中的尿素可釋放氨氣，可以有效的抑制甜椒白絹病菌菌核的發芽及防治胡瓜猝倒病的發生；(2) 含有鈣鹽及提高土壤 pH 值，所以可以防治十字花科蔬菜根瘤病；(3) 礦灰與尿素是抑制番茄青枯病菌的主要成分。

SF-21 混合物可以同時防治 *R. solani* AG-4 和 *P. aphanidermatum* 所引起之松苗猝倒病，其防病與抑菌原理是：(1) 它可以促進 *Trichoderma harzianum* Rifai 及

Penicillium oxalicum Currie et Thom 大量的繁殖與存活，進而抑制 *R. solani* 對松苗的致病能力；(2) 混合物中有機質與無機物成分可降低土壤酸鹼值，並直接抑制 *P. aphanidermatum* 之菌絲及游走子發芽管的生長；至於其所誘生的大量土壤微生物，可加速瓦解游走子的發芽管；3. 它可以強壯松苗根系的發育與生長（Huang & Kuhlman, 1991）。

土壤添加物如 SH 混合物及 AR-3-2 系列，兩者主成分中含高量的鹼性矽酸爐渣，用意即在於改善酸性土壤、提昇土壤 pH 值，促使氮化合物或有機質在鹼性環境下行脫氨作用，達到殲滅病原菌的目的（Sun & Huang, 1985；孫，1989；謝與杜，1995；謝等，1999）。此外，多量的有機質尚可改良土壤團粒結構，促進土壤中有益微生物的代謝活性，分解有機質以提供植物生長所需養分。顯然施用合成土壤添加物可兼顧促進植物生長、改善土壤理化生物性及抑制病害等功效，畢其功於一役。

二、CH100 植物健素

利用 CH100 防治韭菜銹病時，發現其可以促進韭菜葉表的酵母菌如 *Rhodotorula glutinis* 和 *Cryptococcus* sp. 大量繁殖，同時增加韭菜葉部的鉀與鈣含量（Huang, 1994）。若將 CH100 之一百倍或二百倍稀釋液的酸鹼值調降爲 4.5，則 CH100 即喪失抑制韭菜銹病菌夏胞子發芽的功效。由掃描式電子顯微鏡觀察，發現施用 CH100 的韭菜，其葉片的葉脈與氣孔形態發生明顯的改變，其中施用 CH100 者的葉脈比不施用者高挺且脈與脈間距離變窄。顯然，CH100 防治韭菜銹病的原理是：(1) 它具有抑制韭菜銹病菌夏孢子發芽的成分；(2) 它可促進韭菜葉表酵母菌的增殖，抑制夏胞子的發芽；(3) 它提供綜合性的植物營養元素如鈣與鉀等，強壯韭菜植株的發育，並改變葉片的形態，增強韭菜植體的抗病性（黃，1996）。

三、菇類太空包堆肥衍生產品

SSC-06 與 FBN-5A 防治甘藍立枯病菌的原理，在於其成分中含有蝦蟹殼粉與血粉可釋放氨氣，以毒傷或弱化 *R. solani* AG-4；此外，微生物族群在該製劑內部的變動與消長，以及其所含的抑菌成分，均是阻撓 *R. solani* AG-4 纏據甘藍幼苗的重要原因（黃，1993；1996）。

由香菇太空包堆肥、魚粉、氧化鈣及丙烯醇等配製而成的 CF-5 添加劑，金針菇太空包堆肥配合 *T. harzianum* T23 製成的 THC-23，均可以有效紓解拉草對豌豆根系的毒傷現象。CF-5 配方中的丙烯醇可誘發大量 *Trichoderma* spp. 的增殖（Huang *et al,* 1997）；此外，研究發現單獨接種具有分解拉草能力的 *T. harzianum* T23 胞子懸浮液於含有拉草的土壤中，該菌株並無法有效保護豌豆根系免於拉草的毒傷；惟添加 THC-23 微生物之堆肥卻可有效減輕拉草對豌豆根系的傷害。

若添加消毒過的金針菇堆肥於含有拉草的滅菌土中，經過七天後，發現該堆肥亦無法有效降低拉草在土中的殘留量（黃與胡，1996）。顯然，土壤微生物需要藉由金針菇堆肥維持它們增殖的生命活力；至於金針菇堆肥化則須有土壤微生物的參與，證實土壤微生物與金針菇堆肥兩者間必須交互作用才能共同發揮紓解拉草毒傷豌豆的功效（黃與胡，1996）。

四、生物性燻蒸粒劑

生物性燻蒸粒劑 PGBB 防治白菜立枯病（圖四）的原理，在於十字花科菜仔粕所含的硫配醣體（glucosinolate），經微生物（*Pseudomonas boreopolis*）作用，可釋放類似溴化甲烷之殺菌物質 - 異硫氰化物（isothiocyanates）具有優良的殺菌功效。此外，此粒劑還可促進土壤有益放線菌族群的增殖，進而有效抑制田間白菜立枯病的發生百分率。顯然，該粒劑的防治功效是由其自身的殺菌作用與土壤中放線菌族群大量增加，兩者共同發揮作用所致（Chung *et al*., 2005）。

結語

二十世紀末葉，世界各地均考慮以生物防治來減少農藥的汙染問題，但成功的生物防治案例並不多。Kuhlman 氏（1980）認為要達成生物防治的目標，拮抗微生物須具備下列六個要件，即 (1) 要能迅速的散布；(2) 任何環境下，均可感染病原菌；(3) 在病原菌為害作物之前，即已成功的完成攻擊病原菌的任務；(4) 能削弱或殺傷病原菌；(5) 能持續的增殖；(6) 對於寄主植物不具有病原性。其中，如何使有益拮抗微生物在土中與根圈增殖是生物防治臻至成功的最重要手段。

筆者等研發的植物保護製劑，如 S-H、SF-21、AR-3-2、SSC-06、CF-5、FBN-5A、THC-23 及 CH100 等，除可以引誘拮抗菌的增殖外，又可充作延續拮抗菌存活的基質。顯然，利用農業廢棄資源研製植物保護製劑的工作，除考慮其抑制植物病害發生的功效外，還須兼顧其促進植物的生育與有益微生物的增殖。Irving 氏（1970）給「綜合防治（Integrated control）」下一個定義，就是巧妙而協和地應用各種防治策略以減少環境的汙染及人類的損失傷害，進而達成防治病害的經濟效益。

綜觀上述研發的各種植物保護產品的防病機制，發現它們結合非生物與生物因子以防治多種作物病害，確是一種「綜合防治管理」理念的縮影與實現。

主要參考文獻

1. 杜金池、謝廷芳、蔡武雄。1992。利用合成土壤添加物防治百合白絹病之研究。中華農業研究 41: 280-294。
2. 孫守恭。1989。土壤添加物在病害防治上之應用。有機農業研討會專集 141-155 頁。臺中區農改場出版。
3. 黃振文。1992。利用合成植物營養液管理蔬菜種苗病蟲害。植保會刊 34:54-63。
4. 黃振文。1993。開發有機添加劑防治作物病害的系列研究。永續農業研討會專集第 227-237 頁。臺中區農改場出版。
5. 黃振文。1996。農業廢棄物防治作物病害展望。植物保護新科技研討會專刊。P151-157。臺灣省農業試驗所編印。
6. 黃振文、胡建國。1996。除草劑促進植物病害發生的副作用與防治法。除草劑安全使用及草類利用管理研討會專刊第 373-381 頁。中華雜草學會出版。
7. 黃振文、胡建國、石信德。1996。土壤微生物在金針菇太空包廢棄堆肥紓解拉草毒傷豌豆根系所扮演的角色。植病會刊 5: 137-145。
8. 謝廷芳、杜金池。1995。影響土壤添加物 AR 3 防治百合白絹病之因子。中華農業研究 44: 456-463。

9. 謝廷芳、郭章信、王貴美。1999。利用土壤添加物 AR3-2S 防治菜豆白絹病。植病會刊 8: 125-132。
10. Baker, K. F. and Cook, R. J. 1974. Biological Control of Plant Pathogens. Freeman. San Francisco. 433 pp.
11. Chung, W. C., Huang, J. W., and Huang, H. C. 2005. Formulation of a soil biofungicide for control of damping-off of Chinese cabbage *(Brassica chinensis*) caused by *Rhizoctonia solani*. Bio. Control 32: 287-294.
12. Fryer, L. 1986. The New Organic Manifesto. Published by Earth Foods Associates, Wheaton, Maryland.
13. Hoitink, H. A. J. and Fahy, C. P. 1986. Basis for the control of soilborne plant pathogens with compost. Annu. Rev. Phytopathol. 24: 93-114.
14. Huang, J. W. and Kuhlman, E. G. 1991. Mechanism for inhibiting damping-off pathogens of slash pine seedlings with a formulated soil amendment. Phytopathology 81:171-177.
15. Huang, H. C. and Huang, J. W. 1993. Prospects for control of soilborne plant pathogens by soil amendment. Cur. Top. Bot. Res. 1:223-235.
16. Huang, J. W. 1994. Control of Chinese leek rust with a plant nutrient formulation. Plant Pathol. Bull. 3:9-17.
17. Huang, H. C., Huang, J. W., Saindon, G., and Erickson, R. S. 1997. Effect of allyl alcohol and fermented agricultural wastes on carpogenic germination of sclerotia of *Sclerotinia sclerotiorum* and colonization by *Trichoderma* spp. Can. J. Plant Pathol. 19:43-46.
18. Irving, G. 1970. Agricultural pest control and the environment. Science 168:1419-1424.
19. Kuhlman, E. G. 1980. Hypovirulence and hyperparasitism. Pages 363-380 *in:* Plant Disease. Vol. V, J. G. Horsfall, and E. B. Cowling, eds. Academic Press, NY. 534pp.
20. Loehr, R.C. 1974. Agricultural Waste Management. Academic Press. London.

21. Mark, R. B. and Gartner, J. B. 1975. Hardwood bark as a soil amendment for suppression of plant parasitic nematodes on container grown plant. HortScience 10: 33-35.
22. Papavizas, G. C. 1975. Crop residues and amendments in relation to survival and control of root-infection fungi: an introduction. Page 76 *in:* Biology and Control of Soilborne Plant Pathogens. Am. Phytopathol. Soc., St. Paul. MN. 216pp.
23. Sanford, G. B. 1926. Some factors affecting the pathogenicity of *Actinomyces scabies*. Phytopathology 16:528-547.
24. Sun, S. K. and Huang, J. W. 1985. Formulated soil amendment for controlling Fusarium wilt and other soilborne diseases. Plant Disease 67: 917-920.

CHAPTER 21

中和亞磷酸植醫保健產品

蔡志濃、安寶貞*、林筑蘋

行政院農業委員會農業試驗所植物病理組

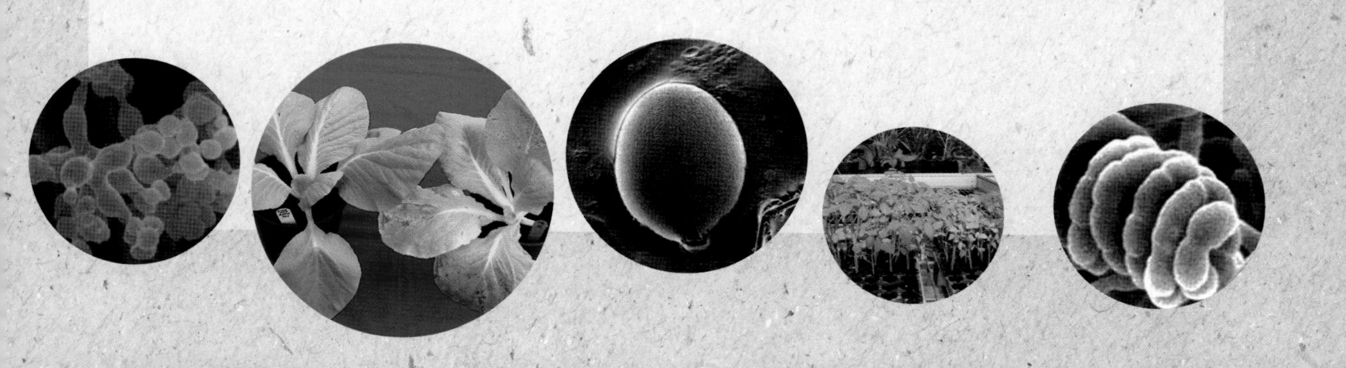

摘要

亞磷酸原爲緩效性磷肥的一種，1980年代被發現可以防治卵菌綱引起的植物病害。爾後，有關亞磷酸防治病害的作用與防病機制一直引起學者的興趣，至今仍在探討中。一般認爲亞磷酸在高濃度下（1000 ppm以上）對病菌的菌絲生長與產胞有干擾與抑制作用，有直接保護（direct protection）寄主的功效，但防病功效並不完全。近年來，許多報告均指出亞磷酸有誘導植物增強抗病性的間接防病（indirect defense）的功效，它會加速植物防禦素、酚化合物、或其他抗病物質的產生與量的累積。

至於有關亞磷酸誘導寄主產生抗病反應的全程機制尚未完全了解，其正確切入抗病反應路徑的位置亦待求證。由於亞磷酸是強酸，水溶液的酸鹼值約爲pH 2-3，必須以鹼性物質中和至pH 5.5-6.5後，才能施用於植物體。目前在國外，亞磷酸已被開發與商品化，如Foli-R-Fos 400（20% H_3PO_3），Nutri-Phite P Foliar（4% N-30% P_2O_5-8% K_2O），及Guard PK（7% N-21% P_2O_5-21% K_2O）。田間試驗顯示，亞磷酸對疫病菌、露菌病有良好的防治效果，經常用於酪梨根腐病、柑橘疫病、葡萄露菌病、萵苣與十字花科露菌病的防治。

在臺灣，一種簡單配製亞磷酸的方法已被研發出來，使用者與農民可以自行配製。其方法是將工業級的亞磷酸（95-99%）與氫氧化鉀（95%）以一比一等重使用，先將需用量的亞磷酸溶於水中，再溶解氫氧化鉀，調配好的亞磷酸的酸鹼值約pH 6.0-6.2，可直接使用，可以減少調配亞磷酸酸鹼值時的費時與費工，並避免溶液於保存時，因氧化作用而導致藥效降低的情形。目前依照上述方法，亞磷酸普遍被農民用於蘭花疫病、番椒疫病、多種作物疫病與露菌病的田間防治。

關鍵字：亞磷酸、亞磷酸鹽、寄主抗病性、植物防禦素、病害防治、疫病、露菌病

前言

植物有特殊的構造與生化防禦系統來對抗入侵的病原菌。當有異物入侵時（包括機械傷害、蟲咬傷、病菌侵入時），植物大都會啓動生化防禦系統（biochemical defense system），合成抗菌物質（anti-pathogen substances），來圍堵消滅病菌（Dixon & Lamb, 1990）。這些抗菌物質包括酵素、蛋白質、基質（substrates）、解毒物質（detoxification substances）、酚化合物（phenolic compounds）等，其中又以「植物防禦素（phytoalexin）」最受矚目，被認爲與植物的抗病性有密切關係（Dixon, 1986; Moesta & Grisebach, 1982），在某些植物上被認爲是抗病的核心（Van Etten *et al*., 1989）。

當病原入侵時，經過植物與病原菌兩者的交互作用（host-pathogen interaction）後會引發一連串的生化反應，誘導植物產生多種抗生物質。植物抗生物質形成速率的快慢與累積量的多寡會受寄主與病原菌間親和性（compatibility）程度的調控（regulation），進而決定寄主植物的抗感病性（Dixon & Lamb, 1990）。這些生化防禦反應均受寄主與病原菌兩者的基因型控制。

近年來發現，有些特殊的化學物質或微生物的分泌物被植物體吸收後，也能藉由改變（降低）寄主與病原菌的親和性關係，來增強寄主植物的抗病性，降低病害的發生，這種現象被稱爲「誘導系統性抗病（induce systemic resistance; ISR）」（Agrawal *et al*., 1999）。它的機制就如同人類施打預防針一般，當病原菌入侵時，植物可以判識，立即啓動防禦體系，與病原菌打仗。

一些促進植物生長的根圈細菌（plant growth-promoting rhizobacteria; PGPR）如 *Pseudomonas* spp.（Kloepper *et al*., 1997）與拮抗眞菌如木黴菌（*Trichoderma*）等（Yedidia *et al*., 1999）就有此種功能，它們除了直接對抗病原菌外，亦有增強植物抗性的雙重效果。在化學物質方面，如水楊酸（Salicylic acid），撲殺熱（probenazole）等均能降低某些病原菌的危害（陳與路，1987；Agrawal, 1999）。

1980 年代一種防治卵菌類病害（Oomycetes diseases）的系統性殺菌劑「福賽得」（fosetyl-Al, aluminum tris-o-ethyl phosphonate，商品名 Aliette）研發成功，發現其代謝產物中的亞磷酸離子（HPO_3^{-2}）爲主要的抑病物質後，因此亞磷酸亦被開發成農藥如 Foli-R-Fos 400（20% phosphorous acid, U.I. M. Agrochemicals, Australia）（Wicks *et al*., 1990））或肥料如 Nutri-Phite P Foliar（4% N-30% P_2O_5-8% K_2O, Biagro Western Sales, Inc., Visalia, CA）及 Guard P. K.（7% N-21% P_2O_5-21% K_2O, Agrichem, Australia），用於多種病害（尤其是疫病與露菌病）的田間防治，且成效優於福賽得。

由於與其他系統性殺菌劑相比較，亞磷酸離子在實驗室中（*in vitro*）抑制菌絲生長的能力很差；而在植物體內（*in vivo*）的濃度很低，僅有百萬分之十左右（數十個 ppm），因此福賽得與亞磷酸的防病功效可能並非僅侷限於殺菌方面，它們眞正的防病機制即開始被深入探討。在此介紹亞磷酸的特性、亞磷酸抑病機制與防病範圍的相關研究報導，以及臺灣農業試驗所研發亞磷酸在田間防治作物病害的效果。

亞磷酸與亞磷酸鹽的特性與安全性

亞磷酸（phosphorous acid, H_3PO_3）爲三價還原態磷化合物（reduced phosphorus compound）的一種，白色結晶，易潮解，味如大蒜，原爲植物緩效性磷肥的一種，產於澳洲等地（Macintire *et al*., 1950）。水溶液的酸鹼値爲 pH 2-3，會緩慢氧化成磷酸（phosphate，$H_2PO_4^{-1}$）。若其與鹼（如氫氧化鈉（NaOH）與氫氧化鉀（KOH））中和，會變化成亞磷酸鹽（phosphite, Na_2HPO_3、NaH_2PO_3，以及 K_2HPO_3、KH_2PO_3）。

此外，亞磷酸鈉在醫藥上可當作輕瀉劑，用於解二氯化汞（$HgCl_2$）中毒用，而且可以抑制一些食物上的革蘭氏陽性（G^+）細菌的生長。亞磷酸對人畜無毒，實驗報告指出亞磷酸鈉在 50,000 ppm 高劑量下（每公升含有 50g），對老鼠亦不會致癌（Quest, 1991），而福賽得則對雄鼠略有致癌性（Quest, 1991）。亞磷酸如被人體吸收，會氧化成磷酸，可成爲核酸 DNA、ATP 的組成物。

亞磷酸與磷酸均爲天然磷化合物，可同時存在磷礦石中。兩者間有競爭作用（Macintire, 1950），亞磷酸施用於土壤後可緩慢氧化成磷酸，或施用於葉面被植株吸收後，輸送至根部，經細根排出至土中，再被微生物代謝成磷酸，成爲植物主要肥料——磷肥，再被植物吸收。因此施用亞磷酸有助於植物生長，尤其對下一期作的植物特別有益（Macintire, 1950），但因亞磷酸的酸鹼值太低，在高濃度下不適宜直接當作肥料使用。

亞磷酸防治病害的機制探討

近年來國外的試驗結果顯示，亞磷酸化合物（phosphonate）（包括亞磷酸（phosphorus acid, H_3PO_3）與亞磷酸鹽（phosphite，如 K_2HPO_3 , Na_2HPO_3, etc.）均有防治卵菌類病害的優異效果（Dercks & Buchenauer, 1987; Kuakoon, 1990; McKay & Floyd, 1992; Pegg *et al*., 1985; Smillie *et al*., 1989; Wicks *et al*., 1990; Wicks *et al*., 1991）。至於福賽得（aluminum tris-o-ethyl phosphonate）爲一種人工合成的系統性殺菌劑，殺菌成分中含有亞磷酸與鋁離子。有關福賽得與亞磷酸可以防治病害的原因主要有下列多種說法：

1. 直接保護的功效（direct effect-disease protection）

在福賽得問世後的幾年，Fenn & Coffey（1984,1989）；Derck & Buchenauer（1987）研究福賽得防治草莓疫病、番茄疫病及其他四種作物疫病；Ye & Deverall（1986）研究福賽得防治萵苣露菌病，他們的報告均指出該藥劑的主要防病功效爲殺菌劑（fungicide），直接抑制菌絲生長，保護寄主植物。

Muchovej 等人（1980）認爲使用高劑量的福賽得會抑制菌絲生長應該是鋁離子的關係。因爲 Smillie 等人（1989）使用高劑量的亞磷酸在魯冰（lupin）上（它缺乏主動的防禦系統）時，不會抑制 *Phytophthora cinnamomi* Rands 的生長，所以主張亞磷酸有直接與間接的雙重防病功效。Afek & Sztejnberg（1989）則認爲亞磷酸在高濃度使用時雖有直接滅菌效果，但卻無法達到完全防治病害的目的，因此其間接防病的功效不可忽視。

2. 間接防禦的功效（Indirect effect-plant defense）

在 1980 年代，Bompeix & Saindrenan（1984）與 Guest（1984）最先認爲亞磷酸鹽的防病功效並非僅殺菌而已，應該另有主因，就是它增強了植物的防禦能力（Guest & Bompeix, 1990）。主要原因是他們（Guest, 1984）發現亞磷酸在植物體內的濃度僅有千分之幾莫耳（submillimolar），雖無法不會抑制疫病菌絲的生長，然而卻仍可防治植物病害。

於是 Bompeix（1984）與 Vo-Thi（1979）等人設計實驗研究，發現懸浮於福賽得溶液的番茄葉片在接種疫病菌（*Phytophthora capsici* Leonian）後會產生更多的酚化合物（phenolic compounds）。隨後有更多學者證實亞磷酸鹽有增強植物抗病性的間接防病效果，其中包括 Guest（1984）研究煙草與番椒疫病；Afek & Sztejnberg（1989）與 Khan（1986）等人研究柑橘疫病；Nemestothy & Guest（1990）研究煙草疫病；Saindrenan 等人（1988）研究豇豆疫病。

亞磷酸—誘導植物產生抗病性

到目前爲止，在生化防禦系統上，亞磷酸鹽的防病機制已被證實的至少有兩種以上，都與改變寄主－病原菌的交互作用、降低兩者的親和性、進而增強植物的抗病性有關。這兩種已被發現的防禦機制，一是活化植物之 phenylpropanoid pathway，合成酚化合物殺菌（Dercks & Buchenauer, 1986）；另一更重要的機制是活化植株之 phenylalanine ammonia-lyase pathway，合成植物防禦素（phytoalexins）與病原菌對抗。兩種機制均非直接靠亞磷酸來殺菌。

有關亞磷酸誘導寄主產生與累積植物防禦素與酚化合物的報告案例如下：

1. 豇豆—*Phytophthora cryptogea*

爲了明瞭亞磷酸的防病效果是來自它能間接增強寄主的防禦能力（host defense），抑或是歸因於直接殺菌以保護植物（plant protection）？Saindrenan 等人（1988）利用亞磷酸鈉（$Na_2HPO_3.5H_2O$）進行兩組病原菌與寄主的試驗。他們選用寄主－豇豆（cowpea, *Vignaunguiculata*）與疫病菌 *Phytophthora cryptogea* Pethybridge & Laffertly 進行正證（positive evidence）與反證（negative evidence）兩種試驗。

在正證實驗中，他們用 2.44 mM 的亞磷酸溶液處理感病豇豆栽培種 Tvu645 葉片再接種疫病菌。結果他們發現經亞磷酸處理的葉片的病斑面積不到對照組的 20%，isoflavonoidphytoalexins 被誘導大量產生，例如，kievitone 與 phaseollidin 的累積量分別在接種後 12 hr 與 40 hr 時已經達到抑菌 ED90 的需求量（分別為 100 與 130 ug/ml）；而疫病菌菌絲的生長也在接種 24 hr 後完全停止。由於 2.44 mM 的亞磷酸無法抑制疫病菌生長，故此結果顯示病害的顯著降低與疫病菌的生長停止與植物防禦素有關。在反證試驗中，他們在相同試驗中加入阻礙合成 phytoalexins 路徑的抑制物草酸銨（α-aminooxyacetate，簡稱 AOA）。AOA 是 phenylalanine ammonia-lyase（PAL）的競爭物，影響 phenylalanine ammonia-lyase pathway 的進行，阻礙 Isoflavonoidphytoalexins 的合成。

當 5 mM AOA 加入試驗溶液時，無論亞磷酸處理組或是對照組均受到顯著的影響，兩組豇豆葉片的發病較原來不加 AOA 的對照組還嚴重，葉片內 PAL 的活性與兩種植物防禦素的累積量均顯著降低，且無甚大差異；而且還比未加 AOA 的對照組均低。Bompeix 氏（1989）的實驗也證明 AOA 不會影響亞磷酸抑制疫病菌的能力。因此反證實驗也同樣證明「亞磷酸降低病害發生」與 PAL 路徑被活化導致 phytoalexins 大量累積有關。

2. 煙草—*Phytophthora nicotianae*

Nemkestothy & Guest（1990）以煙草（tobacco, *Nicotianatabacum*）與煙草疫病菌 *Phytophthora nicotianae* Breda de Haan 進行類似的實驗。感病品種 Hicks 在處理福賽得（每株 10 mg）後再接種疫病菌，產生植物防禦素 sesquiterpenoidphytoalexin（capsidiol, phytuberin, rishitin 及 phytuberol）的量增加兩倍以上（與抗病品種的產量相仿），病斑也顯著縮小。但是如果加入抑制劑時，phytoalexins 的產量會受到抑制，病斑大小也恢復成未經福賽得處理者。實驗發現使用不同抑制劑對誘導產生 phytoalexins 的抑制程度不同，其中以 mevinolin（phytoalexins 合成過程中，HMG CoA reductase 的專一抑制劑）的影響最大，AOA 次之，其他抑制劑影響較小，顯示亞磷酸處理導致病害降低與誘導 phytoalexins 的產生與累積有密切因果關係。

3. 番椒—*Phytophthora capsici*

Guest 氏（1984）發現處理福賽得的番椒果實產生植物防禦素 capsidiol 的量增加，病害減輕，果實也出現過敏性反應（hypersensitivity）。

4. 柑橘—*Phytophthora citrophthora*

Khan & Ravisé 兩氏（1985, 1986）與 Afek & Sztejnberg（1986, 1989）報告亞

磷酸與福賽得會誘導柑橘產生 6,7-dimethoxycoumarim phytoalexin, scoparone 對抗疫病菌。後來 Ali 等人（1993）發現處理亞磷酸的柑橘在接種對亞磷酸敏感的 *P. citrophthora*（Smith & Smith）Leonian 菌株（S strain）時不會被感染，寄主產生與累積大量的植物防禦素 scoparone；但用對亞磷酸較不敏感的菌株（RI strain）接種時，柑橘則會被感染，且沒有植物防禦素的累積。如果用 AOA 處理，兩者均會感染柑橘，植物均不累積 scoparone。

培養在含有亞磷酸容液的敏感疫病菌（S strain）會產生 scoparone 的誘導蛋白，用它來處理柑橘後，不論疫病菌對亞磷酸是否敏感，都不能侵染柑橘，柑橘也會產生 scoparone。

5. 草莓－*Phytophthora fragariae* 與萵苣－*Bremia lactucae*

Dercks & Buchenauer 兩氏（1986）發現處理福賽得的草莓與萵苣，在分別接種 *P. fragariae* Hickmkan 與 *B. lactucae* Regel 後，植株體內酚化合物的增加與病害防治存在有相關性。

亞磷酸活化其他生化防禦系統的報告

在前述煙草－煙草疫病菌試驗中，Nemkestothy & Guest 兩氏（1990）同時用煙草抗病品種 NC2326 進行相同的試驗，發現福賽得雖然不會誘導抗病品種產生更多的植物防禦素（反而稍微減少）；然而，抗病品種在處理福賽得後病害亦顯著減輕。

由於各種抑制劑抑制抗病品種煙草體內累積 phytoalexins 的模式與感病品種的反應十分相似，而福賽得＋抑制劑 mevinolin（殺死植物細胞）者的發病情形沒有比單用抑制劑 mevinolin 者的發病情形減輕，因此認爲每株施用 10 mg 福賽得沒有抑制菌絲生長的能力。他們綜合實驗各項數據，認爲亞磷酸鹽除了誘導感病品種產生大量 phytoalexins 外，另外有能力誘導抗病品種活化其他的抗病機制，但其詳情尚不了解。

亞磷酸誘導抗病的機制

在病原菌入侵寄主，導致植物生病的一連串生化與物理反應過程中，寄主－病原菌的交互作用決定侵染過程是否被停止與病害發生的嚴重程度（Dixon & Lamb, 1990）。寄主－病原菌之間存在辨識與規避機制（recognition-avoidance mechanisms），當病原菌無法規避被侵染植物的辨識系統（如沒有通行證）時，就會誘發寄主產生各種抗病反應，一般稱「病菌遇到不親和性寄主」。

當然，寄主的抗病－感病性須依每一對寄主－病原菌的關係決定，而且從抗病到感病有程度上的差別。Kuć 氏（1982）的假說認爲所有植物均有表現抗病性的能力，亞磷酸只是擾亂了寄主的辨識與病原菌的規避機制導致感病寄主可以辨識入侵的寄主，喚醒了它原本「沈睡的防禦潛能（idle capacity）」。

然而到目前爲止，有關亞磷酸誘導寄主產生抗病反應的全程機制尚未完全了解。Dunstan 等人（1990）認爲亞磷酸被葉片、根系吸收後，運送至植株體內，等疫病菌或其他卵菌綱病菌入侵時，亞磷酸會改變疫病菌細胞壁的水溶性成分。Barchiletto 等人（1992）認爲亞磷酸鹽可能影響疫病菌的磷酸代謝作用。

Guest & Grant（1991）認爲這些代謝作用的改變，會導致病菌無法規避寄主的辨識系統，分泌過多的誘導蛋白（elicitors），造成寄主辨識出外來的入侵者，因此啓動生化防禦系統，誘導植物防禦素與其他抗生物質的產生與累積，來圍剿消滅入侵者。Saindrenan（1990）發現亞磷酸在培養基上可以誘導 *Phytophthora cryptogea* 產生更多的誘導蛋白，因此可能改變寄主－病原菌的交互作用。

亞磷酸的防病範圍

亞磷酸可用於防治作物病害的對象中，以對作物疫病的研究最廣且最深，在國外常用於柑橘裾腐病與根腐病（Wicks, 1990）、酪梨根腐病（Pegg *et al*., 1985; Wicks *et al*., 1990）、鳳梨心腐病（Wicks, 1990）、木瓜疫病（Smillie, 1989）、可可果實疫病與潰瘍病（Holderness, 1990）、榴槤疫病（Kuakoon, 1990）、馬鈴薯晚疫病（Dercks & Buchenauer, 1986; Holderness, 1990）、番茄與番椒疫病（Fenn

& Coffey, 1989）、觀賞作物疫病（Wicks *et al*., 1990）、煙草疫病（Smillie *et al*., 1989）、牧草疫病（Smillie *et al*., 1989; Wicks *et al*., 1990）之防治，效果非常良好（表一）。

表一　在國外亞磷酸與亞磷酸鹽於作物病害防治上的應用

Host	Disease	*Pathogen*	Treated method	Cited
Avocado	root rot	*Phytophthora cinnamomi*	Injection	Pegg *et al*. 1985, Wicks *et al*. 1990
Citrus	Root and foot rot	*P. citrophthora*	Trunk injection	Wicks *et al*. 1990
Pineapple	Heart rot	*P. parasitica & P. cinnamomi*	Foliar spray	Wicks *et al*. 1990
Clover pastures	Phytophthora blight	*P. cinnamomi*	Foliar spray	Wicks *et al*. 1990
Ornamental plants	Blight, basal stem, & root rot	*Phytophthora* spp.	Foliar spray	Wicks *et al*. 1990
Cocoa	pod rot and canker	*P. palmivora*	Trunk injection	Holderness 1990
Lupin	Root rot	*P. cinnamomi*	Soil drench	Smillie *et al*. 1989
Pawpaw	Fruit rot & seedling damping off	*P. palmivora*	Soil drench	Smillie *et al*. 1989
Tobacco	Black shank	*P. nicotianae*	Soil drench	Smillie *et al*. 1989
Durian	Root rot	*P. palmivora*	Soil drench	Kuakoon 1990
Potato	Tuber blight	*P. infestans*	Spray	Dercks & Buchenauer 1987, Guest & Bompeix 1990
Tomato & pepper	Crown rot	*P. capsici*	Hydroponic culture	Fenn & Coffey 1989
Grape	Downy mildew	*Plasmopara viticola*	Spray	Wicks *et al*. 1990, Wicks *et al*. 1991
Lettuce	Downy mildew	*Bremia lactucae*	Spray	Ye & Deverall 1986
Cauliflower	Downy mildew	*Peronospora parasitica*	Spray	Mckay & Floyd 1992
Stone fruit	Armillaria root rot	*A. luteobuballina*	Drench	Heaton & Dullahide 1990
Apple	Rosellinia root rot	*Rosellinia neatrix*	Drench	Heaton & Dullahide 1990
Apple	black spot	*Venturia inaequalis*	Spray	Heaton & Dullahide 1990

除疫病菌外，國外亦報導亞磷酸對葡萄露菌病〔*Plasmopara viticola* (Berk et Curtis) Berl et Toni 引起〕、萵苣露菌病（Ye & Deverall, 1986）、花椰菜露菌病

（*Peronospora parasitica* (Pers.) Fr. 引起）（Mckay & Floyd, 1992）有良好的防治效果。葡萄染病後施用亞磷酸產品（Foli-R-Fos）仍可降低病菌產胞，防治葉部與花器的露菌病，效果比滅達樂還佳。此外，Heaton & Dullahide（1990）報告亞磷酸可防治核果類的根朽病（Armillaria root rot）、蘋果白紋羽病（Rosellinia root rot, *Rosellinia necatrix* Prillieux 引起）及蘋果黑星病（apple black spot, *Venturia inaequalis* (Cooke) Wint 引起）等。

近年來，農試所試驗結果顯示，亞磷酸對柳橙與木瓜果實疫病、金柑幼苗與果實疫病、酪梨幼苗根腐病、番茄與馬鈴薯晚疫病（圖一、表二、表三）、番椒與番茄疫病、莧菜疫病、非洲菊、蘭花、百合疫病、馬鈴薯青枯病均有良好防治效果（安等，1997，2000）（表四）。對於卵菌綱中其他菌類引起的病害亦同樣有良好的防治效果，包括金線連猝倒病（*Pythium* spp. 引起）（張等，1998）、荔枝露疫病（*Peronophythora litchii* Chen ex Ko *et al*. 引起）（安等，2000）、玫瑰露菌病、葡萄露菌病（未發表）。此外，農試所亦發現亞磷酸有防治番茄白粉病、辣椒炭疽病，及延長荔枝保鮮的效果（未發表）。

圖一　中和亞磷酸製劑防治番茄晚疫病效果。
圖左：對照，圖右：亞磷酸 1000 倍。

表二　在 1998 年至 1999 年冬末春初施用中和後之亞磷酸溶液（NPA）
防治田間馬鈴薯晚疫病之效果

Treatment (ai concentration, mg/L)	Disease severity (%)[y]		
	Pretreatment	7 d after the 2nd application	7 d after the 4th application
NPA (1000)	24.6 ± 4.7 a[x]	24.2 ± 6.2 a	32.1 ± 5.2 a
80% Fosetyl-aluminum WP (4000)	26.3 ± 2.2 a	27.5 ± 3.3 a	35.0 ± 5.6 a
35% Etridiazole WP (350)	27.1 ± 2.5 a	28.8 ± 3.7 a	57.1 ± 11.4 b
50% Dimethomorph (125)	24.2 ± 2.0 a	24.2 ± 1.1 a	28.3 ± 11.2 a
Control	24.2 ± 2.9 a	34.6 ± 0.7 b	92.1 ± 13.7 c

[z] H_3PO_3 solution was neutralized with equal weights of KOH (both chemicals are of industrial grade).
[y] Disease severity = Σ (Disease index (ranking 0-4) × No. plants in the index) / (4 × No. of total tested plants) × 100%.
[x] Mean ± sd. The 24 potato (var. 'Kennebec') plants were used in each treatment with 3 replications. The same letters within each column indicate not significantly different at 1% level by LSD test.

表三　在 1998 年至 1999 年冬末春初施用中和後之亞磷酸溶液（NPA）
防治田間番茄晚疫病之效果

Treatment (ai concentration, mg/L)	Disease severity (%)[y]		
	Pretreatment	7 d after the 2nd application	7 d after the 4th application
NPA (1000)	23.8 ± 4.1 a[x]	26.7 ± 2.5 a	28.8 ± 5.4 a
80% Fosetyl-aluminum WP (4000)	22.1 ± 5.0 a	26.5 ± 1.3 a	31.3 ± 7.4 b
35% Etridiazole WP (350)	27.5 ± 2.0 a	38.4 ± 4.7 b	66.3 ± 5.6 c
50% Dimethomorph (125)	23.6 ± 3.1 a	25.3 ± 2.6 a	28.9 ± 6.9 a
Control	26.3 ± 2.6 a	42.2 ± 0.8 b	69.0 ± 5.9 c

[z] H_3PO_3 solution was neutralized with equal weights of KOH (both chemicals are of industrial grade).
[y] Disease severity = Σ (Disease index (ranking 0-4)×No. plants in the index)/(4×No. of total tested plants)×100%.
[x] Mean ± sd. The 20 tomato (var. 'Known-you 301') plants were used in each treatment with 3 replications. The same letters within each column indicate not significantly different at 1% level by LSD test.

表四　在臺灣利用氫氧化鉀與亞磷酸等量混合後調成 1000 ppm 的液劑防治作物疫病與晚疫病、荔枝露疫病等作物病害之效果

Plant	Disease and pathogen	Infection site	Application method	Application schedule	Control effect (%)
Tomato, potato	Late blight, *Phytophthora infestans*	Whole plant	Foliar spray	3 times, once 1 week	80-100
Pepper, tomato	Phytophthora blight & basal stem rot,*P. capsici*	Whole plant	Foliar spray, soil trench	Continue, once per 7-10 days	60-100
Gerbera	Basal stem rot, *P. cryptogea*	Main root & basal stem	Soil trench	3 times, once 1 week	60-90
Cymbidium sp.（虎頭蘭）	Black rot, *P. multivesticlulata*	Whole plant	Foliar spray	3 times, once 1 week	100
Cymbidium (報歲蘭)	Black rot, *P. palmivora*	Whole plant	Foliar spray	Inoculation, 2 month after treatment	57
Oncidium	Black rot, *P. palmivora*	Whole plant	Foliar spray	Once per month	90-95
Lily	Phytophthora blight, *P. parasitica*	Whole plant	Foliar spray	3 times, every 7 days	95-100
Papaya	Fruit rot, *P. palmivora*	Fruit	Foliar spray	3 times, every 7 days	80-100
Avocado	Root rot, *P. cinnamomi*	Seedling root	Foliar spray, soil trench	Pot test, once per month	80
Kumquat seedling	*Phytophthora blight, P. citrophthora*	Seedling root and basal stem	Foliar spray, soil trench	Pot test, once per month	50-100
Kumquat	Fruit and leaf blight, *P. citrophthora*	Fruit and leaf	Foliar spray	3 times, every 7 days, pot test	80-95
Litchi	Downy blight, *Peronophthora litchii*	Fruit	Foliar spray	3 times, every 7 days	>90

作者的實驗結果顯示亞磷酸預防病害的效果比治療病害的效果爲佳。在防治百合疫病時（安等，2000），亞磷酸在植株體內的下移性良好，可保護種球免於感染疫病；但短期內上移性並不佳。亞磷酸灌注土壤時，對地上部的葉片與花器疫病防治效果比直接噴施全株時的效果爲差。而且亞磷酸對保護採收後果實免於罹患疫病的成效亦較差。因此，欲防治葉部或果實病害時以全株噴施亞磷酸爲佳，而且亞磷酸以連續施用三次（每星期一次）以後，防治百合疫病的效果可達 90-95% 以上。

而防範根部病害時，亞磷酸施用於植株的任何部位，均有防治根部疫病之效果，但直接灌注土壤時的效果較快速。

自行調配亞磷酸之方法

亞磷酸爲強酸，因此須以強鹼物質中和至酸鹼值 pH 5.5-6.5 後使用，才不會對植物造成肥傷。農業試驗所近年來研發出一種非常簡便的方法，即將亞磷酸與氫氧化鉀以 1：1 等重量中和後即可使用（安等，2000）。方法爲先將市售工業用亞磷酸（95%）稱重溶解於所需量的水中，再將等重的氫氧化鉀（95-98%）加入上述溶液中即可，混合後的溶液酸鹼值在 pH 6.0-6.2 之間，最好能當日使用。

中和亞磷酸之毒理試驗

中和亞磷酸對蜜蜂 48 小時之口服極毒性試驗（LD_{50}, ug/bee）結果爲：>200 uga.s./bee，對蜜蜂 48 小時之接觸極毒性試驗（LD_{50}, ug/bee）結果爲：>100 uga.s./bee，經評估屬低風險之產物，施用於粉源 / 蜜源植物無虞。

結語

疫病菌（Phytophthora species）爲植物強敵，在臺灣的寄主有百種以上（Ho *et al*., 1995），危害多種果樹、蔬菜、花卉作物，更由於臺灣的氣候多雨潮溼，疫病的發生十分猖獗，尤其近年來發生的馬鈴薯與番茄晚疫病、宜蘭地區的金柑枯死、中南部地區的酪梨根腐病，及木瓜果實疫病、園藝作物疫病等，均曾造成農民嚴重的損失。

疫病的防治首重預防，田間一旦發生後，病勢進展十分迅速，往往一發不可收拾，事後防治十分困難。在此介紹的「亞磷酸」防治法，它是一種防治疫病非常有效、對人畜無傷之增強植物抗病性的非農藥防治方法，也可以說是一種廣義的生物防治方法。在臺灣，實驗亦顯示它對多種作物疫病與一些其他卵菌類引起的病害均有防治之功效。它不但可替代一般之化學農藥，而且可以在果實採收期間使用。

有關亞磷酸鹽的防病機制，至今仍在探討中，但其防病作用包括：(1) 直接對病菌菌絲生長與產胞的干擾與抑制作用。(2) 誘導與加速植物防禦素、酚化合物、其他抗病物質的產生與累積的作用。(3) 前述兩者的複合作用。至於，直接與間接防病作用誰重誰輕？則受寄主－病原菌、亞磷酸使用量、以及環境因子的交互影響。

有關亞磷酸誘導寄主產生抗病反應的全程機制尚未完全了解，其正確切入抗病反應路徑的位置亦待求證，但其過程可以綜合爲：亞磷酸被植株吸收後，等疫病菌或其他卵菌綱病菌入侵時，亞磷酸會影響疫病菌磷酸的代謝作用，改變其細胞壁的水溶性成分，使病菌產生過多的誘導蛋白（elicitors），導致病菌無法規避寄主的辨識系統，致使寄主植物發現有外來入侵者，因而啓動它的各種生化防禦系統，來圍剿消滅入侵者。

主要參考文獻

1. 安寶貞、謝廷芳、謝美如。1997。利用亞磷酸防治園藝作物疫病。植保會刊 9(4): 403-404（摘要）。
2. 安寶貞、謝廷芳、蔡志濃、王姻婷、林俊義。2000。亞磷酸之簡便使用方法與防病範圍。植病會刊 9(4): 179（摘要）。
3. 張淑芬、謝式坪鈺、安寶貞。1998。腐霉菌屬引起之金線蓮基腐病。植病會刊 7(4): 209-210（摘要）。
4. 陳昭瑩、路幼妍。1987。系統性誘導抗病在植物病害防治上之應用。第 67-76 頁。健康清潔植物培育研習會專刊。植物病理學會刊印。嘉義。臺灣。
5. Afek, U. and Sztejnberg, A. 1986. A Citrus phytoalexin, 6,7-dimethoxy-coumarin, as a defense mechanism against *Phytophthora citrophthora*, and the influence of Aliette and phosphorous acid on its production. Phytoparasitica 14: 26.
6. Afek, U. and Sztejnberg, A. 1989. Effects of fosetyl-Al and phosphorous acid on scoparone, a phytoalexin associated with resistance of citrus to *Phytophthora citrophthora*. Phytopathology 79: 736-739.

7. Agrawal, A. A., Tuzun, S., and Bent E. eds. 1999. Induced Plant Defenses Against Pathogens and Herbivores - Biochemistry, Ecology, and Agriculture. APS press. St. Paul. Minnesota. 390 p.
8. Ali, M. K., Lepoivre, P., and Semal, J. 1993. Scoparone eliciting activity released by phosphonic acid treatment of *Phytophthora citrophthora* mycelia mimics the incompatible response of phosphonic acid-treated citrus leaves inoculated with this fungus. Plant Sci. 93: 55-61.
9. Barchietto, T., Saindrenan, P., and Bompeix, G. 1992. Physiological responses of *Phytophthora citrophthora* to a subinhibitory concentration of phosphonate, Pest. Biochem. Physiol. 42: 151-166.
10. Bompeix, G. 1989. Fongicides et relations plantes-parasites: cas des phosphonates. ComptesRendus de l'Acadimied'Agriculture 6: 183-189.
11. Bompeix, G. and Saindrenan, P. 1984. In vitro antifungal activity of fosetyl-Al and phosphorous acid on Phytophthora species. Fruits 39: 777-786
12. Dercks, W. and Buchenauer, H. 1986. Investigations on the influence of aluminum ethyl phosphonate on plant phenolic metabolism in the pathogen-host interactions, *Phytophthora fragariae*-strawberry and *Bremia lactucae*-lettuce. J. Phytopathol. 115: 37-55.
13. Dercks, W. and Buchenauer, H. 1987. Comparative studies on the mode of action of aluminum ethyl phosphite in four Phytophthora species. Crop Prot. 6 : 82-89.
14. Dixon, R. A. 1986. The phytoalexin response: elicitation, signaling and control of host gene expression. Biol. Rev. 61: 239-291.
15. Dixon, R. A. and Lamb, C. J. 1990. Molecular communication in interactions between plants and microbial pathogens. Annu. Rev. Plant Physiol. & Plant Mol. Biol. 41: 339-367.
16. Dunstan, R. H., Smillie, R. H., and Grant, B. R. 1990. The effects of sub-toxic levels of phosphonate on the metabolism and potential virulence factors of *Phytophthora palmivora*. Physiol. Mol. Plant Pathol. 36: 205-220.

17. Fenn, M.E. and Coffey, M. D. 1984. Studies on the in vitro and in vivo antifungal activity of fosetyl-Al and phosphorous acid. Phytopathology 74: 606-611.
18. Fenn, M. E. and Coffey, M. D. 1989. Quantification of phosphonate and ethyl phosphonate in tobacco and tomato tissues and significance for the mode of action of two phosphonate fungicides. Phytopathology 79: 76-82.
19. Guest, D. I. 1984. The influence of cultural factors on the direct antifungal activities of fosetyl-Al, Propamocarb, Metalaxyl, SN5196 and Dowco 444. Phytopathol. Z. 111: 155-164.
20. Guest, D. I. 1984. Modification of defense responses in tobacco and capsicum following treatment with fosetyl-Al. Physiol. Plant Pathol. 25: 125-134.
21. Guest, D. I. and Bompeix, G. 1990. The complex mode of action of phosphonates. Aust. Plant Pathol. 19: 113-115.
22. Guest, D. I. and Grant, B. R. 1991. The complex action of Phosphonates in plants. Biol. Rev. 66: 159-187.
23. Heaton, J. B. and Dullahide, S.R. 1990. Efficacy of phosphonic acid in other host pathogen system. Aust. Plant Pathol. 19: 133-134.
24. Ho, H. H., Ann, P. J., and Chang, H. S. 1995. The Genus Phytophthora in Taiwan. Acad. Sin. Mon. Ser. 15. Taipei, Taiwan, ROC. 86 pp.
25. Holderness, M. 1990. Efficacy of neutralized phosphonic acid (phosphorous acid) against *Phytophthora palmivora* pod rot and canker of cocoa. Aust. Plant Pathol. 19: 130-131.
26. Khan, A. J. and Ravise, A. 1985. Stimulation of defense reactions in citrus by fosetyl-Al and fungal elicitors against *Phytophthora* spp. Br. Crop Prot. Council Monog. 31: 281-284.
27. Khan, A. J., Vernenghi, A., and Ravise, A. 1986. Incidence of fosetyl-Al and elicitors on the defense reactions of citrus attacked by *Phytophthora* spp. Fruits 41: 587-595.
28. Kloepper, J. W., Tuzun, S., ehnder, G. W., and Wei, G. 1997. Multiple disease protection by rhizobacteria that induce systemic resistance-historical precedence.

Phytopathology 87: 136-138.

29. Kuc. J. 1982. Phytoalexins form the Solanaceae. pages 81-105 in: Phytoalexins. J. A. Bailey and J. W. Mansfield, eds., Blackie, London.
30. Kuakoon, B.1990. Efficacy of mono-dipotassiumphosphite against *Phytophthoa palmivora* on durian. MS Thesis of Kasetsart Univ. 55 p. Bangkok. (English abstract)
31. MacIntire, W. H., Winterberg, S. H., Hardin, L. J., Sterges, A. J., and Clements, L. B. 1950. Fertilizer evaluation of certain phosphorus, phosphorous, and phosphoric materials by means of pot cultures. Agron. J. 42: 543-549.
32. Mckay, A. G. and Floyd, R. M. 1992. Phosphonic acid control downy mildew (*Peronospora parasitica*) in cauliflower curds. Aust. J. Exp. Agric. 32: 127-129.
33. Muchovej, J. J., Maffia, L. A., and Muchovej, R. M. C.1980. Effects of exchangeable soil aluminium and alkaline calcium salts on the pathogenicity and growth of *Phytophthora capsici* from green pepper. Phytopathology 70: 1212-1214.
34. Nemestothy, G. N., and Guest, D. I. 1990. Phytoalexin accumulation, phenylalanine ammonia lyase activity and ethylene biosynthesis in fosetyl-Al treated resistant and susceptible tobacco cultivars infected with *Phytophthora nicotianae* var. *nicotianae*. Physiol. Mol. Plant Pathol. 37: 207-219.
35. Pegg, K. G., Whiley, A. W., Saranah, J. B., and Glass, R. J. 1985. Control of Phytophthora root rot of avocado with phosphorus acid. Aust. Plant Pathol. 14: 25-29.
36. Quest, J. A., Hamernik, K. L., Engler, R., Burnam, W. L., and Fenner-Crisp, P. A. 1991. Evaluation of the carcinogenic potential of pesticides. 3. Aliette. Regul. Toxicol. Pharmacol. 14: 3-11.
37. Saindrenan, P., Barchietto, T., Avelino, J., and Bompeix, G. 1988. Effects of phosphite on phytoalexin accumulation in leaves of cowpea infected with *Phytophthora cryptogea*. Physiol. Mol. Plant Pathol. 32: 425-435.
38. Saindrenan, P., Barchietto, T., and Bompeix, G. 1988. Modification of the phosphite induced resistance response in leaves of cowpea infected with *Phytophthora*

cryptogea by alpha-aminooxyacetate. Plant Sci. 58: 245-252.

39. Saindrenan, P., Barchietto, T., and Bompeix, G. 1990. Effects of phosphonate on the elicitor activity of culture filtrates of *Phytophthora cryptogea* in *Vigna unguiculata*. Plant Sci. 67: 245-251.

40. Smillie, R. Grant, B. R. and Guest, D. 1989. The mode of action of phosphite: evidence for both direct and indirect modes of action on three *Phytophthora* spp. in plants. Phytopathology 79: 921-926.

41. Van Etten, H. D., Matthews, D. E., and Natthews, P. S. 1989. Phytoalexin detoxification: Importance for pathogenicity and practical implications. Annu. Rev. Phytopathol. 27: 143-164.

42. Vo-Thi, H., Bomeix, G., and Ravise, A. 1979. Role du tris-O-ethylphosphonated'aluminiumdans la stimulation des reactions de defense des tissus de tomatecontre le *Phytophthora capsici*. ComptesRendus de l'Academie des Science Paris 288: 1171-1174.

43. Wicks, T. J., Magarey, P. A., Boer, R. F. de., and Pegg, K. G. 1990. Evaluation of phosphonic acid as a fungicide in Australia. Brighton Crop Protection Conference, Pests and Diseases-1990. Vol. 1.

44. Wicks, T. J., Magarey, P. A., Waxhtel, M. F., and Frensham, A. B. 1991. Effect of postinfection application of phosphorous (phosphonic) acid on the incidence and sporulation of *Plasmopara viticola* on grapevine. Plant Dis. 75(1): 40-43.

45. Ye, X. S., and Deverall, B. J. 1986. Effects of Aliette on *Bremia lactucae* on lettuce. Trans. Br. Mycol. Soc. 86: 597-602.

46. Yedidia, I., Benhamou, N., and Chet. 1999. Induction of defense responses in cucumber plants by the biocontrol agent *Trichoderma harzianum*. Appl. Environ. Microbiol. 65: 1061-1070.

CHAPTER 22

幾丁聚醣合劑與其相關衍生製劑之開發與應用

陳俊位[1*]、鄧雅靜[2]、蔡宜峯[3]

[1] 行政院農業委員會臺中區農業改良場埔里分場
[2] 臺中科技大學、勤益科技大學
[3] 行政院農業委員會臺南區農業改良場

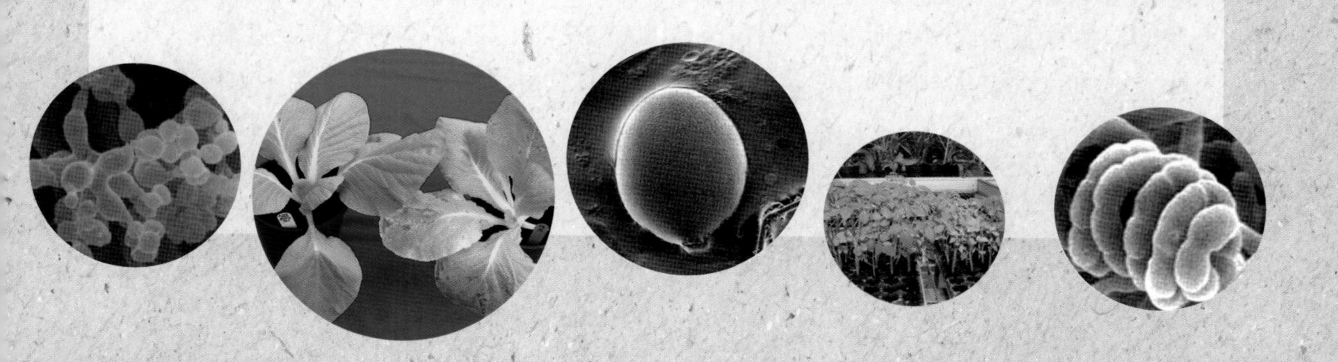

摘要

甲殼質在地球上蘊藏量非常豐富，舉凡蝦、蟹、昆蟲、蟑螂等甲類動物及磨菇皆含有甲殼質，甲殼中除含有甲殼素外，尚有碳酸鈣及脂肪、蛋白質、色素等物質，故在製程中，一般以弱酸去除碳酸鈣、以弱鹼去除蛋白質及脂肪，之後再日曬或藥劑脫色，烘乾後即獲得接近白色之甲殼素（幾丁質，chitin），由於甲殼素並不溶於水，也不溶於弱酸或弱鹼，故在應用上限制較多。

將甲殼素再以濃鹼在高溫下浸煮一段時間後，即產生脫乙醯作用，經過脫乙醯化以後的產品，即稱爲甲聚醣或幾丁聚醣（chitosan）。幾丁聚醣不溶於水，但可溶於稀醋酸、鹽酸、乳酸等有機酸中，故可開發作爲各類用途。但前述相關處理皆需用大量化學強酸鹼藥劑處理，所造成廢水廢料問題外，製造過程中大量原料的損耗亦是一大問題。臺中區農業改良場開發複合式微生物醱酵系統，可產製高濃度之甲殼素及具高活性的幾丁聚醣合劑，除可減少傳統化學製程中甲殼質原料消耗太多及所產生的廢棄物汙染問題外，相關操作技術簡便且產品品質優良，能產製高濃度的天然素材 - 幾丁聚醣合劑，具病害防治效果。

在應用範圍上幾丁聚醣合劑可防治種苗、葉部及土壤傳播性病害，如苗期立枯病、根腐病、疫病、白粉病及露菌病等，除可減少農藥用量及殘留外，並能減少連續性採收作物之農藥殘留。此外產製的幾丁聚醣合劑所含的養分更可提供植物生長所需，除可使植株生長健壯外並能提昇產量與品質。施用方式可用浸種、澆灌及噴灑方式施用。相關技術可適用在生物科技、農藥及肥料廠商等業者。近年來更將富含甲殼質的菇類剩餘物質開發成新型栽培介質，利用微生物製劑接種菇類剩餘物質，以簡易製程快速將菇類剩餘物質開發成抑病介質，減少作物根系病害的危害與環境逆境對作物造成的影響。

在作物友善栽培管理過程中，結合幾丁聚醣合劑、抑病介質及功能性微生物製劑的綜合管理方式，可促進植物生長、幫助養分吸收及抑制病害發生等效益外，近來更發現其能誘導植物產生系統性抗性，可提高對病害的抵抗力外並對極端氣候產生抗逆境能力，除減少農作物損失外並能增加農友的經濟收益。

關鍵字：幾丁聚醣、白粉病、生物防治、生物農藥、菇類剩餘物質

前言

臺灣地處亞熱帶氣候區，屬於高溼高熱環境，且地狹人稠又以集約方式進行栽培作業，導致病蟲害更顯猖獗。農民常施以化學農藥，以降低田間病蟲害密度，維持收穫量和品質。但因化學農藥生物毒性較高，若因使用不當而殘留於作物，易危害終端消費者及導致環境汙染。有機農業在國內推廣雖已有多年，但在有機作物栽培上的病害管理技術一直是讓農友頭痛的問題，遂使作物栽培面積因受限於各種病蟲害的問題而無法擴大。近年政府推動「精緻農業健康卓越方案」、友善農耕與有機農業等政策，希望打造健康無毒島的環境，已有多人利用有機資材、植物成分及礦物油劑等天然物質開發成防治病蟲害的藥劑，然因此等藥劑或製法繁瑣、或成分不穩定、或價格昂貴、或效果不彰，使農友在應用上因此望而怯步，另謀其它有效可行的防治資材與製劑。

國內農友生產的連續採收型作物如菜豆、豌豆、敏豆（四季豆）、甜豌豆、毛豆、豇豆等豆菜類、胡瓜、花胡瓜（小黃瓜）等瓜果類、韭菜花、芥藍芽（格蘭菜嬰）等，由於採收期長（連續採收），必須持續噴灑農藥控制病蟲害，常導致農藥殘留問題發生。而在危害這些作物的病蟲害上，白粉病的嚴重性早爲吾人所熟知，尤其以連續採收型作物更爲嚴重。在白粉病的防治歷史上，硫磺粉一直沿用到近代，直到有機硫磺、二硝酚類的發明才有比較可靠的防治效果，然而這類藥劑多只有保護效果，且易造成藥斑，降低農產品品質，並有動物毒性的顧慮。

二次戰後免賴得或麥角醇抑制藥劑的發明使得這類病害的防治，有近乎完美的效果，它們作用位置專一，在寄主內系統移行且使用劑量極低，兼具保護及治療的效果，在全世界廣受歡迎；唯一缺點，便是極易產生抗藥性。鑑於化學防治所造成的抗藥性及病害再猖獗問題，除抗病育種外，世界各國均以各種非農藥防治法來防治該病。在以色列，以白粉病的寄生菌（超寄生）*Ampelomyces quisqualis* 來防治設施內的白粉病，業已被商品化（AQ10、M-10、Bio-Dewcon、POWDERYCARE®、Filamen AQ、Green-all AQ）。在法國，有研究單位證明以矽化物可增加植物抗病性。另外中國大陸則以烷醇高分子薄膜來防止白粉菌之侵染，亦有成效。

近年來我國以光動物質核胺光動素作爲防治手段，也得到相當的成果，甫近，利用拮抗微生物、石灰硫磺合劑、乳化之植物食用油（葵無露）、重碳酸鹽（80%碳酸氫鉀）、枯草桿菌及植物萃取物等有機資材，對白粉病亦有防治效果，但效果不一。近年來有機農業的推廣，在白粉病害防治上仍需更有效之防治資材。

甲殼素在農作物栽培上，利用其抑菌性，可促進植物生長、活化植物免疫力、增加抗病能力，間接達成防治病蟲害的效果，在使用實務上可用葉面噴灑、種子浸泡或混入土壤等方式來達成其作用，是一種純天然的病蟲害抑制劑；也可添加在飼料中，增強牲畜的健康；亦可作爲有機肥料的添加劑，提昇其效能。甲殼質在地球上蘊藏量非常豐富，舉凡蝦、蟹、昆蟲、蟑螂等甲類動物及磨菇皆含有甲殼質，但在製造實務上，主要係以蟹腳或蝦殼爲原料。一般而言高緯度地區使用蟹腳較多，熱帶國家則以蝦殼爲主，以這兩種主要原料所製成的甲殼質，在品質上並無重大差異。甲殼質在製造過程中首先係製成甲殼素（即 chitin），甲殼中除含有甲殼素外，尚有碳酸鈣及脂肪、蛋白質、色素等物質，故在製程中，一般以弱酸（HCl）去除碳酸鈣、以弱鹼（NaOH）去除蛋白質及脂肪，之後再日曬或藥劑脫色，烘乾後即獲得接近白色之甲殼素。

由於甲殼素並不溶於水，也不溶於弱酸或弱鹼，故在應用上限制較多。將甲殼素再以濃鹼在高溫下浸煮一段時間後，即產生脫乙醯作用，經過脫乙醯化以後的產品，即稱爲甲聚醣或幾丁聚醣（chitosan），甲聚醣不溶於水，但可溶於稀醋酸、鹽酸、乳酸等有機酸中，以一般食用米醋或白醋亦可輕易溶解，故可開發作爲各類用途。但前述相關處理皆需用大量化學強酸鹼藥劑處理，所造成廢水廢料造成環境汙染外，製造過程中大量原料的損耗亦是一大問題。

本研究利用微生物分解方式處理含甲殼質物質，藉由微生物發酵作用系統先分解碳酸鈣、蛋白質及脂肪，再利用該系統產生具作用活性的幾丁聚醣合劑，除可減少製程材料的損耗外並且可減少環境汙染。茲以下文簡述本產品之特性及其防治作物病害的效果。

幾丁質、幾丁聚醣的特性

幾丁質、幾丁聚醣是一種多功能、對環境友善的現代材料，此等物質有生物相容性（毒性低、不會產生抗體等）、生物活性（降膽固醇、降血脂、降血壓、增加免疫功能）、成膜性、成膠性、在酸性溶液帶正電（抗菌、吸附、止血）等特性，因此可當做傷口敷料、貼布、手術縫合線、抗菌防臭布料、保健食品、減肥食品、固定化酵素擔體、化妝品，亦可作爲果汁澄清劑、水果保鮮劑、廢水處理劑等。

幾丁質廣泛地存在於大自然中，是產量僅次於纖維素的天然化合物，由於幾丁質具有生物活性以及生物分解性，是相當優異的天然材料，因此，已被成功地應用於農業、食品、醫藥、環保、以及化工材料等各種領域，全世界無論是已開發或開發中國家均對此等物質積極進行研究。幾丁聚醣則是幾丁質衍生物的一種，與幾丁質的差異僅在於乙醯度的高低，市面上一般以甲殼素或甲殼質稱呼幾丁聚醣，幾丁聚醣與幾丁質同樣具有多樣化的功能，除可以作爲吸附材料，也可以作爲抑菌劑，所以在工業上有很大的用途。

有鑑於世界各國對幾丁質、幾丁聚醣的積極研究與開發利用，也基於蝦蟹甲殼類是臺灣的重要漁業加工剩餘物質，如不加以利用，極易產生惡臭而造成環境汙染。且蝦蟹加工剩餘物質富含蛋白質、蝦紅素、幾丁質、鈣等有價值的成分，加以回收利用，可產生高附加價值之物質。幾丁質、幾丁聚醣原料的另一重要來源是微生物資源（biomass），我國有很好的發酵工業，這些微生物資源之利用除了可以解決剩餘物質問題，減少對環境之衝擊，也可以達到資源永續利用、綠色臺灣之理想。

幾丁質（chitin，學名是 beta-poly-N-acetyl-D-glucosamine）及幾丁聚醣（chitosan，學名是 beta-poly- D-glucosamine），結構式如圖一所示。幾丁質是一種構造類似纖維素的高分子聚合物，其結構基本上是直鏈狀的醣類，分子結構間存在很多強固的氫鍵，因此幾丁質多很堅硬，難溶於水及一般溶劑。幾丁質經過高溫、高濃度酸鹼溶液進行「去乙醯反應（deacetylation）」，即可得到幾丁聚醣。

幾丁聚醣最大的特性是可生物分解性（bio-decomposable）；由於不可能取得100% 的幾丁聚醣，因此只要幾丁質的去乙醯反應達 70% 以上，一般就通稱爲甲殼質。不同的甲殼質（幾丁聚醣）純度，成本差距甚大，所得到的藥理效果也差很多；限於技術及成本考量，市面上一般甲殼質純度多在 80-90% 之間。

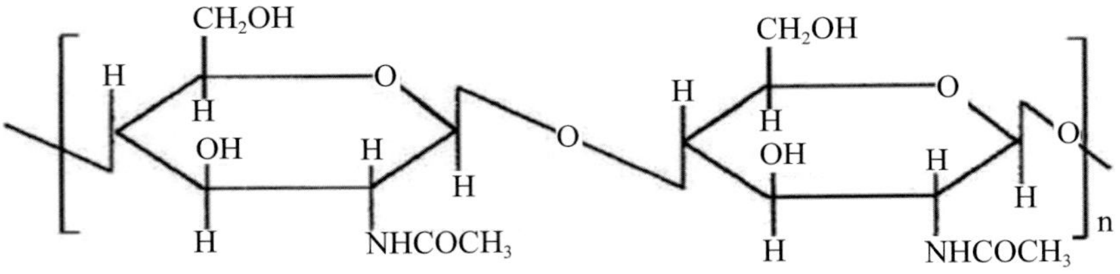

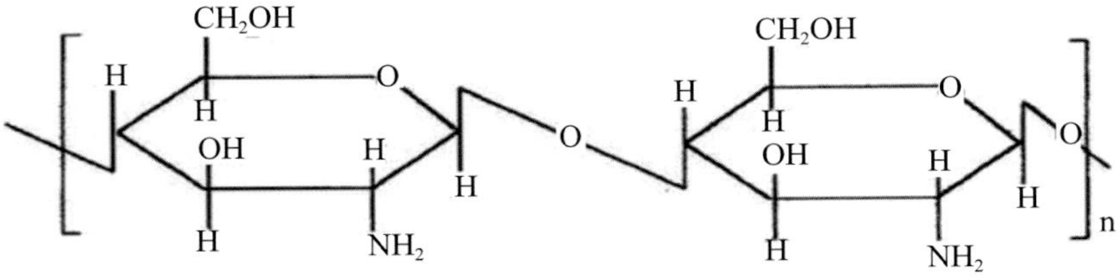

Chitin

Chitosan

圖一　幾丁質及幾丁聚醣化學結構式。

幾丁質的品質往往取決於分子量的高低，不同來源的幾丁質，其分子量高低會有很大的差異，可以從數萬到數百萬，分子量的高低會影響到幾丁質的物理特性與加工性，另外純度也是影響幾丁質品質的因素之一，但仍無有效且可靠的方法可以將幾丁質純度直接加以定量，目前普遍仍是使用差異法（by difference）來計算幾丁質的含量。

幾丁質中礦物質與蛋白質的含量會顯著影響到幾丁質的純度與品質，因此在製程中必須儘量使礦物質與蛋白質的含量減至最低，由於幾丁質的主要來源是蝦、蟹等甲殼類動物的外殼，在製作上可以配合水產加工廠取得便宜的蝦、蟹殼原料，再以酸、鹼處理法去除礦物質（demineralization）及蛋白質（deproteinization），由於以蝦、蟹殼所生產的幾丁質成本較低，大多數幾丁質都採用此方法製造，但缺點是酸鹼處理法所生產的幾丁質品質較不穩定，同時因爲蝦、蟹的生產有季節性，原料的供應會有斷層，另外水質及土壤的汙染，特別是重金屬汙染，也會嚴重影響到幾丁質的品質。（圖二）

由於幾丁質也是構成細胞壁的成分之一，近來有不少研究論文指出可以藉由發酵的方法培養細菌或眞菌，然後再透過適當的萃取純化技術生產幾丁質，雖然發酵法可以藉由調控發酵參數的方法得到較高分子量（數百萬級以上）的幾丁質，品質較好也較穩定，然而因爲發酵操作成本高昂，以目前菌株的產能計算，用發酵法所生產的幾丁質在價格上尚無法和以蝦、蟹殼爲原料所生產的幾丁質作競爭，所以蝦、蟹殼還是生產幾丁質的主要原料。

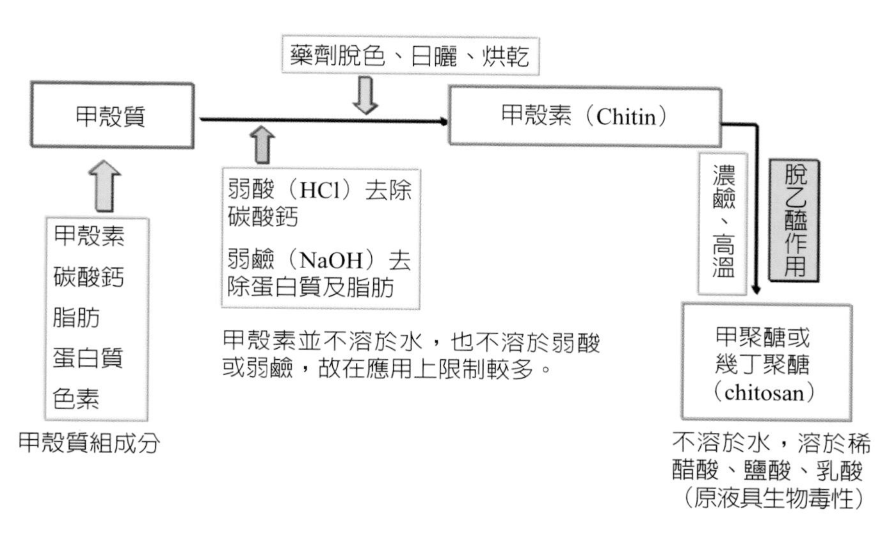

圖二　傳統幾丁聚醣製程。

植物保護用天然素材——幾丁聚醣合劑之開發與應用

爲解決上述相關處理技術所造成的廢水廢料問題外，所使用強酸鹼液除安全問題外亦造成環境汙染，而製造過程中大量原料的損耗亦是一大問題。因此，本技術利用複合式微生物釀酵系統來產製高濃度之甲殼素及具高作用活性的幾丁聚醣合劑，除可減少傳統化學製程中甲殼質原料消耗太多及所產生的廢棄物汙染問題外，更能產製高量的幾丁聚醣合劑。（圖三）

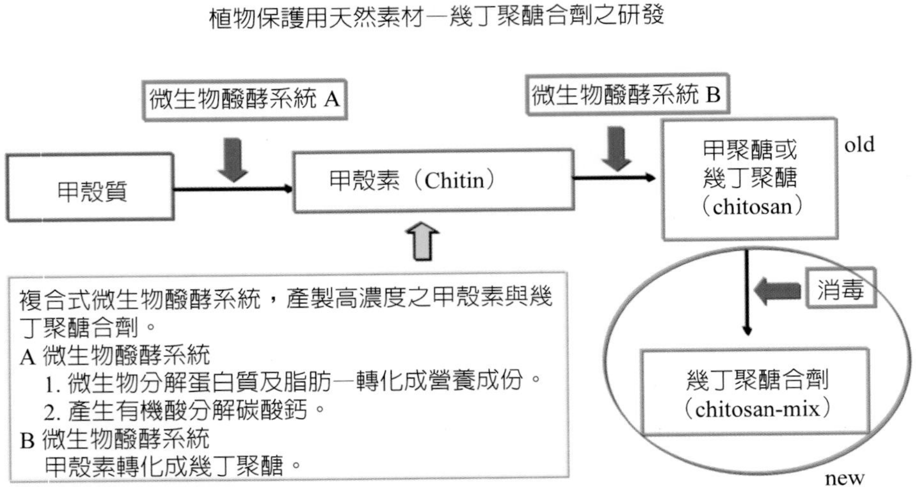

植物保護用天然素材—幾丁聚醣合劑之研發

微生物醱酵系統 A
微生物醱酵系統 B
甲殼質
甲殼素（Chitin）
甲聚醣或幾丁聚醣（chitosan）
old
消毒
幾丁聚醣合劑（chitosan-mix）
new

複合式微生物醱酵系統，產製高濃度之甲殼素與幾丁聚醣合劑。
A 微生物醱酵系統
1. 微生物分解蛋白質及脂肪—轉化成營養成份。
2. 產生有機酸分解碳酸鈣。
B 微生物醱酵系統
甲殼素轉化成幾丁聚醣。

圖三　新型幾丁聚醣合劑製程之開發與應用。

幾丁聚醣合劑作用機制探討

利用新型幾丁聚醣合劑製程所產製的幾丁聚醣合劑，原先製備方法製備後靜置，隨置放時間增加，其內微生物數量隨之減少，七個月後部分製劑其內微生物含量爲 0。以濾紙法測試各製劑有無抑菌之代謝物質，測試後發現其內含之代謝物質無法抑制眞菌、酵母菌及細菌之生長。將立枯絲核菌菌絲塊切取 5mm 大小後浸泡到各甲殼素合劑內，30 分鐘後取出置於 PDA 平板，以觀察其抑菌效果，各處理皆可抑制立枯絲核菌菌絲之生長，消毒與未消毒滅菌處理皆俱抑菌生長效果。

結果顯示本研究所開發的幾丁聚醣合劑抑菌作用和所添加菌種與醱酵代謝產物無關，而與其形成之幾丁聚醣有關，且可應用在植物病害防治上使用。爲符合後續產品登記需求，新型幾丁聚醣合劑製程後端會以消毒方式去除生物干擾因子，使抑制病害的作用成分單純爲幾丁聚醣。

幾丁聚醣合劑之動物、昆蟲毒理試驗及理化性質分析

本製劑產製完成，委託農業藥物毒物試驗所進行動物、昆蟲毒理試驗及理化性質分析，各分別結果分述如下：

幾丁聚醣合劑之動物、昆蟲毒理試驗資料：

1. 甲殼素（幾丁質）對大鼠口服急毒性試驗：對大鼠口服急毒性死亡率為 0，經試驗對雌性大鼠之口服急毒性 LD_{50} 估計值大於 5,000 mg/kg body weight。

2. 甲殼素（幾丁質）對白兔眼刺激性試驗：對兔隻眼睛在第七天內具眼刺激性，但無其他症狀，處理藥劑後水洗眼睛皆可恢復正常。

3. 甲殼素（幾丁質）對小鼠皮膚過敏性試驗：試驗物塗抹小鼠耳後各處理組林八節細胞增生比值均未達 1.6 倍，顯示本產品對小鼠不具皮膚過敏性。

4. 甲殼素（幾丁質）對蜜蜂 48 小時之口服急毒性試驗：試驗物對於蜜蜂口服急毒性之毒性分級為低毒性（符合 $LD_{50} \geqq 100\ \mu g$ a.s./bee），其於田間施用對蜜蜂之風險商數（RQ）經推估亦小於 50，對於蜜蜂在田間採集花粉 / 花蜜等活動，經評估應屬低風險之產物，施用於粉源 / 蜜源植物應屬安全。

5. 甲殼素（幾丁質）對蜜蜂 48 小時之接觸急毒性試驗：試驗物對於蜜蜂口服急毒性之毒性分級為微毒性（符合 $LD_{50} \geqq 16\ \mu g$ a.s./bee），其於田間施用對蜜蜂之風險商數（RQ）經推估亦小於 50，對於蜜蜂在田間採集花粉 / 花蜜等活動，經評估應屬低風險之產物，施用於粉源 / 蜜源植物應屬安全。

幾丁聚醣合劑理化性質分析資料，見表一。

本產品技術優勢在於：(1) 天然素材調製配合微生物醱酵分解製程，製程可減少傳統化學製法所產生的汙染與原料浪費。(2) 可應用於防治連續採收型作物的白粉病，符合農藥相關規範。可施用於多種作物並可與多種農藥或生物農藥混用。另可當種子消毒處理劑、飼料添加劑與飼料防黴添加劑等。(3) 已完成動物及昆蟲毒理試驗與理化性質分析資料，並完成三場次田間藥劑試驗，完備免登資材所需登記之資料要件。本研究所開發的幾丁聚醣合劑擴大施用範圍測試，在胡瓜、南瓜及茄科作物的白粉病及多種作物的露菌病防治皆有效果，未來相關產品登記上市後將極具市場潛力。

表一　幾丁聚醣合劑理化性質分析資料表

試驗項目	試驗指引	結果
物理狀態	OCSPP 830.6303	上下分層，上層為黑褐色液體，下層為咖啡色沉澱固體
顏色	OCSPP 830.6302	上層為黑褐色，下層為咖啡色
氣味	OCSPP 830.6304	果醋味
酸鹼度	CIPAC MT 75.3	pH3.94（n=3, RSD=0.00%）（測試溫度：26.3 ～ 26.5°C）
密度	CIPAC MT 3	1.0418g/mL（n=3, RSD=0.085%）（測試平均溫度：20.2°C）
黏度	CIPAC MT 192	10.10cp（n=2, RSD=0.23%）, 50 rpm, 25.0°C
燃燒性	CIPAC MT 12.3	閃火點大於 95°C，故不屬於易燃液體
有效成分幾丁聚醣含量		0.69%（n=3, SD=0.00041%）
貯存安定性	CIPAC MT 46.3	在溫度 54±2°C 放置 2 週後，有效成分幾丁聚醣之含量為 0.64%（n=3, SD=0.00014），為未處理之 92.89%（SD=0.059），低於未處理之 95%。
包裝材料腐蝕性	CIPAC MT 46.3	試驗物包裝材料（HDPE 瓶）經 54±2°C 2 週後，外觀無明顯腐蝕特徵。
爆炸性	OCSPP 830.6316	平均熱焓為 62.17 J/g，依聯合國危險貨物運輸之評估，樣品放熱峰未大於 500 J/g，故屬於不具潛在爆炸危害之物質。

幾丁聚醣合劑病害防治效果試驗

爲了解其防治病害種類與效果，後續試驗即針對瓜類白粉病進行測試。在白粉病的防治上，化學藥劑防治一直是農友所倚賴的防治方法，但相關藥劑普遍有形成藥斑、降低農產品品質、動物毒性顧慮及抗藥性產生等問題，現今世界各國均研發各種非農藥防治法來防治白粉病。

一、幾丁聚醣合劑洋香瓜白粉病防治試驗

洋香瓜白粉病（Powdery mildew）係由白粉病菌（*Sphaerotheca fuliginea*（Schlecht）Poll）所引起，其發生於葉、葉柄、嫩蔓等部位，產生白色粉末狀的分生孢子與菌絲，而後漸變爲灰色，同時在其上面亦形成黑色小粒點之子囊殼。如病害繼續進行被害葉即變黃而枯落，發生嚴重時全株表面皆覆滿白色粉狀物而呈青白色。

本研究先利用所研發的幾丁聚醣合劑來降低設施栽培內洋香瓜白粉病之危害，並以液化澱粉芽孢桿菌（*Bacillus amyloliquefaciens*）TCB102-B7、TCB9407、WG6-14、枯草桿菌（*B. subtilis*）TKS-1 等菌株及木黴菌（*Trichoderma asperelloides* TCTr668）結合幾丁聚醣合劑進行防治試驗，另以 10.5% 平克座水基乳劑爲對照藥劑。田間試驗結果發現，在發病初期，單獨施用各供試菌株與平克座皆無法有效防治白粉病，添加展著劑施用後則以幾丁聚醣合劑（TCT-LC）防治效果最佳，防治率可達 98%，且效果可維持 3～4 周。

各供試菌株與幾丁聚醣合劑混合施用後，可有效降低洋香瓜白粉病之危害，發病率可由 90% 降至 10～30%（表二），分析葉片上液化澱粉芽孢桿菌與枯草桿菌菌量發現，混合幾丁聚醣合劑（TCT-LC）處理者其菌量比未混合者高 1～3×10^2cfu/ml（表三）。於洋香瓜白粉病發生嚴重時以葵無露、可溼性硫磺、平克座、80% 碳酸氫鉀、水及甲殼素合劑施用於葉片上，以葵無露防治效果最佳，其次爲幾丁聚醣合劑，其餘處理則皆無法有效控制洋香瓜白粉病菌之危害（表四），部分藥劑則對植株葉片及新稍造成藥害（圖四）。

表二　生物製劑與幾丁聚醣合劑混合後對洋香瓜白粉病防治效果

Treatment	disease severity(%)	
	—	+ TCT-LC
a. *Trichoderma asperelloides* (TCTr668)	95	7.5
b. *Bacillus amyloliquefaciens* (TCB9407)	90	12.5
c. *B. amyloliquefaciens* (TCB102-B7)	90	17.5
d. *B. amyloliquefaciens* (WG 6-14)	77.5	10
e. *B. subtilis* (TKS-1)	70	17.5
f. Chitosan Mix(TCT-LC)	32.5	4
g. CK：Penconazole	100	-

表三　生物製劑與幾丁聚醣合劑混用後菌株在洋香瓜葉片上之殘留量分析

Treatment	dilution（100x）	
	—	Chitosan Mix
a. *Trichoderma asperelloides* (TCTr668)	8.0×10^4	2.7×10^6
b. *Bacillus amyloliquefaciens* (TCB9407)	4.0×10^4	1.9×10^5
c. *B. amyloliquefaciens* (TCB102-B7)	5.4×10^4	1.1×10^6
d. *B. amyloliquefaciens* (WG 6-14)	6.0×10^4	2.1×10^6
e. *B. subtilis* (TKS-1)	3.0×10^4	1.1×10^5
f. Chitosan Mix(TCT-LC)	8.0×10^4	3.9×10^4
g. CK：Penconazole	4.8×10^4	1.5×10^4

表四　幾丁聚醣合劑與其它白粉病防治藥劑防治效果比較

處理藥劑	罹病度（%）
a. 幾丁聚醣合劑（TCT-LC）50X	50
b. 幾丁聚醣合劑 + 泡舒 50X	60
c. 80% WP 可溼性硫磺 400X（松克魔粒）	72.5
d. 萎無露 250X（振詠興業）	37.5
e. 10.5% 平克座乳劑 1500X（脫百絲）	87.5
f. 泡舒 100X	80
g. 水	90
h. 80% 碳酸氫鉀 1000X（速綠佳）	90

由結果顯示，在洋香瓜白粉病發病初期施用幾丁聚醣合劑可有效控制白粉病菌危害（圖五）。

二、幾丁聚醣合劑胡瓜白粉病防治試驗

胡瓜為國內夏季重要蔬菜，且為連續採收型作物，在採收期極易發生的葉部病害為露菌病及白粉病。胡瓜白粉病（cucumber powdery mildew）之病原菌為 *Sphaerotheca fusca* (Fr.) Blumer 及 *S. fuliginea* (Schlecht.) Sawada，其可感染胡瓜葉片、葉柄、嫩蔓等部位，在葉片上產生白粉狀斑點，隨後變為灰色或暗灰色，後期病斑擴大佈滿全葉，導致葉片枯萎；病斑可延伸至葉柄及莖部，影響光合作用，降

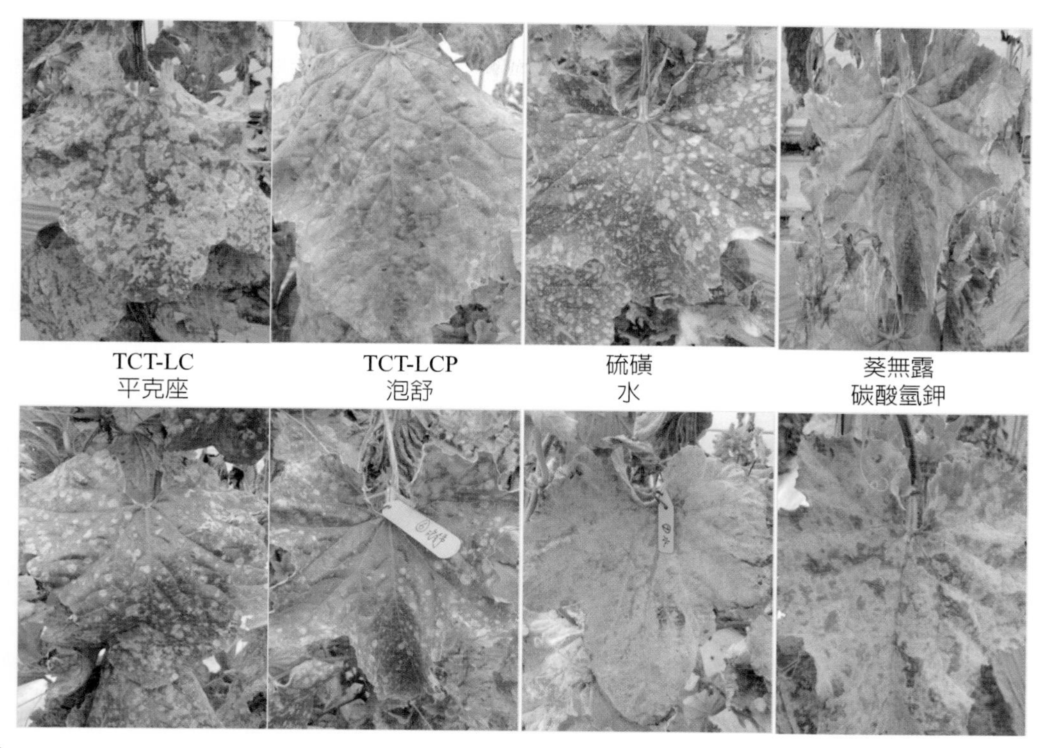

圖四　幾丁聚醣合劑 TCT-LC 與其它白粉病防治藥劑防治效果比較。

圖五　幾丁聚醣合劑防治洋香瓜白粉病效果（左：對照區、右：處理區）。

低瓜果品質及產量。而以溫網室栽培者，更易受白粉病侵染。國內胡瓜白粉病防治多使用化學藥劑，除造成藥劑殘留及農業環境破壞外，更會誘發抗藥性。

胡瓜白粉病防治試驗田間規劃：

1. 試驗植株之選擇標準：以地勢較平坦且歷年常發生白粉病之設施溫室田區爲試驗區，依農民慣用栽培方法管理，並記錄實際田間情形。

2. 田區設計：試驗採逢機完全區集設計，每小區 10 株，4 重複，採逢機完全區集設計（RCBD），4 區集，每小區 10 株，4 處理共計 40 株。將 40 株以逢機方式配置於試驗區內。

3. 處理：共計 4 種處理，包括供試藥劑幾丁聚醣合劑之三種濃度（分別爲稀釋 100 倍、200 倍及 300 倍與 80% 碳酸氫鉀爲對照組；每種處理有 4 次重複。

4. 施藥方法：(1) 施藥適期與施藥部位：發病初期開始處理，噴施時必須均勻覆蓋葉面、葉背及植株，並於處理前、第二次處理前及第二次處理後 7 天各進行一次罹病率調查，計算罹病級數。(2) 間隔及次數：發病初期開始處理，每隔 7 天處理一次，共二次。由結果（表五及圖六）顯示幾丁聚醣合劑對胡瓜白粉病具防治效果。

表五　幾丁聚醣合劑胡瓜白粉病田間試驗防治效果

處理藥劑	罹病度		
	試區 1	試區 2	試區 3
a. 甲殼素合劑 100X	10a	15a	16a
b. 甲殼素合劑 200X	25b	28b	30b
c. 甲殼素合劑 300X	50c	55c	48bc
d. 80% 碳酸氫鉀 1000X	60cd	78d	67c
e. CK（水）	80e	86e	89e

圖六　幾丁聚醣合劑防治胡瓜白粉病效果（左：對照區、右：處理區）。

三、幾丁聚醣合劑擴大病害範圍防治施用

爲增加本產品之市場競爭性，擴大病害範圍防治施用。在防治瓜類白粉病時亦同時評估對瓜類露菌病之防治效果，並測試葡萄露菌病之防治（圖七）。除葉面施用外，運用幾丁聚醣合劑防治種苗及土壤傳播性病害，可當稻種處理劑防治秧苗期病害（圖八）及胡瓜萎凋病（圖九）等病害。

在 2015-2016 年冬季小果番茄搭配臺中區改良場新開發的幾丁聚醣合劑 100 倍葉面施用，除可抑制白粉病、葉黴病及粉蝨之危害外，並可減輕嫁接番茄根砧冬季低溫所產生的生理障礙。

在 2016 年初霸王級寒流來襲時幾丁聚醣合劑的施用有效保護番茄植株與葉片未產生寒害現象，並克服其後的連續低溫影響。於早上 8 點左右施用幾丁聚醣合劑 100 倍於葉片上，可在持續低溫影響根砧養分吸收的情形下，由葉面供給養分讓植株吸收維持正常的生長開花結果功能，因而讓農友栽種的小果番茄仍有正常的產量與品質，除使田間小果番茄成功抵禦幾波寒流、克服生育障礙與病蟲害外，同時延長採收期一個月及增加 20% 以上的產量（圖十）。顯示本產品除有病害防治效果外，並有提升植物抗逆境能力。

圖七　幾丁聚醣合劑防治胡瓜（上）與葡萄（下）露菌病效果（左：對照區、右：處理區）。

圖八　幾丁聚醣合劑稻種處理技術。

圖九　幾丁聚醣合劑防治胡瓜萎凋病效果（左：對照區、右：處理區）。

嫁接小果番茄因寒流影響產生葉片壞疽徵狀

嫁接番茄因低溫障礙影響葉片黃化嚴重

圖十　幾丁聚醣合劑的施用可提升番茄植株抗逆境能力與減少病蟲害發生。

本研究所開發的幾丁聚醣合劑擴大施用範圍測試，除在胡瓜、南瓜及茄科作物的白粉病及多種作物的露菌病防治皆有效果，運用幾丁聚醣合劑更可防治種苗、葉部及土壤傳播性病害，除可減少農藥使用及殘留外，並能減少連續性採收作物之農藥殘留。此外產製的幾丁聚醣合劑所含的養分更可提供植物生長所需，除可使植株生長健壯外並能提昇產量與品質，提升植物抗低溫逆境能力。相關操作技術簡便且產品品質優良，已成爲健康安全農業與有機栽培農友病害防治的新利器。

菇類剩餘物質開發新型幾丁質栽培介質

菇農栽培過後的太空包，除少部分用來做爲堆肥與改良土壤用途外，多將其作爲廢棄物處理，或任意丟棄田野，除浪費寶貴之天然資源外，亦造成對環境之汙染。以香菇栽培爲例，國內一年有 2 億 5 千萬包廢棄太空包產生（每包約含 1 公斤生物質量），棄之殊屬可惜。利用本創新技術將其回收再利用，除可改善環境汙染問題外，並具節省寶貴之天然資源等多重效益。

由於菇類剩餘物質含有大量的菌絲體，其組成分主要爲幾丁質，利用廢包清理時添加一定量木黴菌與放線菌堆肥發酵接種劑，於菇類剩餘物質發酵製作成有機堆肥過程中，可以快速分解有機材料，堆肥溫度上升時會誘發大量具分解幾丁質成分能力的放線菌生成，可調製成具抑病能力的生物性有機介質，且具有操作方便、成本低廉、縮短製程、降低臭味等綜合效益。

由於利用本技術可發展新型幾丁質抑病介質，田間應用可降低多種作物之萎凋病與根瘤線蟲障礙，此外，相關產品具肥效、分解功能與保暖等多種功能，運用在作物生長與復育上，能抵抗極端氣候，恢復作物正常生長。除增加農友收益外，也可以加速菇類剩餘物質去化速度，能有效提高菇類剩餘資源使用率。

一、農業剩餘物質產品在瓜類友善耕作上之應用技術

困擾農友多年無藥可醫的瓜類萎凋病，臺中區改良場利用微生物製劑、功能性微生物製劑與抑病介質處理，已可成功防治此一病害！瓜果類作物爲國內夏季重要蔬菜，包括胡瓜、絲瓜、苦瓜、冬瓜及扁蒲等，這些作物由於採收期長，生產期間

常因遭遇豪雨及颱風侵襲，極易發生萎凋病，嚴重影響農友收益。目前產地農民多採取嫁接苗來降低萎凋病發生，但因嫁接種苗成本高、雨季來臨時的根系淹水障礙與錯誤的施肥方式導致萎凋病的防治效果每況愈下。

爲解決農友作物栽培問題、促進農產品安全及有機農業發展，臺中區改良場積極開發有機栽培可使用之微生物製劑。運用木黴菌與放線菌相關製劑產品在田間絲瓜與苦瓜栽培管理上，可降低 90% 以上的萎凋病受害率。其田間施用方法爲：田間基肥每分地先施用木黴菌堆肥發酵接種劑處理的菇包剩餘物質 15～20 包（25 公斤裝），絲瓜苗種植前可採浸泡或澆灌方式接種木黴菌育苗接種劑，種植後再配合澆灌木黴菌液肥 B 配方 100～200 倍（表六），採收期澆灌與葉噴 C 配方或 SI 配方 100 倍，可有效抑制絲瓜萎凋病之發生，克服目前萎凋病無藥可治的窘境（圖十一）。

如果在絲瓜基部再追加灑施菇類剩餘物質堆肥，或置放整包的菇類剩餘物質堆肥，更可保護絲瓜的根部不會受到萎凋病的危害，防治率可以達到近 100%（圖十二）。此外，絲瓜生育期間葉面噴施新開發的甲殼素合劑（幾丁聚醣合劑），可有效防治白粉病及露菌病等病害，並減輕根系因下雨而產生的生理萎凋障礙；在這幾年颱風及豪雨的侵襲下，前述微生物製劑除有效保護絲瓜植株生長不受災害影響外，並讓絲瓜得以正常開花、結果，對絲瓜產量及品質有極大助益，且可以克服萎凋病障礙讓農民原地能再重新種植絲瓜。

相關農業剩餘物質產品除可在絲瓜友善耕作上應用外，也可以應用在小黃瓜、胡瓜及苦瓜上，可克服萎凋病、根瘤線蟲及淹水逆境，應用菇類剩餘物質發酵過程中所產的微生物熱，更可以抗低溫逆境；應用在冬天苦瓜的栽培上，搭配功能性微生物製劑的施用，可讓中部地區的農民在 1 月份收苦瓜，除可調節產期外，也讓農作物避開產季集中價格不穩的困境。

表六　功能性微生物製劑參考配方

成分	配方 A	配方 B	配方 C	配方 SI	配方 C+SI
豆奶粉	1 公斤	0	0	0	0
奶粉	0	1 公斤	1 公斤	1 公斤	1 公斤
海草粉	0.5 公斤	0.5 公斤	0.5 公斤	0.5 公斤	0.5 公斤
蝦蟹殼粉	0	0	150 毫升	0	150 毫升
矽藻土	0	0	0	0.5 公斤	0.5 公斤
糖蜜	2 公斤	2 公斤	2 公斤	2 公斤	2 公斤
微生物菌種 *	20 公克	20 公克	20 公克	20 公克	20 公克
水（自來水）	20 公升	20 公升	20 公升	20 公升	20 公升

* 微生物菌種係以臺中區農改場所開發的穀類剩餘物質菌種繁殖技術所生產的木黴菌稻穀菌種、液化澱粉芽孢桿菌的黃豆菌種及放線菌的麥粒菌種為主要添加菌種製劑。

圖十一　幾丁聚醣合劑的施用可提升絲瓜植株抗逆境能力與減少病害發生。

圖十二　幾丁聚醣合劑結合菇類剩餘物質堆肥可提升絲瓜植株抗萎凋病能力。

二、農業剩餘物質產品在番石榴友善耕作上之應用技術

番石榴是重要的熱帶果樹之一，在彰化縣溪州鄉、社頭鄉與員林鎮等地栽培面積達 1,240 公頃，爲番石榴重要產區。近幾年因立枯病、根瘤線蟲等病蟲害問題與極端氣候的影響，導致中部地區的番石榴植株大量死亡，農民收入銳減。臺中區改良場利用菇類剩餘物質配合木黴菌放線菌發酵接種劑，開發出循環農業新資材－菇類剩餘物質幾丁質堆肥，歷經二年的試驗與調查，終於克服困擾農友多年的病蟲問題，除種出鮮甜爽脆的番石榴外，也讓農業生產過程中所產生的剩餘物質能有新用途。

本技術利用添加木黴菌 TCT768 接種劑於菇類剩餘物質中製作成有機堆肥，除可以快速分解菇類剩餘物質外，並可誘發大量放線菌生成，所產製新型抑病介質，田間應用可降低番石榴之萎凋病與根瘤線蟲障礙。施用方法以撒施在植株基部土壤上爲準，視植株大小調整用量，以覆蓋住植株基部土壤爲原則，隨即以功能性微生物製劑 SI 配方稀釋 100 倍澆灌基部土壤，其後則以稀釋倍數 100～200 倍一周噴灑葉面一次。

如此在施用的部位可以誘發番石榴新根產生，配合其內所含的有益微生物如木

黴菌與放線菌可延緩立枯病與根瘤線蟲的所造成的植株死亡。施放於番石榴廢棄枝條與落葉上，則可加速枝條與落葉分解，並具有保溼減少根部水分蒸散之效果。而廢棄枝條樹葉分解後所產生的養分又可供應番石榴生長所需。此外，菇包菌肥因微生物發酵產生的堆肥生物熱，將整包置放於番石榴新根部分對根部有保溫作用，類似暖暖包的功能，又可克服冬天低溫障礙。

如果田間重新種植則先將番石榴幼苗以浸泡或澆灌方式接種木黴菌育苗接種劑，田間基肥每分地施用木黴菌堆肥發酵接種劑處理的菇包剩餘物質 15～20 包（25 公斤裝），植株種植後再配合澆灌木黴菌液肥 B 配方 100～200 倍，採收期澆灌與葉噴 C 配方或 SI 配方 100 倍（圖十三）。

本技術開發的生物性有機堆肥中富含幾丁質，其具肥效、抗病、分解與保暖等多種功能，讓番石榴根系恢復發育，田間植株復育成效達 70%～80%，更能提高開花著果量，果實結實纍纍收成較對照組增加 50%～60%，施用後三個月即有成效，爲循環農業新資材田間施用技術成功之範例。

圖十三　幾丁聚醣合劑結合菇類剩餘物質堆肥的施用可提升番石榴植株抗逆境能力與減少病害發生。

結語

臺中區農業改良場多年來針對農業剩餘物質如蝦蟹殼與菇類剩餘物質已開發相關應用技術，並有多種產品生產上市。爲提供有機及友善栽培農友相關栽培技術，上述所開發的作物友善栽培技術套組，係以綜合有害生物管理方法結合正確有機肥料與資材施用方式所建立的技術套組，並針對植物遭遇逆境時建立其處理方法，已可有效解決困擾農友多年的栽培問題。

因應未來栽培環境的惡化、極端氣候的影響、耕作資源的枯竭與病蟲草害的猖獗，相關栽培所使用的微生物製劑與農業剩餘物質再利用的新穎性技術，將是未來應該加強研究的重點。

主要參考文獻

1. 陳三鳳、李季倫。1993。幾丁質酶研究歷史和發展前景。微生物學通報 20(3): 156-160。
2. 但漢鴻、吳純仁。1995。植物幾丁質酶與病害防治研究進展。生物技術通報 2: 1-3。
3. 陳松、黃駿麒。1997。幾丁質酶及其在植物抗眞菌病中的作用。生物學雜誌 14(2): 1-2。
4. 馮俊麗、朱旭芬。2004。微生物幾丁質酶的分子生物學研究。浙江大學學報（農業與生命科學版）30(1): 102-108。
5. 陳榮輝。2001。幾丁質、幾丁聚醣的生產製造檢測與應用。科學發展月刊 29(10) : 776-787 。
6. 謝廷芳、黃晉興、謝麗娟、胡敏夫、柯文雄。2005。植物萃取液對植物病原眞菌之抑菌效果。植病會刊 14: 59-66。
7. Back, J. M., Howell, C. R. and Kenertey, C. M. 1999.The role of an extracellular chitinase from *Trichoderma virens* GV 28-8 in the biocontrol of *Rhizoctonia solani*. Curr. Genet. 35: 41-50.

8. Bélanger, R. R., Labbé, C., and Jarvis, W.R. 1994. Commercial-scale control of rose powdery mildew with a fungal antagonist. Plant Dis.78: 420-424.
9. Chemin, L. S. 1997. Molecular cloning, structural analysis, and expression in *Escheriehia coil* of a chitinase gene from enterobaeter agglomeram. Appl. Environ. Microbiol. 63(3): 834-839.
10. Daayf, F., Schmitt, A., and Bélanger, R. R. 1995. The effects of plant extracts of *Reynoutria sachalinensis* on powdery mildew development and leaf physiology of long English cucumber. Plant Dis. 79: 577-580.
11. Dik, A. J., Verhaar, M. A., and Bélanger, R. R. 1998. Comparison of three biological control agents against cucumber powdery mildew (*Sphaerotheca fuliginea*) in semi-commercial scale glasshouse trials. Euro. J. Plant Pathol. 104: 413-423.
12. Bolar, J. P., Norelli , J. L., and Wong, K. W. 2000. Expression of endochitinase from *Trichoderma harzinum* in ransgenic apple increases resistance to apple scab and reduces vigor. Phytopahology 90: 72-77.
13. Elad, Y. 2000. Biological control of foliar pathogens by means of *Trichoderma harzianum* and potential modes of action. Crop Prot. 19: 704-709.
14. Kiss, L. 2003. A review of fungal antagonists of powdery mildews and their potential as biocontrol agents. Pest Manag. Sci. 59: 475-483.
15. Kiss, L., Russell, J.C., Szentivanyi, O., Xu, X., and Jeffries, P. 2004. Biology and biocontrol potential of *Ampelomyces mycoparasites*, natural antagonists of powdery mildew fungi. Biocon. Sci. and Technol. 14: 635-651.
16. Konstantinidou-Doltsinis, K. and Schmitt, A. 1998. Impact of treatment with plant extracts from *Reynoutria sachalinensis* (*F. schmidt*) Nakai onintensity of powdery mildew severity and yield in cucumber under high disease pressure. Crop Prot. 17: 649-656.
17. Ko, W. H., Wang, S. Y., Hsieh, T. F., and Ann, P. J. 2003. Effects of sunflower oil on tomato powdery mildew caused by *Oidium neolycopersici*. J. Phytopathol. 151: 144-148.

18. Paik, S. B., Kyung, S. H., Kim, J. J. and Oh, Y. S. 1996. Effect of a bioactive substance extracted from *Rheum undulatum* on control of cucumber powdery mildew. Korean J. Plant Pathol. 12: 85-90.
19. Romero, D., Pérez-García, A., Rivera, M. E., Cazorla, F. M. and Vicente, de A. 2004. Isolation and evaluation of antagonistic bacteria towards the cucurbit powdery mildew fungus *Podosphaera fusca*. Appl. Microbiol. and Biotechnol. 64: 263-269.
20. Romero, D., Rivera, M. E., Cazorla, F. M., Vicente, de A. and Pérez-García, A. 2003. Effect of mycoparasitic fungi on the development of *Sphaerotheca fusca* in melon leaves. Mycological Research 107: 64-71.
21. Sztejnberg, A., Paz, Z., Boekhout, T., Gafni, A. and Gerson, U. 2004. A new fungus with dual biocontrol capabilities: reducing the numbers of phytophagous mites and powdery mildew disease damage. Crop Prot. 23: 1125-1129.
22. Urquhart, E. J., Menzies, J. G., and Punja, Z. K. 1994. Growth and biological control activity of *Tilletiopsis* species against powdery mildew (*Sphaerotheca fuliginea*) on greenhouse cucumber. Phytopathology 84: 341-351.
23. Zhu, Q., Maher, E. A. and Masoud, S. 1994. Enhanced protection against fungal attack by constitutive co-expression of chitinase and glucanase genes in transgenic tobacco. Biotechnology 12: 807-812.

CHAPTER 23

液體皂植保製劑

陳淑佩

行政院農業委員會農業試驗所應用動物組

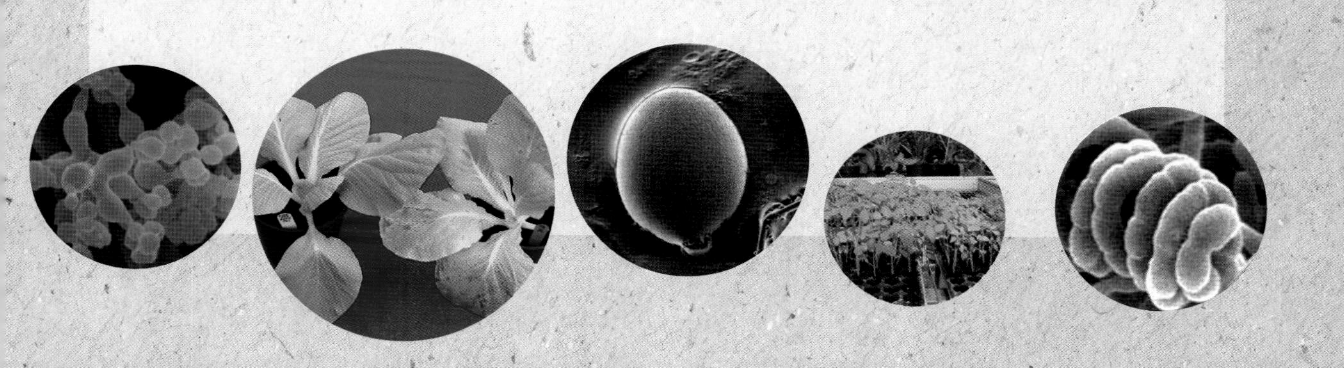

摘要

爲減少化學農藥的使用及維護生態環境等目標，開發非農藥之防治資材是目前作物蟲害防治的策略之一。液體肥皂類，爲對人體及環境較安全的一種防治資材。其殺蟲機制在於稀釋後的溶液直接接觸及破壞蟲體表面，進而使蟲體脫水及死亡。研究證實該製劑在 1.0-2.0% 濃度下之對觀賞類花木蚜蟲及葉蟎等具良好的防治成效。

此外，經試驗調查顯示，1.0-2.0% 液體皂植保製劑（少於 200 ppm 鈣鎂離子）均勻撒布於小黃瓜葉片時，可透過物理方式防治蚜蟲，其防治率達 60% 以上。相較於化學農藥，此植物保護製劑除標的害蟲外，對其他非標的的植物或昆蟲並無傷害，且易被環境分解，爲生產質優安全農產品及永續農業重要的一環。

關鍵字：液體皂植保製劑、蚜蟲、葉蟎、皂素、觀賞花木

前言

人類為了生產糧食，需要使用預防手段或農藥來減少因病蟲害而造成的損失，而農藥的使用也由早期僅關切防治效果轉變為兼顧人類安全及環境生態平衡。故源自植物的植物源保護製劑亦日益受其重視。植物源保護製劑即為泛指利用植物體本身所含的穩定有效成分，按一定方法對目標植物進行施用後，以降低病、蟲、雜草等有害生物危害的天然植保製劑。如印楝素（azadirachtin）、大蒜浸出液（garlic）、菸鹼（nicotine）、除蟲菊精（pyrethrum）、魚藤精（rotenone）、藜蘆鹼（sabadilla, vertrine）及皀素（saponins）等（謝等，2005）。

以植物源作為防蟲資材具有下列幾項優點：(1) 因為多為複合物，殺蟲作用機制較複雜，較不容易產生抗藥性；(2) 可以對抗對合成化學農藥產生抗性的蟲害；(3) 大多數毒性相對合成化學農藥比較低，且較無殘留問題，有些植物性農藥甚至無安全採收期的間隔時期；(4) 天然物容易被分解，不易在環境中殘留與累積；(5) 有機農業不得使用化學合成農藥，但准許使用經認證的植物性農藥。

雖然有優點，但實際商品並不多見，因其也具有下列幾點缺點：(1) 植物原料來源取得不易，不易大量生產，且生產成本昂貴；(2) 蟲害種類繁多，可利用的植物性農藥種類不足；(3) 防治效果容易受環境因子如降雨、溫度、溼度及紫外線等影響：(4) 成分複雜，不易標準化，製劑開發不易，保存期限較短，殺蟲廣效性不如化學農藥；(5) 法規嚴格或不明，開發意願受限制（李與姚，2013）。

肥皀水溶液自 1787 年就有記載用來防治身體柔軟的害蟲，如蚜蟲、葉蟎及介殼蟲等，我國農糧署訂定有機蟲害防治可用資材（不含殺菌能力）及 OMRI（The Organic Materials Review Institute）皆允許使用肥皀水溶液來防治病蟲害。登錄在 OMRI 資材有二家著名產品即 M-Pede（Dow AgroSciences LLC）及 Safer insecticidal soap（Woodstream Corporation），其主要成分約為 50% 油酸鉀，使用殺蟲濃度主成分為 0.5～1.0%，使用對象以小型柔軟昆蟲為主，如蚜蟲、葉蟎等。

國內學者曾研究肥皀水溶液對二點葉蟎作用的影響，在室內使葉浸法對二點葉蟎雌成蟎進行毒性試驗。試驗結果顯示肥皀水溶液〔脂肪酸鈉皀（椰子油 80% + 棕櫚油 20% 皀化產品）〕對二點葉蟎雌成蟎 LC50, 24 h = 1.1 mg/ml，95% confidence limits = 0.96-1.2 mg/mL。水質總硬度（total hardness as $CaCO_3$）試驗發現肥皀水溶液在 100 ppm 總硬度以上的濃度即會強列影響肥皀水溶液對二點葉蟎雌成蟎的殺蟎效果（李，2013）。而用於觀賞花木的蚜蟲及葉蟎亦有良好的效果（表一）。其作用機制爲殺蟲皀直接包覆蟲體，覆蓋蟲體窒息及經由脫水造成蟲體死亡。

近年來設施栽培及食安的需求，小型害蟲防治是臺灣未來溫網室害蟲防治重點之一。爲減少化學農藥的使用及維護生態環境等目標，開發對人體及環境較安全非農藥之防治資材是目前作物蟲害防治的策略之一。液體皀植保製劑亦可當成不影響環境之安全資材之一。故本文就液體保護製劑對設施小黃瓜重要害蟲蚜蟲之防治效果加以述明。

表一　液體皀植保製劑防治觀賞花木之神澤葉蟎（*Tetranychus Kanzawai* Kishida）初步結果

處理	稀釋倍數	防治效果（死亡率 %）	
		農皀（軟水）	農皀（硬水）
液體皀植保製劑	50	100	77
	100	100	27-30
	150	100	10-20
	200	83-93	7-13
	250	23-30	—
對照（水）		0-2.3	0-10

材料與製作步驟

一、資材種類與規格

係由椰子油、氫氧化鉀水溶液、95% 酒精、甘油、硼砂水溶液等主成分經由混合及加熱等調製技術後所得之製劑。

二、液體皀植保製劑（陳，2010）之製作步驟

1. 將內含椰子油之耐熱及酸鹼之器皿，放入預先加熱至定溫（約 75℃）水浴

器中，隔水加熱半小時，其水浴器水位須高於椰子油高度；

2. 將配置好之 KOH 水溶液，加入含椰子油的耐熱及酸鹼之器皿中（KOH 水溶液在倒入椰子油前才混合攪拌至完全溶化，以維持溫度，便於混合）；

3. 將耐熱及酸鹼之器皿移至預先加熱至 70℃的加熱器上，用攪拌機持續攪拌超過 30 分鐘，使二者充分進行化學反應（攪拌至乳白色黏稠狀）；

4. 將水浴器加熱至 75℃，取水浴器內的熱水，倒入保麗龍盒內，將含皀糊的鋼杯以保鮮膜密封後放置隔熱裝置內保溫一晚，使它產生皀種；

5. 隔天早上由隔熱裝置中取出將含皀糊的耐熱及酸鹼之器皿，放置在預先加熱至 75℃的水浴器中，隔水加熱半小時；

6. 自水浴器取出含皀糊之器皿，並放置在預先加熱至 75℃的加熱器上，用攪拌機持續攪拌十分鐘，皀糊會變成黃白色黏稠狀；

7. 經上述過程後，再放置於預先加熱至 95℃以上的水浴器中，加熱 3 小時，並用保鮮膜覆蓋；

8. 將含皀糊之器皿取出，放置預先加熱至約 75℃的加熱器上，攪拌約第 5 分鐘後加入硼砂水溶液須攪拌完全，約第 10 分鐘後再加入甘油，此時皀糊會漸漸溶解，約第 15 分鐘後適當加入少許酒精（須確認皀糊溫度不可高於酒精沸點 78℃，避免酒精揮發）。持續加熱並攪拌至皀糊溶解，加熱攪拌過程約須半小時；

9. 將皀液靜置半小時，冷卻後再倒入保存瓶中（靜置約 10 分鐘後，皀液由乳白色漸漸變成黃色透明狀）。（圖一）

臺灣液體皀植保製劑推廣現況

本研究成果已技轉二家業者，並已進行商業生產的產品，施用 1-2% 於觀賞花木之蚜蟲及葉蟎，具良好的防治成效。此外，以防治小黃瓜之蚜蟲試驗調查顯示，若以被害級數計算其防治率，則稀釋 150 倍液體皀植保製劑平均 50.3%、稀釋 100 倍液體皀植保製劑平均達 67.4%、稀釋 50 倍液體皀植保製劑平均達 71.9%、稀釋 3000 倍氟尼胺平均達 76.7%，此結果顯示 1.0-2.0% 農皀均勻灑布於小黃瓜葉片時，其透過物理法防治蚜蟲，其防治率達 60% 以上（表二）。

圖一　液體皀植保製劑之製作步驟。

由於液體皀植保製劑無固體肥皀（鈉皀）混於水溶液時不易調整合適的比例及造成植物鹽基值過高或藥害等問題。試驗過程顯示，100 倍液體皀植保製劑、50 倍液體皀植保製劑及 3000 倍氟尼胺對小黃瓜生長過程並不會產生任何的落花、畸形瓜果或葉片藥害等問題。相較於化學農藥，此植物保護製劑除標的害蟲外，對其他非標的的植物或昆蟲並無傷害，且易被環境分解，爲生產優質安全農產品及永續農業重要的一環。

推廣使用方法

本製劑以觀賞花木之葉蟎及蚜蟲爲主要防治對象。由於硬水中的鈣（Ca^{2+}）、鎂（Mg^{2+}）離子與肥皀中的脂肪酸作用將影響其溶解度，除影響殺蟲效果外，甚而造成噴灑器具的阻塞。故田間操作時，避免使用水質總硬度超過 200 ppm 以上的硬水，以免降低殺蟲效果。該製劑之水溶液爲直接接觸型殺蟲／蟎作用，需要噴灑覆蓋到其體表才有效，故施用時注意需噴灑到蟲體所在位置（如葉背、新芽等）。噴灑植物時環境溫度勿超過 30℃，噴灑前請先以部分植株測試，三天後確定無藥害或可接受藥害程度時，再大面積使用。

表二　液體皂植保製劑對小黃瓜之蚜蟲防治率

處理	稀釋倍數	試驗重覆次數			
		I	II	III	平均
液體皂植保製劑	50	53.7	98.6	63.5	71.9
	100	55.3	97.8	49.0	67.4
	150	32.5	90.6	27.8	50.3
氟尼胺	3000	62.2	82.7	85.2	76.7

結語

近年來設施栽培及食安的需求，小型害蟲防治是臺灣未來溫網室害蟲防治重點之一。爲減少化學農藥的使用及維護生態環境等目標，開發對人體及環境較安全非農藥之防治資材是目前作物蟲害防治的策略之一。液體皂植保製劑之產品於觀賞花木之蚜蟲及葉蟎等防治效果。藉由所製之商品於稀釋後的溶液，直接接觸及破壞蟲體表面，進而使蟲體脫水及死亡，進而降低害蟲族群。除運用在觀賞花木外，以設施小黃瓜爲例，利用少於 200 ppm 的液體皂植保製劑的 50 及 100 倍稀釋液，直接接觸及破壞蟲體表面，進而使蟲體脫水及死亡，進而降低蚜蟲族群，其防治率達 60% 以上。且上述濃度之液體皂植保製劑對小黃瓜生長過程並不會產生任何的落花、畸形瓜果或葉片藥害等問題。

爲符合我國農藥管理法之規範，盡早將液體皂植保製劑推廣應用於田間作物蚜蟲的防治工作，本研究除田間進行防治小黃瓜蚜蟲之藥效、藥害試驗外，並已由藥試所協助進行殘留量分析與本製劑之理化與毒理 GLP 試驗，以製備符合 GLP 品質規範之理化與毒理試驗報告。供日後應用之參考。

主要參考文獻

1. 李啓陽、姚美吉。2013。植物性防治資材之應用。156-164 頁。102 年度苗栗改良場農民學院講義。
2. 陳淑佩。2010。殺蟲皂液。第 47-49 頁。王清玲（主編）。作物蟲害非農藥防治資材。行政院農業委員會農業試驗所特刊第 142 號。ISBN: 978-986-02-3248-6。行政院農業委員會農業試驗所出版。臺中。183 頁。
3. 謝廷芳、黃晉興、謝麗娟、胡敏夫、柯文雄。2005。植物萃取液對植物病原眞菌之抑菌效果。植病會刊 14: 59-66。

CHAPTER 24

甲酸膠體防治蜂蟹蟎之開發與應用

吳姿嫺[1*]、徐培修[1]、陳本翰[1]、陳昶璋[2]

[1] 行政院農業委員會苗栗區農業改良場

[2] 衛生福利部國家中醫藥研究所

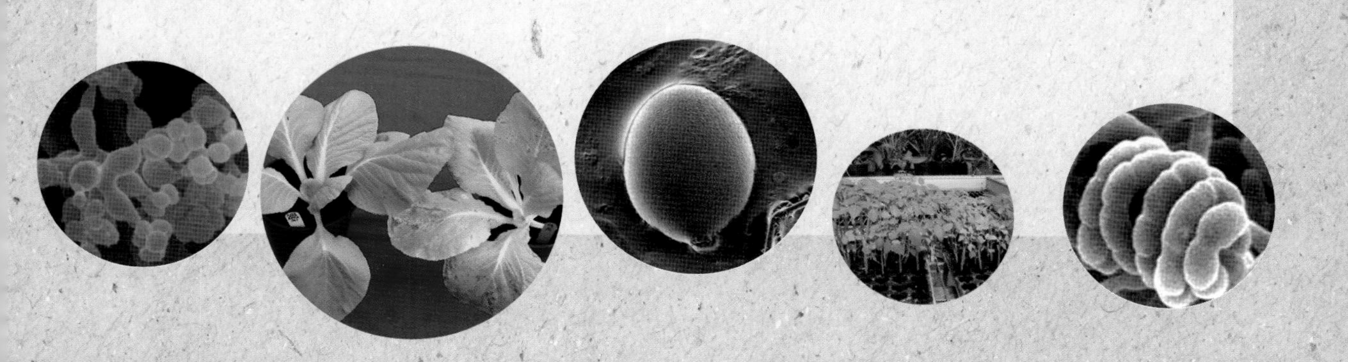

摘要

苗栗區農業改良場研發甲酸膠體（Formic acid gel）用於防治西洋蜜蜂（*Apis mellifera*）之外寄生性蜂蟹蟎（*Varroa destructor*）。以天然成分之膠體混合製成甲酸膠體蒸散劑，可控制甲酸揮發速率，進而減少甲酸揮發快速對蜂群造成負面的影響，而且對操作者具有安全、便利等優點。在 2016 年秋季、2017 年春季及夏季分別進行蜂蟹蟎防治之田間藥效試驗，以探討本製劑在臺灣防治蜂蟹蟎之效果。

試驗結果顯示甲酸膠體在春、秋兩個季節，施用 25 公克，皆具有防治蜂蟹蟎之功效，並以秋季施用 25 公克甲酸膠體防治蜂蟹蟎之效率達 86.25% 最佳，春季最佳施用劑量爲 50 公克甲酸膠體，防治率可達 73.84%；夏季則以 50 公克甲酸膠體防治之效果爲 75.91%。歸言之本試驗所施用之甲酸膠體劑於臺灣蜂場測試藥效結果，以 50 公克爲較佳推薦劑量，適合在秋季取代現行福化利藥籤劑，或是施用於對福化利產生耐受性難以防治之蜂蟹蟎族群，頗値得推薦作爲蜂蟹蟎整合性防治之輪替藥劑。

關鍵字：西洋蜜蜂、甲酸膠體、蜂蟹蟎、抗藥性、輪替藥劑

前言

蜂蟹蟎（*Varroa destructor*）是臺灣養蜂產業自 1970 年開始蜂農最頭痛的問題，是一種靠吸食蜜蜂體液生存的外寄生蟎類，除影響蜜蜂幼蟲發育（Schatton-Gadelmayer & Engels, 1988），又會傳播許多蜜蜂病毒（Kevan *et al.,* 2006），嚴重威脅蜂群健康，甚至近年來研究造成蜂群崩潰症候群（CCD）的原因，也有學者指出與蜂蟹蟎的難以控制有關，現今蜂蟹蟎已成爲全球西洋蜜蜂產業最主要的寄生性害蟎（Rosenkranz *et al.*, 2010）。

農業統計資料顯示 2017 年臺灣從事養蜂的專業農戶已將近一千戶規模，年產值約 34 億元新臺幣，早期臺灣蜂農曾以牛壁逃（coumaphos）防治蜂蟹蟎，此藥劑對哺乳類毒性高，且因長期使用防治效果降低（Chen *et al.,* 1994），之後進口以化學農藥福化利（fluvalinate）爲主成分之藥籤劑商品 Apistan® 取代，因進口藥籤劑價格昂貴，又再改以進口福化利水基乳劑讓蜂農自製藥籤劑以減低防治成本。然而福化利經長時間的使用，同樣面臨防治效果逐漸降低之窘境，在沒有藥劑替代下，導致操作者加重劑量施用，蜂蟹蟎抗藥情形愈加嚴重，使得蜂蟹蟎發生更難以控制。

蜂蟹蟎繁殖速率與蜂群週年消長之間具連帶關係（DeGrandi-Hoffman & Curry, 2004），且蜂蟹蟎生活史短，繁殖速率驚人，加上蜂蟹蟎繁殖期躲在蜜蜂封蓋巢房中，不易根除。因此對藥物產生耐受性的速度也很快速，在蜂蟹蟎的防治管理上，應採取整合性管理措施，並善用不同作用機制之藥劑輪替使用，以減緩抗藥性之發生。

目前世界各國關於蜂蟹蟎防治藥劑除了過去國內曾使用的牛壁逃及福化利之外，化學藥劑還包含 Flumethrin 及三亞蟎（Amitraze）等（Floris *et al.,* 2001），但化學農藥登記上市需進行多項田間藥效、理化及毒理試驗等，登記門檻較高，緩不濟急，且許多國家的使用也證實，這些藥劑會殘留在蜂蜜、蜂蠟及蜂膠等蜂產品（Wallner, 1999；Bogdanov *et al*., 1998），登記上市仍需進行藥劑殘留等安全性評估。

因此世界各國多朝向使用較安全的天然資材開發蜂蟹蟎防治藥劑，在過去已發現許多植物精油及有機酸對蜂蟹蟎具防治效果，植物精油包含百里酚、薄荷、奧勒岡、香茅等精油，有機酸則包含甲酸、草酸及乳酸等（Rosenkranz *et al*., 2010; Sabahi *et al*., 2017; Sammataro *et al*., 2008; Nazer & Al-Abbadi, 2003）。

甲酸是一種蜂蜜中自然存在的成分（Calderon *et al.,* 2000），施用於蜂箱寄生害蟎的防治，較不需擔心藥物殘留問題，又具成本低廉的優點，過去國內曾評估甲酸液體劑型防治蜂蟹蟎的效果（陳，1995），發現防治成效良好，防治率可達 80% 以上，惟施用上需精準控制使用量，當使用量過多，會影響蜂群，並使工蜂房面積減少，爲精準控制多採用多次少量施用方式進行，但使用之防治程序繁瑣，蜂箱數量較多的蜂農，多無法採用。

另有實驗證實甲酸處理濃度過高與時間過久皆會影響蜂王及工蜂的壽命（Underwood & Currie, 2003），曾有報告指出在氣溫較高的地區施用甲酸，會提高幼蟲及卵的死亡率（Elzen *et al*., 2004）。因此在不同氣候條件下施用甲酸防治蜂蟹蟎需精準計算濃度與時間之 CT 值（CT=Concentration * Time），當氣溫介於 15℃～35℃間，蜂蟹蟎與蜂群的死亡率受 CT 影響顯著（Underwood & Currie, 2003）。臺灣地區平地全年月均溫介於 15.2℃～29.2℃（中央氣象局氣象統計資料，2010），四季氣溫變化大，因此以甲酸防治蜂蟹蟎，季節溫度的變化影響著防治效果及蜂群的發展，是重要的環境因子。

目前國際上甲酸防除蜂蟹蟎多以甲酸液體自然蒸散之燻蒸方式進行（Elzen *et al*., 2004; Wagchoure *et al*., 2012），除可殺滅成蜂身上的蜂蟹蟎外，亦證實對封蓋巢房內的蜂蟹蟎亦具防治效果（Calderon *et al*., 2000）。

發展甲酸膠體之優勢

在室溫常壓下甲酸爲液態，對哺乳類具呼吸道刺激性及皮膚腐蝕性。因此對於施藥者之呼吸道直接傷害較大，若購買 94% 甲酸化學品原液，施藥前需將原液稀釋成 50%～65% 之甲酸溶液的繁瑣步驟，對施藥者具潛在性危險。若改成商品膠體劑型，施藥者不需再自行稀釋，減少直接接觸甲酸的時間，另甲酸膠體因黏性大，打開包裝時，不易噴灑飛濺，因濃度降低，也不易因開瓶時蒸氣壓過大而噴出甲酸氣體，提高對使用者的安全性，在養蜂場通風處操作安全性高。

近年來許多國家爲克服液體甲酸施用上的困難，也多開發膠體緩效釋放劑型，以控制甲酸揮發速率，減少甲酸揮發快速而對蜂群造成負面的影響（Eguaras *et al*., 2003; Fidel *et al*., 2010; Kochansky & Shimanuki, 1999）。Alberto 等人 2005 年發表於地中海地區進行甲酸液體釋放包與商品化甲酸膠體 Bee var 防治效果試驗，發現甲酸膠體的施用相較於甲酸液體的揮發其成蜂死亡率較低，且沒有盜蜂情形發生。

另一個優點在於甲酸目前可由工業生產中的副產物可得，或是直接以強鹼作用甲醇與一氧化碳得到甲酸甲酯，再水解甲酸甲酯得到甲酸。因此甲酸的取得相當便宜，就算製成膠體劑型，每個蜂箱每次施用成本不到新臺幣 15 元。一年若執行有效的防治二至三次，每箱每年投入的防治成本約新臺幣 90～135 元，而且防治上若只需要撕開包裝，直接放置於巢框上方相當省工。

甲酸膠體防治蜂蟹蟎之施用方法

在施用甲酸膠體前，應先對蜂群中蜂蟹蟎之寄生率進行調查，除採隔蟎蜂箱調查落蟎數外，亦可採用糖粉篩選法，或是用酒精洗滌方式（此方法會損失取樣監測的蜜蜂），在非蜜蜂繁殖季節，當蜂蟹蟎寄生密度達 2% 時需進行防治，但當蜂群在春、秋繁殖季節超過 3% 遭蜂蟹蟎寄生時，則必須採取積極的防治措施。甲酸膠體施用，僅需將定量的膠體約 50 公克，放入聚丙稀（PP）材質的的塑膠容器（表面積約爲 44.2 cm^2）中，置於巢框上方，蓋上蜂箱，使其自然蒸散。甲酸氣體對寄生成蜂身上的蜂蟹蟎防治效果良好，平均可達 70% 以上，最佳施用時間爲傍晚，待外勤蜂回巢，可同時處理大多數成蜂，且夜間氣溫較低，可延長甲酸氣體作用時間。

蜂蟹蟎的繁殖習性是躲入蜜蜂幼蟲封蓋房內繁殖，躲入封蓋房內的蜂蟹蟎較難根除，因此依據工蜂幼蟲及蛹期封蓋時間 12 日與雄蜂封蓋時間 14.5 日推算，較理想的防治周期要涵蓋至少二個蜜蜂繁殖周期，因此建議至少連續防治 24 日以上，囿於長期處於高濃度甲酸氣體環境下，對蜂群會有負面影響。因此膠體劑型設計則是施用數日後甲酸濃度會依施用時間拉長而減少釋放量，以減緩藥劑對蜂群的傷害。因此，每週更換一次，將甲酸膠體劑量控制於蜂群能耐受的總釋放量內，連續施用三至四週，可達防治效果。

甲酸膠體對蜂產品生產之安全性

天然蜂蜜中含有少量甲酸，根據歐盟對於藥物殘留法規，甲酸被視爲安全的成分，無須訂定殘留容許值（Maximum Residue Limit, MRL）。蜂蜜顏色較淡的甲酸含量約在 10 至 15 mg/kg，顏色較深的蜂蜜或是甘露蜜（蜜蜂採集其他昆蟲分泌蜜露所產生的蜂蜜）甲酸的含量約在 150 至 270 mg/kg，而像是栗子蜜中的甲酸含量則略高約 800～1600 mg/kg，Bogdanov 等人曾證實，在秋季連續施用 130 ml 的 70% 甲酸液體於蜂群，春季採收的蜂蜜中的甲酸含量平均增加 46 mg/kg，甲酸總含量仍在一般天然蜂蜜含量內。

但若在春季收穫前緊急防治施用，蜂蜜中甲酸含量則平均增加 193 mg/kg，雖甲酸量較爲提高，但其總含量不至於超過栗子蜜。甲酸的增加量對於蜂蜜的酸度不會產生太大的變化，對於風味來說，除非甲酸含量超過 300 mg/kg 或是增加到 600～800mg/kg，如同甘露蜜或栗子蜜含高量甲酸的蜂蜜，不然是口感上不會有太大的差異。

本試驗開發之甲酸膠體，甲酸施用總量約僅 Bogdanov 等人在試驗中施用劑量之 1/3，即使在採蜜前施用，蜂蜜中甲酸的增加量相當有限，未來可在田間實際施用後，採收蜂蜜測試甲酸含量，及增加蜂蜜品評上的感官測試，以確定採收前施用對蜂蜜風味的影響。

甲酸膠體防治蜂蟹蟎之效果評估

爲評估國內自行開發之甲酸膠體劑在不同季節施用對蜂蟹蟎的防治效率，本研究團隊在苗栗區農業改良場試驗蜂場，進行三場次田間藥效試驗，試驗期間分別爲 2016 年秋季 9 月 20 日至 10 月 26 日、2017 年春季 5 月 11 日至 6 月 8 日及 2017 年夏季 7 月 20 日至 8 月 17 日。

實驗處理包含 65% 甲酸膠體試驗組，分別測試 12.5g、25g、50g 等不同劑量，另以福化利藥籤劑爲參考藥劑，另設不施藥對照組，每處理三重複數，每一蜂箱視爲一重複，供試蜂群共十五箱。實驗蜂箱採用防治蟹蟎之隔落蟎箱飼育蜂群，下方設有抽屜，與上方箱體間由不銹鋼網隔開，鋼網孔隙大小以蟹蟎可通過而蜜蜂無法穿越，以隔落蟎箱底部黏貼黃色黏蟲紙收集落蟎，以調查蜂蟹蟎發生情形，試驗前依落蟎數調整試驗蜂群間之蜂蟹蟎寄生率，且同時調整每箱蜜蜂數量相近，並維持 13,000 隻以上。

施藥方式則如同建議施藥方法，將甲酸膠體置於蜂箱中央巢框上方，參考藥劑福化利藥籤則是懸掛於中央巢片旁，每週施藥一次，連續施藥三週。於第四週進行最後處理，最後處理則是以 25% 福化利稀釋 5 倍後所製成之藥籤劑懸掛 2 片及 65% 甲酸液體 15 ml 滴於岩棉置於巢框上方進行處理，以盡可能收集蜂箱中所有的蜂蟹蟎，收集方式如同前述以黃色黏蟲紙收集落蟎。施藥前、第一次施藥後 7 天、第二次施藥後 7 天、第三次施藥後 7 天及進行最後處理後 7 天，調查落蟎數 1 次，記錄落蟎數，並更換黏蟲紙。防治率計算公式方式爲假設試驗期間所收集之總落蟎爲 100%。

防治效率（E%）依下列公式計算：

$$E\% = [TB/(TB + TC)] \times 100$$

TB 爲藥劑防治期間所收集落蟎數總和，TC 爲最後處理一週所收集落蟎數總和（Floris *et al.,* 2001）。所得數據以 SAS Enterprise Guide7.1 進行 ANOVA 分析，均值間差異以 LSD 比較（$P < 0.05$），統計結果如表一所示。

試驗結果顯示甲酸膠體在秋季，施用 12.5 公克、25 公克具蜂蟹蟎防治成效，以施用 25 公克甲酸膠體蜂蟹蟎防治率達 86.25% 最佳，且優於對照藥劑福化利，春季最佳施用劑量爲 50 公克甲酸膠體，防治率可達 73.84%；夏季施用 50 公克可達防治效果，防治率可達 75.91%。在蜂蟹蟎整合性防治策略上，適合在秋季作爲主要防治藥劑。

而春季採蜜季節結束後，可先用福化利進行防治，但若是因長期使用福化利

表一　施用不同劑量甲酸膠體之蜂蟹蟎平均防治率

Treatment	Control rate（%）		
	2016 Autumn	2017 Spring	2017 Summer
Formic acid gel 12.5g	78.93 ± 4.91 ab[Z]	62.55 ± 1.89 bc	68.05 ± 2.31 abc
Formic acid gel 25g	86.25 ± 7.72 a	64.92 ± 1.09 b	63.2 ± 1.83 bc
Formic acid gel 50g	73.22 ± 1.68 bc	73.84 ± 3.62 a	75.91 ± 5.67 a
Tau-fluvalinate	73.20 ± 5.55 bc	76.54 ± 6.44 a	73.22 ± 7.24 ab
None （CK）	64.88 ± 1.99 c	56.35 ± 5.84 c	58.64 ± 7.86 c

[Z] Means ± standard deviation (n=3). Means within each column followed by the same letter(s) are not significantly different at $P < 0.05$ by Fisher's protected LSD test.

使得蜂群內寄生之蜂蟹蟎對福化利已出現耐受性，則亦可施用甲酸膠體作爲輪替用藥。在夏季施用福化利時有出現蜂王減少產卵情形，因此在夏季蜂蟹蟎族群若突然爆發時，可施用 50 公克甲酸膠體連續施用三週，亦可替代福化利藥劑。總體而論，本研究所開發之甲酸膠體劑可有效防治蜂蟹蟎，且在春、夏及秋季試驗的蜂勢上的觀察，對蜂群未有不良的影響，能克服蜂蟹蟎族群對現行福化利藥劑產生抗藥性問題，具有作爲國內蜂蟹蟎整合性防治上輪替用藥之潛力。

結語

防治蜂蟹蟎的甲酸膠體開發已完成田間藥效測試，且顯示具有作爲國內蜂蟹蟎防治藥劑之潛力，本研究蒙行政院農業委員會農業藥物毒物試驗所的協助下亦完成農藥登記所需之理化試驗及毒理試驗，登記上市已到最後一哩路。但國內養蜂產業規模有限，蜂蟹蟎防治資材市場相較於其他植物保護資材規模較小，難以吸引廠商投入生產。

但放眼全球，蜜蜂養殖產業受蜂蟹蟎威脅，與國際保護蜜蜂意識抬頭，我國該如何鼓勵國內農藥供應商布局全球蜜蜂健康市場，應可從國內農藥管理措施與鼓勵友善環境資材使用做起。期望未來國內自行研發之蜜蜂保護之友善資材，如甲酸膠體、草酸及百里酚等，能順利在國內上市供蜂農利用，且有朝一日能推展至國際舞臺。

主要參考文獻

1. 行政院農業委員會 106 年農業統計年報。2017。
2. 交通部中央氣象局氣候統計資料。2010。
3. 陳裕文、洪英傑、何鎧光。1995。甲酸對蜂蟹蟎及蜂群的影響。中華昆蟲 15: 287-294。
4. Bogdanov S., Kilchenmann, V., and Imdorf, A. 1998. Acaricide residues in some bee products. Journal of Apicultural Research 37(2): 57-67.
5. Bogdanov, S., Imdorf, A., Kilchenmann, V., Charrière, J. D., and Fluri, P. 2002. Determination of residues in honey after treatments with formic and oxalic acid under field conditions. Apidologie 33: 399-409.
6. Calderon, R. A., Ortiz, R. A., Arce, H. G., Veen, J. W. V., and Quan, J. 2000. Effectiveness of formic acid on Varroa mortality in capped brood cells of Africanized honey bees. J. Agric. Res. 39(3-4): 179-180.
7. Chen, Y. W., Chen, P. L., Hsu, E. L., and Ho, K. K. 1994. The effect of coumaphos on Varroa jacobsoni and its influence on honeybee colony. Chinese J. Entomol. 14(3): 353-360.
8. DeGrandi-Hoffman, G. and Curry, R. 2004. A mathematical model of Varroa mite (Varroa destructor Anderson and Trueman) and honeybee (Apis mellifera L) population dynamics. Int. J. Acarol. 30: 259-274.
9. Eguaras, M., Palacio, M. A., Faverin, C., Basualdo, M., Del Hoyo, M. L., Velisand, G., Bedascarrasbure, E. 2003. Efficacy of formic acid in gel for Varroa control in *Apis mellifera* L.: Importance of the dispenser position inside the hive. Vet. Parasitol. 111(2): 241-245.
10. Elzen, P., Westervelt, D., and Lucas, R. 2004. Formic acid treatment for control of Varroa destructor (Mesostigmata: Varroidae) and safety to Apis mellifera (Hymenoptera: Apidae) under southern United States conditions. J. Eco. Entomol. 97(5): 1509-12.

11. Fidel, A. R., Gabriel, O. C., Hussein, S. A., María, T. S. G., and Alberto, T. 2010. A gel formulation of formic acid for control of Varroa destructor. Trends in Acarology: Proceedings of the 12th International congress. 545-549 pp.
12. Floris, I., Satta, A., Garau, V. L., Melis, M., Cabras, P., and Aloul, N. 2001. Effectiveness, persistence, and residue of amitraz plastic strips in the apiary control of Varroa destructor. Apidologie. 32: 577-585.
13. Kevan, P. G., Hannan, M. A., Kevan, P. G., Ostiguy, N., and Guzman Novoa, E. 2006. A summary of the Varroa-virus disease complex in honey bees. Am. Bee J. 146 (8): 694-697.
14. Kochansky, J. and Shimanuki, H. 1999. Development of a gel formulation of formic acid for control of parasitic mites of honey bees. J. Food Chem. 47(9): 3850-3.
15. Nazer, I. K. and Al-Abbadi, A. 2003. Control of Varroa Mite (Varroa destructor) on Honeybees by Aromatic Oils and Plant Materials. JAMS 8(1): 15-20.
16. Rosenkranz, P., Aumeier, P., and Ziegelmann, B. 2010. Biology and control of *Varroa destructor*. J. Invertebr. Pathol. 103: S96-S119.
17. Sabahi, Q., Gashout, H., Kelly, P., and Guzman-novoa, E. 2017. Continuous release of oregano oil effectively and safely controls Varroa destructor infestations in honey bee colonies in a northern climate. Exp. Appl. Acarol. 72(3): 263-275.
18. Sammataro, D., Finley, J. and Underwood, R. 2008. Comparing oxalic acid and sucrocide treatments for Varroa destructor (Acari: Varroidae) control under desert conditions. J. Eco. Entomol. 101(4): 1057-1061.
19. Schatton-Gadelmayer, K. and Engels, W. 1988. Blood proteins and body weight of newly-emerged worker honeybees with different levels of parasitization of brood mites. Entomol. Gen. 14: 93-101, 267-273.
20. Underwood, R. and Currie, R. 2003. The effects of temperature and dose of formic acid on treatment efficacy against Varroa destructor (Acari: Varroidae), a parasite of *Apis mellifera* (Hymenoptera: Apidae). Exp. Appl. Acarol. 29(1-4): 303-13.
21. Wagchoure, E., Raja, S., and Sarwar, G. 2012. Control of *Varroa destructor* using

oxalic acid, formic acid and Bayvarol strip in *Apis mellifera* (Hymenoptera: Apidae) colonies. Pakistan J. Zool. 44(6): 1473-1477.

22. Wallner, K. 1999. Varroacides and their residues in bee products. Apidologie 30(2-3): 235-248.

CHAPTER 25

開發草酸液劑防治蜂蟹蟎

陳裕文*、陳春廷、陳易成

國立宜蘭大學生物技術與動物科學系

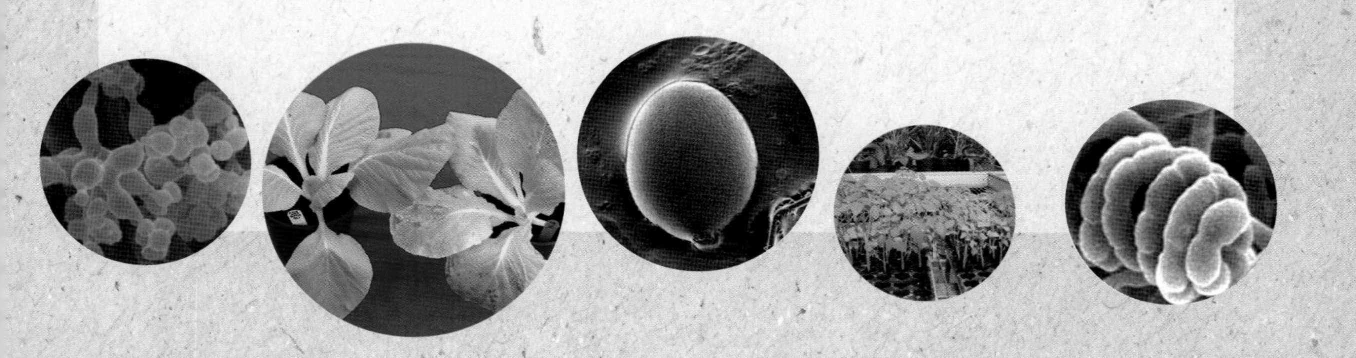

摘要

蜂蟹蟎（*Varroa destructor*）是全球養蜂業最嚴重的敵害，一般常用福化利（fluvalinate）做為防治藥劑，但蜂蟹蟎普遍已對福化利產生抗藥性，必須尋找替代的防治資材，本研究開發一種 8% 草酸（oxalic acid）液劑做為防治蜂蟹蟎的替代性資材，並分別進行三場田間防治試驗，以利商品化提供蜂農防治用途。田間防治試驗結果顯示，在蜂群正常產卵情況下，藉由連續施用六次草酸製劑（三天一次），防治率可達 95.3 ± 1.8%。施用草酸液劑對蜂產品殘留影響方面，蜂蜜本身就含有約 52～54 ppm 濃度的草酸，新鮮蜂王乳中草酸濃度更高達 140～227 ppm，而試驗蜂群施用草酸液劑後，蜂蜜與蜂王乳的草酸濃度皆未顯著增加（$P > 0.05$）。

綜合以上試驗結果，本研究開發的 8% 草酸液劑有良好的防治效果，且無殘留疑慮，而傳統防治藥劑——福化利的防治率僅約 40-60%，顯示草酸液劑可完全取代化學農藥並降低蜜蜂中毒與蜂產品殘留的風險，建議養蜂業者可搭配蜂群管理策略輪替使用之。本資材具有商品化利用價值，並且商品化相關的理化試驗與毒理試驗皆已完成，商品上市後將可有效解決蜂蟹蟎危害問題，並有外銷中國、東南亞等國家的潛力。

關鍵字：蜂蟹蟎、蜜蜂、抗藥性、草酸

前言

蜜蜂（honey bees）屬於一種眞社會性昆蟲，在地球上出現至少已有三千萬年，於分類學上的地位屬於節肢動物門（Arachnida）、昆蟲綱（Insecta）、膜翅目（Hymenoptera）、蜜蜂科（Apidae）、蜜蜂亞科（Apinae）、蜜蜂屬（*Apis*）。蜜蜂屬可分爲九種，其中八種分布於亞洲，統稱爲亞洲蜂，例如我們熟知的東方蜂（*Apis cerana*）即是其中之一；西洋蜂（*A. mellifera*）則廣泛分布於歐洲與非洲，目前我們熟知的東方蜂及西洋蜂是最具經濟性的種類。

蜂群大小由數千隻至數萬隻個體所組成，會因棲息環境與季節而異，蜂群中包括一隻蜂王（queen），少數雄蜂（drone），其餘皆爲工蜂（worker）。蜂王專司產卵、繁殖後代之職責；雄蜂口器與足皆未特化，在蜂群中不擔負任何工作，其唯一功用是與處女王交尾；工蜂擔任巢內巢外大量工作，工蜂之分工以蜂齡爲依據，前半期負責巢房內工作稱之內勤蜂（house bee），負責飼育幼蟲、清潔蜂箱、搬運死蜂、建造巢房等；後半期則從事採集工作，俗稱外勤蜂（field bee），負責採集花蜜、蜂花粉、蜂膠等（Winston, 1987；Seeley, 1995；安等，2004）。

從演化的角度，蜜蜂顯然非常的成功，她爲植物授粉，在植物界扮演支配者的角色，地球上約有 80% 的顯花植物靠昆蟲授粉，其中有 85% 靠蜜蜂授粉，種類高達十七萬種；如果沒有蜜蜂，約有四萬種植物將有滅絕的危機，愛因斯坦的預言：「蜜蜂從世界上消失，人類也將僅僅剩下四年的光陰」。爲害蜜蜂及蜂群健康的病原，可分爲病害、蟲害及敵害三大類，其中蜜蜂的病害又可分爲非傳染性（non-contagious diseases）及傳染性（contagious diseases）兩類。臺灣飼養蜜蜂已有二百年以上的歷史，養蜂業也面臨許多有害生物的威脅，在諸多世界性蜜蜂病敵害中，除了小蜂蟎（*Tropilaelaps clareae*）與氣管蟎（*Acarapis woodi*）尚未在臺灣發現外，其餘均已出現在臺灣各地的養蜂場。

近年來全球出現所謂的「蜂群崩解失調症候群」（colony collapse disorder, CCD），大量蜜蜂不明消失的現象，僅留下蜂后與幼蟲，此現象的發生讓國際間的政府機構、科學家、農人與一般的社會人士，都關注這個熱門話題，因爲僅美國地區農產損失就高達一百五十億美金，由此可知蜜蜂對人類的重要性。目前造成原因仍未釐清，而各國研究人員也分別提出各種不同的理論，試圖解開此迷團，包括，農藥（Imidacloprid）、蜜蜂微粒子病（nosema disease）、氣候異常、營養失調、基改作物、手機與基地臺電磁波以及體外寄生蟲蜂蟹蟎（*Varroa destructor*），也有可能是由多種因素造成。

一般而言蜂蟹蟎透過兩種方式危害蜂群，分別爲直接性影響與間接性影響，上述兩項影響統稱爲寄生蟎併發症（parasitic mite syndrome, PMS）。事實上，在歐美地區蜜蜂神秘消失事件中，蜂蟹蟎在其中扮演了一重要的角色，研究中顯示以色急性痲痺病毒（*Israeli acute paralysis virus*, IAPV），會因蜜蜂遭受蜂蟹蟎寄生後，導致免疫抑制作用（immunosuppression），進而促使 IAPV 增生，並且可能導致其他疾病的發生（Yang & Cox-Forster, 2005），不論造成 CCD 的原因爲何，有效降低蟹蟎族群數量，減緩蜂蟹蟎對蜂群所造成的傷害及傳播的機會，進而提高蜂群蜂勢是目前主要的辦法。

自從發現蜂蟹蟎爲害以來，即有眾多研究單位與學者致力於開發有效的防治方法，試圖控制蜂蟹蟎的危害，早期主要以化學防治的策略爲主，福化利（fluvalinate）則是目前全世界使用最普遍的藥劑，然而長期使用單一化學藥劑防治的結果，近年來世界各地紛紛報導蜂蟹蟎已對福化利產生抗藥性，也使得蜂蟹蟎的防治工作日漸棘手，嚴重打擊養蜂業的經營。

目前，除了澳洲以外，全球主要的養蜂地區皆有蜂蟹蟎的分布（Matheson, 1995），至少有六十個國家報導蜂蟹蟎的危害（Williams, 2000），臺灣則於 1970 年在新竹地區發現蜂蟹蟎（何與安，1980），1975 年全臺養蜂場的蜂蟹蟎發生率已達 100%（Lo & Cho, 1975），早期臺灣蜂農使用牛壁逃（coumaphos）進行防治，後來則使用福化利進行防治，而臺灣地區使用福化利已經長達二十年以上，已有抗藥性問題發生，而且不當使用也容易造成蜂產品中的化學藥劑殘留問題。

因此，必須開發新的防治藥劑，使用天然以及無毒物質作爲防治資材。有機酸近年成爲主要的研究議題，草酸（oxalic acid）爲蜂蜜中的固有物質，不會有殘留的問題存在，十分符合無毒有機養蜂的健康觀念，且草酸已被歐盟地區許可作爲替代性的蜂蟹蟎防治資材（EU Council Regulation, 1999），且建議應於越冬前的蜂群停卵期防治之，而臺灣地處亞熱帶，蜂后於冬季並不停止產卵，因此有必要修正草酸的施用方式，以提供本地防治蜂蟹蟎的參考。

蜂蟹蟎生物學

蜂蟹蟎學名 *Varroa destructor* Anderson & Trueman（原名 *Varroa jacobsoni*），分類地位爲蛛形綱（Arachnida）、蟎蜱亞綱（Acari）、寄蟎目（Parasitiformes）、中氣門亞目（Mesostigmata）、革蟎股（Gamasina）、瓦蟎科（Varroidae）。

蜂蟹蟎 1904 年首次發現時是寄生於印尼爪哇島的東方蜂（*A. cerana*）身上，當時 Oudemans 描述的 *V. jacobsoni* 應該只是蜂蟹蟎複合種的一分支種，實際上可能包含有二個以上之獨立物種，但長久以來一直沒有嚴重的經濟爲害，因此複合種的問題一直長期被忽略，直到 2000 年 Anderson and Trueman 兩人透過分子生物技術研究 *V. jacobsoni* 的 mtDNA Co-I 基因序列及形態學特徵後，才明確指出以往嚴重危害西洋蜂之蟹蟎不是 *V. jacobsoni* 這個物種，因爲 *V. jacobsoni* 僅輕微爲害東方蜂，造成世界各地嚴重危害者是 *V. destructor*，而 *V. destructor* 長久以來均存在西洋蜂群，只是一直被誤認爲是 *V. Jacobsoni*（Anderson & Trueman, 2000）。

蜂蟹蟎因其體形寬扁類似螃蟹狀而得其名，一般來說，蜂群常見到的蜂蟹蟎均爲雌性，其個體呈深褐或紅棕色、橢圓形、體扁寬（圖一），雌性蜂蟹蟎長約 1.00～1.77 mm，寬約 1.50～1.99 mm；雄性蜂蟹蟎個體呈灰白或淡黃色、圓形（圖二）長約 0.75～0.88 mm，寬約 0.70～0.88 mm（Sanford *et al*., 2007）。

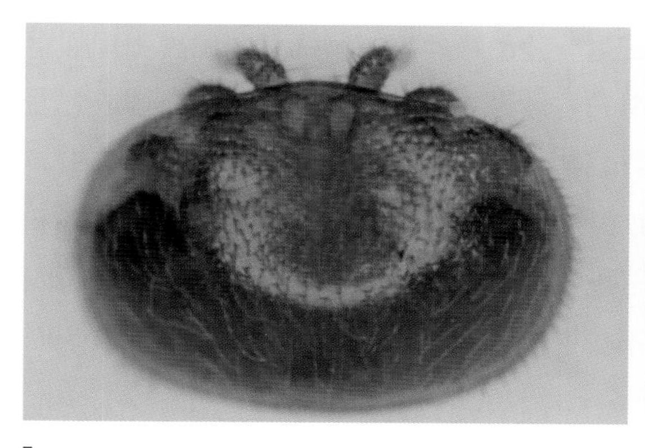

圖一　雌性蜂蟹蟎。

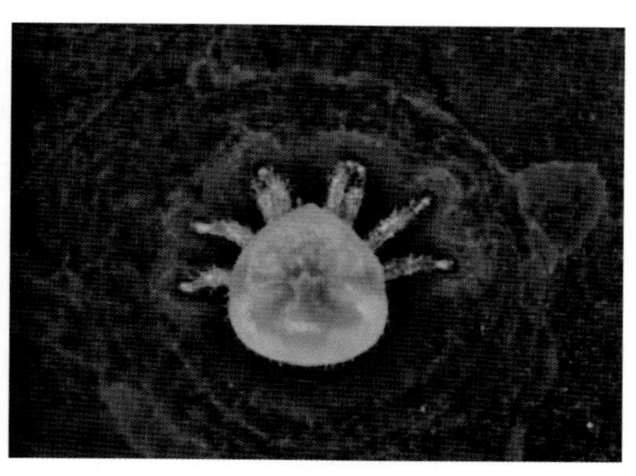

圖二　雄性蜂蟹蟎。

蜂蟹蟎具有非常獨特的體形來防止蜜蜂的清潔行爲，其腹部明顯凹陷，適合與寄主蜜蜂體表保持緊貼，如此使蜂蟹蟎易躲藏於蜜蜂體上而避免被蜜蜂的清潔行爲移除。而於蜂群中一般來說是看不見雄性蟹蟎，因成熟雄蜂蟎不可離開巢房生活，一旦巢室封蓋打開後，雄成蟎便會與其它未成熟母蟎一同死亡。蜂蟹蟎的生長發育可分爲五個階段：卵及幼蟎、第一若蟎、第二若蟎、成蟎。從卵到性成熟的整個發育期，雄蟎約需五、六日，雌蟎約七、八日。

一般來說蜂蟹蟎生活史與蜜蜂的生活史是密不可分的，大致上可分爲五個時期（Ramirez & Otis, 1986）。

第一期（**Phase I**）

在成蜂身上吸食體液（成蜂期）巢房中新生的雌成蟎會隨著羽化後的蜜蜂離開巢房，藉著成蜂與成蜂之間接觸的機會，寄生於其它工蜂或雄蜂的成蜂體上，雌蟹蟎通常會選擇護士蜂作爲寄生的對象，方便自己日後再次入侵巢房的機會。雌蟹蟎可附著於成蜂的胸部或腹部，利用螯肢刺穿成蜂的節間膜或其他較柔軟的部位，通常蜂蟹蟎會因其體形關係，而偏好寄生於蜜蜂的腹部（Kuenen & Calderone, 1997），以成蜂的體液爲食。雌蟹蟎通常會在成蜂身上寄生約 4～13 天。

第二期（**Phase II**）

進入幼蟲房（幼蟲期）雌蟹蟎偏好寄生於護士蜂體上，蟹蟎會藉由護士蜂哺育幼蟲的機會進入正要封蓋前的幼蟲巢房中，並且躲入幼蟲的食物池中。雌性成熟蟹蟎通常是選擇 5-5.5 日齡的工蜂幼蟲或 5-7 日齡雄蜂幼蟲房，尤其偏好寄生於雄蜂，其偏好度大約有 12 倍之差（Fuchs, 1990, 1992; Boor *et al*., 1991; Calderon & Kuenen, 2001），研究人員也發現，蜂蟹蟎進入王臺中繁衍後代是極少見的 Calderone *et al*., 2002）；也另有研究學者指出，蜂蟹蟎不會進入王臺中繁衍後代（Romaniuk *et al*., 1988; Rehm & Ritter, 1989; Santillan-Galicia *et al*., 2002）。

蟹蟎進入幼蟲房初期，巢房中的二氧化碳濃度很高，因此雌蟹蟎在此時期會呈現休眠狀態，躲藏在幼蟲的食物池，以避免被蜜蜂的清潔行爲移除。有時於寄生嚴重的蜂群可能會有一到多隻的雌蟹蟎同時進入同一工蜂幼蟲房內寄生，而雄蜂房更可能多達 10～20 隻雌性蟹蟎的寄生。

第三期（Phase III）

甦醒、取食、開始產卵（幼蟲期、前蛹期）蜜蜂幼蟲於巢房封蓋之後，幼蟲會盡量將巢房中剩下的食物吃完，接著會進入前蛹期，此時巢房中的二氧化碳濃度會逐漸降低，氧氣濃度持續升高，雌蟹蟎也開始慢慢的甦醒、活躍起來，如果蜜蜂幼蟲未將食物完全吃完，雌蟹蟎會被困在食物中，無法甦醒，最後導致蟹蟎死亡。

蜜蜂幼蟲在巢房封蓋時，原本蜷曲的身體在進入前蛹期時會開始拉直，雌蟹蟎藉此機會爬到蜜蜂幼蟲或前蛹上，刺穿其體壁以吸食體液，通常蟹蟎只會在腹部吸食，而不會選擇吸食蜜蜂幼蟲的頭部或胸部，這是爲了避免蜜蜂的口器、觸角和足等受到傷害，導致蜜蜂在巢房中死亡，蜂群中內勤蜂一旦發現巢房中蜜蜂死亡，會立即打開封蓋巢房，將死亡的蟲體移出，此時未成熟的母蟎也會立即死亡。

大約在蜜蜂幼蟲房封蓋後 60～64 小時後，雌蟹蟎開始產下第一顆卵（未受精卵），發育成雄性，之後約每隔 30 小時產下 1 顆卵（受精卵），發育皆成雌性。雌蟹蟎產卵的位置是在巢房側上方的位置，而蟹蟎會將自己的排泄物堆積在接近蜜蜂幼蟲肛門的位置，每產下一個卵後，雌蟹蟎都會回到此處，孵化後的若蟎也都會聚集到這裡。

第四期（Phase IV）（蛹期）

雌蟹蟎於此時期不斷地取食、產卵，產卵會一直持續到蜜蜂巢房封蓋期結束，也就是蜜蜂咬破封蓋羽化的時候。一隻雌蟹蟎可在工蜂房中產下約 5 個卵，在雄蜂房則產下約 7 個卵；每隻蟹蟎會產下的卵數不同，巢房封蓋期間的長短也會影響雌蟎產卵的數目。

寄主封蓋期的長短在蜂蟹蟎的發育過程占有極重要的角色，因爲雌蟹蟎的發育期約 7 至 8 日，雄蟎則需 5 至 6 日，而一般西洋蜂的工蜂封蓋期約有 12.1 天，雌蟹蟎可在裡面產下 5 個卵，但是子代中只有最先產下的一雄二雌可能有足夠的時間孵化、成熟及交尾，平均每隻母蟎可繁衍 1.3～1.4 隻新母蟎；而雄蜂的封蓋期達 14.5 日，使得第三粒雌卵也有機會發育至性成熟，平均每隻母蟎可於雄蜂房繁衍 2.2～2.6 隻新母蟎（Fuchs & Langenbsch, 1989），因此蜂蟹蟎較偏好寄生在雄蜂巢房中，因爲可讓較多的子代有較長的時間發育成熟的關係。

第五期（Phase V）（成蜂期）

封蓋巢房中新生的雌蟎於羽化後 24 小時即可達到性成熟，同時間發育速度較快的雄蟹蟎也已經成熟準備交尾繁衍後代，年輕的雌雄蟹蟎會陸續聚集到排泄物的堆積處，這種行為增加了雌雄蟹蟎相遇的機會得以順利交尾，完成繁殖任務的機會。已成熟的雌雄蟹蟎相遇後開始交尾，交尾時，雄蟎是用螯肢將未成熟的精包（spermatocyte）傳給雌蟎；每隔約 30 個小時有一隻新的雌蟎成熟，來到排泄物聚集的地點，雄蟎便會放棄之前的雌蟎，接續和新的雌蟎交尾，一直持續到蜜蜂羽化。封蓋打開後，雄蟎和未成熟的雌蟎會死在巢房內。

蜂蟹蟎對蜂群的危害

蜂群遭受蜂蟹蟎寄生感染初期，蜂群中蜂蟹蟎數量不會馬上大量增加，此時對於蜂群影響較小，但感染嚴重的蜂群，此時蜂蟹蟎通常已入侵寄生感染一年左右，往往已對蜂群造成重大的影響，甚至造成蜂群的死亡。一般而言，蜂蟹蟎透過兩種方式危害蜂群，一為直接性影響，蜂蟹蟎寄生於幼蟲巢房及成蜂體表，吸食蜜蜂體液造成幼蟲及成蜂衰弱甚至死亡；二為間接性影響，蜂蟹蟎於蜂群當中傳播病毒性疾病、眞菌性疾病與細菌性疾病。上述兩項影響，統稱為寄生蟎併發症（parasitic mite syndrome, PMS）（Shimanuki *et al.*, 1994）。

一、直接性影響

由於蜂蟹蟎只能於封蓋的幼蟲巢房進行繁殖，因此會選擇準備進入封蓋期的幼蟲巢房，進入巢房後先進入休眠狀態，等待幼蟲將食物池的食物吃完後，開始對幼蟲造成危害，此時蜂蟹蟎開始活動於幼蟲巢房當中，並於幼蟲體表尋找吸食體液的部位。一般而言，蜂蟹蟎會尋找不易造成蜜蜂幼蟲死亡的部位進行吸食，因為幼蟲一旦死亡後，它們將會被蜜蜂的清潔行為連同幼蟲一併移除；有時一些遭到嚴重寄生的蜜蜂幼蟲於進入蛹期後死亡，此時封蓋將被打開，等待工蜂將其清除。

蜜蜂於封蓋幼蟲期即使遭受一隻蜂蟹蟎的寄生感染也會導致許多不良的後果，被寄生的蜜蜂體重較正常的蜜蜂減輕 6～25%，體重減少的多寡與蜂蟎寄生的數目成正比關係，且被寄生後蜜蜂的壽命及活動力亦明顯的減少（De Jong *et al*., 1982）；遭受蜂蟹蟎寄生後雄蜂的體重可由 277.1 mg 下降至 223.9 mg，兩者之間具有極顯著之差異（Duay *et al*., 2003），雄蜂體重減少，直接影響雄蜂的精蟲數目。

由於蜂蟹蟎吸食封蓋幼蟲的體液，蜜蜂脂肪體的發育會被破壞，且被寄生的蟎數越多，脂肪體的受損程度就會越大，往往會造成幼蟲和蛹大量死亡，或羽化後蠟腺會萎縮無法分泌蠟片築巢。若一寄主同時被五隻蜂蟹蟎寄生時，平均有 7.7% 的個體翅膀萎縮，若同時被六隻蜂蟹蟎寄生，則會有高達 40% 的個體翅膀變形（De Jong *et al*., 1982），這種翅膀變形無法飛行的成蜂，在蜂群中屬於無工作能力者，會被其它的工蜂趕出巢外，因此在嚴重寄生的蜂群蜂箱門口，可以見到許多翅膀萎縮的蜜蜂於蜂箱門前爬行。

二、間接性影響

蜂蟹蟎除了對寄主直接的傷害外，也是多種蜜蜂病毒（Bowen-Walker *et al*., 1999; Chen & Chen, 2007）的媒介與帶源者。目前，全世界大約有十八種病毒能夠對蜜蜂造成影響（Allen & Ball, 1996），而蜂蟹蟎也是許多蜜蜂病毒性疾病的傳播者與攜帶者。目前泰國地區已證實，透過 real-time PCR 分析蜂蟹蟎體上之病毒，成功分離出五種蜜蜂病毒，其中急性痲痺病毒（acute paralysis virus, APV）、蜜蜂畸翅病毒（deformed wing virus, DWV）、蜜蜂囊雛病毒（sacbrood virus, SBV）可於大部分樣品中分離出；而黑蜂王臺病毒（black queen-cell virus, BQCV）可由一半樣品中分離出，喀什米爾蜜蜂病毒（Kashmir bee virus, KBV）只於少數樣品中分離出；且多數蜜蜂皆有多重感染的現象發生（Chantawannakul *et al*., 2006）。

除了病毒性疾病外，蜂蟹蟎也會成爲眞菌性病害的媒介與帶原者（Liu, 1996; Sammataro, 1997）；另外蜂蟹蟎也會成爲細菌性疾病的傳播者。研究人員將患有美洲幼蟲病（American foulbrood, AFB）蜂群中的蜂蟹蟎抖落於無菌水當中，再將無菌水取出放置於培養基當中進行培養，可培養出美洲幼蟲病原——幼蟲芽孢桿菌（*Paenibacillus larvae* subsp. *larvae*），進而證明出蜂蟹蟎將可攜帶美洲幼蟲病病原；一般來說感染的過程爲幼蟲食入含有孢子的食物，幼蟲通常於封蓋以後死亡。因此，被蜂蟹蟎寄生危害之蜂群整體蜂勢較弱，嚴重時會造成整群滅亡。

常見防治方法

一、物理性防治

物理性的防治策略，主要了解蜜蜂生物學及蜂蟹蟎生物學，利用蜂群管理的措施來達到防治的目的，因此又稱爲管理防治。一般來說物理性防治可分爲：培育抗蟎的蜜蜂品系、蜂箱底板黏除法、雄蜂片誘集及割除法（Charrière *et al*., 2003; Calderone, 2005）、糖粉法（Aliano & Ellis, 2004, 2005）、選擇斷子期防治蜂蟹蟎等；每種防治方法都具有一定的防治效果，並可搭配其它防治法以提高防治效果。

1. 雄蜂巢房割除

一般而言，物理性防治以雄蜂巢房割除法較爲常見。於實驗組（割除雄蜂巢房）與對照組（未割除雄蜂巢房），計算處理後蜂蟹蟎寄生於成蜂體上的比率發現，對照組寄生率爲10.9%，處理組寄生率爲1.2%，兩者具有顯著差異（Calderone, 2005）。另外，如於蜂群當中移除3～4片的雄蜂巢片，大約可減少50～70%蜂蟹蟎族群數量（Charrière *et al*., 2003）。目前已證實，非洲化蜜蜂（Africanized honeybee）具有較佳的清潔行爲，易於發覺巢房中幼蟲發育不正常的現象，而將蜂蟹蟎寄生的幼蟲移除，因此，非洲化蜜蜂的族群中，不會被大量蜂蟹蟎寄生（Chen & Chen, 2007）。

2. 植物精油防治

常見植物精油可分爲：百里酚（thymol）、尤加利油醇（eucalyptol），目前國際間以百里酚爲主要防治蜂蟹蟎資材，百里酚源自於一種香草植物——百里香（*Thymus vulgaris*）中而得名，萃取得到的百里酚是白色結晶體，具有揮發燻蒸的效果，使用起來相當的方便，但會受限於溫度的影響，夏天使用時揮發的速度太快容易對蜜蜂幼蟲產生毒性，冬天使用時揮發的速度太慢，無法達到防治的效果，故建議使用於春、秋二季。

百里酚在國外已有商品化的量產如：Apiguard®（Vita Limited, UK）商品爲 50 g gel，內含 25% thymol，連續施用五週，防治率可達 87% 以上（Palmeri *et al*., 2008）、Api Life-VAR®（Chemicals Laif, Italy）內含 74% thymol、16% eucalyptus oil、3.7% camphor 與 3.7% menthol，此產品不僅 thymol 具有殺蟎能力，另外三種內含物也都具有防治效果，連續使用四週，防治率可達 74% 以上（Floris *et al*., 2004）；另外也可直接使用百里酚製成的白色結晶體進行防治，夏季連續施用 20 g 百里酚純藥三週，防治率可達 93%，但因百里酚會受氣溫影響，冬季連續施用 20 g 百里酚純藥三週，防治率僅能達 13%，可透過改變百里酚性狀，將其磨成粉末狀增加其防治效果（Chen *et al*., 2009）；另有研究結果指出，使用百里酚進行防治時，藉由增加蜂箱中的空間，防治效果可由 78.3% 提高爲 92.4%（Lodesani & Costa, 2008）。

二、化學藥劑防治

自發現蜂蟹蟎爲害以來，眾多研究人員致力於研究出有效的方法，試圖控制蜂蟹蟎的爲害情形，其中以化學防治方面的研究最爲普遍。而福化利（fluvalinate）是目前臺灣地區最普遍使用的藥劑，也是目前唯一通過動植物防檢局許可使用之化學藥劑，福化利藥片製備將 25% 福化利乳劑以水稀釋 5 倍，使之成爲含 5% 福化利稀釋液，以三合板浸泡後取出，陰乾一天後即可使用（費與王，2002）。福化利屬於一種氰基合成除蟲菊精，作用機制爲蜂蟹蟎的神經系統，進入蜂蟹蟎體內後，直接干擾中樞神經的電流傳遞，蜂蟹蟎會快速痙攣而死亡。

但長久使用單一藥劑的結果，抗藥性的問題已日趨嚴重，義大利地區於 1995 年報導出蜂蟹蟎對福化利產生抗藥性（Milani, 1995），此後於法國（Colin *et al*., 1997）、美國（Elzen *et al*., 1999）與地中海地區（Floris *et al*., 2001）皆陸續傳出相同的報導，而近年來臺灣多數的蜂農也表示福化利防治效果明顯下降（Chen *et al*., 2002）。

三、有機酸防治

長期使用化學藥劑防治蜂蟹蟎，許多地區的蜂蟹蟎對於化學藥劑已經產抗藥性的情形，有鑑於此，世界各地研究人員積極開發出可代替化學藥劑的防治資材，主要以天然物質組成、無毒爲前提。目前使用於防治蜂蟹蟎的有機酸大約可分成三種：甲酸（formic acid）、乳酸（lactate acid）及草酸（oxalic acid）；甲酸爲臺灣地區最早使用的有機酸（Chen *et al.*, 1995），乳酸的效果有限而使用者少，草酸則是近年來推薦使用的有機酸。

利用草酸防治蜂蟹蟎始於歐洲地區，Imdorf 等人（1997）首先報導於 1994～1995 年在瑞士的八個養蜂場，利用 3% 草酸溶液噴灑無幼蟲狀態的越冬蜂群，每巢片噴灑 3～4 mL，其平均防治率高達 94.5～ 98.8%。接著研究人員發現，添加蔗糖於草酸溶液具有協力殺蟎的效果（Milani, 2001）；比較不同濃度草酸糖液的防治效果（0%、3%、3.7% 和 4.5% 草酸溶於 50% 糖液），發現並非高濃度的草酸糖液就可造成有效的防治效果，反而是使用 3% 草酸糖液時，可達到最好的防治效果（Charriere & Imdorf, 2002）。

研究人員也發現於蜂群繁殖季時（8 月）與蜂王停卵時（10 月）施用草酸糖液，8 月施用期間爲每 9 日施用 1 次，連續施用 3 次，防治效果爲 39.1～52.3%，而於 10 月僅施用 1 次即得到 99.4% 的防治效果（Gregorc & Planinc, 2001），隔年進行類似試驗，亦得到類似的結果，研究人員發現，草酸糖液防治法比較適用於溫帶、寒帶地區與蜂王具有越冬停卵之蜂群（Gregorc & Planinc, 2002）。然而，亞熱帶與熱帶地區，正常的蜂群一年四季皆有封蓋幼蟲，如參照歐美地區施用草酸糖液的方式防治蜂蟹蟎，防治效果必定不佳，因此臺灣地區，改用連續性的施藥，每 3 日施用 1 次，連續施用 5 次，防治效果爲 82.4%（Chen & Chen, 2008）。

上述研究皆爲透過接觸原理，而造成蜂蟹蟎的死亡，另有透過燻蒸方式防治蜂蟹蟎，在越冬蜂群無幼蟲的條件下，殺蟎率約 80.6～81.6%（Marinelli *et al.*, 2006），但田間使用燻蒸法較爲困難，因此研究甚少。

結語

草酸爲蜂蜜中固有的物質，使用草酸防治蜂蟹蟎始於歐洲地區（Imdorf *et al.*, 1997），目前歐洲地區已同意有機養蜂業者使用草酸做爲防治蜂蟹蟎的資材。

Imdorf（1997）於瑞士的八個養蜂場，利用 3% 草酸溶液噴灑無幼蟲狀態的越冬蜂群，每巢片噴灑 3～4 mL，其平均防治率高達 94.5～98.8%。臺灣地處亞熱帶，蜂群並無明顯的停卵期，因此無法參照歐美地區於蜂群停卵階段使用一至二次的草酸，即可達到非常有效的防治效果，因此有必要修改其施用方式，搭配蜂蟹蟎生活史三天施用一次，連續施用六次，亦可達到良好的防治效果。

綜合上述研究結果顯示，吾人建議可使用草酸液劑做爲防治蜂蟹蟎資材。由於臺灣蜂群並無越冬停卵期，且臺灣地區每年 4 至 5 月爲龍眼與荔枝流蜜期，於流蜜期結束後蜂群中封蓋幼蟲數量很低，大多數的蜂蟹蟎寄生於成蜂體上，此時施用一次草酸液劑即可達到有效的防治效果（預防性投藥），且不會造成產量影響及對殘留的疑慮，因蜂蟹蟎偏好寄生於雄蜂巢房（圖三、四），也可於平日巡蜂割除雄蜂房時，於雄蜂房噴灑草酸液劑，也可達到防治效果（預防性投藥）；另於入秋時，三天施用次草酸液劑，連續施用六次即可達到良好的防法效果（治療性投藥）。

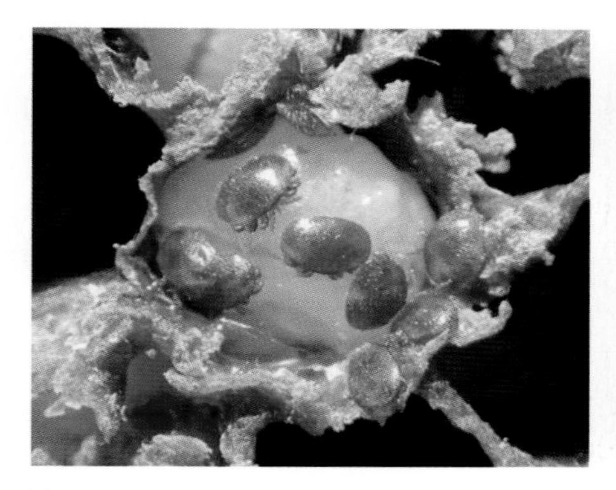

圖三　蜂蟹蟎偏好寄生於雄蜂巢房。

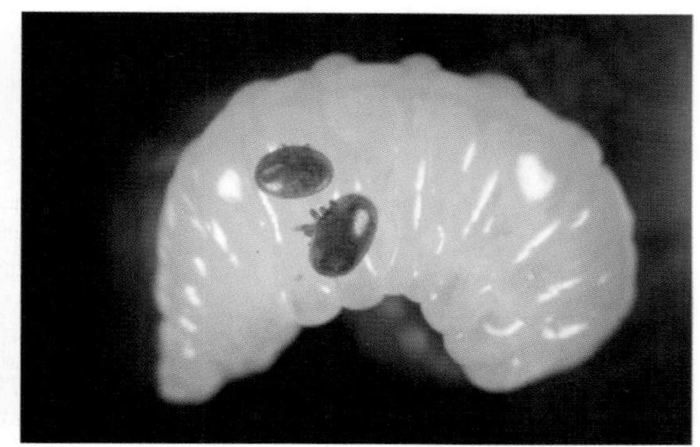

圖四　蜂蟹蟎吸食蜜蜂幼蟲體液。

吾人針對草酸液劑與福化利的防治性能歸納如表一。整體而言，草酸液劑遠優於福化利；草酸液劑的特色在於防治資材便宜、全年可施用且無須考量停止採收期，惟需要較多的人力成本。

表一　草酸液劑與福化利的防治性能比較

性能比較	草酸液劑	福化利
防治效果	佳	不佳、抗藥性
防治價格	低（約 25 元 / 療程 / 箱）	低（約 25 元 / 療程 / 箱）
防治人力	高（3 天施用 1 次，連續 6 次）	低（6-7 天施用 1 次，連續 3 次）
安全性	高、環境友善	一般化學藥劑
殘留風險	無	易殘留於花粉、蜂王乳、蜂蠟
停止採收期	無	施藥期間不可採收
施用季節	全年	全年

本研究開發之 8% 草酸液劑，對蜂蟹蟎之防治率優於傳統藥劑。試驗結果顯示，草酸高劑量組及中劑量組皆能有良好的防治效果，故以中劑量作爲防治蜂蟹蟎的推薦劑量，而福化利組在兩場試驗其防治效果都較差。8% 草酸液劑已完成三場田間試驗、毒理及理化性試驗，可立即技轉登記及上市。期盼此種新資材可早日商品化上市，以解決臺灣蜂農的染眉之急；由於環境友善的防治資材已爲世界主流，養蜂業尤然，鑒於亞洲地區並無類似防治資材，本資材應具有外銷中國與東南亞的潛力。

主要參考文獻

1. 安奎、何鎧光、陳裕文。2004。養蜂學。國立編譯館。臺北。524 頁。
2. 何鎧光、安奎。1980。蜜蜂主要病蟲害彙報 -I，蜜蜂蟹蟎。臺大植病學刊 7: 1-14。
3. 費雯綺、王玉美。2002。植物保護手冊。行政院農業委員會農業藥物毒物試驗所。臺中。791 頁。
4. Aliano, N. P. and Ellis, M. D. 2004. Strategies for using powdered sugar to remove varroa mites from adult honey bees. American Bee Journal 144(5): 40-41.
5. Aliano, N. P. and Ellis, M. D. 2005. A strategy for using powdered sugar to reduce varroa populations in honey bee colonies. J. Apic. Res. 44(2): 54-57.

6. Allen, M. and Ball, B. V. 1996. The incidence and world distribution of the honey bee viruses. Bee Word 77:141-162.
7. Anderson, D. L. and Trueman, J. W. H. 2000. *Varroa jacobsoni* (Acari: Varroidae) is more than one species. Exp. Appl. Acarol. 24: 165-189.
8. Bowen-Walker, P. L., Martin, S. J., and Gunn, A. 1999. The transmission of deformed wing virus between honeybees (*Apis mellifera* L.) by the ectoparasitic mite *Varroa jacobsoni* Oud. J. Invertebr. Pathol. 73: 101-106.
9. Calderone, N. W. 2005. Evaluation of drone brood removal for management of *Varroa destructor* (Acari: Varroidae) in colonies of *Apis mellifera* (Hymenoptera: Apidae) in the Northeastern United States. J. Econ. Entomol. 98(3): 645-650.
10. Calderone, N. W. and Kuenen, L. P. S. 2001. Effect of western honey bee, *Apis mellifera* L. (Hymenoptera: Apidae), colony, cell type and larval sex on host acquisition by female *Varroa destructor* (Acari: Varroidae). J. Econ. Entomol. 94: 1022-1030.
11. Calderone, N. W., Lin, S., and Kuenen, L. P. S. 2002. Differential infestation of honey bee, *Apis mellifera*, worker and queen brood by parasitic mite *Varroa destructor*. Apidologie 33: 389-398.
12. Chantawannakul, P., Ward, L., Boonham, N., and Brown, M. 2006. A scientific note on the detection of honeybee viruses using real time PCR (TaqMan) in Varroa mites collected from a Thai honeybee (*Apis mellifera*) apiary. J. Inbertebr. Pathol. 91: 69-73.
13. Chen, C. T., Wu, P. S., Chen, Y. W., and Chen, C. C. 2009. The control of *Varroa destructor* using thymol in honeybee colonies. Formosan Entomol. 29: 153-164. (in Chinese)
14. Chen, Y. W. and Chen, P. L. 2007. Important diseases and pests of honey bees in Taiwan. Bureau of Animal and Plant Health Inspection and Quarantine ,Council of Agriculture, Executive Yuan,Taiwan, 43 pp. (in Chinese)
15. Chen, Y. W. and Chen, P. L. 2008. The control of *Varroa destructor* using oxalic acid

syrup in brood-right honeybee colonies. Formosan Entomol. 28: 31-41. (in Chinese)

16. Chen, Y. W., Horng, I. J., and Ho, K. K. 1995. The effect of formic acid on V*arroa jacobsoni* and the honeybee colony. Chinese J. Entomol. 15: 287-294. (in Chinese)
17. Chen, Y. W, Chen, Y. Y., and Chen, X. J. 2002. Control effects of three miticides on varroa mites. J. of Ilan Institute of Techology 9: 53-60. (in Chinese)
18. Colin, M. E., Vandame, R., Jourdan, P., and Di Pasquale, S. 1997. Fluvalinate resistance of *Varroa jacobsoni*Oudemans (Acari: Varroidae) in Mediterranean apiaries of France. Apidologie 28: 375-384.
19. De Jong, D., De Jong, P. H., and Goncalves, L. S. 1982. Weight loss and other damage to developing worker honeybee from infestation with *Varroa jacobsoni*. J. Apic. Res. 21: 165-167.
20. Duay, P., De Jong, D., and Engels, W. 2003. Weight loss in drone pupae (*Apis mellifera*) multiply infested by *Varroa destructor* mites. Apidologie 34: 61-65.
21. Elzen, P. J., Eischen, F. A., Baxter, J. R., Elzen, G. W., and Wilson, W. T. 1999. Detection of resistance in US *Varroa jacobsoni* Oud. (Mesostigmata: Varroidae) to the acaricide fluvalinate. Apidologie 30: 13-17.
22. EU Council Regulation. 1999. No. 1804 on organic farming, chapter beekeeping and beekeeping products. Official Journal of the European Communities of 19 July 1999, L 222, C. Bruxelles, Belgium.
23. Floris, I., Cabras, P., Garau, V. L., Minelli, E. V., Satta, A., and Troullier, J. 2001. Persistence and effectiveness of pyrethroids in plastic strips against *Varroa jacobsoni* (Acari: Varroidae) and mite resistance in a Mediterranean area. J. Econ. Entomol. 94: 806-810.
24. Floris, I., Satta, A., Cabras, P., Garau, V. L., and Angioni, A. 2004. Compatison between two thymol formulations in the control of *Varroa destructor*: effectiveness, persistence, and residues. J. Econ. Entomol. 97: 187-191.
25. Fuchs, S. 1990. Preference for drone brood cells by *Varroa jacobsoni* Oud. in colonies 40 of *Apis melliferacarnica*. Apidologie 21: 193-197.

26. Fuchs, S. 1992. Choice in *Varroa jacobsoni* Oud. between honey bee drone or worker brood cells for reproduction. Behav. Ecol. Sociobiol. 31: 429-435.
27. Fuchs, S. and Langenbach, K. 1989. Multple infestation of *Apis mellifera* L. brood cells and reproduction of in *Varroa jacobsoni* Oud. Apidologie 20: 257-266.
28. Gregorc, A. and Planinc, I. 2001. Acaricidal effect of oxalic acid in honeybee (*Apis mellifera*) colonies. Apidologie 32: 333-340.
29. Gregorc, A. and Planinc, I. 2002. The control of *Varroa destructor* using oxalic acid. Vet. J. 163: 306-310.
30. Kuenen, L. P. S. and Calderone, N. W. 1997. Transfers of Varroa mites from newly emerged bees: preferences for age- and function-specific adult bees. J. Insect. Behav. 10: 213-228.
31. Liu, T. P. 1996. Varroa mites as carriers of honey-bee chalkbrood. Amer. Bee J. 136: 665.
32. Lo, K. C. and Chao, R. S. 1975. The preliminary investigations on bee mites in Taiwan. J. Agric. Res. China 24: 50-56. (in Chinese)
33. Lodesani, M. and Costa, C. 2008. Maximizing the efficacy of a thymol based product against the mite *Varroa destructor* by increasing the air space in the hive. J. Apic. Res: 47(2) 112-117.
34. Marinelli, E., Formato, G., Vari, G., and De Pace, F. M. 2006. Varroa control using cellulose strips soaked in oxalic acid water solution. Apiacta 41: 54-59.
35. Matheson, A. 1995. World bee health report. Bee World 76: 31-39.
36. Milani, N. 1995. The resistance of *Varroa jacobsoni* Oud. to pyrethroids: a laboratory assay. Apidologie 26: 361-440.
37. Ramirez, B. W. and Otis, G. W. 1986. Developmental phases in the life cycle of *Varroa jacobsoni*, an ectoparasitic mite on honeybee. Bee World 67(3): 92-97.
38. Rehm, S. M. and Ritter, W. 1989. Sequence of sexes in the offspring of *Varroa jacobsoni* and the resulting consequences for the calculation of the developmental period. Apidologie 20: 339-343.

39. Romaniuk, K., Bobrzecki, J., and Wilde, J. 1988. The effect of infestation by *Varroa jacobsoni* on the development of queen bees (*Apis mellifera*). Wiad. Parazytol. 34: 295-300.
40. Sammataro, D. 1997. Report on parasitic honey bee mites and disease associations. Amer. Bee J. 137: 301-302.
41. Sanford, M. T., Denmark, H. A., Cromroy, H. L., and Cutts, L. 2007.Varroa mite, *Varroa destructor* （*jacobsoni*） Anderson &Trueman（Archnida: Acari: Varroidae） EENY. 37: 1-6.
42. Santillan-Galicia, M. T., Otero-Colina, G., Romero-Vera, C., and Cibrian-Tovar, J. 2002. *Varroa destructor* (Acari: Varroidae) infestation in queen , worker, and drone brood of *Apis mellifera* (Hymenoptera: Apidae). Can. Entomol. 134: 381-390.
43. Seely, T. D. 1995. The Wisdom of the Hive: the Social Physiology of Honey Bee Colonies. Harvard Univ. Press, Cambridge, Mass.
44. Shimanuki, H., Calderone, N. W., and Know, D. A. 1994. Parasitic mite syndrome: the symptoms. Am. Bee. J. 134: 827-828.
45. Williams, D. L. 2000. A veterinary approach to European honey bee (*Apis mellifera*). Vet. J. 160: 61-73.
46. Winston, M. L. 1987. The Biology of the Honeybee. Harvard University Press: Cambridge, MA.
47. Yang, X. L. and Cox-forster, D. L. 2005. Impact of an ectoparasite on the imunity and 43 pathology of an invertebrate: Evidence for host immunosuppression and viral amplification. Proc. Natl. Acad. Sci. USA 102: 7470-7475.

PART VI

植醫保健商品

CHAPTER 26

臺灣環境友善植保資材研發及商品化現況

邱安隆

行政院農業委員會動植物防疫檢疫局

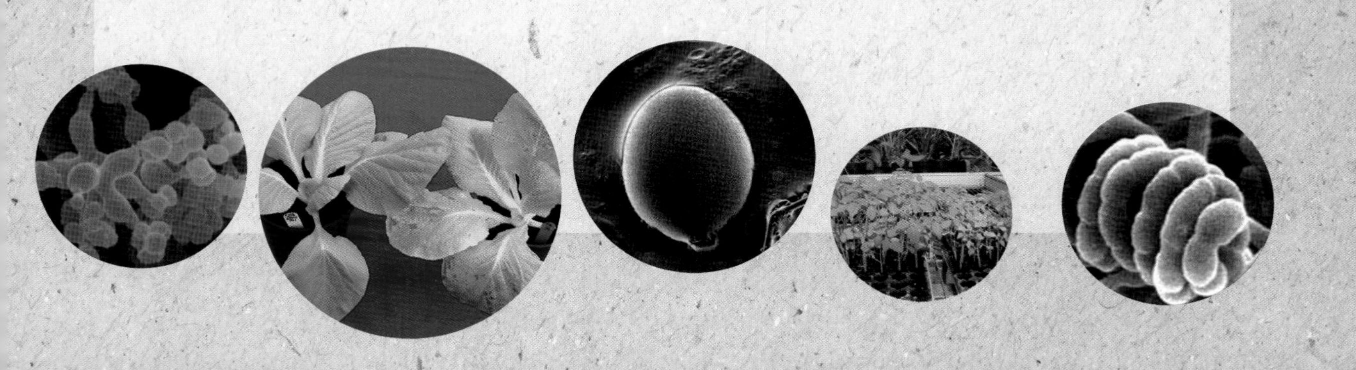

摘要

依美國市調公司 BCC Research 預估環境友善植物保護資材（簡稱植保資材）生物農藥產業的發展，2019 年占全球農藥銷售額 8.24%，且近五年每年複合成長率約 13.9%，在臺灣，2016 年至 2018 年生物農藥銷售量占所有農藥銷售量約 1%，遠低於國際市場，顯示生物農藥發展頗具市場開發潛能。

爲加速我國生物農藥研究量能，除籌組產官學研團隊進行生物農藥產品開發技轉與商品化，提升製劑毒理試驗檢驗量能及符合田間試驗許可（Experimental Use Permit, EUP）規範效能，配合補貼農民購買生物資材，由各農業試驗改良場所將生物農藥導入作物有害生物綜合管理（Integrated Pest Management, IPM）並辦理作物栽培農藥減量田間示範觀摩，這些政策措施之推動可加速生物農藥研發量能、產品登記速率及其商品化效率。

依 2019 年農委會防檢局農藥資訊服務網資料顯示，臺灣生物農藥登記品項已達四十五種品項，爲讓產品更具商品化價值，現階段透過調整符合國際產品登記所需規格及國際市場開發等機制，促使我國環境友善植保資材產業，在依循農委會刻正推動的「新農業創新推動方案」政策下穩步向前。

關鍵字：環境友善、生物農藥、作物有害生物綜合管理、新農業

前言

全球農作物栽培與環境維護的農業發展趨勢，一向深受國際矚目，而「環境友善」的字詞也常在各種會議場合出現。依 BCG Perspective 所刊載的一篇文章〈Crop Farming 2030: The Reinvention of the Sector〉的前瞻評估，預測作物保護（Crop protection）爲農業發展趨勢四大項目之一，其中生物資材順應農產品安全趨勢將成爲發展重點，而環境友善植保資材生物農藥亦是推動安全農業的關鍵品項之一。

近年來，各國將生物防治列爲環境永續的一環，此防治資材主體爲生物農藥，依美國市調公司 BCC Research 預估國際間生物農藥產業的發展，近五年複合成長率持續成長，顯示生物農藥發展深具前瞻性。近三年臺灣每年生物農藥銷售量遠低於國際市場，因也隱喻著我國未來在環境友善生物資材產業的發展頗具成長空間。

爲符合時代潮流並與國際趨勢相互接軌，我國於 2018 年 5 月 30 日公布有機農業促進法，並自 2019 年 5 月 30 日起實施，配合推動「化學農藥十年減半」政策，將四十五種生物防治資材（2019 年 1 月防檢局統計資料）納入 IPM 資材應用的補貼措施，這些行動方案皆是推動環境友善資材研發與商品化的重要契機。另 IPM 之推動若能融入更多元素，包括智慧型有害生物監測技術、非農藥防治資材應用、農產品生產成本分析及降低有害生物產生抗藥性，與國際間甫正推動民間業者或產銷班進行栽培管理及採後處理一條龍經營模式（如 Maglis, FieldView 和 AgriEdge Exclesior 等公司），將是推動 IPM 的新嘗試，這也讓臺灣近年來在全球著重作物生產與環境永續的發展上，直尺向前的邁向重要的里程碑。

整合產官學研團隊加速環境友善資材成果商品化

爲加速我國生物資材研究量能，農業行政部門除籌組研究團隊外，更透過每季舉辦生物製劑產學聯盟座談會（2015 年迄今已辦理十一場次），讓業界與學研官部門在研發資訊及登記作業有意見交流平臺，藉由專家在會議中進行專題報告，使與會者了解國際間生物資材產業之脈動，讓業者對於未來產業發展趨勢有更進一步認知，以促進環境友善植保資材商品化。

考量與國際思維相互接軌大方向，行政院農業委員會（簡稱農委會）順應大環境趨勢，刻正推動友善環境耕作，將生物農藥產業化列爲施政重點；在行政院農業委員會動植物防疫檢疫局（簡稱防檢局）等機關及農委會所屬試驗單位與各大專院校共同努力，近年生物農藥研發成果及商品化已有具體成效。其中，液化澱粉芽孢桿菌（*Bacillus amyloliquefaciens*）、庫斯蘇力菌（*Bacillus thuringiensis* subsp. *kurstaki*）、白殭菌（*Beauveria bassiana*）、綠木黴菌（*Trichoderma virens*）、小菜蛾費洛蒙（*Plutella xylostella* pheromone）、斜紋夜蛾費洛蒙（*Spodoptera litura* pheromone）及甜菜夜蛾費洛蒙（*Spodoptera exiqua* pheromone）等，均已技轉給業界並登記爲生物農藥。

現階段臺灣國產生物農藥主要參與廠商爲十九家次（如表一），已核准登記之生物農藥依業者規劃於市場進行推廣行銷，其中蘇力菌爲目前應用在臺灣作物友善耕作所需植保資材主要品項。另在產官學研統整下，其他多項有益菌株產品已完成毒理及理化性檢測，近期可進行技轉及商品登記，配合登記制度採預審制度（Pre-registration consultation）個案審查，讓業者提早備齊登記所需資料，可有效提升生物農藥產品登記速率從四年以上登記時程縮短至二年。

爲強化生物資材在田間之應用性，將生物農藥導入作物有害生物綜合管理亦是重要的一環，以 2018 年度爲例，將生物製劑應用於水稻、芒果、香蕉、百香果、絲瓜及草莓作物有害生物綜合管理並舉開示範觀摩會，藉以減少上述作物關鍵病蟲害發生與防治成本，同時可減少化學農藥使用量，有效降低農藥殘留在農產品之風險；2019 年度更透過農委會農村再生計畫執行十項次作物 IPM 示範推廣面積達 1,100 公頃，期盼這些由點而面的友善環境資材開發與應用，在配合國際市場需求時能擴展國際市場開發，俾利作爲現今臺灣推動環境友善生物資材產業化的新利基。

表 1　臺灣本土生物農藥登記產品

生物農藥普通名稱	登記廠商
液化澱粉芽孢桿菌（*Bacillus amyloliquefaciens*） Ba-BPD1	臺灣肥料
液化澱粉芽孢桿菌（*Bacillus amyloliquefaciens*） CL3	興農
液化澱粉芽孢桿菌 PMB01 （*Bacillus amyloliquefaciens*） PMB01	嘉農企業
液化澱粉芽孢桿菌（*Bacillus amyloliquefaciens*）YCMA1	百泰生物科技
蕈狀芽孢桿菌（*Bacillus mycoides*） AGB01	聯發生物科技
枯草桿菌（*Bacillus subtilis*） WG6-14	沅渼生物科技
枯草桿菌（*Bacillus subtilis*） Y1336	光華化學
蘇力菌（*Bacillus thuringiensis*）	嘉農企業
鮎澤蘇力菌（*Bacillus thuringiensis* subsp. *aizawa*） NB-200	臺灣住友
庫斯蘇力菌（*Bacillus thuringiensis* subsp. *kurstaki*） ABTS-351	臺灣住友
庫斯蘇力菌（*Bacillus thuringiensis* subsp. *kurstaki*） E911	福壽實業
白殭菌（*Beauveria bassiana*） A1	沅渼生物科技
小菜蛾費洛蒙（*Plutella xylostella* pheromone）	興農
斜紋夜蛾費洛蒙（*Spodoptera litura* pheromone）	中華農化
斜紋夜蛾費洛蒙（*Spodoptera litura* pheromone）	中西化學
甜菜夜蛾費洛蒙（*Spodoptera exiqua* pheromone）	中華農化
純白鏈黴菌（*Streptomyces candidus*） Y21007-2	百泰生物科技
蓋棘木黴菌（*Trichoderma gamsii* ICC080+*Trichoderma asperellum*ICC 012）	易利特開發
綠木黴菌（*Trichoderma virens*） R42	寶林生物科技

結語

爲保護農業生產安全，追求合理永續使用農藥，國際糧農組織（FAO）在兼顧作物生產、生態保育及農產品安全考量下，結合世界衛生組織（WHO）對於農藥的管理提出各項建議措施，包括訂定政策推動方案、持續進行教育推廣及強化高風險農藥管理等，期由各國依循，以達農業永續生產的目標。

臺灣爲符合國際趨勢降低農藥風險，並維持我國糧食與農產品安全，農委會積極推動友善環境耕作，相關配套措施如制訂有機農業促進法、加速開發生物性資材、擴大普及 IPM 技術、辦理生物性防治資材補貼措施及輔導農民精準合理用藥，以達減低化學農藥危害風險的目標。依此政策目標，生物農藥之研發與商品化就顯得相形重要，近年已陸續將執行成果登記成商品化產品並應用在農作物生產。

配合政府推動南向政策，經評估以越南、馬來西亞及印尼等國家爲外銷標的潛力國，另 2019 年 1 月 15 日在臺北國際會議中心聯合舉辦「2019 年臺印度貿易論壇」，臺灣與印度之間的貿易，不論是在進口或是出口方面，都有大幅成長，雙邊投資的金額也節節升高；配合 2018 年 12 月 18 日簽訂的臺印雙邊投資協定（Bilateral Investment Agreement, BIA）及優質企業相互承認協議（Authorized Economic Operator, AEO），將能使有意願至印度發展的臺商獲得更多投資、人身安全與法律上的保障，因此神奇的國度（Incredible India）印度應是另一個值得觀察與投資的標的國。

掌握國際趨勢，對未來政策訂定與推動應有所助益。農委會近年透過舉辦各項國際研討會凝聚共識，以 2019 年 8 月爲例，將邀請歐美及南向政策國家，共同參與臺灣舉辦的第四屆國際生物農藥與生物肥料研討會（4th International Conference on Bio-pesticides and Bio-fertilizers），主要議題包含：(1) 微生物製劑產品進口至各國的法規政策及個案經驗分享；(2) 推動 IPM 策略中如何導入生物農藥與生物肥料成功案例，此兩項議題也是我國近期及未來推動生物資材商品化及行銷國際的政策目標。

綜論，每一次研討會的舉辦或每一項政策的推動，都有它的背景因素及推動標的，本文環境友善植保資材相關研究或商品化之推動，無疑是時代趨勢潮流，臺灣當然也不能錯過此脈動及機會的掌握，對吧！

主要參考文獻

1. 邱安隆、歐陽偉、蔡馨儀、林賢達、魏家妤。2018。化學農藥十年減半行動方案。行政院農業委員會動植物防疫檢疫局專刊。鄒慧娟、陳宏伯、顏辰鳳、陳保良、李昆龍、洪裕堂策劃；馮海東審訂。15 頁。
2. 日本農林水產省病蟲害防治。2018。http://www.maff.go.jp/j/syouan/syokubo/gaicyu/index.html

3. 法國 Ecophyto II 計畫。2016。
https://www.ecophyto-pro.fr/n/ecophyto-ii/n:104
4. 紐西蘭 2025 年新生物安全系統（Biosecurity 2025 for New Zealand's）。2018。
https://www.mpi.govt.nz/protection-and-response/biosecurity/biosecurity-2025/
5. 歐洲農藥行動網絡（Pesticide Action Network, PAN）。2018。
https://www.pan-europe.info/
6. 歐盟農藥永續使用。2018。
http://ec.europa.eu/environment/archives/ppps/2nd_step_tech.htm
7. Magarey, R. D., Chappell, T. M., Trexler, C. M., Pallipparambil, G. R., and Hain, E. F. 2019. Social ecological system tools for improving crop pest management. J. Integr. Pest Manag. 10(1): 2; 1-6.

關鍵字索引

四畫以下

五畫

六畫

七畫

八畫

九畫

十畫

十一畫

十二畫

十三畫

十四畫

十五畫

十六畫

十七畫以上

作者聯絡資料

姓名	服務單位／職稱	Email
黃振文	中興大學／副校長	jwhuang@nchu.edu.tw
謝廷芳	農試所植病組／組長	tfhsieh@tari.gov.tw
謝奉家	藥試所安全資材組／組長	hsiehf@tactri.gov.tw
羅朝村	虎科大文理學院／院長	ctlo@nfu.edu.tw
彭玉湘	中興大學植病系／博士	yhpeng@dragon.nchu.edu.tw
黃姿碧	中興大學植病系／副教授	tphuang@nchu.edu.tw
陳昭瑩	台灣大學植微系／教授	cychen@ntu.edu.tw
石信德	農試所植病系／研究員	tedshih@tari.gov.tw
段淑人	中興大學昆蟲系／教授	sjtuan@dragon.nchu.edu.tw
林素禎	農試所農化組／副研究員	linmay@tari.gov.tw
余志儒	農試所應動組／副研究員	jzyu@tari.gov.tw
安寶貞	農試所植病組／研究員	pjann@tari.gov.tw
林耀東	中興大學土壤系／教授	yaotung@nchu.edu.tw
洪巧珍	藥試所安全資材組／副研究員	hccjane@tactri.gov.tw
林宗俊	農試所植病組／助理研究員	tclin@tari.gov.tw
石憲宗	農試所應動組／副研究員	htshih@tari.gov.tw
鍾文全	種苗改良繁殖場／課長	wcchung@tss.gov.tw
蔡志濃	農試所植病組／副研究員	tsaijn@tari.gov.tw
陳俊位	台中農改場／分場長	chencwol@tdais.gov.tw
陳淑佩	農試所應動組／副研究員	spchen@tari.gov.tw
吳姿嫺	苗栗農改場蠶蜂課／課長	thwu@mdais.gov.tw
陳裕文	宜蘭大學生技與動科系／主任	chenyw@niu.edu.tw
袁秋英	藥試所安全資材組／研究員	yci@tactri.gov.tw
邱安隆	防檢局植防組	anlong@mail.baphiq.gov.tw

國家圖書館出版品預行編目資料

環境友善之植醫保健祕籍／黃振文等編著；楊秀麗總編輯. -- 初版. -- 臺北市：五南圖書出版股份有限公司, 2019.08
面； 公分
ISBN 978-957-763-551-8（平裝）

1.藥用植物 2.食療 3.文集

376.15 108012303

5N25

環境友善之植醫保健祕籍

作 者— 黃振文、謝廷芳、謝奉家、羅朝村
發 行 人— 楊榮川
總 經 理— 楊士清
總 編 輯— 楊秀麗
副總編輯— 李貴年
責任編輯— 何富珊
封面設計— 王麗娟
出 版 者— 五南圖書出版股份有限公司
地 址：106台北市大安區和平東路二段339號4樓
電 話：(02)2705-5066 傳 真：(02)2706-6100
網 址：https://www.wunan.com.tw
電子郵件：wunan@wunan.com.tw
劃撥帳號：01068953
戶 名：五南圖書出版股份有限公司
法律顧問 林勝安律師事務所 林勝安律師
出版日期 2019年8月初版一刷
2022年3月初版二刷
定 價 新臺幣850元

※版權所有・欲利用本書內容，必須徵求本公司同意※

全新官方臉書

五南讀書趣

WUNAN Books since1966

Facebook 按讚

1 秒變文青

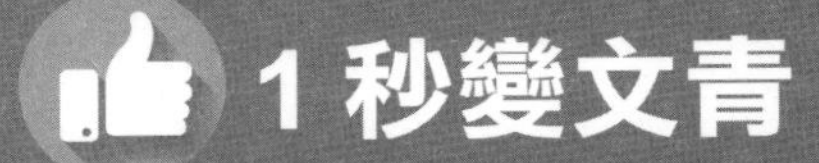

★ 專業實用有趣
★ 搶先書籍開箱
★ 獨家優惠好康

不定期舉辦抽獎
贈書活動喔！！！

經典永恆・名著常在

五十週年的獻禮——經典名著文庫

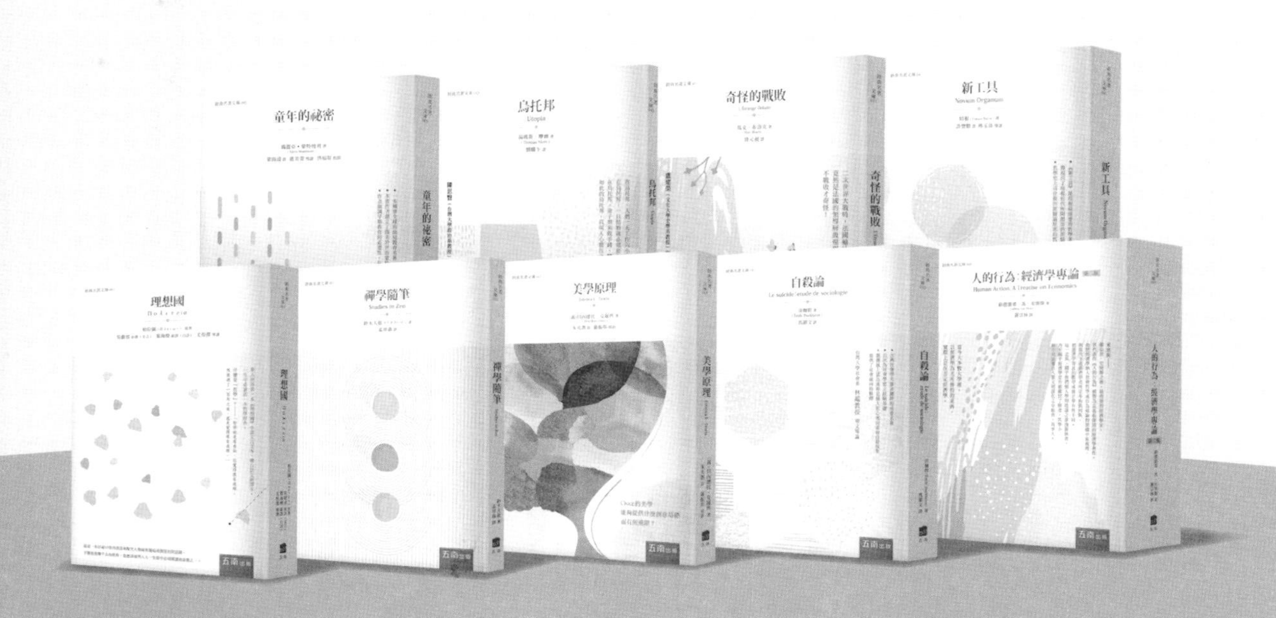

五南，五十年了，半個世紀，人生旅程的一大半，走過來了。
思索著，邁向百年的未來歷程，能為知識界、文化學術界作些什麼？
在速食文化的生態下，有什麼值得讓人雋永品味的？

歷代經典・當今名著，經過時間的洗禮，千錘百鍊，流傳至今，光芒耀人；
不僅使我們能領悟前人的智慧，同時也增深加廣我們思考的深度與視野。
我們決心投入巨資，有計畫的系統梳選，成立「經典名著文庫」，
希望收入古今中外思想性的、充滿睿智與獨見的經典、名著。
這是一項理想性的、永續性的巨大出版工程。
不在意讀者的眾寡，只考慮它的學術價值，力求完整展現先哲思想的軌跡；
為知識界開啟一片智慧之窗，營造一座百花綻放的世界文明公園，
任君遨遊、取菁吸蜜、嘉惠學子！